国家科学技术学术著作出版基金资助出版

中国科学院中国孢子植物志编辑委员会　编辑

中　国　地　衣　志

第二十卷

蜈蚣衣科

陈健斌　主编

中国科学院知识创新工程重大项目
国家自然科学基金重大项目
（国家自然科学基金委员会　中国科学院　科技部　资助）

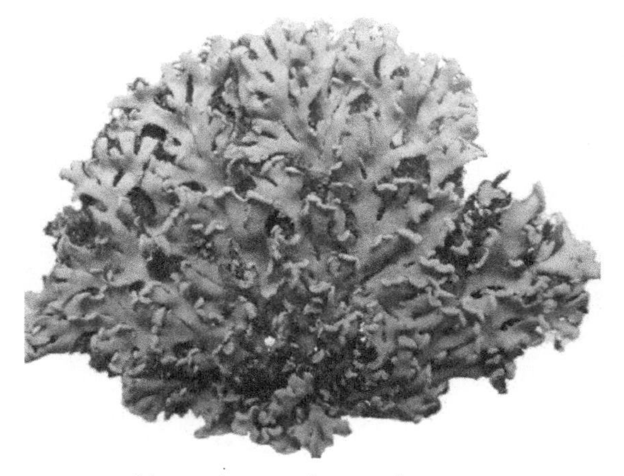

科　学　出　版　社
北　京

内 容 简 介

本卷概述了蜈蚣衣科的概念和界定、蜈蚣衣科有关各属地衣的研究简史。记述了中国蜈蚣衣科地衣 8 属 108 种 2 变种；提供了分属、分种检索表；给出了每种的正名、基原异名以及中国地衣学文献中出现和使用过的异名及其主要参考文献；每种有形态特征、地衣化学、分布等描述和记载以及相关讨论。提供了每个种的地衣体及其重要形态与解剖特征照片 200 余张，引证标本 3000 余份，涉及全国 30 个省、自治区、直辖市。本卷册是现阶段我国蜈蚣衣科地衣系统分类的最新总结与重要研究成果。

本书可供真菌学、地衣学、植物区系与地理学、生物多样性、环境与资源等领域的科研人员和高等院校相关专业的师生参考。

图书在版编目 (CIP) 数据

中国地衣志. 第二十卷，蜈蚣衣科 / 陈健斌主编. —北京：科学出版社，2023. 1

(中国孢子植物志)

ISBN 978-7-03-073858-5

Ⅰ. ①中… Ⅱ. ① 陈… Ⅲ. ①地衣志-中国 ②蜈蚣衣科-地衣志-中国 Ⅳ. ①Q949.34

中国版本图书馆 CIP 数据核字 (2022) 第 220717 号

责任编辑：韩学哲 孙 青/责任校对：严 娜
责任印制：吴兆东/封面设计：刘新新

科学出版社 出版
北京东黄城根北街 16 号
邮政编码：100717
http://www.sciencep.com

北京虎彩文化传播有限公司 印刷

科学出版社发行 各地新华书店经销

*

2023 年 1 月第 一 版 开本：787×1092 1/16
2023 年 1 月第一次印刷 印张：18 1/2 插页：13
字数：475 000

定价：398.00 元

(如有印装质量问题，我社负责调换)

Supported by the National Fund for Academic Publication in Science and Technology

FLORA LICHENUM SINICORUM
CONSILIO FLORARUM CRYPTOGAMARUM SINICARUM
ACADEMIAE SINICAE EDITA

FLORA LICHENUM SINICORUM

VOL. 20

PHYSCIACEAE

REDACTOR PRINCIPALIS

Chen Jianbin (Chen JB)

A Major Project of the Knowledge Innovation Program
of the Chinese Academy of Sciences
A Major Project of the National Natural Science Foundation of China
(Supported by the National Natural Science Foundation of China,
the Chinese Academy of Sciences, and the Ministry of Science and Technology of China)

Science Press
Beijing

《中国地衣志》第 20 卷

著 者 名 单

陈健斌：本卷总论；专论中雪花衣属、哑铃孢属、外蜈蚣叶属和大孢衣属地衣的编前研究；引证标本的核查；各地区蜈蚣衣科地衣名录汇编，全卷编写；地衣体及微形态照片的拍摄 (10 张照片除外)

胡光荣：黑囊基衣属、蜈蚣衣属、黑蜈蚣叶属、大孢衣属和黑盘衣属地衣的分类学研究和初稿编写

杨美霞：黑盘衣属中 6 个种的分类学研究及其初稿编写与拍照

AUTHORS

Chen Jianbin (Chen JB): The general introduction; taxonomic study of the genera *Anaptychia*, *Heterodermia*, *Hyperphyscia* and *Physconia*; check of the specimens cited; compilation of the whole volume; taking photos (except 10 photos)

Hu Guangrong (Hu GR): A taxonomic study of the genera *Dirinaria*, *Phaeophyscia*, *Physcia*, *Physconia*, and *Pyxine*

Yang Meixia (Yang MX): A taxonomic study of 6 species in the genus *Pyxine*, and taking photos

中国孢子植物志第五届编委名单

序

中国孢子植物志是非维管束孢子植物志，分《中国海藻志》、《中国淡水藻志》、《中国真菌志》、《中国地衣志》及《中国苔藓志》五部分。中国孢子植物志是在系统生物学原理与方法的指导下对中国孢子植物进行考察、收集和分类的研究成果；是生物物种多样性研究的主要内容；是物种保护的重要依据，对人类活动与环境甚至全球变化都有不可分割的联系。

中国孢子植物志是我国孢子植物物种数量、形态特征、生理生化性状、地理分布及其与人类关系等方面的综合信息库；是我国生物资源开发利用、科学研究与教学的重要参考文献。

我国气候条件复杂，山河纵横，湖泊星布，海域辽阔，陆生和水生孢子植物资源极其丰富。中国孢子植物分类工作的发展和中国孢子植物志的陆续出版，必将为我国开发利用孢子植物资源和促进学科发展发挥积极作用。

随着科学技术的进步，我国孢子植物分类工作在广度和深度方面将有更大的发展，对于这部著作也将不断补充、修订和提高。

中国科学院中国孢子植物志编辑委员会

1984年10月 • 北京

中国孢子植物志总序

中国孢子植物志是由《中国海藻志》、《中国淡水藻志》、《中国真菌志》、《中国地衣志》及《中国苔藓志》所组成。至于维管束孢子植物蕨类未被包括在中国孢子植物志之内，是因为它早先已被纳入《中国植物志》计划之内。为了将上述未被纳入《中国植物志》计划之内的藻类、真菌、地衣及苔藓植物纳入中国生物志计划之内，出席1972年中国科学院计划工作会议的孢子植物学工作者提出筹建“中国孢子植物志编辑委员会”的倡议。该倡议经中国科学院领导批准后，“中国孢子植物志编辑委员会”的筹建工作随之启动，并于1973年在广州召开的《中国植物志》、《中国动物志》和中国孢子植物志工作会议上正式成立。自那时起，中国孢子植物志一直在“中国孢子植物志编辑委员会”统一主持下编辑出版。

孢子植物在系统演化上虽然并非单一的自然类群，但是，这并不妨碍在全国统一组织和协调下进行孢子植物志的编写和出版。

随着科学技术的飞速发展，人们关于真菌的知识日益深入的今天，黏菌与卵菌已被从真菌界中分出，分别归隶于原生动物界和管毛生物界。但是，长期以来，由于它们一直被当作真菌由国内外真菌学家进行研究；而且，在“中国孢子植物志编辑委员会”成立时已将黏菌与卵菌纳入中国孢子植物志之一的《中国真菌志》计划之内并陆续出版，因此，沿用包括黏菌与卵菌在内的《中国真菌志》广义名称是必要的。

自“中国孢子植物志编辑委员会”于1973年成立以后，作为“三志”的组成部分，中国孢子植物志的编研工作由中国科学院资助；自1982年起，国家自然科学基金委员会参与部分资助；自1993年以来，作为国家自然科学基金委员会重大项目，在国家基金委资助下，中国科学院及科技部参与部分资助，中国孢子植物志的编辑出版工作不断取得重要进展。

中国孢子植物志是记述我国孢子植物物种的形态、解剖、生态、地理分布及其与人类关系等方面的大型系列著作，是我国孢子植物物种多样性的重要研究成果，是我国孢子植物资源的综合信息库，是我国生物资源开发利用、科学研究与教学的重要参考文献。

我国气候条件复杂，山河纵横，湖泊星布，海域辽阔，陆生与水生孢子植物物种多样性极其丰富。中国孢子植物志的陆续出版，必将为我国孢子植物资源的开发利用，为我国孢子植物科学的发展发挥积极作用。

中国科学院中国孢子植物志编辑委员会

主编　曾呈奎

2000年3月　北京

Foreword of the Cryptogamic Flora of China

Cryptogamic Flora of China is composed of *Flora Algarum Marinarum Sinicarum*, *Flora Algarum Sinicarum Aquae Dulcis*, *Flora Fungorum Sinicorum*, *Flora Lichenum Sinicorum*, and *Flora Bryophytorum Sinicorum*, edited and published under the direction of the Editorial Committee of the Cryptogamic Flora of China, Chinese Academy of Sciences(CAS). It also serves as a comprehensive information bank of Chinese cryptogamic resources.

Cryptogams are not a single natural group from a phylogenetic point of view which, however, does not present an obstacle to the editing and publication of the Cryptogamic Flora of China by a coordinated, nationwide organization. The Cryptogamic Flora of China is restricted to non-vascular cryptogams including the bryophytes, algae, fungi, and lichens. The ferns, a group of vascular cryptogams, were earlier included in the plan of *Flora of China*, and are not taken into consideration here. In order to bring the above groups into the plan of Fauna and Flora of China, some leading scientists on cryptogams, who were attending a working meeting of CAS in Beijing in July 1972, proposed to establish the Editorial Committee of the Cryptogamic Flora of China. The proposal was approved later by the CAS. The committee was formally established in the working conference of Fauna and Flora of China, including cryptogams, held by CAS in Guangzhou in March 1973.

Although myxomycetes and oomycetes do not belong to the Kingdom of Fungi in modern treatments, they have long been studied by mycologists. *Flora Fungorum Sinicorum* volumes including myxomycetes and oomycetes have been published, retaining for *Flora Fungorum Sinicorum* the traditional meaning of the term fungi.

Since the establishment of the editorial committee in 1973, compilation of Cryptogamic Flora of China and related studies have been supported financially by the CAS. The National Natural Science Foundation of China has taken an important part of the financial support since 1982. Under the direction of the committee, progress has been made in compilation and study of Cryptogamic Flora of China by organizing and coordinating the main research institutions and universities all over the country. Since 1993, study and compilation of the Chinese fauna, flora, and cryptogamic flora have become one of the key state projects of the National Natural Science Foundation with the combined support of the CAS and the National Science and Technology Ministry.

Cryptogamic Flora of China derives its results from the investigations, collections, and classification of Chinese cryptogams by using theories and methods of systematic and evolutionary biology as its guide. It is the summary of study on species diversity of cryptogams and provides important data for species protection. It is closely connected with human activities, environmental changes and even global changes. Cryptogamic Flora of

China is a comprehensive information bank concerning morphology，anatomy，physiology，biochemistry，ecology，and phytogeographical distribution. It includes a series of special monographs for using the biological resources in China，for scientific research，and for teaching.

China has complicated weather conditions，with a crisscross network of mountains and rivers，lakes of all sizes，and an extensive sea area. China is rich in terrestrial and aquatic cryptogamic resources. The development of taxonomic studies of cryptogams and the publication of Cryptogamic Flora of China in concert will play an active role in exploration and utilization of the cryptogamic resources of China and in promoting the development of cryptogamic studies in China.

C. K. Tseng
Editor-in-Chief
The Editorial Committee of the Cryptogamic Flora of China
Chinese Academy of Sciences
March，2000 in Beijing

《中国地衣志》序

基于物种多样性研究的《中国地衣志》编研是中国地衣研究史中的重大事件，也是中国地衣资源研究与开发的基础。

生物多样性是指生存于地球生物圈多样性生态系统中的，含有多样性基因的物种多样性。《中国地衣志》是中国地衣物种综合信息库，是演化系统生物学中物种信息（分类学论著）、物种原型（馆藏标本）和物种培养物（菌种库）三大信息与资源存取系统之一，是中国孢子植物志中的《中国海藻志》、《中国淡水藻志》、《中国真菌志》、《中国地衣志》和《中国苔藓志》五志的组成部分。

虽然真菌和地衣属于真菌界，而非植物界，但是，由于上述五类生物一直未被纳入任何生物志的编研计划，因此，为了启动上述五类生物志的编研工作，根据它们都产生孢子的共性，组建了中国科学院孢子植物志编辑委员会，以主持上述五类生物志的编研工作。

中国孢子植物五志是在国家自然科学基金委员会、科技部和中国科学院的经费资助下，由“中国科学院中国孢子植物志编辑委员会”主持下进行的编研工作。所谓编研是指对中国孢子植物物种多样性进行研究的基础上进行中国孢子植物五志的编写。

中国地衣研究经历了四个历史时期，即本草时期、传统分类学时期、综合分类学时期及演化系统生物学时期。

第一，本草时期相当于林奈前时期，从公元前500年至18世纪中叶。中国古代文献《诗经》就有关于“女萝”（松萝）的记载。在唐代，即公元618～907年，甄泉在《药性本草》中便有“松萝”、“石蕊”的记载。著名的中国本草植物学巨匠李时珍190万字的巨著《本草纲目》于1578年开始分50卷问世。全卷含本草及其他药物计1892种，其中374种由该巨著作者所发现。有关地衣的记载为四种，即“石蕊”（21卷19页）、“地衣草”（21卷20页）、“石耳”（28卷31页）及“松萝”（37卷12页）。

根据李时珍的描述，“蒙顶茶”可能是“石蕊”的别名。“地衣草”的别名“仰天皮”可能是指地衣中的“地卷”或“肺衣”，也可能是苔类的“地钱”。而本草中的“石耳”可能是民间当作山珍的“庐山石耳”或称为美味石耳。至于《本草纲目》中的“垣衣”和“屋游”则更可能是指藓类植物（21卷20页）。

在清代，由赵学敏所著的《本草纲目拾遗》于1765年问世。该书作者关于“雪茶”（6卷251页）的描述是我国古代文献中有关地衣描述的最佳典范：“出滇南，色白，久则微黄……雪茶出云南永善县，其地山高积雪，入夏不消，雪中生此，本非茶类，乃天生一种草芽，土人采得炒焙，以其似茶，故名。其色白，故曰雪茶。”而“色白，久则微黄”一语，确切的显示出作者所指者实为地茶 [*Thamnolia vermicularis* (Sw.) Ach. ex Schaer.]，而非雪茶 [*Th. subuliformis* (Ehrh.) Culb.]。在我国古代文献中关于其他地衣的描述虽不如关于"雪茶"那样精辟，难以辨其为何种，但可识其大类。总之，我们祖先早在古代就已将地衣作为草药而对人民健康作出过贡献。

第二，传统分类学时期，相当于林奈后时期，从18世纪中叶至20世纪下叶。在这一时期的前半段，关于中国地衣的采集和研究，主要是由外国人进行的，如欧洲的瑞典、意大利、奥地利、英国、法国、德国、俄国、芬兰，以及亚洲的日本和美洲的美国植物学家。第一个来中国进行地衣采集的外国人为瑞典的奥斯别克 (P. Osbeck)。

林奈在他的第一版《植物种志》(1753) 中共描述了"37"种植物是1752年由奥斯别克提供的中国标本；但是，其中没有地衣。后来，奥斯别克将采自中国的一种地衣不合格地发表为 "*Lichen chinensis*" (P. Osbeck, 1757:221, see Hawksworth, 2004)。该不合格发表的名称实际上代表的正是现在广为人知的大叶梅[*Parmotrema tinctorum* (Dilese ex Nyl.) Hale]。

此后经过了约80年，自19世纪30年代 (1830年) 至20世纪50年代 (1950年) 有30多位欧洲人和日本人采集过中国地衣标本。

在19世纪，意大利的吉拉底 (G. Giraldi，1891～1898) 在陕西秦岭进行过植物标本采集 (崔，李，1964；戴，1979)，其中19种地衣由巴罗尼 (E. Baroni, 1894) 研究发表；199种地衣包括11个新种由亚塔 (Jatta, 1902) 研究发表。法国人戴拉维 (Abbe Delavay) 于1882～1892年采自滇西北的地衣标本由Hue于1885年定名为51种，包括新种8个，于1887年以"云南地衣"为题发表。同一作者于1889年以同一题名又发表了戴拉维于1886～1887年所采的88种地衣，含5个新种。戴拉维于1888～1892年所采集的其余中国地衣标本是Hue分别于1898年、1899年、1900年及1901年以"欧洲以外的地衣"为题所发表的。这些地衣标本被保存于巴黎自然历史博物馆孢子植物实验室(PC)，部分副份保存于芬兰土尔库大学标本馆(TUR)。

20世纪初叶，奥地利维也纳大学的植物学家罕德尔-马泽梯 (Handel-Mazzetti) 作为奥地利科学院来华考察队成员从云南、四川和其他省区采集了约850份地衣标本。这些标本由扎尔布鲁克奈尔 (Zahlburckner) 定名为430种，包括4个新属和219个新种，于1930年在罕德尔-马泽梯主编的《中国植物志要》第三卷以"地衣"为题发表。文中所引用的标本除了主要由罕德尔-马泽梯所采集以外，还有钟心煊 (1929) 采自福建的129份地衣标本；由洛克 (Rock) 采自云南，史密斯 (Smith) 采自四川、云南的部分标本；以及部分引自当时文献的种类，计有717种，分隶于117属。此外，由福勒 (Faurie, 1909) 及其他人采自我国台湾省的地衣标本由扎尔布鲁克奈尔定名为268种，内含112个新的分类群，于1933年发表。以瑞典海登 (Hedin) 为首的"中亚科学考察队"于1927～1935年在中国西北地区进行了考察。其中的地衣标本主要是由包林 (Bohlin) 于1930～1932年在青海和甘肃，以及休梅 (Hummel) 于1928～1930年在新疆及甘肃所采集。此外，由诺莱 (Norin) 所采集的生有地衣的部分地质岩石标本也作为地衣标本保存在瑞典斯德哥尔摩自然历史博物馆。所有这些地衣标本均由马格努松 (Magnusson) 定名后作为考察队出版物植物学组成部分以"中亚的地衣"分两册 (第13号1940和第22号1944) 予以发表。这两部出版物共记载地衣245种，其中新种142个。

中国植物学家采集并研究中国地衣主要是从20世纪20年代末至30年代初开始的。钱崇澍于1932年发表了《南京钟山岩石植被》一文，内含15个地衣分类群。这些地衣标本是由美国地衣学家普利特 (Plitt) 所定名的。这是中国植物学家所发表的第一篇关于中国地衣研究的论文。三年后，朱彦承 (1935) 以他自己定名的标本为基础发表了《中国地衣初步研究》一文。文中报道了 39 种，13 变种。时隔 23 年之后，陆定安 (1958，1959) 发表了《中国地衣札记 1，地卷属》。此后，便有更多的中国地衣学家开始研究中国地衣，并陆续发表大量研究的论文，从而开始了中国人研究中国地衣的新时期。

第三，综合分类学时期是以形态学—生物地理学—化学相结合的中国地衣分类研究为特点。在传统分类学时期虽然也使用显色反应进行地衣化学测定，但是，比较精确的显微重结晶检验法 (MCT) 和灵敏度较高的薄层色谱法 (TCL) 在中国地衣分类研究中的使用及推广则开始于 20 世纪 80 年代初。《西藏地衣》的出版 (魏江春和姜玉梅，1986) 是这一时期开始的标志。

第四，演化系统生物学时期是在表型与基因型相结合中探讨地衣型真菌在生物演化系统中的地位。20 世纪 80 年代末和 90 年代初，分子生物学“聚合酶链反应”(PCR) 技术的发明为这一时期的兴起创造了条件。表型组、基因组与环境组相结合的综合分析必将是演化系统生物学的发展方向。

“中国科学院中国孢子植物志编辑委员会” 于 1973 年成立以后，《中国地衣志》的编前研究便陆续启动。为了配合《中国地衣志》的编前研究和在研究基础上的编写，我们于 1973 年着手《中国地衣综览》的编著工作，并于 1991 年正式出版，目前正在进行第二版的修订工作。

如果说 20 世纪 30 年代是中国人研究中国地衣的开端，那么，《中国地衣志》的编前研究和在研究基础上的编写就是中国地衣学研究中的里程碑。而 21 世纪将是以年轻的地衣学家为主力的中国地衣学发展时期。

中国科学院中国孢子植物志编辑委员会
主编 魏江春
2010 年 12 月 26 日
2013 年 10 月 9 日修订
北京

Foreword of Flora Lichenum Sinicorum

The compilation of the *Flora Lichenum Sinicorum* based on the research into the lichen species diversity is an important event in the history of the lichen study in China, and also the basis of the R & D of their resources.

The biodiversity refers to the species diversity containing genetic diversity in the ecosystem diversity of the biosphere in the nature. The *Flora Lichenum Sinicorum* is a comprehensive information bank of the lichen species from China, one of the three information and resource storage and retrieval systems, such as species information (publications of taxonomy), species prototype (collections in herbaria), and species culture collection, and one of the "*Cryptogamic Flora of China*", which contains five parts: *Flora Algarum Marinarum Sinicarum, Flora Algarum Sinicarum Aquae Dulcis, Flora Fungorum Sinicorum, Flora Lichenum Sinicorum*, and *Flora Bryophytorum Sinicorum.*

Although the fungi and lichens belong to the kingdom Fungi, not to Plantae, and the compilation of flora for the above-mentioned five organisms had not been carried out due to be not included in the programme of the compilation of fauna and flora in China. In order to launch the compilation of the flora of above-mentioned five organisms based on producing spores in common as the cryptogamic flora in China, "The Editorial Committee of the Cryptogamic Flora of China, Chinese Academy of Sciences" (ECCFC,CAS) was organized in 1973 for managing the compilation of above-mentioned five floras.

The compilation of the "*Cryptogamic Flora of China*" based on the research into their species diversity has been being financially supported by the National Natural Science Foundation of China, the National Science and Technlolgy Ministry, and the Chinese Academy of Sciences, and managed by the ECCFC, CAS.

The lichen study in China can be divided into the following four periods: the period of herbs, the period of traditional taxonomy, the period of comprehensive taxonomy, and the period of evolutionary systematic biology.

The first period of herbs corresponds to the pre Linnean period from more than 500 years BC to the mid-18th century. The lichen "nüluo" (i.e. *Usnea* spp.) was reported in the Chinese ancient literature "shijing" (A book of songs). In the Tang Dynasty from 618 to 907 AD, Zhen Quan reported the lichen "Song Luo" (*Usnea* spp.) and "Shirui" (*Cladonia* spp.) in his book "Yao xing ben cao" (Materia Medica). A monumental work on Chinese medicinal herbs "Bencao gangmu" (Compendium of Materia Medica) in 50 volumes were published by the famous Chinese medico-botanist Li Shi-Zhen in 1578. The work contains 1892 kinds of medicinal herbs and other kinds of Materia Medica. Among them 374 kinds were discovered by the author himself. Four kinds of lichens were recorded in volume 21 of the

"Compendium", i.e. "Shi Rui" (*Cladonia* spp., p.19), "Di Yi Cao" (p.20), "Shi Er" (*Umbilicaria* spp., p.31) in volume 28, and "Song Luo" (*Usnea* spp.,p.12) in volume 37.

According to the descriptions made by Li Shi-Zhen, "Meng Ding Cha" may be a synonym of the "Shi Rui" (*Cladonia* spp.). The "Yang Tian Pi", a synonym of "Di Yi Cao", maybe refers to the lichens *Peltigera* spp. or *Lobaria* spp., or even the liverwords *Marchantia* spp. The "Shi Er", can be considered as *Umbilicaria* spp. As to the "Yuan-yi" and "Wuyou", it maybe refers to some mosses rather than lichens (vol.21, p.20).

In the Qing Dynasty, a book "Ben Cao Gang Mu Shi Yi" (Supplement to Compendium of Materia Medica) was published by Zhao Xue-min in 1765. The description of the lichen "Xue Cha" (snow tea) given by Zhao Xue-min in his book (vol.6, p.251) is "Xue Cha is growing on the snowy ground of Li Jiang in Yunnan province. It is of white color, sweet taste. In the course of time after collection the Xue Cha is able to become yellowish color." According to this description it is easy to recognize the lichen in question as *Thamnolia vermicularis* (Sw.) Ach. ex Schaer. rather than *Thamnolia subuliformis* (Ehrh.) Culb.

In the pre-Linnean period the authors of ancient Chinese literature furnished many valuable records of Chinese lichens which were used for the clinical applications in the Chinese traditional medicine.

The second period of traditional taxonomy corresponds to the post-Linnean era from the mid-18th century to the later 20th century. In the first half of this period, Chinese lichens were collected and studied mainly by the foreign botanists, such as Europeans, including Swedish, Italian, Austrian, British, French, German, Russian, Finnish and also Japanese and Americans. The first foreign collector of the Chinese lichens was Swedish botanist P. Osbeck, who reported an invalid name *Lichen chinensis* Osbeck (Bretschneiser, 1898)= *Parmotrema tinctorum* (Dilese ex Nyl.) Hale.

In the early 1930s, Chinese botanists began study on Chinese lichens. "Vegetation of the rocky ridge of Chung shan, Nanking" published by Chien Sung-shu in 1932. This paper was the first publication concerning 15 taxa of Chinese lichens. The lichen collections cited in Chien's paper were identified by the lichenologist C. C. Plitt from the United States. Three years later, "Note preliminaire sur les lichens de Chine" containing 39 species with 13 varieties was published by Tchou Yen-tch'eng (1935). The lichen specimens cited in Tchou's paper were identified by the author himself. About 23 years later, Lu Ding-an (1958) published his first paper under the heading of "Notes on Chinese lichens, 1. Peltigera". From that time, more and more Chinese lichenologists start to study the Chinese lichens and have published a series of papers.

The third period of comprehensive taxonomy began with the use of chemotaxonomy in addition to morphological and biogeographical methods for lichen taxonomy in the 1970s. In the late 1970s microcrystal tests (MCT) were performed under the methods described by Asahina (1936~1940). Thin-layer chromatograpy (TLC) was used for the Chinese lichens in the early 1980s. The "Lichens of Xizang" (Wei and Jiang, 1986) marked the beginning of this period.

The fourth period of evolutionary systematic biology is characterized by an ability to grope for evolutionary systematic positions of lichen-forming fungi in combination of phenotype with genotype. In the beginning of the eighties and nineties of the 20th century, the invention of the molecular biotechnique "polymerase chain reaction" (PCR) provided the possibility for the rising of this period. The comprehensive analysis in combination of the phenome with genome and envirome must be the research direction of evolutionary systematic biology for the future.

We started on the research before compilation of the *Flora Lichenum Sinicorum* after "The Editorial Committee of the Cryptogamic Flora of China, Chinese Academy of Sciences" was established in 1973. In order to provide the references for the compilation of the *Flora Lichenum Sinicorum* I started to work on *An Enumeration of Lichens in China*, which was published in 1991, and now it is being revised for the second edition.

The thirties of the 20th century were the beginning of the lichen research from China made by the Chinese botanists, and the start of the *Flora Lichenum Sinicorum* is the milestone in the lichenological progress in China. The lichenology in China during the 21th century is carried out by the young Chinese lichenologists.

J.C. Wei
Editor-in-Chief
The Editorial Committee of the Cryptogamic Flora of China
Chinese Academy of Sciences
December 26,2010
October 9, 2013.revised
Beijing

前　言

蜈蚣衣科 Physciaceae 地衣是地衣区系的重要组成部分，具有较大的应用潜力。蜈蚣衣科包括的属有传统概念与现代概念之分。传统概念的蜈蚣衣科包括广义雪花衣属 *Anaptychia* s. lat.、广义蜈蚣衣属 *Physcia* s. lat.、黑盘衣属 *Pyxine* 等属地衣。它们的生长型为叶状，只有少数为亚枝状。现代概念的蜈蚣衣科包括有传统概念的蜈蚣衣科以及微型类群的黑瘤盘衣科 Buelliaceae 地衣。本卷蜈蚣衣科只包括蜈蚣衣科传统概念的有关属而不涉及微型类群。虽然第 10 版《真菌辞典》(Kirk et al., 2008) 将黑囊基衣属 *Dirinaria* 和黑盘衣属 *Pyxine* 置于粉衣科 Caliciaceae，但本卷仍包括有这两个属的内容。

本卷记载中国蜈蚣衣科地衣 8 属 108 种 2 变种。提供了分属、分种检索表；给出了每种的正名、基原异名以及中国地衣学文献中出现和使用过的异名及其主要参考文献；每种有形态特征、地衣化学、分布等描述和记载以及相关讨论。引证的标本 3000 余份，涉及全国 30 个省、自治区、直辖市。有文献记载未见相关标本而未确定的分类单位 28 个。对未确定的种给予了特征提要、记载人及其文献信息，以做参考。

本卷记述的中国蜈蚣衣科地衣主要是中国大陆的有关地衣，只有极少数种涉及中国台湾和香港的标本。台湾和香港的蜈蚣类地衣可从“中国各地区蜈蚣衣科地衣名录”中得知。

本卷根据研究引证的标本产地以及文献资料整理汇集成“中国各地区蜈蚣衣科地衣名录”，从中可以得知各地区蜈蚣衣科地衣中哪些种是本卷记载的，哪些种只是文献记载的，哪些种本卷和文献均有记载，为研究中国各地区的地衣区系提供参考。

对于某些术语、符号的使用以及标本采集号和馆藏号等一些共性问题，在“说明”中予以统一解释。

中国地衣志蜈蚣衣科的编研与出版得到了有关主管部门的支持和同仁的帮助，在“致谢”部分专门表达我们的衷心感谢。

中国蜈蚣衣科地衣研究虽然取得了阶段性重要研究成果，但从广度与深度方面都有大量工作需要继续努力去做。我们坚信：青出于蓝而胜于蓝。

陈健斌

2021 年 1 月

致　谢

衷心感谢国家自然科学基金委员会、中国孢子植物志编辑委员会和国家科学技术学术著作出版基金委员会对本卷的编研与出版给予的资助与支持。

衷心感谢魏江春院士多年来对我们在地衣研究与地衣志编研工作中的鼓励与支持。

衷心感谢标本室的邓红女士在地衣标本入库和查阅中给予的帮助。

衷心感谢前人在蜈蚣衣科地衣研究中积累的资料；衷心感谢众多采集人收集的大量标本。本卷引证标本的采集人约有 45 位。其中尤为突出的有赵继鼎、徐连旺、魏江春、王先业、苏京军、肖勰、陈锡龄、赵从福、姜玉梅。

衷心感谢陈锡龄教授提供的东北地区的有关标本以及阿不都拉·阿巴斯教授提供的新疆地区的某些标本。

衷心感谢王大鹏在攻读硕士学位期间对雪花衣属和哑铃孢属地衣进行的部分研究。

衷心感谢贾泽峰博士、魏鑫丽博士、郭威女士在某些标本切片观察或照片计算机处理方面给予的帮助。

说　明

1. 本卷内容：本卷蜈蚣衣科只包括蜈蚣衣科传统概念的有关属而不涉及微型地衣类群。虽然第 10 版《真菌辞典》(Kirk et al.，2008) 将黑囊基衣属 *Dirinaria* 和黑盘衣属 *Pyxine* 置于粉衣科 Caliciaceae，但本卷仍包括这两个属的内容。

2. 皮层组织：地衣的组织是由菌丝构成的假组织。中国学者所称的假薄壁组织、假厚壁组织、假长轴组织、疏丝组织、密丝组织等术语中，只有假薄壁组织的概念是明确的。Moberg (1977) 指出，菌丝组织的术语非常混乱 (highly confusing)。本卷按 Moberg (1977) 使用的有关外文术语，其汉语翻译有个别调整和改动。

3. 分类单位与居群：国人常将 "taxon" 译为 "分类单元"、"分类单位" 或 "分类群"，本卷采用 "分类单位"。组成物种的 "population" 在生物学中常译为 "种群"、"群体" 或 "居群" 等，钟补求教授曾认为 "种群" 易与 "group of species" 相混淆，应译为"聚居群"，本卷使用"居群"。

4. 学名：一个分类单位的正确名称的使用有时因作者观点不同而不同。本卷尚未接受 Mongkolsuk 等 (2015) 将哑铃孢属 *Heterodermia* 分为 *Heterodermia* (s. str.)、*Leucodermia* 和 *Polyblastidium* 3 个属的观点，仍采用 Poelt (1965) 的哑铃孢属概念。本卷采纳 Moberg (1977) 关于黑蜈蚣叶属 *Phaeophyscia* 的概念，将 Esslinger (1986) 建立的 *Physciella* Essl.视为 *Phaeophyscia* Moberg 的异名。

5. 异名：由于研究工作的不断深入，导致同模异名 (homotypic synonym) 以及异模异名 (heterotypic synonym) 逐渐增多。有的种异名繁多，本卷中每种正名下只列出基原异名和中国地衣学文献中出现和使用过的异名。

6. 文献引证：在正名与异名下均引证命名人及其文献；若同一分类单位、同一名称在中国有众多不同作者报道，在正名和异名下引证一些主要作者及其相关文献。

7. 恒等号 "≡" 和等号 "="：学名的基原异名用恒等号表示，其他有关的同模异名紧接基原异名及其文献后，彼此用破折号连接；异模异名用等号表示，异名中的同模异名彼此用破折号连接。

8. 采集号与标本馆藏号：标本采集号紧跟采集人后面。在标本采集号后面的括号内若无特别说明则为中国科学院微生物研究所菌物标本馆-地衣部 (HMSA-L) 的标本馆藏号。为节省篇幅，从第 2 次及以后出现的同类括号内则省略 "HMSA-L"，直接列出馆藏号。有时同 1 号标本采集号后面的括号内写出 2 至多个标本馆藏号，这意味着同号标本分成 2 至多份标本，各自有标本馆藏号。有极少数标本保存在其他单位，在标本采集号后面的括号内均有说明。

9. 研究标本的产地 (省、自治区、直辖市) 排列按中国地图出版社出版的《中华人民共和国行政区划》中的顺序。

10. 讨论：在每个种的讨论部分概述该种的重要鉴别特征，与邻近种的异同。有时对某些种的有关命名问题做了必要的说明。根据新近文献资料，对中国地衣学文献中出现的某些分类单位的分类地位作出了修正说明和有关讨论。

11. “未研究种”或“未确定种”：在中国地衣学文献中记载的某些种，由于未见到有关标本而未被研究；也有的种因标本需进一步研究而目前不能确定。因此本卷中这些“未研究种”或“未确定种”是否在中国大陆有分布，目前既不能肯定也不能否定。而排除种“excluded species”是指有关种的标本经过研究后确认是错误鉴定或者其他原因，有关种目前在中国并未发现而应该从中国地衣区系中排除。

12. 名称索引：包括汉名和学名索引。在汉名索引中只包括本研究包括的分类单位和未确定的分类单位的正名，以笔画从少至多排列。在学名索引中，包括本卷中出现的所有分类单位的正名和异名，以字母为序排列。正名使用正体，异名使用斜体。

13. 本卷记述的中国蜈蚣衣科地衣及其分布主要是中国大陆的有关地衣及其分布，以本研究引证的标本产地为依据而不包括某些文献的记载。只有少数种涉及中国台湾和香港的标本。台湾和香港地区的蜈蚣衣科地衣以重要文献为依据，可从“中国各地区蜈蚣衣科地衣名录”中得知。

14. 根据每种引证标本的产地和文献记载，整理汇集成“中国各地区蜈蚣衣科地衣名录”(包括本卷已研究的种以及未确定的种)，为研究各地区地衣区系提供参考。有些地区的种类很少，除生态条件外，还由于采集和收集的标本有限所致。因此，中国蜈蚣衣科地衣研究虽取得阶段性重要研究成果，但从广度与深度上都有大量工作需要继续努力去做。

目　录

总　论

一、蜈蚣衣科的概念与研究历史

1. 蜈蚣衣科的概念与范围

蜈蚣衣科 Physciaceae 隶属于粉衣目 Caliciales、茶渍纲 Lecanoromycetes、子囊菌门 Ascomycota、真菌界 Fungi。本科地衣最显著的特征是子囊孢子为褐色，多为双胞，常厚壁，少数薄壁。由于蜈蚣衣科 Physciaceae 与粉衣科 Caliciaceae 地衣的关系密切，蜈蚣衣科中的某些属不时地被纳入粉衣科，因此该科包括的属与种的数目处于动态变化之中。根据第 10 版《真菌辞典》(Kirk et al., 2008)，蜈蚣衣科包括 17 属 500 余种。最新的统计数据蜈蚣衣科包括 18 属 630 余种 (Wijayawardene et al., 2020)，是地衣区系的重要组成部分。

蜈蚣衣科 Physciaceae 有传统概念与现代概念之分。在 Zahlbruckner (1926) 的分类系统中，蜈蚣衣科和黑瘤衣科 Buelliaceae 被处理为两个不同的科。当时的蜈蚣衣科包括 3 个属：雪花衣属 *Anaptychia* Körb.、蜈蚣衣属 *Physcia* Michaux 和黑盘衣属 *Pyxine* Fr.。这些属的地衣为叶状地衣，少数种的地衣体亚枝状，而黑瘤衣科 Buelliaceae 则包括黑瘤衣属 *Buellia*、饼干衣属 *Rinodina* 等微型的地衣属，其地衣体为壳状和鳞片状。

Poelt (1965) 阐述了地衣皮层结构、孢子类型和地衣化学在地衣分属中的重要性，重新审视了经典的蜈蚣衣科地衣分类体系，从蜈蚣衣属中分出新属：大孢衣属 *Physconia*。他还指出，雪花衣属 *Anaptychia* 和哑铃孢属 *Heterodermia* 是两个独立属；并接受 Choisy (1950)的观点，承认 *Physciopsis* 为独立属；同时也接受 Clementi (1909) 和 Imshang (1957) 的观点，将黑盘衣属 *Pyxine* 中的 sect. *Dirinaria* 从黑盘衣属分出提升为属，即黑囊基衣属 *Drinaria*。于是，蜈蚣衣科由 *Anaptychia*、*Dirinaria*、*Heterodermia*、*Physcia*、*Physconia*、*Physciopsis*、*Pyxine* 7 属组成。但 Poelt (1965) 的蜈蚣衣科系统仍属于传统概念，承认黑瘤衣科 Buelliaceae 为独立的科。

基于子囊及其孢子的相似性，Poelt (1973) 将黑瘤衣科地衣划归蜈蚣衣科。此时的蜈蚣衣科共包括 14 属。广义的或现代的蜈蚣衣科概念逐渐为地衣学家接受，只是包括的属不断增加和调整 (表 1)。

表 1　不同时期蜈蚣衣科包括的属

Table 1　The genera included in the Physciaceae in diffirent period

Zahlbruckner (1926)	Poelt (1965)	Poelt (1973)	Hafellner et al. (1979)
Anaptychia	*Anaptychia*	*Anaptychia*	*Anaptychia*
		Buellia	*Buellia*

续表

Zahlbruckner (1926)	Poelt (1965)	Poelt (1973)	Hafellner et al. (1979)
		Buelliastrum	(*Catolechia*) ▲
			Dermatiscum
			Dermiscellum
		Dimelaena	*Dimelaena*
		Diploicia	*Diploicia*
	Dirinaria	*Dirinaria*	*Dirinaria*
			(*Encephalographa*) ▲
			(*Epilichen*) ▲
	Heterodermia	*Heterodemria*	*Heterodermia*
		Orphniospora	(*Orphniospora*) ▲
			Phaeorrhiza
Physcia	*Physcia*	*Physcia*	*Physcia*
	Physciopsis	*Physciopsis*	*Hyperphyscia*
	Physconia	*Physconia*	*Physconia*
Pyxine	*Pyxine*	*Pyxine*	*Pyxine*
		Rinodina	*Rinodina*
			Rinodinella
			Santessonia
		Tornabea	*Tornabea*
3 属 (3 genera)	7	14	21 (- 4)

Hawksworth et al. (1995)	Nordin& Mattsson (2001)	Kirk et al. (2008)	Wijayawardene et al. (2020)
Amandinea	*Amandinea* ★		
Anaptychia	*Anaptychia*	*Anaptychia*	*Anaptychia*
Awasthia			
	Australiaena ★		
Buellia	*Buellia* ★		
		Coscinocladium	*Coscinocladium*
		Culbersonia (?)	
Dermatiscum	*Dermatiscum* ★		
Dermiscellum	*Dermiscellum*	*Dermiscellum*	
Dimelaena	*Dimelaena* ★		
Diploicia	*Diploicia* ★		
Diplotomma ★			
Dirinaria	*Dirinaria* ★		
Hafellia	*Hafellia* ★		
Heterodermia	*Heterodermia*	*Heterodermia*	*Heterodermia*
Mobergia	*Mobergia*	*Mobergia*	*Mobergia*

续表

Hawksworth et al. (1995)	Nordin& Mattsson (2001)	Kirk et al. (2008)	Wijayawardene et al. (2020)
		Monerolechia	
Phaeophyscia	*Phaeophyscia*	*Phaeophyscia*	*Phaeophyscia*
Phaeorrhiza	*Phaeorrhiza*	*Phaeorrhiza*	*Phaeorrhiza*
Physcia	*Physcia*	*Physcia*	*Physcia*
		Physciella	*Physciella*
Hyperphyscia	*Hyperphyscia*	*Hyperphyscia*	*Hyperphyscia*
Physconia	*Physconia*	*Physconia*	*Physconia*
Pyxine	*Pyxine* ★		
Redonia	*Redonia*	*Redonia* (?)	
Rinodina	*Rinodina*	*Rinodina*	*Rinodina*
Rinodinella	*Rinodinella*	*Rinodinella*	*Rinodinella*
Santessonia	*Santessonia* ★		
Tornabea	*Tornabea*	*Tornabea*	*Tornabea*
			Kashiwadia
			Oxnerella
			Leucodermia
			Polyblastidium
			Mischoblastia
24 属 (24 genera)	13	15+2? (1?)	18

▲Hafellner 等 (1979) 虽然列出 21 个属名，但他们同时指出，括号内的 4 个属可能不属于蜈蚣衣科。

★11 属被 Kirk 等 (2008) 置于粉衣科 Caliciaceae；蜈蚣衣科包括 17 个属，其中 2 个属地位未定 (？)。

历史上黑盘衣属 *Pyxine* 被提升为科，即 Pyxineaceae (E.M. Fries) Stizenberger (in Ber. Tät. St. Gall. Naturw. Ges.1862: 156, 1862)[as '*Pyxineae*']，这一科名曾得到一定程度的支持和使用，从而出现了蜈蚣衣科 Physciaceae 和黑盘衣科 Pyxineaceae 并存而包括了重复的地衣属名的混乱局面。后来，Hawksworth 和 Eriksson (1988) 提出保留 Physciaceae 科名、拒绝 Pyxineaceae 科名的提议。

近期的分子研究表明，蜈蚣衣科 Physciaceae 与粉衣科 Caliciaceae 关系十分密切 (Wedin et al.，2000，2002；Helms et al.，2003)。蜈蚣衣科中的某些属，如 *Buellia*、*Dimelaena*、*Diploicia*、*Dirinaria*、*Hafellia*、*Pyxine* 等被划入粉衣科。他们还建议蜈蚣衣科与粉衣科合并。由于粉衣科发表在先，Wedin 和 Grube (2002) 提出保留蜈蚣衣科的科名。Lumbsch 和 Huhndorf (2007) 在子囊菌大纲中将这两科合并，将粉衣科处理为蜈蚣衣科的异名。第 10 版《真菌辞典》(Kirk et al.，2008) 没有接受这两个科合并的方案，只将蜈蚣衣科中某些属转入到粉衣科中，蜈蚣衣科地衣包括 17 属。此后在蜈蚣衣科中建立了某些新属：*Kashiwadia* (Kondratyuk et al.，2014a)、*Oxnerella* (Kondratyuk et al.，2014b)。Mongkolsuk 等(2015) 基于表型特征与分子数据，从哑铃孢属 *Heterodermia* 分出 2 个新属：*Leucodermia* 和 *Polyblastidium*。最新资料 (Wijayawardene et al.，2020) 承认蜈蚣衣科地衣包括 18 属。现将不同时期蜈蚣衣科包括的属概括于表 1。

在过去很长的时期内，蜈蚣衣科曾置于茶渍目 Lecanorales。但是 Miadlikowska 等 (2006) 的分子研究以及第 10 版《真菌辞典》 (Kirk et al., 2008) 将蜈蚣衣科置于黄枝衣目。近期的有关研究和数据 (Gaya et al.，2012；Miadlikowska et al.，2014；Wijayawardene et al.，2020) 将蜈蚣衣科置于粉衣目 Caliciales。

2. 蜈蚣衣科有关属的研究简史

在 Zahlbruckner (1926) 的分类系统中，蜈蚣衣科 Physciaceae 和黑瘤衣科 Buelliaceae 被处理为两个不同的科。这一概念一直沿用到 Poelt (1973) 提出这两个科合并成蜈蚣衣科时为止。现将本卷蜈蚣衣科涉及的地衣属的研究历史概述如下。

雪花衣属 Anaptychia Körb. emend. Poelt

雪花衣属由 Körber 于 1848 年首先提出 (*Anaptychia* Körb., Grundr. Krypt.-Kunde: 197, 1848)。早在 1848 年 Körber 提出 *Anaptychia* 之前，已有一些学者记载过本属地衣，只是将其分类单位置于 *Lichen*、*Physcia*、*Parmelia* 等不同的地衣属中。有的作者还使用过 *Lecanora*、*Lobaria* 或 *Prosoma* 等属名包容雪花衣属中的某些种。例如，本属地衣模式种 *Anaptychia ciliaris* (L.) Körb.的基原异名和同模异名：*Lichen ciliaris* L.— *Lobaria ciliaris* (L.) Hoffm — *Borrera ciliaris* (L.) Ach. — *Parmelia ciliaris* (L.) Ach.— *Physcia ciliaris* (L.) DC. —*Anaptychia ciliaris* (L.) Körb.。Kurokawa (1962) 指出，在早期工作中，Linnaeus、Massalongo、Acharius、Taylor 等作出了重要贡献。以后的工作多以区系研究的形式出现，如在南美洲 (Vainio，1890； Lynge，1924)，在欧洲 (Lynge，1916，1935)，在中国大陆 (Zahlbruckner，1930) 和中国台湾 (Zahlbruckner，1933；Sato，1936a，1936b)，在印度和尼泊尔 (Awasthi，1960)。

Kurokawa 于 1957 年开始进行世界范围内广义雪花衣属的研究。在此过程中，他发表过几篇论文报道日本的雪花衣属地衣 (Kurokawa，1959a，1959b，1960a，1960b，1960c，1961)，涉及中国台湾的有关种，并于 1962 年发表了本属地衣文章 *A monograph of the genus Anaptychia* (Kurokawa，1962)。在其文章中，包括他发现的新种在内，共记载本属地衣 79 种及其变种变型 31 个共计 110 个分类单位，为雪花衣属 (广义，即包括当前的哑铃孢属 *Heterodermia*) 地衣研究作出了重大贡献。

在 1848 年 Körber 提出雪花衣属 *Anaptychia* 之前，Hoffmann 于 1790 年已经采用了属名 *Lichenoides*，其中有 1 个种 *Lichenoides ciliaris* 即为现在雪花衣属 *Anaptychia* 的模式种 *Anaptychia ciliaris* (L.) Körber。属名 *Lichenoides* 是一个合格发表的名称，而且在 Körber 提出雪花衣属 *Anaptychia* 之前。但是，属名 *Lichenoides* 自 Hoffmann 时代起，未被实际使用，而 Körber 提出的属名 *Anaptychia* 被长期广泛使用。于是 Kurokawa (1962) 提出 *Anaptychia* 作为保留属名而沿用至今。Kurokawa 的雪花衣属 *Anaptychia* 概念是广义的，包括了哑铃孢属 *Heterodermia* 的种。Poelt (1965) 指出，*Anaptychia* 和 *Heterodermia* 是两个界限分明的独立属。当今，除去哑铃孢属的种外，雪花衣属是一个只包括约 15 种的小属。

哑铃孢属 Heterodermia Trevis. emend. Poelt

Trevisan 于 1868 年提出哑铃孢属 (*Heterodermia* Trevis., Atti Soc Ital. Sci. Nat.11: 613, 1868)，但是在相当长的时期内人们并没有广泛使用这个属名，而是采用了广义的雪花衣属 *Anaptychia* s. lat.概念。例如，在有影响力的分类系统 (Zahlbruckner，1926) 和世界地衣名录 (Zahlbruckner，1931)，以及 Kurokawa (1962) 的文章中使用的都是广义的雪花衣属概念。Poelt (1965) 指出，*Anaptychia* 和 *Heterodermia* 是两个界限分明的独立属。Poelt 的观点很快得到地衣学家的支持，如 Culberson (1966)、Awasthi (1973)、

Swinscow 和 Krog (1976)，以及《真菌辞典》都将雪花衣属和哑铃孢属分开作为两个不同的属。后来 Kurokawa (1998) 承认哑铃孢属 *Heterodermia* 为独立属，并发表了该属地衣名录。

事实上，这两属地衣的表型特征明显不同。首先，雪花衣属地衣的子囊孢子为薄壁型，壁薄而且比较均匀，而哑铃孢属地衣的子囊孢子为厚壁型，内壁在孢子两端和中央横隔附近明显收缩使孢壁加厚似哑铃状；其次，雪花衣属地衣上皮层 K-，不含 atranorin，哑铃孢属地衣上皮层 K+黄色，含有 atranorin。在地理分布上，雪花衣属地衣主要分布于北半球温带或北方植被带，而哑铃孢属地衣广布于热带至温带，多数种出现在南半球。由此可见，基于形态、化学、地理分布等综合特征，雪花衣属与哑铃孢属是两个界限分明的不同属。Lohtander 等 (2008) 的分子系统学研究以及他们引述此前某些学者的有关研究都表明雪花衣属与哑铃孢属不仅是两个不同的属，而且它们的关系并不密切。与雪花衣属关系最密切的是大孢衣属 *Physconia*，它们构成姐妹群。而哑铃孢属与蜈蚣衣属 *Physcia* 的关系较为密切。这一事实再次显示：凡是表型特征界限分明，形态、化学、地理分布有相关性的地衣属通常都得到分子数据的支持。

Mongkolsuk 等 (2015) 基于表型特征与分子系统学数据，从哑铃孢属 *Heterodermia* 中分出两个新属 *Leucodermia* 和 *Polyblastidium*，以及需要进一步研究的 2 个组。我们目前没有采纳将哑铃孢属细分成几个属的观点，仍然采用广义的哑铃孢属概念。

蜈蚣衣属 Physcia (Schreb.) Michaux

Thomson (1963) 曾对蜈蚣衣属的研究历史作过较全面的回顾和论述，随后 Moberg (1977) 做了某些补充。1753 年林奈在植物种志中记载的 *Lichen stellaris* L. (≡*Physcia stellaris*) 是本属地衣的最早记载。Schreber 于 1791 年首次提出名称 *Physcia* 并处理为 *Lichen* sect. *Physcia* Schreber (in Gen. Pl. 2: 768, 1791)，但没有引证具体的种名。直到 19 世纪早期，并没有给 *Physcia* 作为属的地位，其包括的种类通常置于 *Lichen*、*Parmelia* 和 *Squamaria* 等属中。直到 19 世纪下半叶，*Physcia* 作为一个属已为地衣学家公认，只是其中包括了 *Teloschistes*，偶尔还包括了 *Parmelia* 中的某些种。最终由 Vainio 于 1890 年定义了近代意义的蜈蚣衣属概念(Thomson，1963)。此后一些学者对蜈蚣衣属的属下等级有不同的处理方案，如 Du Rietz (1925)、Zahlbruckner (1931)、Lynge (1935)、Thomson (1963) 等，蜈蚣衣属的这些属下等级单位 (表 2) 为后来从广义蜈蚣衣属分出新属奠定了基础。

表 2　不同作者对蜈蚣衣属属下等级的处理

Table 2　The infrageneric divisions of *Physcia* (s. lat.) proposed by some authors

Vainio (1890)*	Du Rietz (1925)*	Zahlbruckner (1931)	Lynge (1935)*	Thomson (1963)
sect. I. *Euphyscia*	sect. *Albida*	sect. *Hypomelaena*	subgen. *Brachysperma*	subgen. *Euphyscia*
A. Albida	sect. *Sordulenta*	(sect. *Dirinaria*)	sect. *Tenella*	sect. *Macrosperma*
B. *Sordulenta*	A. subsect.	sect. *Euphyscia*	sect. *Stellaris*	sect. *Brachysperma*
1. *Brachysperma*	*Brachysperma*	sect. *Tetramelaena*	sect. *Astroidea*	subsect. *Albida*
2. *Macrosperma*	I.ser. *Pulverulentae*	sect. *Hyperphyscia*	sect. *Caesia*	group *Tenelia*
sect. II. *Dirinaria*	II. ser. *Obscurae*		sect. *Tribacia*	group *Stellaris*
	B. subsect.		sect. *Obscura*	group *Astroidea*

续表

Vainio (1890)*	Du Rietz (1925)*	Zahlbruckner (1931)	Lynge (1935)*	Thomson (1963)
	Macrosperma		sect. *Pulverulenta*	group *Caesia*
			subgen. *Macrosperma*	group *Tribacia*
				subsect. *Sordulenta*
				group *Obscura*
				group *Pulverulenta*
				subgen. *Hypomelaena*

*根据 Moberg (1977)。

过去有些作者常将蜈蚣衣属的命名人写为De Candolle (DC)。Moberg (1977) 指出，是 Michaux 首次在属级水平处理蜈蚣衣属：*Physcia* Michx., Fl. Bor.-Amer. 2: 326 (1803)。

从广义蜈蚣衣属分出某些地衣属后，目前世界已知的蜈蚣衣属地衣约有 80 种。

大孢衣属 Physconia Poelt

Poelt (1965) 从蜈蚣衣属中分出一个新属即大孢衣属 *Physconia*。大孢衣属不同于蜈蚣衣属地衣的主要特征是孢子大而壁薄 (Physconia 型)，上皮层 K-，缺乏 atranorin，上表面和盘面通常有明显白色粉霜，除 1 个种外其余所有种的假根为羽状分枝。大孢衣属地衣相当于表 2 中有关作者的蜈蚣衣属下级单位中的 "*Pulverulenta*" 类群。

Poelt (1965) 建立大孢衣属时是以 *Physconia pulverulenta* (Schreb.) Poelt 为模式种。Gunnerbeck 和 Moberg (1979) 指出，*Physconia pulverulenta* (Schreb.) Poelt 是一个多余名 (superfluous name)。由于缺乏合法名称，建立的新种 *Physconia pulverulacea* Moberg 作为大孢衣属 *Physconia* 的后选模式 (lectotype)。后来 Gunnerbeck 等 (1987)提议保留 *Physconia* 属名，以 *Physconia pulverulacea* Moberg 为模式。但是，*Physconia pulverulacea* Moberg 是 *Physconia distorta* 的异名。因此，大孢衣属的模式种是 *Physconia distorta* (With.) J.R. Laundon。

黑蜈蚣叶属 Phaeophyscia Moberg

Moberg (1977) 除强调皮层结构、地衣化学外，还强调分生孢子在地衣分属中的重要性。于是从蜈蚣衣属中再分出一个属：黑蜈蚣叶属 *Phaeophyscia*，包括了原蜈蚣衣属中那些皮层 K-，不含 atranorin，下皮层为假薄壁组织 (paraplectenchyma)，个别为假厚壁长细胞组织(prosoplectenchyma)，分生孢子为椭圆形并小于 4 μm 长的种类。这个属的地衣相当于表 2 中有关研究者的蜈蚣衣属下级单位中的 "*Obscura*" 类群。

Esslinger (1986) 承认黑蜈蚣叶属 *Phaeophyscia*，但他的概念与 Moberg (1977) 的概念稍有不同。于是将蜈蚣衣属中地衣体上皮层 K-，不含 atranorin，下表面为淡白色，下皮层为假厚壁长细胞组织的几个种组建新属 *Physciella* Essl.。本卷采纳 Moberg (1977) 关于黑蜈蚣叶属的概念，将 *Physciella* Essl.视为黑蜈蚣叶属 *Phaeophyscia* Moberg 的异名，将有关种置于黑蜈蚣叶属之中。

外蜈蚣叶属 Hyperphyscia Müll. Arg. (Syn.: *Physciopsis* Choisy)

虽然外蜈蚣叶属建立于 1894 年 (*Hyperphyscia* Müll. Arg., Bull. Herb. Boissier 2, App.1: 10, 1894)，但这个属名过去并未被广泛使用。Zahlbruckner (1931) 将 *Hyperphyscia*

处理为蜈蚣衣属*Physcia*中的1个组 (section) (表2)。而Choisy (1950) 建立的*Physciopsis*得到了 Poelt (1965) 的承认。从此 *Physciopsis* 作为蜈蚣衣科的成员广为地衣学家认可。外蜈蚣叶属 *Hyperphyscia* 地衣的子囊孢子 3 隔 (4 胞)，*Physciopsis* 地衣的子囊孢子 1 隔 (2 胞)。Hafellner 等 (1979) 认为，仅依据子囊孢子 1 隔或 2 隔不足以分成两个属，于是将这两个属合并。根据优先律，*Hyperphyscia* Müll.Arg.为正名，*Physciopsis* Choisy 为异名。该属地衣最显著的特征是分生孢子线形，通常 15-20 μm 长；其次是地衣体紧密着生于基物，几乎缺乏假根和下皮层或不清晰。黑蜈蚣叶属、蜈蚣衣属、大孢衣属、外蜈蚣叶属地衣的主要特征比较概括于表 3。

表 3　黑蜈蚣叶属、蜈蚣衣属、大孢衣属和外蜈蚣叶属的某些特征比较

Table 3　A comparison of some characteristics among the genera *Phaeophysia, Physcia, Physconia* and *Hyperphyscia*

特征	黑蜈蚣叶属 *Phaeophyscia*	蜈蚣衣属 *Physcia*	大孢衣属 *Physconia*	外蜈蚣叶属 *Hyperphyscia*
地衣体	较疏松贴于基物	较疏松贴于基物	较疏松贴于基物	紧密贴于基物
白霜	–	+ 或–	明显 ++	+ 或–
上皮层 K 反应	K-，–atranorin	K+，+atranorin	K-，–atranorin	K-，–atranorin
上皮层结构	假薄壁组织	假薄壁组织	假薄壁组织或假厚壁粘合密丝组织	假薄壁组织
下皮层结构	假薄壁组织，少数假厚壁长细胞组织	假厚壁长细胞组织，少数假薄壁组织	假厚壁长细胞组织或稀少缺乏下皮层	缺乏下皮层或假厚壁长细胞组织
假根	通常不分枝	通常不分枝	羽状分枝	缺乏或稀少
孢子	2 胞，厚壁 Physci 型和 Pachysporaria 型	2 胞，厚壁 Physci 型和 Pachysporaria 型	2 胞，薄壁 Physconia 型	2 胞或 4 胞 Pachysporaria 型
分生孢子	近椭圆，长<4 μm	近柱状，长>4 μm	近柱状，长>4 μm	线形，长通常>15 μm

黑盘衣属 Pyxine Fr. **和黑囊基衣属 Dirinaria** (Tuck.) Clem.

目前黑囊基衣属和黑盘衣属虽然已被转入到粉衣科 Caliciaceae，但本卷仍包括这两个属的内容。

Fries 于 1825 年建立黑盘衣属 (*Pyxine* Fr., Syst. Orb. Veg., Pars 1, 267, 1825)。该属地衣的主要特征是子囊盘黑色，成熟时似网衣型，子实下层褐色，子囊孢子褐色、双胞 (少数 4 胞)。这个属提出后，得到较为广泛的承认。例如，Zahlbruckner (1926) 分类系统中的蜈蚣衣科包括 3 个属，黑盘衣属 *Pyxine* 是其中的 1 个属。不同时期黑盘衣属的概念有所差异，曾一度包括了属于现在的黑囊基衣属 *Dirinaria* 中的种。

历史上黑盘衣属曾经被提升为科，即 Pyxineaceae Stizenb. [as '*Pyxineae*'], Ber. Tät. St Gall. Naturw. Ges.: 156 (1862)。这一科名曾得到一定程度的支持和使用，从而出现了蜈蚣衣科 Physciaceae 和黑盘衣科 Pyxineaceae 并存的混乱局面。Hawksworth 和 Eriksson

(1988) 提出保留 Physciaceae 科名，拒绝 Pyxineaceae 科名的提议。

Nylander 于 1860 年首次将属于现在 *Dirinaria* 的一些分类单位置于蜈蚣衣属内的一个组，但未对这个组作出明确定义。Trevisan 于 1868 年将 *Lichen pictus* (*Dirinaria picta*) 和 *Parmelia confluens* (*Dirinaria confluens*) 置于 *Dimeleana* 属下的 *Hypomeleana* 组中，明确指出这个组地衣的子实下层为黑褐色，子囊孢子为双胞。Bagliette 于 1875 年将上述某些分类单位置于 *Hagenia* Eschw. (nom. illegit.)。Tuckerman 认为这些种类的子实下层为黑褐色，而真正蜈蚣衣属的子实下层是无色或略淡黄色，因此将这些分类单位归于黑盘衣属并建立了 *Pyxine* sect. *Dirinaria* Tuckerman (in Proc. Amer. Acad. Arts. Sci. 12: 166, 1877)。1909 年 Clementi 将 sect. *Dirinaria* 提升为属级水平：*Dirinaria* (Tuck.) Clem., Gen. Fung.: 84, 1909。但当时并未得到广泛支持，许多作者仍将黑囊基衣属 *Dirinaria* 作为一个组或亚属 subgen. *Hypomeleana* 等级置于蜈蚣衣属 (Zahlbrukner，1931；Thomson，1963)，直到 Poelt (1965)承认 *Dirinaria* 作为独立属之后才被广泛接受。Awasthi (1975) 发表了黑囊基衣属地衣文章。

虽然黑囊基衣属 *Dirinaria* 和黑盘衣属 *Pyxine* 地衣的子实下层为褐色或暗褐色，但是黑囊基衣属的地衣缺乏假根和假杯点，而黑盘衣属地衣有假根，通常有假杯点。子实上层 K+紫色是黑盘衣属区别于其他有关地衣属地衣的重要特征之一。

蜈蚣衣科地衣分布比较广泛，是常见的地衣类群和地衣区系的重要组成部分，因此在世界范围内得到了较广泛研究，特别是 Moberg 对世界一些地区有关类群地衣进行了较多的研究。例如，芬诺斯堪的亚 (Fennoscandia) 地区的 *Physcia* 及其邻近属 (Moberg，1977)，东非的 *Phaeophyscia* (Moberg，1983a)，东非的 *Physcia* (Moberg，1986)，东非的 *Hyperphyscia* 和 *Physconia* (Moberg，1987)，欧洲的 *Pyxine* (Moberg，1983b)，中美洲和南美洲的 *Physcia* (Moberg，1990)，南美洲的 *Phaeophyscia* (Moberg，1993) 和 *Heterodermia* (Moberg，2011)，蜈蚣衣科中的某些叶状地衣属的分化 (Moberg，1994)，中国和俄罗斯远东地区的 *Phaeophyscia* (Moberg，1995)，位于美国西南部索诺兰 (Sonnran) 的北美洲最大沙漠地区的 *Physcia* (Moberg，1997) 和 *Heterodermia* (Moberg and Nash，1999)，澳大利亚的 *Physcia* (Moberg，2001)，新西兰的 *Physcia* (Galloway and Moberg，2005)，南非蜈蚣衣科中的某些叶状地衣 (Moberg，2004)，等等。

3. 中国蜈蚣衣科地衣研究历史

马骥 (1981a) 和魏江春 (Wei，1991) 对中国地衣研究史曾作过较全面论述。《中国地衣名录》(马骥，1981b，1983，1984，1985) 收集整理了1980年之前的中国地衣学文献资料，分类单位按拉丁学名字母顺序排列，在每一个名称下列出相关作者及其文献，但是许多名称是现代地衣分类单位的异名。《中国地衣综览》(Wei，1991) 以当时国际地衣学家普遍接受的名称按字母顺序排列，每一正名下列出中国地衣学文献中出现过的异名，但从中并不知道哪些异名是哪位或哪些作者报道过的。为此，本卷将《中国地衣名录》与《中国地衣综览》中的有关地衣部分综合，并核对大部分原始资料，收集新近资料总结成："中外学者报道中国蜈蚣衣科地衣总览" (表4)。表4按年代顺序，列出学者们报道中国狭义蜈蚣衣科地衣种类的名称，若以异名报道的在其名称后的括号内注以正名。于是从表4中可以知道每位作者报道了多少种中国狭义蜈蚣衣科地衣，报道时使用的名称及现在的正名 (异名使用斜体，正名使用正体)。

表 4　中外学者报道中国蜈蚣衣科地衣总览

Table 4　An overview of Physciaceae lichens in China reported by Chinese and foreign scholars

(异名使用斜体，正名使用正体)

作者	年份	分类单位
Seemann	1856	*Parmelia speciosa* (Heterodermia speciosa) (fide J. Ma, 1981a, p.3)
Nylander	1860	*Physcia dispansa* Nyl. (fide Kurokawa,1962, p.29) (Heterodermia diademata)
	1869	*Physcia firmula* (Linds.) Nyl. (fide J. Ma, 1984, 3:107) (Heterodermia firmula)
Krempelhuber	1873 & 1874	Physcia crispa, *Physcia hirtuosa* (Phaeophyscia hirtuosa), *Physcia picta* (Dirinaria picta), Pyxine cocoes
Rabenhorst	1873	Physcia crispa, *Physcia hirtuosa* (Phaeophysica hirtuosa), *Physcia picta* (Dirinaria picta), Pyxine cocoes
Nylander & Crombie	1883	*Physcia ciliaris* (Anaptychia ciliaris), *Physcia picta* & *Physcia picta* f. *soredifera* (Dirinaria picta), *Physcia setosa* (Phaephyscia hispidula), Physcia stellaris, *Physcia adglutinata* (Hyperphyscia adglutinata)
Hue	1887	*Physcia barbifera* (Heterodermia barbifera), *Physcia leucomela* var. *angustifolia* (Heterodermia leucomelos), *Physcia setosa* (Phaeophyscia hispidula or Phaeophyscia primaria)
Hue	1889	*Physcia firmula* (Heterodermia firmula), *Physcia leucomela* var. *angustifolia* (Heterodermia leucomelos), *Physcia astroidea* (Physcia clementi), *Physcia endococcina* (Phaeohpyscia endococcina), *Physcia hypoleuca* (Heterodermia hypoleuca), *Physcia ulothrix* (Phaeophyscia ciliata), *Physcia setosa* (Phaeophyscia hispidula or Phaeophyscia primaria), *Physcia speciosa* (Heterodermia speciosa), *Physcia syncolla* (Hyperphyscia syncolla), Pyxine cocoes, Pyxine sorediata
Hue	1890	*Physcia ciliaris* (Anaptychia ciliaris)
	1899	*Physcia ciliaris* (Anaptychia ciliaris), *Pseudophyscia hypoleuca* (Heterodermia hypoleuca)
Hue	1900	*Physcia adglutinata* (Hyperphyscia adglutinata), *Physcia syncolla* (Hyperphyscia syncolla), *Physcia integrata* var. *sorediosa* (Physcia sorediosa), *Physcia obscura* var. *ulothrix* & var. *ulotrichoides* (Phaeophyscia ciliata), *Physcia picta* var. *aegialita* (Dirinaria aegialita), *Physcia setosa* (Phaeophysia hispidula), Physcia stellaris f. melanophthalma, *Physcia trichophora* (Phaeophyscia trichophora), *Pyxine connectens* (Pyxine cocoes), Pyxine endochrysina, *Pyxine endoleuca* (Pyxine petricola), *Pyxine meissneri* (Pyxine berteriana)
Müller Argau	1893	*Anaptychia speciosa* var. *hypoleuca* f. *isidiifera* (Heterodermia hypoleuca) (fide Wei 1991, p. 110)
Baroni	1894	*Physcia speciosa* (Heterodermia speciosa), Physcia caesia
Jatta	1902	*Parmelia ciliaris* & *Parmelia ciliaris* var. *saxicola* (Anaptychia ciliaris), *Parmelia leucomela* var. *angustifolia* (Heterodermia leucomelos), *Parmelia speciosa* (H. speciosa), *Parmelia speciosa* var. *lineariloba* (H. dactyliza), *Parmelia hypoleuca* (H. hypoleuca), *Parmelia hypoleuca* var. *sorediifera* (H. obscurata), *Parmelia pulverulenta* var. *epigata* & *Parmelia pulverulenta* var. *serediantha* (Physconia distorta), *Parmelia pulverulenta* var. *pityrea* (Physconia grisea), *Parmelia detersa* (Physconia detersa), *Parmelia muscigena* (Physconia muscigena), *Parmelia tribacia* (Physcia tribacia), *Parmelia albinea* (Physcia albinea), *Parmelia obscura* var. *chloantha* (Phaeophyscia

作者	年份	分类单位
		chloantha), *Parmelia obscura* var. *virella* (Phaeophyscia orbicularis), *Parmelia ulothrix* (Phaeophyscia ciliata), *Parmelia lithotea* var. *sciastra* (Phaeophyscia sciastra), *Parmelia detonsa* (Anaptychia palmulata), *Parmelia aipolia* (Physcia aipolia), *Parmelia tenella* (Physcia tenella), *Parmelia stenophyllina* (Physcia stenophyllina), *Parmelia caesia* (Physcia caesia), *Parmelia setosa* (Phaeophyscia hispidula)， Pyxine sorediata
Olivier	1904	*Physcia speciosa* var. *hypoleuca* (Heterodermia hypoleuca)
Sasaoka	1919	*Anaptychia leucomelaena* (Heterodermia leucomelos)
Paulson	1925	Physcia phaea, *Physcia pulverulenta* (Physconia distorta)
Paulson	1928	Physcia caesia, *Physcia pulverunlenta* (Physconia distorta), *Physcia setosa* (Phaeophyscia hispidula), *Physcia speciosa* (Heterodermia speciosa)
Harmand	1928	*Anaptychia leucomelaena* var. *multifida* (Heterodermia leucomelos)
Zahlbruckner	1930	Anaptychia ciliaris, *Anaptychia ciliaris* var. *melanosticata* (Anaptychia ciliaris subsp. mamillata), Anaptychia palmulata, *Anaptychia barbifera* (Heterodermia barbifera), *Anaptychia comosa* (Heterodermia comosa), *Anaptychia corallophora* (H. corallophora), *Anaptychia leucomelaena* & *Anaptychia leucomelaena* var. *multifida* (H. leucomelos), *Anaptychia hypoleuca* var. *schaereri* (H. hypoleuca), *Anaptychia hypoleuca* var. *colorata* & var. *sorediifera* (H. obscurata), *Anaptychia podocarpon* (H. podocarpon), *Anaptychia speciosa* & *Anaptychia speciosa* f. *sorediosa* (H. speciosa), *Anaptychia speciosa* f. *endocrocea* (H. firmula), *Anaptychia speciosa* f. *isidiophora* (H. isidiophora), *Anaptychia speciosa* f. *subtremulans* (H. diademata), *Anaptychia speciosa* var. *lineariloba* (H. dactyliza), *Physcia aegialita* (Dirinaria aegialita), *Physcia picta* (Dirinaria picta), *Physcia adglutinata* (Hyperphyscia adglutinata), *Physcia clementiana* (Physcia clementei), *Physcia hirtuosa* (Phaeophyscia hirtuosa), *Physcia hispida* auct. (Physcia tenella), *Physcia integrata* var. *sorediosa* (Physcia sorediosa), *Physcia syncolla* (Hyperphyscia syncolla), Physcia stenophyllina, Physcia crispa, Physcia stellaris, *Physcia subalbinea* (Physcia caesia), Physcia aipolia, Physcia tribacia, Physcia albinea, *Physcia grisea* var. *pityrea* (Physconia grisea), Physcia caesia, *Physcia obscura* var. *chloantha* (Phaeophyscia chloantha), *Physcia lithotea* & var. *sciastra* (Phaeophyscia sciastra), *Physcia muscigena* (Physconia muscigena), Physcia obscura var. ulotrichoides, *Physcia pulverulenta* & *Physcia pulverulenta* var. *epigtata* & *Physcia pulverulenta* var. *serediantha* (Physconia distorta), *Physcia pulverulenta* var. *ciliata* (Phaeophyscia ciliata), *Physcia setosa* (Phaeophyscia hispidula), *Physcia setosa* f. *sulphurascens* (Phaeophyscia sulphurascens), *Physcia setosa* var. *exornatula* (Phaeophyscia exornatula), *Physcia trichophora* (Phaeophyscia trichophora), Physcia teribacia, *Physca virella* (Phaeophyscia orbicularis), Pyxine cocoes, *Pyxine connectens* (Pyxine cocoes), Pyxine endochrysina, *Pyxine endoleuca* (Pyxine petricola), *Pyxine meissneri* (Pyxine berteriana), Pyxine microspora, Pyxine sorediata, *Pyxine subolivacea* (Pyxine limbulata)
Zahlbruckner	1931	*Anaptychia speciosa* var. *cinerascens* f. *dispansa* (Heterodermia diademata), *Physcia hirtuosa* (Phaeophyscia hirtuosa), Physcia stenophyllina, *Pyxine subolivacea* (Pyxine limbulata)
Zahlbruckner	1933	*Anaptychia corallophora* (Heterodermia corallophora), *Anaptychia heterochroa* (Heterodermia obscurata), *Anaptychia hypochracea* (Heterodermia hypochracea), *Anaptychia leucomelaena* & var. *multifida* (H. leucomelos), *Physcia aegialita* (Dirinaria aegialita), *Physcia endococcinea* (Phaeophyscia endococcina), *Physcia imbricata* (Phaeophyscia imbricata), Physcia integrata var. obsessa, *Physcia tentaculata* (Physconia tentaculata), *Physcia picta* (Dirinaria picta), Pyxine cocoes, Pyxine margaritacea, Pyxine sorediata

续表

作者	年份	分类单位
Zahlbruckner	1934	*Anaptychia hypoleuca* (Heterodermia hypoleuca), *Anaptychia leucomelaena* var. *multifida* (Heterodermia leucomelos), *Anaptychia obscurata* (Heterodermia obscurata), *Anaptychia speciosa* var. *cinerascens* f. *dispana* (H. diademata), *Anaptychia speciosa* var. *esorediata* (H. diademata), *Physcia setosa* (Phaeophyscia hispidula), *Pyxine meissneri* (Pyxine berteriana), *Pyxine subolivacea* (Pyxine limbulata)
Chien (钱崇澍)	1932	Physcia stellaris
Tchou (朱彦丞)	1935	Anaptychia ciliaris, *Physcia pulverulenta* (Physconia distorta), *Physcia pulverulenta* var. *pityrea* (Physconia grisea), *Physcia pulverulenta* var. *venusta* (Physconia venusta), *Physcia speciosa* (Heterodermia speciosa), Physcia stellaris, *Physcia stellaris* var. *aipolia* & var. *cercidia* (Physcia aipolia), *Phtscia stellaris* var. *leptalea* (Physcia leptalea)
Sato	1936a, 1936b	*Anaptychia corallophora* (Heterodermia corallophora), *Anaptychia dendritica* var. *japonica* (H. japonica), *Anaptychia heterochroa* (H. obscurata), *Anaptychia heterochroa* var. *fulvescens* (H. flabellata), *Anaptychia leucomelaena* var. *angustifolia* (H. leucomelos), *Anaptychia pseudospeciosa* (H. pseudospeciosa), *Anaptychia podocarpon* (H. podocarpon), *Physcia aegialita* (Dirinaria aegialita), *Physcia picta* (Dirinaria picta), *Physcia endococcinea* (Phaeophyscia endococcinea), *Physcia imbricata* (Phaeophyscia imbricata), *Physcia intrgrata* var. *obsessa* (Physcia alba var. obsessa), Pyxine cocoes, Pyxine margaritacea, Pyxine sorediata
Asahina	1934	*Anaptychia leucomelaena* var. *multifida* (Heterodermia leucomelos)
Magnusson	1940	*Anaptychia leucomelaena* (Heterodermia leucomelos), Physcia adscendens, Physcia caesia, *Physcia kansuensis* (Physconia kansuensis), *Physcia nigricans* var. *sciastrella* (Phaeophyscia nigricans)
	1944	Physcia obscurella
Sasaki	1942	*Physcia aegialita* (Dirinaria aegialita), *Physcia picta* (Dirinaria picta)
Asahina	1943	*Physcia integrata* var. *obsessa* (Physcia alba var. obsessa)
Asahina	1947	*Physcia hirtuosa* (Phaeophyscia hirtuosa), *Physcia nipponica* (Phaeophyscia denigrata)
Asahina	1952	*Physcia melops* (Physcia phaea)
Moreau & Moreau	1951	Anaptychia ciliaris, *Anaptychia ciliaris* var. *saxicola* (Anaptychia ciliaris), *Anaptychia hypoleuca* (Heterodermia hypoleuca), *Anaptychia speciosa* & *Anaptychia speciosa* var. *foliolosa* (Heterodermia speciosa), Anaptychia palmulata, *Physcia setosa* (Phaeophyscia hispidula), *Physcia setosa* f. *japonica* (?), *Physcia obscura* var. *virella* (Phaeophyscia orbicularis), Physcia aipolia, Physcia stellaris, *Physcia hispida* (Physcia tenella), *Physcia farrea* var. *algeriensis* f. *ornata* (Physconia grisea)
Kurokawa	1955	*Anaptychia dendritica* var. *colorata* (Heterodermia obscurata), *Anaptychia dendritica* var. *colorata* f. *esorediosa* (Heterodermia dendritica), *Anaptychia dendritica* var. *colorata* f. *hyporlavescens* (Heterodermia flabellata), *Anaptychia dendritica* var. *japonica* (= Heterodermia japonica)
Kurokawa	1959a, 1959b	*Anaptychia dissecta* var. *koyana* (Heterodermia dissecta var. koyana), *Anaptychia esorediata* f. *condensata* (H. diademata), *Anaptychia esorediata* f. *subimbricata* (H. diademata), *Anaptychia isidiphora* (H. isidiophora), *Anaptychia speciosa* var. *microspora* (H. pseudospeciosa), *Anaptychia pseudospeciosa* (H. pseudospeciosa), *Anaptychia speciosa* (H. speciosa)

作者	年份	分类单位
Kurokawa	1960a,1960b, 1960c	*Anaptychia heterochroa* (Heterodermia obscurata), *Anaptychia fulvescens* var. *rottbollii* (H. flabellata), *Anaptychia dendritica* var. *japonica* (H. japonica), *Anaptychia. ophioglossa* (H. leucomelos), *Anaptychia subheterochorea* (H. dentritica)
Kurokawa	1961	*Anaptychia neolencomelaena* & *Anaptychia squarrosa* (Heterodermia boryi), *Anaptychia lutescens* (Heterodermia lutescens)
Kurokawa	1962	Anaptychia palmulata, Anptychia ulotricoides, *Anaptychia angustiloba* (Heterodermia angustiloba), *Anaptychia comosa* (H. comosa), *Anaptychia dendritica* (.dendritica), *Anaptychia diademata* (H. diademata), *Anaptychia diademata* f. *brachyloba* & f. *condensata* (H. diademata), *Anaptychia dissecta* var. *koyana* (H. dessecta var. koyana), *Anaptychia firmula* (H. firmula), *Anaptychia flabellata* var. *rottbollii* (H. flabellata), *Anaptychia fragilissima* (H. fragilissima), *Anaptychia hypochraea* (H. hypochraea), *Anaptychia hypoleuca* (H. hypoleuca), *Anaptychia incana* (H. incana), *Anaptychia isidiophora* (Heterodermia isidiophora), *Anaptychia leucomelaena* (H. leucomelos), *Anaptychia neoleucomelaena* & *Anaptychia neoleucomelaena* f. *squarrosa* (H. boryi), *Anaptychia obscurata* (H. obscurata), *Anaptychia pandurata* (H. pandurata), *Anaptychia pellucida* (H. pellucida), *Anaptychia podocarpon* (H. podocarpon), *Anaptychia pseudospeciosa* var. *tremulans* (Heterodermia speciosa), *Anaptychia speciosa* (H. speciosa), *Anaptychia speciosa* f. *subtremulans* (H. diademata), *Anaptychia spinulosa* (H. spinulosa), *Anaptychia subascendens* (H. subascendens), *Anaptychia tentaculata* (Physconia tentaculata)
Yoshimura	1974	Anaptychia palmulata, *Anaptychia angustiloba* (Heterodermia angustiloba), *Anaptychia dissecta* (H. dissecta), *Anaptychia hypocaesia* (H. hypocaesia), *Anaptychia pacifica* (H. pacifica), *Anaptychia subascendens* (H. subascendens)
魏江春、陈健斌	1974	*Anaptychia hypoleuca* (Heterodermia hypoleuca), *Anaptychia leucomelaena* (Heterodermia leucomelos), *Physcia muscigena* (Physconia muscigena)
Awasthi	1975	Dirinaria aegialita, Dirinaria applanata, *Dirinaria caesicpicta* (Dirinaria picta), Dirinaria picta
Wang-Yang & Lai	1973, 1976	*Anaptychia angustiloba* (Heterodermia angustiloba), *Anaptychia comosa* (Heterodermia comosa), *Anaptychia dendritica* (H. dendritica), *Anaptychia dendritica* f. *esorediosa* (H. dendritica), *Anaptychia diademata* (H. diademata), *Anaptychia dissecta* (H. dissecta), *Anaptychia fragilissima* (H. fragilissima), *Anaptychia hypocaesia* (H. hypocaesia), *Anaptychia hypoleuca* (H. hypoleuca), *Anaptychia incana* (H. incana), *Anaptychia isidiophora* (H. isidiophora), *Anaptychia japonica* (H. japonica), *Anaptychia leucomela* (H. leucomelos), *Anaptychia lutescens* (H. lutescens), *Anaptychia neoleucomelaena* (H. boryi), *Anaptychia obscurata* (H. obscurata), *Anaptychia pacifica* (H. pacifica), *Anaptychia pandurata* (H. pandurata), *Anaptychia podocarpon* (H. podocarpon), *Anaptychia propagulitera* (H. japonica), *Anaptychia pseudospeciosa* (H. pseudospeciosa), Anaptychia sanguineus, *Anaptychia spinulosa* (H. spinulosa), *Anaptychia subascendens* (H. subascendens). *Physcia aegialita* (Dirinaria aegialita), *Physcia confusa* (Dirinaria confusa), *Physcia picta* (Dirinaria picta), *Physcia endococcinea* (Phaeophyscia endococcinea), *Physcia imbricata* (Phaeophyscia imbricata), *Physcia integrata* var. *obsessa*, (Physcia alba var. obsessa), *Physcia tentaculata* (Physconia tentaculata), Pyxine cocoes, Pyxine copelandii, Pyxine margaritacea, Pyxine sorediata
Kashiwadani	1977a, 1977b	Pyxine copelandii, Pyxine endochrysina, Pyxine limbulata, Pyxine philippina, Pyxine subcinerea

续表

作者	年份	分类单位
赵继鼎等	1979	*Anaptychia szechuanensis* (Heterodermia togashii), *Anaptychia undulata* (H. diademata)，*Anaptychia yunnanensis* (H. speciosa), *Physcia hupehensis* (Physcia stellaris)
陈锡龄等	1981	*Anaptychia boryi* (Heterodermia boryi), *Anaptychia hypoleuca* (H. hypoleuca), *Anaptychia isidiza* (Anaptychia isidiata), *Anaptychia microphylla* (H. microphylla), *Anaptychia podocarpa* (H. podocarpa), *Anaptychia sorediifera* (H. obscurata), *Physcia setosa* (Phaeophyscia hispidula), Pyxine endochrysina
魏江春	1981	*Anaptychia boryi* (Heterodermia boryi), *Anaptychia boryi* var. *squarrosa* (Heterodermia boryi)
吴继农、项汀	1981	*Anaptychia diademata* f. *brachyloba* (Heterodermia diademata), *Anaptychia isdiophora* (Heterodermia isdiophora), Physcia stellaris, Pyxine endochrysina, *Physcia picta* (Dirinaria picta)
赵继鼎等	1982	Anaptychia ciliaris, *Anaptychia isidiza* (Anaptychia isidiata), *Anaptychia fusca* (Anaptychia runcinata), Anaptychia palmulata, *Anaptychia erinacea* auct., *Anaptychia microphylla* & *A. microphylla* f. *granulosa* (Heterodermia microphylla), *Anaptychia hypoleuca* (H. hypoleuca), *Anaptychia firmula* (H. firmula), *Anaptychia dissecta* (H. dissecta), *Anaptychia diademata* (H. diademata), *Anaptychia isidiophora* (H. isidiophora), *Anaptychia diademata* f. *angustata* & f. *brachyloba* & f. *condensata* (H. diademata), *Anaptychia granulifera* auct. (H. isidiophora), *Anaptychia pseudospeciosa* & var. *tremulans* (H. pseudospeciosa), *Anaptychia speciosa* (H. speciosa), *Anaptychia szechuanensis* & f. *albo-marginata* (H. togashii), *Anaptychia undulata* (H. diademata), *Anaptychia yunnanesis* (H. speciosa), *Anaptychia wrightii* (auct.), *Anaptychia japonica* (H. japonica), *Anaptychia japonica* var. *reagens* (Heterodermia japonica var. reagens), *Anaptychia obscurata* (H. obscurata), *Anaptychia hypocaesia* (H. hypocaesia), *Anaptychia fragilissima* (H. fragilissima), *Anaptychia squamulosa* (H. squamulosa), *Anaptychia dendritica* (H. dendritica), *Anaptychia dendritica* var. *propagulifera*(auct.) auct. (Heterodermia neglecta), *Anaptychia flabellata* (H. flabellata), *Anaptychia lutescens* (H. lutescens), *Anaptychia neolucomelaena* (H. boryi), *Anaptychia leucomelaena* (H. leucomelos), *Anaptychia leucomelaena* f. *squarrosa* & f. *sorediosa* (H. boryi), *Anaptychia comosa* (H. comosa), *Anaptychia subascendens* (H. subascendens), *Anaptychia hypochraea* (H. hypochraea), *Anaptychia podocarpon* (H. podocarpon), *Anaptychia pellucida* (H. pellucida), *Physcia aegialita* (Dirinaria aegialita), *Physcia aspersa* (Dirinaria aspersa), *Physcia picta* var. *picta* (Dirinaria picta), *Physcia picta* var. *pcta* f. *isidiifera* (Dirinaria papillulifera), *Physcia picta* var. *endochroma* (Dirinaria applanata var. endochroma), Physcia leptalea, Physcia adscendens, Physcia tenella, Physcia aipolia, *Physcia aipolia* f. *angustata* & f. *cercida* (Physcia aipolia), Physcia biziana, Physcia phaea, physcia stenophyllina, *Physcia subalbinea* (Physcia caesia), *Physcia hupehensis* (Physcia stellaris), *Physcia kansuensis* (Physconia kansuensis), *Physcia trichophora* (Phaeophyscia trichophora), Physcia stellaris, *Physcia stellaris* f. *radiata* & *tuberculata* (Physcia stellaris), Physcia albicans, Physcia albinea, Physcia caesia, Physcia clementei, Physcia tribacoides, *Physcia intermedia* & *Physcia teretiuscula* (Physcia dubia), Physcia dubia, *Physcia stellaris* f. *radiata* & f. *tuberculata* (Physcia stellaris), *Physcia integrata* var. *sorediosa* (Physcia sorediosa), *Physcia endococcinea* & *Physcia endococcinea* f. *litholodes* (Phaeophyscia endococcina), *Physcia constipata* (Phaeophyscia constipata), *Physcia hirtuosa* (Phaeophyscia hirtuosa), *Physcia setosa* f. *setosa* (Phaeophyscia primaria), *Physcia setosa* f. *virella* (Phaeophyscia hispidula), *Physcia setosa* var. *exornatula* (Phaeophyscia exornatula),

续表

作者	年份	分类单位
赵续鼎等	1982	*Physcia ciliata* (Phaeophyscia ciliata), *Physcia ciliata* f. *erythrocardia* (Phaeophyscia erythrocardia), *Physcia orbicularis* & *Physcia orbicularis* f. *hueana* (Phaeophyscia orbicularis), *Physcia orbicularis* f. *rubropulchra* (Phaeophyscia rubropulchra), *Physcia sciastra* (Phaephyscia sciastra), *Physcia nigricans* (Phaeophyscia nigricans), *Physcia leucoleiptes* (Physconia leucoleiptes), *Physcia farrea* & *Physcia grisea* (Physconia grisea), *Physcia enteroxantha* (Physconia *enteroxantha*), *Physcia pulverulenta* (Physconia distorta), *Physcia muscigena* & *Physcia muscigena* f. *squarrosa* (Physconia muscigena), *Physcia endochrysoides* (Pyxine sorediata), *Physcia syncolla* (Hyperphyscia syncolla)
魏江春等	1982	*Anaptychia boryi* (Heterodermia boryi), *Anaptychia comosa* (Heterodermia comosa), *Anaptychia diademata* (Heterodermia diademata), *Anaptychia hypochraea* (Heterodermia hypochraea), *Anaptychia pseudospeciosa* (Heterodermia pseudospeciosa), *Anaptychia pseudospeciosa* var. *tremulans* (Heterodermia speciosa)
Ikoma	1983	Heterodermia dendritica, H. fragilissima, H. hypochraea, H. japonica, H. lutescens, H. pandurata, H. podocarpa, H. speciosa, H. spinulosa, H. subascendens
Kashiwadani	1984a, 1984b, 1984c	Phaeophyscia endococcinea, Phaeophyscia exornatula, Phaeophyscia limbata, Phaeophyscia primaria
罗光裕	1984	*Anaptychia neoleucomelaena* (Heterodermia boryi), *Anaptychia hypoleuca* (H. hypoleuca), *Anaptychia japonica* (H. japonica), *Physcia setosa* (Phaeophyscia hispidula or Phaeophyscia primaria), Pyxine endochrysina
吴继农等	1985	*Anaptychia isidiza* (Anaptychia isidiata), Anaptychia pulmulata, *Anaptychia comosa* (Heterodermia comosa), *Anaptychia diademata & A. diademata* f. *condensata & A. diademata* f. *brachyloba* (H. diademata), *Anaptychia dissecta* (H. dissecta), *Anaptychia firmula* (H. firmula), *Anaptychia flabellata* (H. flabellata), *Anaptychia hypocaesia* (H. hypocaesia), *Anaptychia hypochraea* (H. hypochraea), *Anaptychia isidiophora* (H. isidiophora), *Anaptychia japonica* (H. japonica), *Anaptychia obscurata* (H. obscurata), *Anaptychia pseudospeciosa* (H. pseudospeciosa), *Anaptychia subascendens* (H. subascendens), *Physcia picta* (Dirinaria picta), *Physcia endococcinea* (Phaeophyscia endococcinea), Physcia stellaris, Pyxine cocoes, Pyxine endochrysina
吴金陵	1985	*Physcia muscigena* (Physconia muscigena), *Physcia setosa* (Phaeophyscia hispidula)
王先业	1985	Anaptychia ulotricoides, Physcia aipolia, Physcia caesia, *Physcia muscigena* (Physconia muscigena), Physcia stellaris
魏江春、姜玉梅	1986	Anaptychia ulotricoides, Heterodermia boryi, *Heterodermia boryi* var. *squarrosa* & f. *circinalis* & f. *sorediosa* (H. boryi), Heterodrmia comosa, Heterodrmia fragilissima, Heterodrmia japonica, *Physcia setosa* f. *setosa* (Phaeophyscia primaria), *Physcia setosa* f. *virella* (Phaeophyscia hispidula), Physconia muscigena, *Physconia muscigena* f. *squarrosa* & *Physconia muscigena* f. *alpina* (Physconia muscigena), Pyxine berteriana
吴金陵	1987	Anaptychia ciliaris, *Anaptychia boryi* (Heterodermia boryi), *Anaptychia comosa* (H. comosa), *Anaptychia diademata* (H. diademata), *Anaptychia fragilissima* (H. fragilissima), *Anaptychia hypochraea* (H. hypochraea), *Anaptychia hypoleuca* (H. hypoleuca), *Anaptychia isidiophora* (H. isidiophora), *Anaptychia obscurata* (H. obscurata), *Anaptychia pseudospeciosa* (H. pseudospeciosa), *Anaptychia subascendens* (H. subascendens), *Anaptychia tentaculata* (Physconia tentaculata), *Physcia distorta* (Physconia distorta), *Physcia endococcina* (Phaeophyscia endococcina), *Physcia hirtuosa* (Phaeophyscia hirtuosa), *Physcia setosa* (Phaeophyscia hispidula or Phaeophyscia primaria), Physcia leptalea, *Physcia muscigena* (Physconia muscigena), *Physcia pulverulenta* (Physconia distorta), Physcia stellaris, Physcia tribacia, *Physcia picta* (Dirinaria picta), Pyxine endochrysina
Thrower	1988	Dirinaria picta, Heterodermia pseudospeciosa, Pyxine cocoes

作者	年份	分类单位
陈健斌、吴继农、魏江春	1989	*Anaptychia isidiza* (Anaptychia isidiata), Anaptychia palmulata, Heterodermia boryi, H. diademata, H. hypoleuca, H. hypochraea, *Heterodermia propagulifera* auct. (Heterodermia neglecta), H. pseudospeciosa, *H. tremulans* (H. speciosa), H. togashii, Phaeophyscia ciliata, Phaeophyscia hirtuosa, Phaeophyscia hispidula, Phaeophyscia limbata, Phaeophyscia primaria, Physcia stellaris, Physconia detersa, Physconia grisea, Physconia grumosa
吴继农、钱之广	1989	*Anaptychia isidiza* (Anaptychia isidiata), Anaptychia pulmulata, Dirinaria applanata, Heterodermia boryi, H. diademata, H. dissecta, H. firmula, H. flabellata, H. hypochraea, H. hypoleuca, H. isidiophora, H. japonica, H japonica var. reagens, H. microphylla, H. obscurata, *H. propagulifera* (H. japonica) auct.(Heterodermia neglecta), H. pseudospeciosa, H. speciosa, H. subascendens, Phaeophyscia ciliata, Phaeophyscia endococcinea, Phaeophyscia hirtuosa, Phaeophyscia nigricans, Phaeophyscia orbicularis, Phaeophyscia sciastra, Physcia aipolia, Physcia phaea, Physcia stellaris, Physcia tribacoides, *Physcia grisea* (Physconia grisea), Pyxine endochrysina
Hawksworth & Weng	1990	Physcia stellaris, Dirinaria sp., Phaeophyscia sp.
Wei	1991	Anaptychia ciliaris, A.ciliaris var. melanosticta, *A. isidiza* (A. isidiata), A. palmulata, *A. sanguineus*, *A. tentaculata* (Physconia tentaculata), A. runcinata, Dirinaria applanata, *D. aspera* (D. aegialita), D. papillulifera, D. picta, Heterodermia albicans, H. angustiloba, H. barbifera, H. boryi, H. comosa, H. corallophora, H. dactyliza, H. dendritica, H. diademaa, H. dissecta, H. erinacea, H. firmula, H. flabellata, *H. flabellata* var. *rottbollii* (H. flabellata), H. fragilissima, H. granulifera, H. hypocaesia, H. hypochraea, H. hypoleuca H. incana, H. isidiophora, H. japonica, H. japonica var. reagens, H. leucomelos, H. lutescens, H. microphylla, *H. microphylla* var. *granulosa* (H. microphylla), H. obscurata, H. pacifica, H. pandurata, H. pellucida, H. podocarpa, *H. propagulifera* (auct. see H. neglecta), H. pseudospeciosa, H. speciosa, H. spinulosa, H. subascendens, H. szechuanensis, H. togashii, H. undulata, H. yunnanensis, Hyperphyscia adglutinata, Hyperphyscia syncolla, Phaeophyscia ciliata, P. constipata, *P. endococcinodes* (P. endococcina), P. exornatula, P. erythrocardia, P. hirtuosa, P. hispidula, P. imbricata, P. nigricans, P. orbicularis, P. primaria, P. rubropulchra, P. sciastra, P. trichophora, Physcia adscendens, Physcia aipolia, Physcia alba var. obsessa, Physcia albinea, Physcia biziana, Physcia albinea, Physcia caesia, Physcia clementi, Physcia crispa, Physcia dubia, Physcia hupehensis, Physcia integrata, *Physcia integrata* var. *obsessa* (Physcia alba var. obsessa), *Physcia integrata* var. *sorediosa* (Physcia sorediosa), *Physcia kansuensis* (Physconia kansuensis), *Physcia nipponica* (Phaeophyscia denigrata), Physcia obscurella, Physcia phaea, Physcia semipinnata, *Physcia setosa* f. *sulphurascens* (Phaeophyscia hispidula), Physcia stellaris, *Physcia stenophyllina* (Physcia leptalea), Physcia tenella, Physcia tribacia, Physcia tribacoides, Physciella chloantha, Physconia deters, Physconia distorta, Physconia enteroxantha, Physconia grisea, Physconia grumosa, Physconia muscigena, Physconia perisidiosa, Physconia tentaculata, Physconia venusta, Pyxine berteriana, Pyxine cocoes, Pyxine copelandii, Pyxine limbulata, Pyxine margaritacea, Pyxine microspora, Pyxine petricola, Pyxine philippina, Pyxine sorediata, Pyxine subcinerea
Moberg	1995	Phaeophyscia ciliata, Phaeophyscia confusa, Phaeophyscia denigrata, Phaeophyscia endococcina, Phaeophyscia hirtuosa, Phaeophyscia hispidula var. hispidula, Phaeophyscia hispidula var. exornatula, Phaeophyscia melanchra, Phaeophyscia primaria, Phaeophyscia pyrrhophora, Phaeophyscia rubropulchra, Phaeophyscia sciastra, Phaeophyscia squarrosa

续表

作者	年份	分类单位
贺青、陈健斌	1995	Anaptychia ciliaris, Anaptychia palmulata, Heterodermia hypoleuca, Heterodermia speciosa, Phaeophyscia ciliata, Phaeophyscia erythrocardia, Phaeophyscia exornatula, Phaeophyscia hirtuosa, Phaeophyscia hispidula, Physcia stellaris, Physconia detersa, Physconia grumosa, Physconia muscigena
阿不都拉·阿巴斯、吴继农	1998	Anaptychia ciliaris, *Anaptychia ciliaris* f. *nigriscens* (Anaptychia ciliaris), Anaptychia ulothricoides, Phaeophyscia ciliata, Phaeophyscia constipata, Phaeophyscia erythrocardia, Phaeophyscia hirtuosa, Phaeophyscia imbricata, Phaeophyscia limbata, Phaeophyscia nigricans, Phaeophyscia orbicularis, Phaeophyscia rubropulchra, Phaeophyscia sciastra, Physcia adscendens, Physcia aipolia, Physcia caesia, Physcia clementei, Physcia dimidiata, Physcia dubia, Physcia phaea, *Physcia semipinnata* (Physcia leptalea), Physcia stellaris, Physcia tenella, Physcia tribacia, Physcia tribacoides, Physconia distorta, Physconia grisea, Physconia kansuensis, Physconia muscigena, Physconia perisidiosa
Aptroot & Seaward	1999	Dirinaria aegialita, Dirinaria applanata, Dirinaria picta, Heterodermia speciosa, Physcia albinea, Physcia atrostriata, Physcia crispa, Physcia integrata, Physcia sorediosa, Pyxine cocoes, Pyxine endochrysina, Pyxine microspora, Pyxine sorediata
Chen & Wang	1999	Anaptychia ciliaris, Anaptychia ethiopica, *Anaptychia isidiza* (Anaptychia isidiata), Anaptychia palmulata, Anaptychia setifera, Anaptychia ulothchoides
陈健斌等	1999	Phaeophyscia chloantha, Phaeophyscia hirtuosa, Physcia aipolia, Physconia detersa
赖明洲	2000	Dirinaria applanata, *Dirinaria caesiopicta* (Dirinaria picta), Dirinaria confusa, Dirinaria picta, Heterodermia angustiloba, H. boryi, H. comosa, H. corallophora, H. dendritica, H. diademata, H. dissecta, H. flabellata, H. hypocaesia, H. hypochraea, H. hypoleuca, H. incana, H. isidiophora, H. japonica, H. leucomelos, H. lutescens, H. obscurata, H. pacifica, H. pandurata, H. podocarpa, H. propagulifera, H. pseudospeciosa, H. rubescens, H. spinulosa, H. subascendens, Phaeophyscia endococcina, Phaeophyscia endococcinodes (Phaeophyscia endococcina), Phaeophyscia exornatula, Phaeophyscia imbricata, *Physcia denigrata* (Phaeophyscia denigrata), Physcia integrata var. obessa, Physcia tribacoides, Physconia tentaculata, Pyxine cocoes, Pyxine copelandii, Pyxine limbulata, Pxine margaritacea, Pyxine philippina, Pyxine sorediata, Pyxine subcinerea
Chen , Wang	2001	Heterodermia angustiloba, H. dendritica, H. dissecta, H. japonica, H. microphylla, H. pacifica, H. podocarpa, *H. propagulifera* auct. (Heterodermia neglecta), H. pseudospeciosa, H. rubescens
Chen	2001	Heterodermia orientalis, Heterodermia sinocomosa
Aptroot & Sipman	2001	Dirinaria applanata, Dirinaria picta, Heterodermia speciosa, Physcia atrostriata, Physcia sorediosa, Pyxine cocoes
Aptroot et al.	2002	Dirinaria aegialita, Dirinaria confluens, Heterodermia microphylla, Heterodermia verrucifera, Hyperphyscia adglutinata, Hyperphyscia cochlearis, Hyperphyscia granulata, Phaeophyscia hispidula, Phaeophyscia limbata, Phaeophyscia primaria, Phaeophyscia trichophora, Physcia atrostriata, *Physcia melanchra* (Phaeophyscia melanchra), Physcia sorediosa, Physconia muscigena, Pyxine berteriana, Pyxine consocians, Pyxine cylindrica, Pyxine himalayensis, Pyxine petricola
赵遵田等	2002	Dirinaria applanata, Heterodermia isidiophora, H. microphylla, H. pseudospeciosa, H. speciosa, Phaeophyscia hirtuosa, Phaeophyscia hispidula, Phaeophyscia primaria, Physcia semipinnata, Physcia tribacoides, Pyxine berteriana, Pyxine sorediata
Chen & Hu	2003	Physconia chinensis, Physconia detersa, Physconia distorta, Physconia grumosa, Physconia hokkaidensis, Physconia kurokawae, Physconia leucoleiptes, Physconia lobulifera, Physconia muscigena

续表

作者	年份	分类单位
Hu & Chen	2003a	Phyaeophyscia hunana
Hu & Chen	2003b	Pyxine berteriana, Pyxine cocoes, Pyxine consocians, Pyxine copelandii, Pyxine coralligera, Pyxine endochrysina, Pyxine limbulata, Pyxine meissnerina, Pyxine philippina, Pyxine sorediata, Pyxine subcinerea
李学东等	2006	Anaptychia ciliaris, Phaeophyscia exornatula, Phaeophyscia hirtuosa, Phaeophyscia hispidula, Phaeophyscia primaria
李莹洁、赵遵田	2006	Phaeophyscia adiastola, Phaeophyscia ciliata, Phaeophyscia confusa, Phaeophyscia denigrata, Phaeophyscia exornatula, Phaeophyscia hirtella, Phaeophyscia hirtuosa, Phaeophyscia hispidula, Phaeophyscia hunana, Phaeophyscia imbricata, Phaeophyscia primaria, Phaeophyscia pyrrhophora, Phaeophyscia rubropulchra, Phaeophyscia sciastra, Phaeophyscia trichophora
Zhang et al.	2006	*Anaptychia isidiza* (Anaptychia isidiata), Heterodermia angustiloba, H. boryi, H. dendritica, H. diademata, H. dissecta, H. flabellata, H. hypochraea, H. hypoleuca, H. japonica, H. microphylla, H. obscurata, H. pseudospeciosa, H. togashii, Phaeophyscia pyrrhophora, Pyxine sorediata
Zhao et al.	2008	Physconia detersa, Physconia distorta, Physconia elegantula, Physconia grumosa, Physconia hokkaidensis, Physconia lobulifera, Physconia muscigena, Physconia venusta
王立松等	2008	Dirinaria applanata, Heterodermia comosa, H. diademata, H. dissecta, H. firmula, H. flabellata, H. hypoleuca, H. japonica, H. subascendens, Physcia apolia, Physcia tribacoides, Pyxine sorediata
侯亚男等	2008	Physcia atrostriata, Physcia albinea, Physcia dilatata, *Physcia semippinata* (Physcia leptalea), Physcia tribacoides, Physcia verrucosa, Heterodermia boryi, H. japonica, H. hypoleuca
Ren et al.	2009	Anaptychia runcinata, Anaptychia setifera, Heterodermia dendritica, Physcia phaea, Physconia americana, Pyxine limbulata
Obermayer & Kalb	2010	Pyxine limbulata, Pyxine microspora, Pyxine sorediata
李红宁等	2010	Anaptychia ciliaris, *Anaptychia isidiza* (Anaptychia isidiata), Anaptychia palmulata, Anaptychia ulotricoides
陈健斌	2011	Heterodermia speciosa, Phaeophyscia ciliata, Phaeophyscia confusa, Phaeophyscia denigrata, Phaeophyscia hirtella, Phaeophyscia hirtuosa, Phaeophyscia hispidula, Phaeophyscia melanchra, Physcia aipolia, Physcia caesia, Physcia stellaris, Physconia distorta, Physconia grumosa, Physconia hokkaidensis
魏江春等	2013	Dirinaria applanata, Dirinaria confluens，Dirinaria confusa, Heterodermia leucomelos, Physcia atrostriata, Pyxine berteriana, Pyxine cocoes, Pyxine consocians, Pyxine copelandii
Yang et al.	2019	Pyxine cognata, Pyxine flavicans, Pyxine hengduanensis, Pyxine himalayensis, Pyxine minuta, Pxine yunnanensis
阿尔古丽·加玛哈特、热衣木·马木提	2020	Oxnerella safavidiorum
陈健斌、胡光荣	2022	Heterodermia galactophylla, Hyperphyscia crocata, Phaeophyscia fumosa, Phaeophyscia kairamoi, Physcia albata

Seemann 于 1856 年基于香港标本报道的 *Parmelia speciosa* (Wulf.) Ach.(≡ *Heterodermia speciosa*) (马骥，1981a) 是中国蜈蚣衣科地衣的最早记载。Nylander 于 1860 年描述 1 新种 *Physcia dispansa* Nyl. (Syn. Lich. 1: 418, 1860)，其模式产地是中国但无具体地区(Kurokawa，1962)。这个种被 Zahlbruckner 组合为 *Anaptychia speciosa* var. *cinerascens* f. *dispansa* (Nyl.) Zahlbr (Cat. Lich. Univ. 7: 741, 1931)，并被 Kurokawa (1962) 处理为 *Anaptychia diademata* f. *brachyloba* 的异名。上述这些名称目前都已被处理为 *Heterodermia diademata* 的异名。Nylander 于 1860 年描述 *Physcia dispansa* (=*Heterodermia diademata*)，是记载中国蜈蚣衣科地衣的第二位学者，以往中国文献未注意这点。Nylander 于 1869 年记载中国分布有 *Physcia formula* (≡*Heterodermia formula*) (马骥，1984)。Krempelhuber (1873，1874) 和 Rabenhorst (1873) 基于广东标本分别记载了本科地衣 4 个种。Nylander 和 Crombie (1883) 记载浙江、上海地区蜈蚣衣科地衣 4 种。截至 20 世纪末，共有 20 余位国外学者记载过中国蜈蚣衣科地衣。其中主要有 Hue (1887，1889，1890，1900)，共报道了(除去重复者) 18 种；Jatta (1902) 报道了 17 种及 7 个种下单位，除去异名实为 22 种；特别是 Zahlbruckner 对中国及世界地衣分类研究曾作出巨大贡献。仅 1930 年就记载了中国大陆地衣 117 属 700 余种及许多种下单位，其中包括蜈蚣衣科地衣 41 种及 15 个种下单位，除去异名实为 52 种。此外，Zahlbruckner 于 1933 年还记载中国台湾蜈蚣衣科地衣 12 种。1950-1985 年，外国学者研究和报道中国地衣很少。Kurokawa (1955，1959a，1959b，1960a，1960b，1960c，1962) 记载了中国某些雪花衣属 *Anaptychia* s. lat. 地衣，其中多数是涉及中国台湾地区的有关种类。近期，Moberg (1995) 记载了中国大陆蜈蚣衣科中的黑蜈蚣叶属 *Phaeophyscia* 地衣 10 个分类单位。其他报道见表 4。

钱崇澍 (Chien，1932) 的《南京钟山岩石植被》一文是中国学者记载中国地衣的第一篇文献，但地衣标本由外国专家鉴定。该文中涉及蜈蚣衣科两种地衣：*Buellia stellulata* 和 *Physcia stellaris*。首次研究中国地衣并发表相关论文的中国学者是朱彦丞 (Tchou，1935)，记载我国地衣 17 属 39 种 13 变种，其中包括蜈蚣衣科地衣 8 种。此后几十年，中国几乎无人专门进行地衣研究。直到魏江春和陈健斌 (1974) 在报道珠穆朗玛峰地区地衣区系时记载了本科地衣 3 个种。赵继鼎等 (1979) 发表了广义雪花衣属 *Anaptychia* 和广义蜈蚣衣属 *Physcia* 中的 4 个新种和 1 个新变型。陈锡龄等 (1981) 在《东北地衣名录》中记载蜈蚣衣科地衣 7 种。赵继鼎等 (1982) 在《中国地衣初编》中记载本科地衣的种及种下单位共 100 个，除去异名有 70 余个分类单位。虽然他们报道的分类单位缺乏地衣化学资料，也存在一些错误鉴定，但是，赵继鼎是较全面研究中国大陆蜈蚣衣科地衣的第一位学者，积累了较多的资料。魏江春等 (1982) 在《中国药用地衣》中记载本科地衣 6 种。吴继农和项汀 (1981) 以及吴继农等 (1985) 相继报道江苏云台山和福建武夷山的本科地衣 19 种。吴金陵 (1985，1987) 在《新疆草原地衣》和《中国地衣植物图鉴》中记载 23 种。王先业 (1985) 报道新疆天山托木尔峰 5 种。《西藏地衣》记载 9 种 (魏江春和姜玉梅，1986)；《神农架地衣》记载了 19 种 (陈健斌等，1989)，《长江三角洲及邻近地区孢子植物志》中记载了 31 种 (吴继农和钱之广，1989)。

《太白山地衣名录》记载蜈蚣衣科地衣 13 种 (贺青和陈健斌，1995)。《新疆地衣》中记载 30 种 (阿不都拉・阿巴斯和吴继农，1998)。近些年来，陈健斌等对中国大陆蜈蚧衣科地衣进行了较多的研究，对前人的有关工作进行了某些订正，发表了有关研究论文（陈健斌等，1989，1999；Chen and Wang，1999，2001；Chen，2001；Chen and Hu，2003；Hu and Chen，2003a，2003b；陈健斌，2011；陈健斌和胡光荣，2022）。胡光荣于 2004 年在他的博士论文中，首次对中国蜈蚣衣科地衣进行了分子生物学实验，其结果表明，*Phaeophyscia* 和 *Physciella* 地衣构成一个单系群，不支持 *Physciella* 作为一个独立属。雪花衣属 *Anaptychia* 与哑铃孢属 *Heterodermia* 亲缘关系较远，是两个独立属。而 *Anaptychia* 和 *Physconia* 关系较近，这与这两个属地衣皮层缺乏 atranorin、孢子均为薄壁型的表型特征一致，也与目前国际上的有关研究结果一致。中国其他学者的有关报道详见表 4。

《中国地衣综览》(Wei，1991) 以可靠的文献资料，以当时较稳妥的名称，收集整理了 1991 年之前国内外学者研究报道的全中国地衣 232 个属 2200 余个种级及种下分类单位，并给予每个分类单位的国内分布及其文献，其中包括狭义蜈蚣衣科地衣约 120 个分类单位。《中国地衣综览》为国内外学者研究中国地衣提供了重要的基础资料与依据，为地衣研究者广为引证和使用。以崭新面貌出版的 *The enumeration of lichenized fungi in China* (Wei, 2020) 补充了大量新近资料，并对 1991 年版本作出订正。

中国台湾地衣除前面提到的 Zahlbruckner 外，过去多由日本学者报道。Sasaoka (1919) 最早记录了中国台湾地区地衣 15 种 (赖明洲，2000)，其中包括蜈蚣衣科地衣 1 种：*Anaptychia leucomelaena* (= *Heterodermia leucomelos*)。后来 Asahina 等有零星报道。Sato (1936a，1936b) 记载了中国台湾 14 种蜈蚣衣科地衣。Kurokawa (1955，1959a，1959b，1960a，1960b，1960c，1961，1962) 记载的中国雪花衣属 *Anaptychia* (s. lat.) 24 种地衣中的绝大多数为台湾地区的种类。Kashiwadani (1977a，1977b) 和 Ikoma (1983) 分别记载了中国台湾的黑盘衣属 *Pyxine* 和哑铃孢属 *Heterodermia* 中的某些种。赖明洲与王贞容一起发表《台湾地衣名录》(Wang-Yang and Lai，1973) 和《台湾地衣名录补遗》(Wang-Yang and Lai，1976)。赖明洲 (2000) 在《台湾地衣类彩色图鉴(一)》中列出了台湾狭义蜈蚣衣科地衣名录。Aptroot 等 (2002) 补充台湾地区狭义蜈蚣衣科地衣 20 种。基于文献资料 (除去重复与异名)，中国台湾有狭义蜈蚣衣科地衣约 60 种。中国香港地衣主要由 Thrower (1988)、Aptroot 和 Seaward (1999) 以及 Aptroot 和 Sipman (2001) 等研究。根据他们的报道香港有狭义蜈蚣衣科地衣约 15 种。

二、材料与方法

1. 研究标本

研究标本共计 3000 余份，绝大多数标本保存在中国科学院微生物研究所菌物标本馆-地衣部 (HMSA-L)。极少数标本保存在中国科学院沈阳应用生态研究所、中国科学院昆明植物研究所标本馆地衣部 (KUN-L)、上海自然博物馆。

2. 研究方法

1）形态与解剖

形态观察使用 Zeiss Stemi SV6 或 Motic 体视显微镜。体视显微镜上安装有照相机以便拍摄有代表性的微形态特征，如白斑、假杯点、粉芽、裂芽、缘毛、假根等。经徒手切片或冷冻切片机切片后，将子囊盘和分生孢子器置于光学显微镜 (Zeiss Axioscop 40、Zeiss Axioscop 2 或 Olympus BH-2) 下观察子囊盘结构、子囊孢子以及分生孢子等。皮层结构除在光学显微镜下观察外，其超微结构置于中国科学院微生物研究所的扫描电镜 (Hitachi SU8010) 下观察与拍照。

2）地衣次生代谢产物的检测

地衣能产生许多其他生物类群不能产生的独特的次生代谢产物。因此，地衣化学物质的检测已成为地衣分类研究中的重要内容，受到了普遍重视并成为常规方法之一。地衣化学成分综合检测包括化学显色反应法、微量结晶法 (MCT)、薄层色谱法 (TLC)、高效液相色谱法 (HPLC) 等。我们未使用微量结晶法和高效液相色谱法。只有很少数标本的地衣物质由澳大利亚的 J.A. Elix 教授用高效液相色谱法检测和验证。

(1) 显色反应：采用常规试剂 10％氢氧化钾 (K)；5%–10%对苯二胺乙醇溶液 (PD)；漂白粉饱和水溶液或 84 液 (C)；Lugols 碘液(I)。

(2) 薄层色谱法： 采用 Culberson (1972) TLC 方法检测地衣物质，通常使用 C 溶剂系统。

三、结果与讨论

（一）形态与解剖特征

1. 生长型

地衣体的生长型是地衣生长中的外部形态，包括壳状、叶状和枝状三大主要类型，还有一些中间过渡类型，如鳞叶状、亚壳状、亚枝状等。叶状、枝状、亚枝状等地衣可称为大型地衣，其他生长型的地衣可称为微型地衣。蜈蚣衣科地衣的生长型包括有关大型地衣和微型地衣。本卷的蜈蚣衣科只包括有关大型地衣，其中主要为叶状。它们是具有背腹之分的叶片状，通常借助于假根着生于基物表面。雪花衣属和哑铃孢属中某些种的地衣体呈枝状或亚枝状。

2. 皮层组织

地衣的组织是由菌丝构成的假组织。皮层的组织结构在地衣分类中具有重要意义。正如 Moberg (1977) 指出，菌丝组织的术语非常混乱。本卷按 Moberg (1977) 使用的有关外文术语，其汉语翻译有个别调整和改动。

1) 假薄壁组织 (paraplectenchymatous tissue)

构成组织的菌丝很短，在切面上观察接近于等径细胞，其细胞壁薄，细胞腔较大，阔椭圆形或近圆形。蜈蚣衣属 *Physcia*、黑蜈蚣叶属 *Phaeophyscia*、黑囊基衣属 *Dirinaria* 和黑盘衣属 *Pyxine* 等许多属地衣的上皮层由假薄壁组织构成；大孢衣属 *Physconia* 绝大多数地衣的上皮层以及黑蜈蚣叶属 *Phaeophyscia* 绝大多数种的下皮层由假薄壁组织构成。

2) 假厚壁长细胞组织 (prosoplectenchymatous tissue)

构成该组织的菌丝细胞较长，细胞壁较厚，细胞腔狭窄，而且在纵切面上菌丝或多或少平行走向。*Anaptychia* 和 *Hederodermia* 两个属地衣的上皮层、下皮层，*Physconia*、*Dirinaria* 和 *Pyxine* 等属地衣的下皮层，以及 *Physcia* 绝大多数种的下皮层组织属此类型。

3) 假厚壁粘合密丝组织 (scleroplectenchymatous tissue)

Moberg (1977) 对假厚壁粘合密丝组织只有简单说明：细胞厚壁，强烈粘合 (strongly conglutinated cell)。从他提供的有关照片看，假厚壁粘合密丝组织的菌丝短于假厚壁长细胞组织的菌丝，在纵切面上菌丝走向是倾斜而不是平行。大孢衣属 *Physconia* 一些种的上皮层由该组织构成。

上述有关属的上皮层、下皮层组织结构概括于表 5。有关类型的照片见图 1-图 7。

表 5 蜈蚣衣科地衣的上皮层、下皮层结构

Table 5 Structure of upper and lower cortex of Physciaceae lichens

属名	上皮层结构	下皮层结构
雪花衣属 *Anaptychia*	假厚壁长细胞组织	假厚壁长细胞组织或缺乏下皮层
黑囊基衣属 *Dirinaria*	假薄壁组织	假厚壁长细胞组织
哑铃孢属 *Heterodermia*	假厚壁长细胞组织	假厚壁长细胞组织或缺乏下皮层
黑蜈蚣叶属 *Phaeophyscia*	假薄壁组织	假薄壁组织或假厚壁长细胞组织
蜈蚣衣属 *Physcia*	假薄壁组织	假厚壁长细胞组织或假薄壁组织
大孢衣属 *Physconia*	假薄壁组织或假厚壁粘合密丝组织	假厚壁长细胞组织
外蜈蚣叶属 *Hyperphyscia*	假薄壁组织	假厚壁长细胞组织或缺乏下皮层
黑盘衣属 *Pyxine*	假薄壁组织	假厚壁长细胞组织

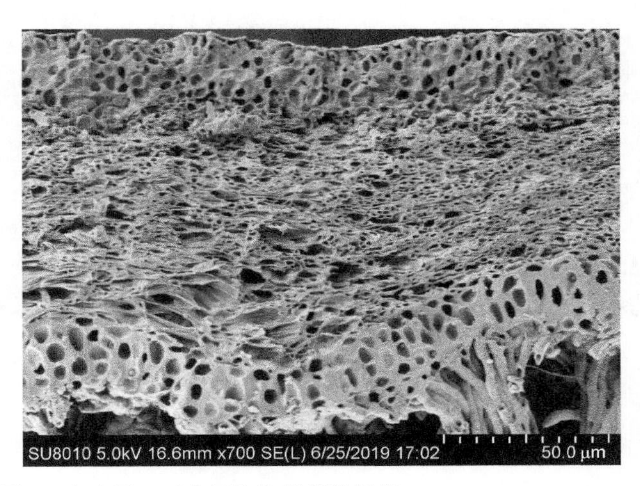

图 1 上皮层、下皮层均为假薄壁组织：*Phaeophyscia primaria* (陈健斌、姜玉梅 A-294)，纵切面 (以下同)

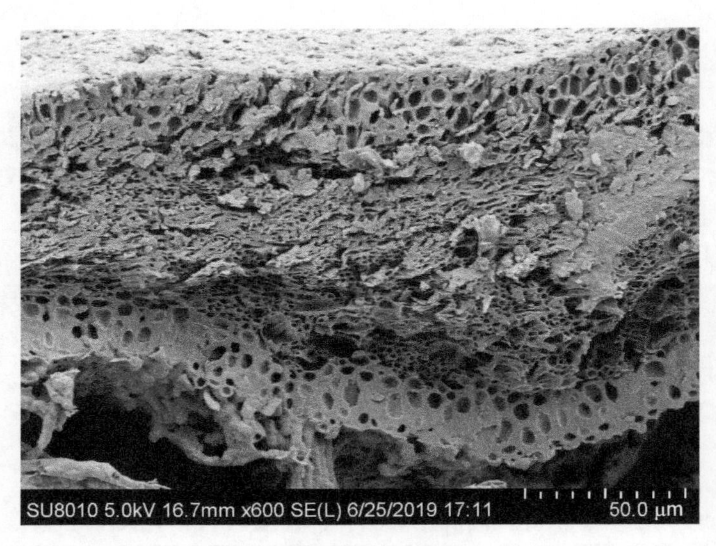

图 2　上皮层、下皮层均为假薄壁组织：*Phaeophyscia exornatula*
(陈健斌、贺青 5958)

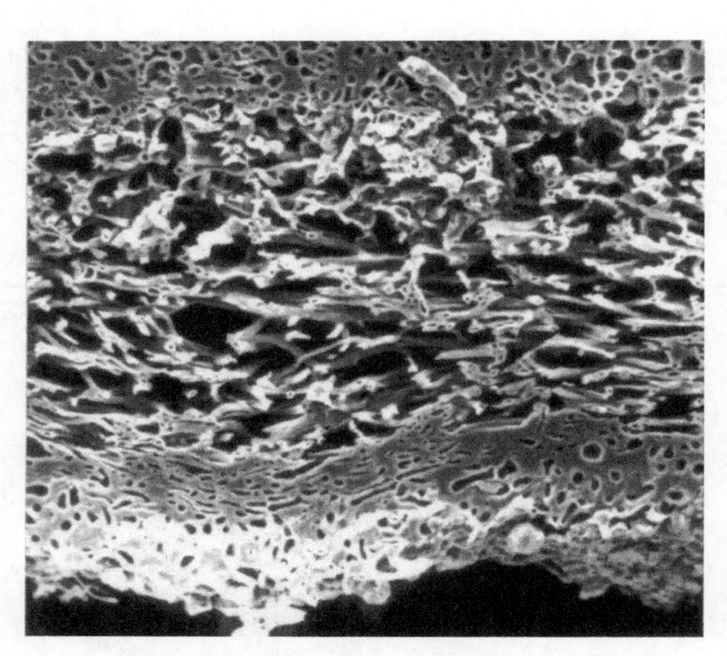

图 3　上皮层为假厚壁粘合密丝组织，下皮层为假厚壁长细胞组织
(菌丝走向多少与裂片表面平行)：*Physconia chinensis*
(陈健斌、姜玉梅 1448)

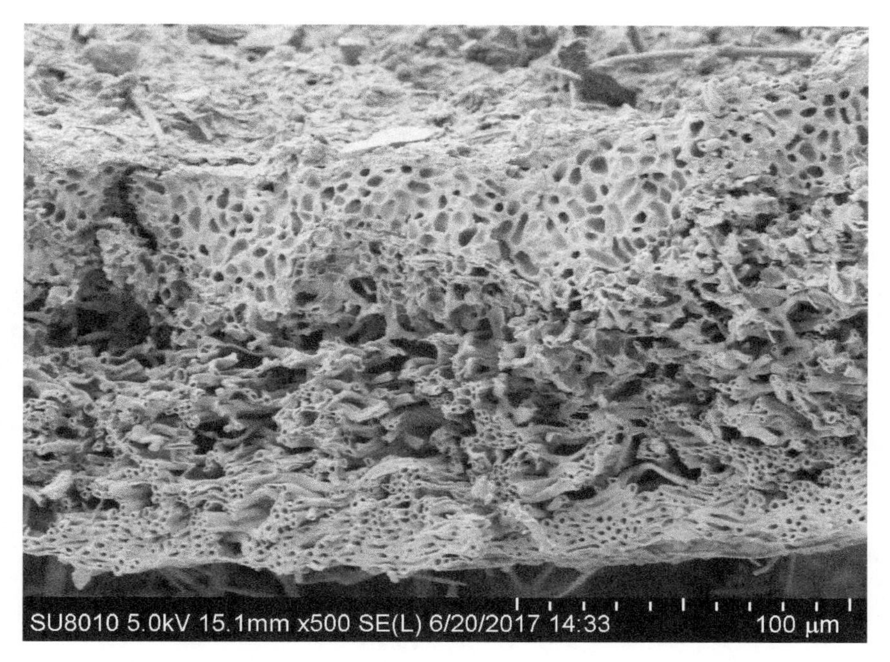

图 4　上皮层为假薄壁组织，下皮层为假厚壁长细胞组织：*Physconia muscigena*
(王先业 1079-1)

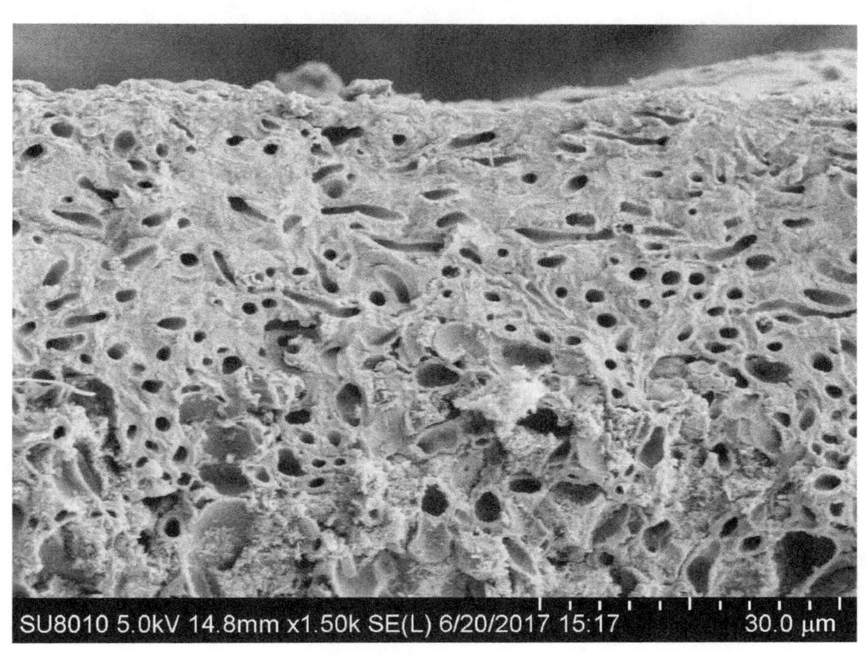

图 5　上皮层为假厚壁长细胞组织：*Heterodermia flabellate*
(陈健斌 6518-1)

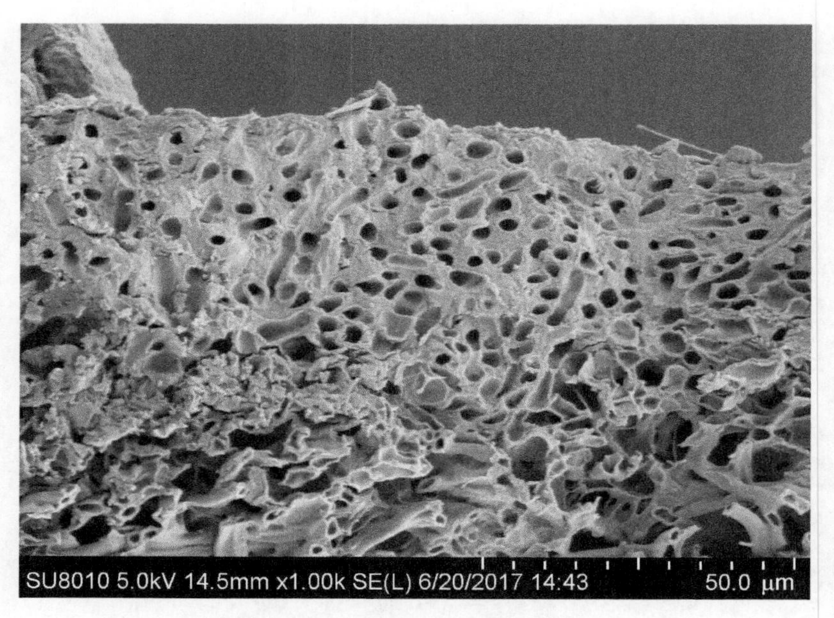

图 6　上皮层为假厚壁粘合密丝组织：*Physconia leucoleiptes*
(高向群 1206)

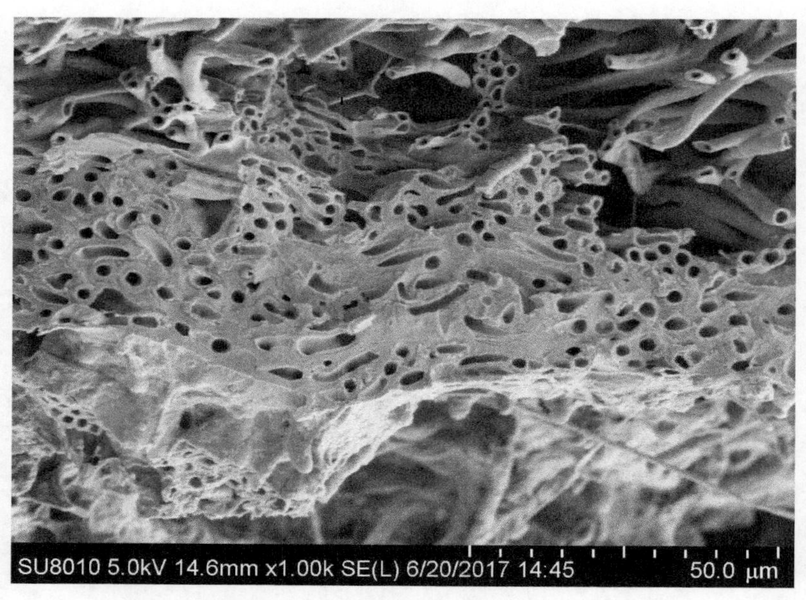

图 7　下皮层为假厚壁长细胞组织：*Physconia leucoleiptes*
(高向群 1206)

3. 髓层

髓层由疏松的相互交织的菌丝组成。通常无色，但一些种的髓层因含有色素而呈不同程度的黄色或红色，是区分某些种的依据之一。哑铃孢属 *Heterodermia* 中一些种的髓层为橙色，黑蜈蚣叶属 *Phaeophyscia* 中有几个种的髓层为红色，黑盘衣属 *Pyxine* 许多种的髓层为黄色。髓层中的黄色或橙色或红色常与有关的色素物质相关联。

4. 白斑

白斑有时也是种的鉴别特征之一。Moberg (1977，1990) 认为主要是由于藻层厚度不规则导致白斑的形成。蜈蚣衣属中的某些种有明显的白斑 (图 8)。白斑不同于假杯点，白斑的皮层完整，假杯点的皮层破裂。

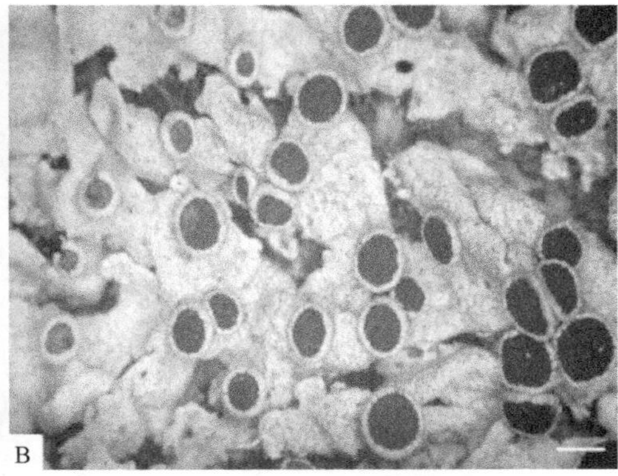

图 8 上表面的白斑 A：*Physcia aipolia* (陈健斌、胡光荣 21231)，标尺= 1 mm
B：*Physcia aipolia* (陈健斌 20155)，标尺= 1 mm

5. 假杯点

假杯点是由皮层破裂形成的小孔，与髓层颜色相同，常为白色，也有黄色等。假杯点的有或无、形状、颜色和着生部位等是分种的依据之一。黑盘衣属 *Pyxine* 地衣的许多种上表面具有假杯点 (图 9)，边缘生和表面生，线形，有时形成网络状。

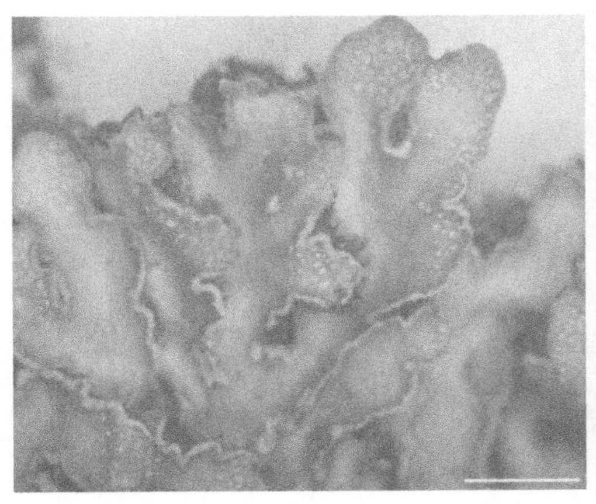

图 9 边缘生白色线形假杯点和顶部粉霜 *Pyxine sorediata* (姜玉梅 783-1)，标尺= 1 mm

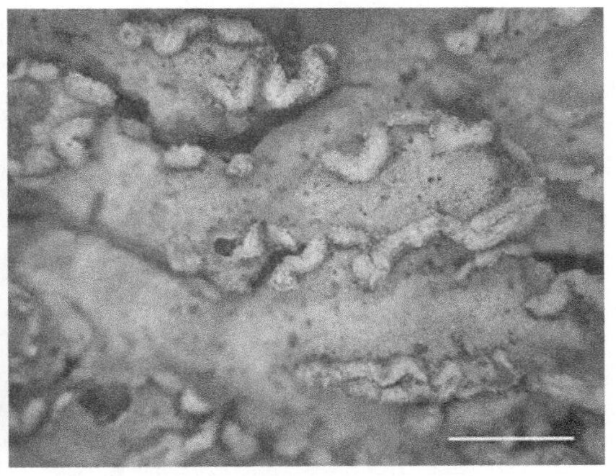

图 10 粉霜和唇形粉芽堆 *Physconia leucoleiptes* (高向群 1206)，标尺= 2 mm

6. 粉霜

地衣体上的粉霜是一类草酸钙结晶物，通常为白色，因此又常称为白霜 (图 9、图

10)。在本卷涉及的蜈蚣衣科地衣中，黑蜈蚣叶属 *Phaeophyscia* 地衣通常没有白霜；大孢衣属 *Physconia* 的几乎所有种都有白霜，而且通常是白霜明显和浓厚(图 10)，这是大孢衣属的鉴别特征之一；其他有关属中有些种有白霜，有些种无白霜。此外，有的种的上表面无白霜，而盘面披明显白霜。粉霜与其他特征结合在一起可作为分种依据。

7. 粉芽

粉芽的存在与否以及粉芽堆形状不是区分属的鉴别特征，但可作为分种的鉴别特征之一。形态与地衣化学特征相似，有粉芽与没有粉芽的两个种，或有裂芽与没有裂芽的两个种，通常被认为是两个不同的种，互为“种对”(species pair)，如有粉芽的 *Physcia caesia* 与无粉芽的 *Physcia apolica* 互为“种对”，但“种对”概念并未被完全接受。近年来，特别是随着分子生物学的发展，“种对”的概念受到了某些质疑和挑战 (Mattsson and Lunmbsch 1989；Lohtander et al.，1998，2000)。例如，有关研究表明，无粉芽的 *Physcia aipolia* 和有粉芽的 *Physcia caesia* 组成一个单系群。因此，*Physcia aipolia* 和 *Physcia caesia* 应被视为同一个种 (Myllys et al.，2001)。尽管有分子生物学的研究结果，但目前“种对”概念仍比较广泛应用于地衣分类，被认为是两个不同的种。

粉芽有粉末状和颗粒状之分，即有些粉芽精细如同粉末，而有些粉芽颗粒状粗糙。粉芽聚集一起形成一定形状的粉芽堆。粉芽堆有表面生、边缘生或近边缘生、顶生之分；粉芽堆的形状有头状 (近球形)、亚头状、线形 (枕状)、唇形、头盔状 (裂片末端膨胀似盔帽，粉芽生于里面)、火山口或称漏斗状，以及疱状突体粉芽化等。唇形粉芽堆生于裂片顶端和边缘，被认为是边缘生粉芽堆的一种特殊形式 (图 11、图 12)。头状粉芽堆和近头状粉芽堆 (图 13) 生于裂片边缘、顶部和表面。蜈蚣衣属中某些种，如 *Physcia adscendens* 的粉芽堆似盔帽状，其粉芽堆也是顶生的，但与唇形粉芽堆不同，裂片顶端不是翻转而是上皮层膨胀如盔，粉芽生于盔帽内 (图 14)。火山口或称漏斗状 (crateriform) 或称弹坑状粉芽堆表面生，由表面皮层的裂隙发育而成 (图 15)。线形粉芽堆边缘生，其形状为线形或枕状 (图 16)。有时，同一个种兼有两种形状的粉芽堆，如 *Physcia caesia* 有头状和火山口状两种类型粉芽堆，但以头状粉芽堆常见。也有的种的粉芽生于下表面顶部 (图 17)。

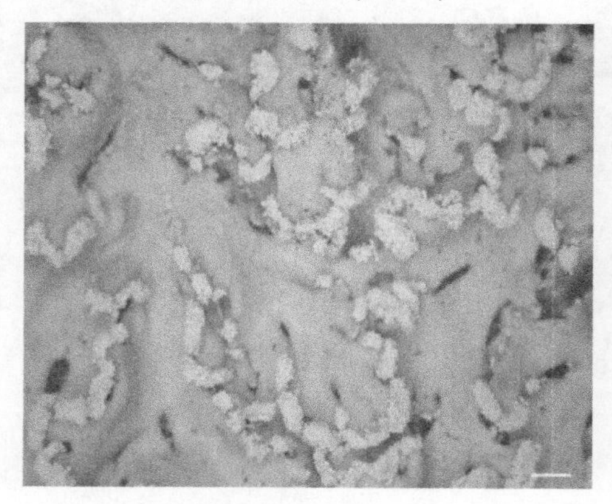

图 11　近唇形粉芽堆：*Heterodermia speciosa* (陈健斌、贺青 6607)，标尺= 2 mm

图 12　唇形粉芽堆：*Physcia dubia* (陈健斌、王胜兰 13103)，标尺= 2 mm

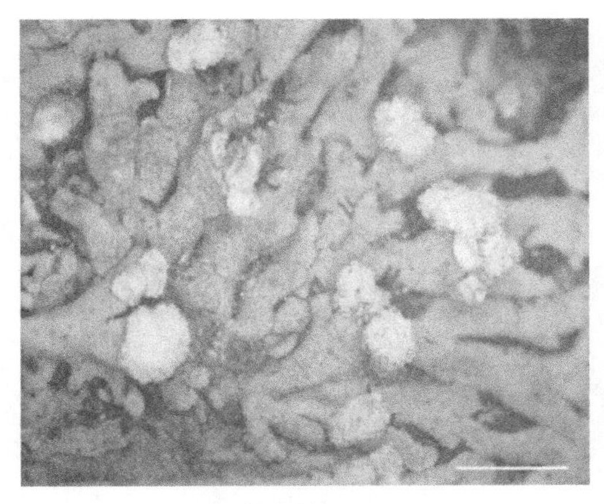

图 13　头状粉芽堆：*Physcia caesia*
(陈健斌、贺青 5726)，标尺= 2 mm

图 14　盔帽状粉芽堆：*Physcia adscendens*
(刘晓迪 1103)，标尺= 1 mm

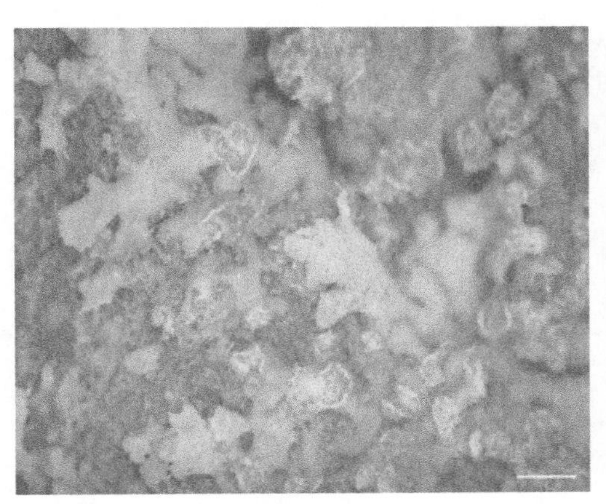

图 15　弹坑状粉芽堆：*Phaeophyscia melanchra*
(陈健斌、胡光荣 21315)，标尺= 1 mm

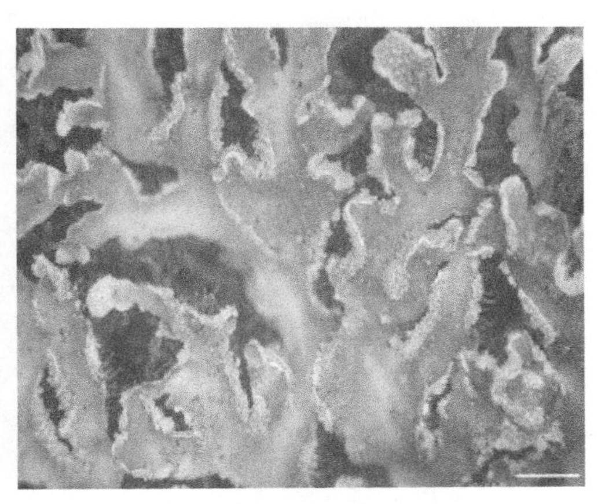

图 16　边缘生线形粉芽堆：*Physconia detersa*
(陈健斌、胡光荣 22033)，标尺= 1 mm

图 17　粉芽下表面顶部生：
Heterodermia subascendens
(赵继鼎、徐连旺 9784)，标尺= 2 mm

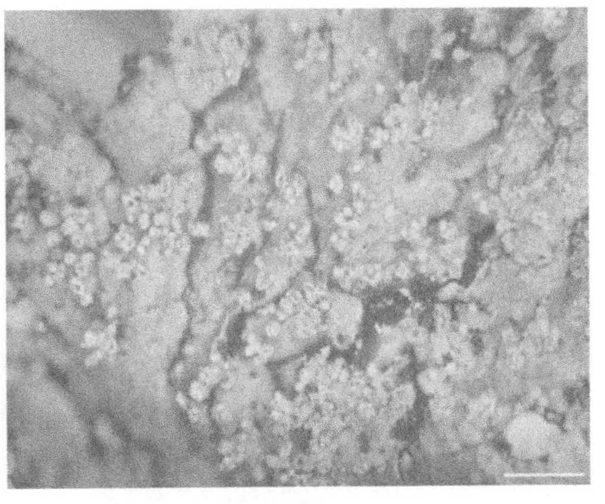

图 18　疱状突体：*Pyxine coralligera*
(陈健斌 5482)，标尺= 1 mm

8. 疱状突体

疱状突体 (pustules) 多为表面生 (图 18)。疱状突体有时开裂形成粗糙的颗粒粉芽 (疱状突体粉芽化) 或裂芽 (疱状突体裂芽化)，有时不开裂，是分种的鉴别特征之一。

9. 裂芽

裂芽如同粉芽不是分属的鉴别特征，是分种的鉴别特征之一。裂芽主要表面生，也有的近边缘生。裂芽形状有瘤状 (短柱状)、柱状，或分枝呈珊瑚状 (图 19、图 20)。

图 19 柱状裂芽：*Anaptychia isidiata* (陈健斌、贺青 6438)，标尺=1 mm

图 20 边缘生颗粒状、亚柱状小裂芽：*Physconia grumosa* (陈健斌等 9052)，标尺=1 mm

10. 小裂片

小裂片与裂芽的区别在于小裂片有背腹之分，呈扁平状，多边缘生 (图 21、图 22)，也有的表面生；有的种的小裂片抬升，或半直立、直立，小裂片有时也是分种的依据之一。

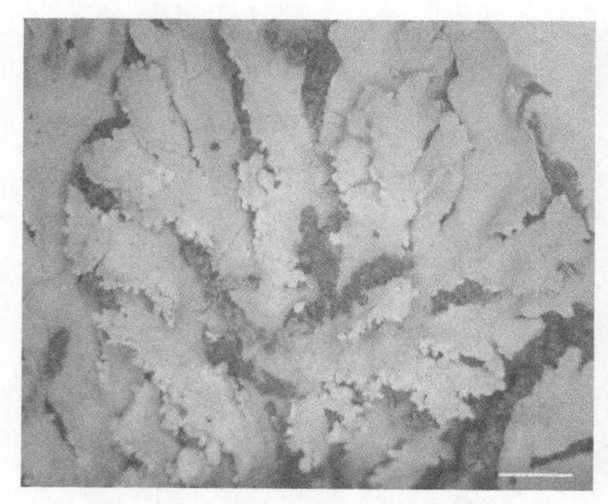

图 21 边缘生小裂片：*Physconia hokkaidensis* (陈健斌、王胜兰 14178)，标尺= 2 mm

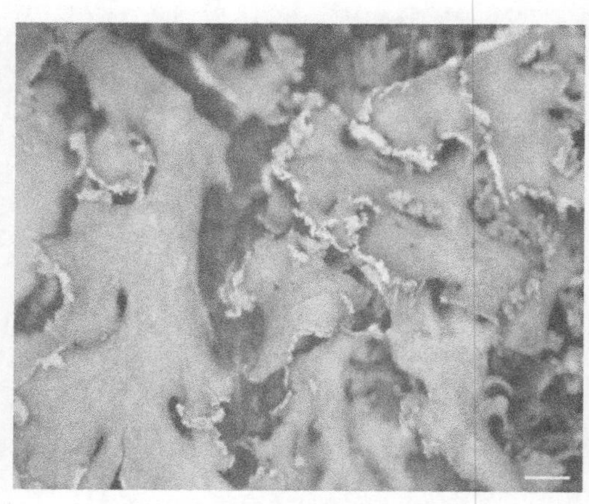

图 22 边缘生小裂片并抬升：*Heterodermia microphylla* (赵从福、高德恩 3774)，标尺= 1 mm

11. 表面毛

上表面的毛状物有不同的类型，其称谓不一致。例如，雪花衣属中的 *Anaptychia ciliaris* 等种的上表面和假根上的毛细而柔软，被称为茸毛或柔毛 (pubescence)。而 *A. ulotricoides* 裂片末端的毛没有特别称谓，直称无色毛。哑铃孢属中的 *Hederrodermia comosa* 等几个种的上表面和边缘有较粗和无色的毛，但无专门称谓。黑蜈蚣叶属 *Phaeophyscia* 地衣的毛比较细小，称为皮层毛 (cortex hair)。盘托盘缘上的毛通常比裂片上的毛粗大，在雪花衣属中被 Kurokawa (1962) 称为刺 (spinules)，在黑蜈蚣叶属中被 Moberg (1977) 称为 "corona"，子囊盘基部的毛称为 "retrorse hairs" ，相似于假根。这些毛状物的存在与否是分种的重要特征之一 (见子囊盘形态)。

12. 缘毛

由裂片边缘皮层发育伸出的毛状物即为缘毛。缘毛的存在与否是地衣分属或分种的鉴别特征之一。蜈蚣衣属中的几个种有缘毛 (图 23)。哑铃孢属中的 *H. comosa*、*H. peruviana*、*H. sinocomosa* 等几个种的上表面有毛 (图 24)，这类上表面的毛被 Kurokawa (1962) 称为缘毛。他认为这类毛在颜色和分枝方面不同于假根。但他没有说明与上表面的其他各类毛有什么不同。依我们看来，应称为皮层毛或刺毛以区别于由裂片边缘皮层发育而来的缘毛。

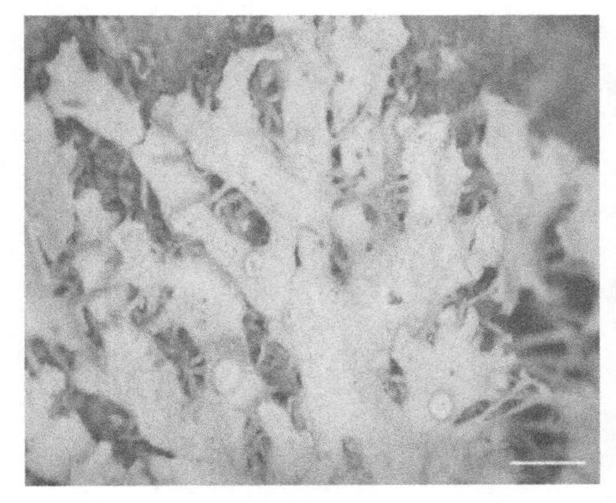

图 23　缘毛：*Physcia semipinata* (赵从福 2578)，标尺= 1 mm

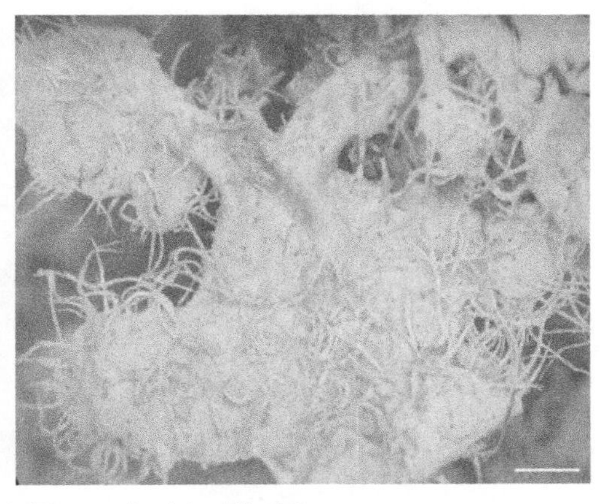

图 24　表面生"缘毛"：*Heterodermia comosa* (王先业 2751)，标尺= 1 mm

13. 假根

Moberg (2011) 认为，缘毛源于上皮层，而假根源于下皮层。有些种无下皮层，其边缘毛状物属于缘毛，我们将此称为缘毛型假根。假根通常从裂片下表面发育伸出，但雪花衣属 *Anaptychia* 和哑铃孢属 *Heterodermia* 中有些种无下皮层，下表面无假根，假根从裂片边缘的皮层发育伸出。例如，梅衣科中的条衣属 *Everniastrum* 地衣虽然有下皮层，许多种下表面有假根，但同时也从裂片边缘发育伸出假根。一般而言，缘毛型假根比普通缘毛粗壮和长得多。假根的有、无及其假根的分枝类型常是分属分种的依据之一。

(1) 无假根：黑囊基衣属 *Dirinaria* 和外蜈蚣叶属 *Hyperphyscia* 的地衣通常无假根，或有的种假根不明显。

(2) 单一不分枝或顶端稍分枝：黑蜈蚣叶属 *Phaeophyscia*、蜈蚣衣属 *Physcia*、黑盘衣属 *Pyxine* 的绝大多数种的假根属于此类型。实际上单一不分枝的假根几乎存在于所有有假根的地衣中。某些地衣有羽状分枝或二叉式分枝等假根，但这并不意味着它们没有单一不分枝假根，只是同时还有丰富的羽状分枝假根或二叉式分枝假根。

(3) 树杈状分枝或灌木状分枝：如哑铃孢属 *Heterodermia* 中的缘毛型假根 (图 25)。

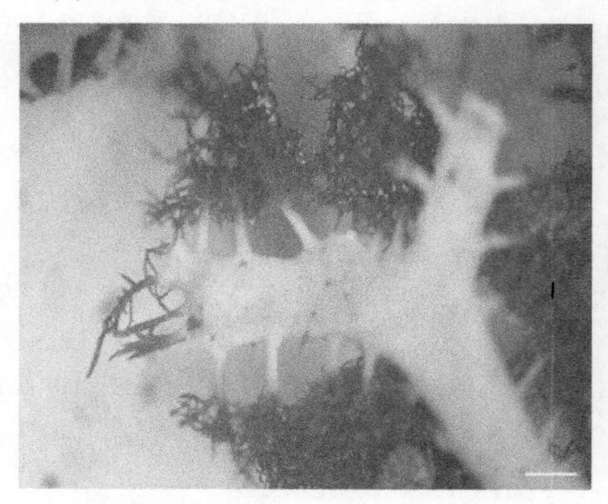

图 25　缘毛型假根：*Heterodermia hypoleuca* (陈健斌 11611)，标尺= 1 mm

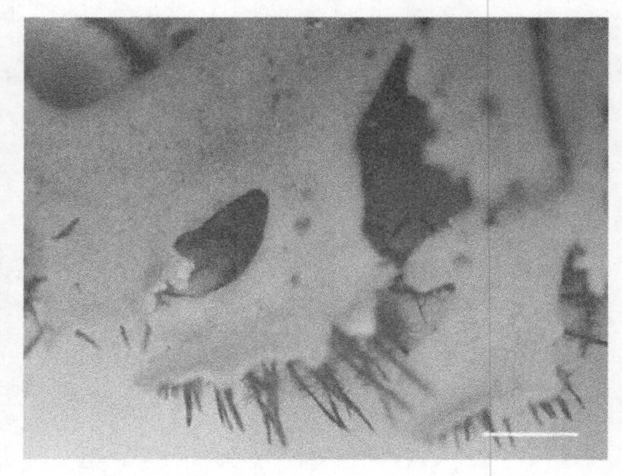

图 26　羽状分枝假根：*Physconia grumosa* (陈健斌 9881)，标尺= 1 mm

(4) 羽状分枝：大孢衣属 *Physconia* 地衣通常有丰富的羽状分枝假根 (图 26)，而且假根羽状分枝是大孢衣属地衣重要的鉴别特征之一。此外，雪花衣属和哑铃孢属中部分种也存在羽状分枝假根 (图 27、图 28)。

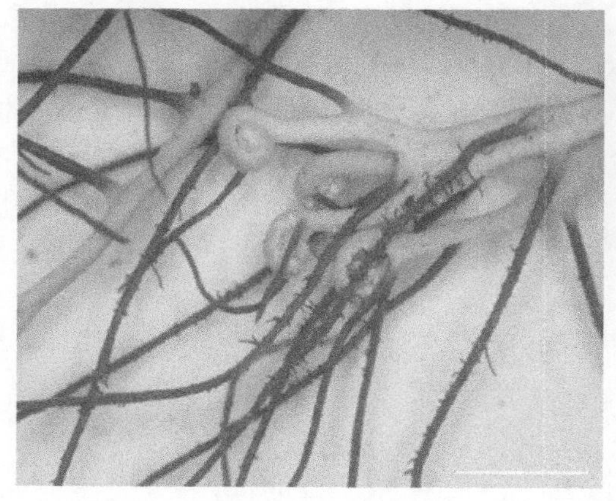

图 27　单一至羽状分枝假根：*Heterodermia boryi* (魏江春、陈健斌 474)，标尺= 1 mm

图 28　单一至羽状分枝假根：*Heterodermia dendritica* (陈健斌、王胜兰 14251)，标尺= 1 mm

14. 子囊盘

除黑盘衣属 *Pyxine* 地衣子囊盘成熟时似网衣型 (图 29) 之外，其他有关属地衣的子囊盘均为茶渍型。无柄或具短柄。盘缘完整或浅裂或有粉芽或裂芽、小裂片，果托表面光滑或皱褶或有皮层毛和刺（图 30-图 35）。此外，黑蜈蚣叶属地衣的子囊盘基部常常有假根（图 36）。子囊为茶渍型，侧丝有隔。子实上层 K+紫色是黑盘衣属 *Pyxine* 地衣的重要鉴别特征之一。

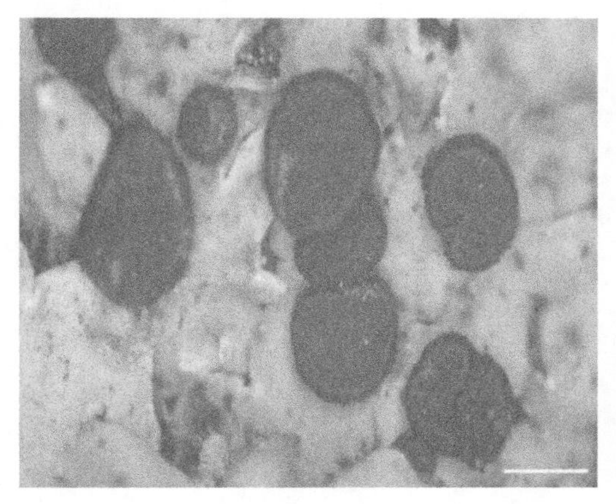

图 29　似网衣型子囊盘：*Pyxine limbulata*（苏京军 4219-1），标尺= 1 mm

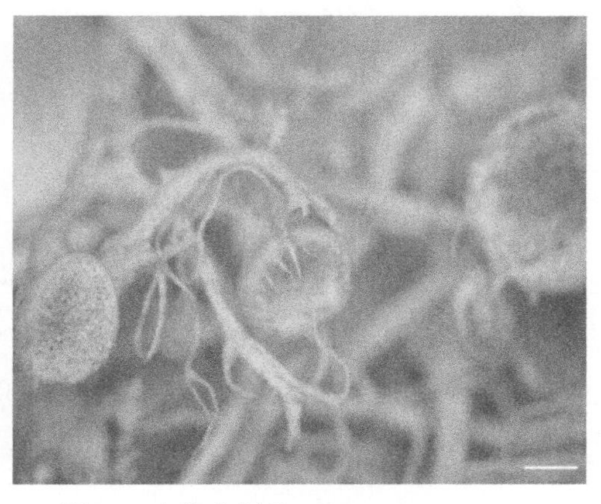

图 30　盘缘有刺毛：*Anaptychia setifera*（赵从福 2504），标尺= 1 mm

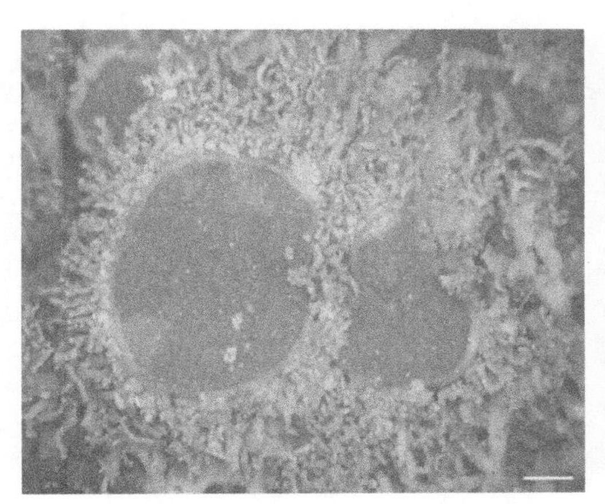

图 31　盘缘上生裂芽：*Anaptychia isidiata*（赵继鼎、徐连旺 7105），标尺=1 mm

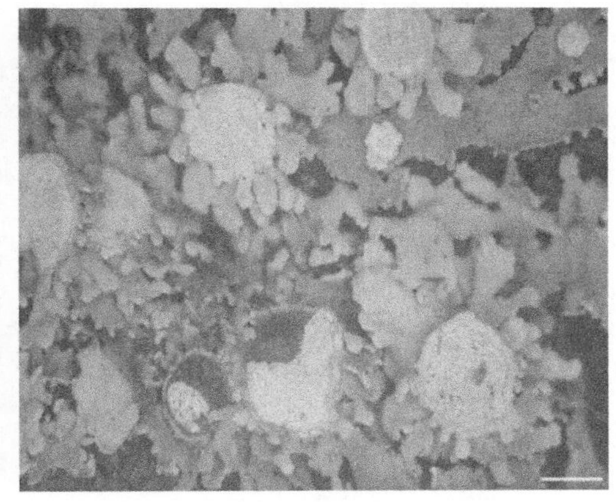

图 32　盘面白霜与盘缘小裂片：*Physconia hokkaidensis*（陈健斌、贺青 6212），标尺=1 mm

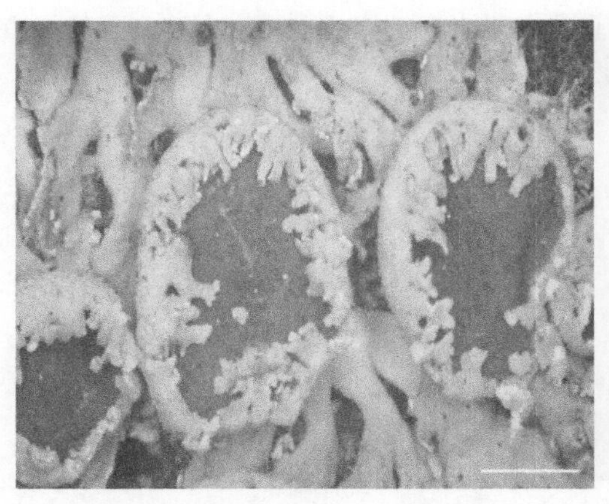

图 33　盘缘小裂片：*Heterodermia diademata* (苏京军 4706)，标尺= 2 mm

图 34　盘缘小裂片卷曲：*Heterodermia boryi* (赵继鼎、陈玉本 4684)，标尺= 2 mm

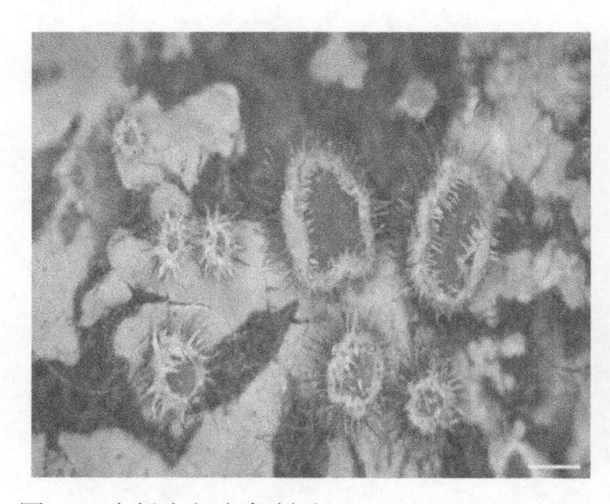

图 35　盘托上部白色刺毛：*Phaeophyscia hirtuosa* (陈健斌、姜玉梅 A-105)，标尺=1 mm

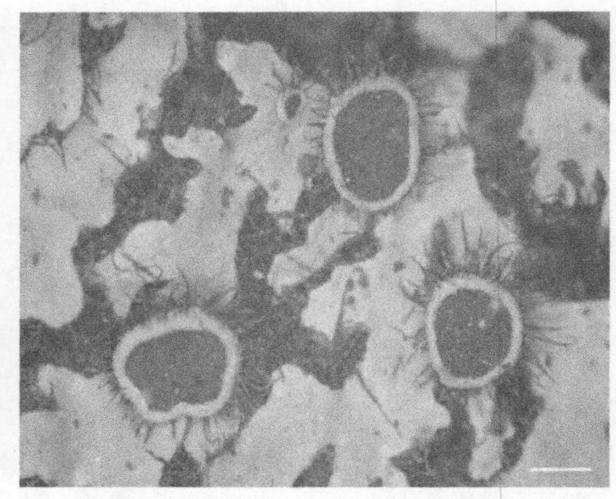

图 36　盘基部的黑色假根：*Phaeophyscia primaria* (陈健斌、贺青 6645)，标尺=1 mm

15. 子囊孢子

每个子囊中的孢子为 8 个，孢子褐色，椭圆形，双胞 (图 37)，极少数 4 胞。而孢壁以及孢子形状与大小差异颇大，通常与其他有关性状相关联，而成为分属分种的重要依据。

从孢壁角度，狭义蜈蚣衣科地衣的孢子分为两大类型，即厚壁型和薄壁型。厚壁型孢子又分为以下 3 个类型。

(1) Physcia 型：孢子壁在孢子两端和中间部位明显加厚。两个细胞的形状相似如哑铃状，细胞的纵径小于横径，即细胞的长度与宽度之比小于 1 (图 38、图 39)。

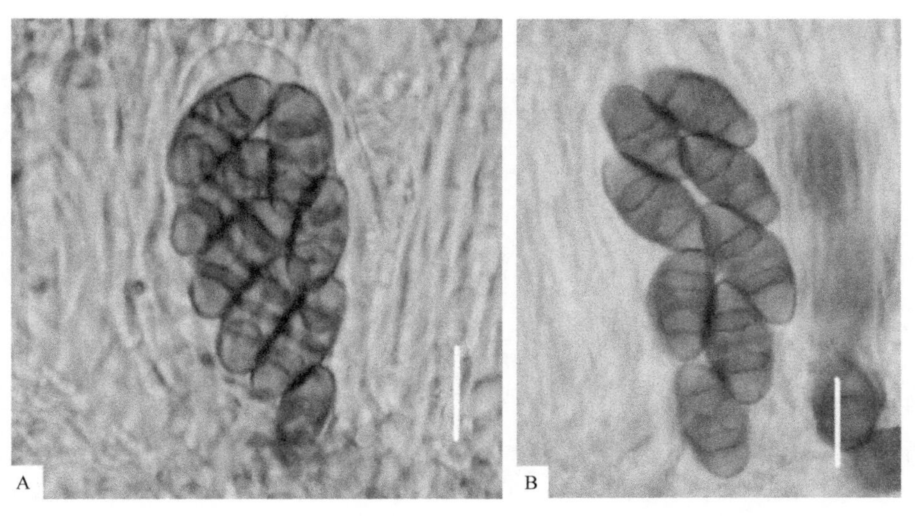

图 37　子囊中 8 个孢子　A：*Physcia stellaris* (陈健斌、王胜兰 14124)，标尺= 20 μm
B：*Phaeophyscia primaria* (陈健斌 10423)，标尺= 20 μm

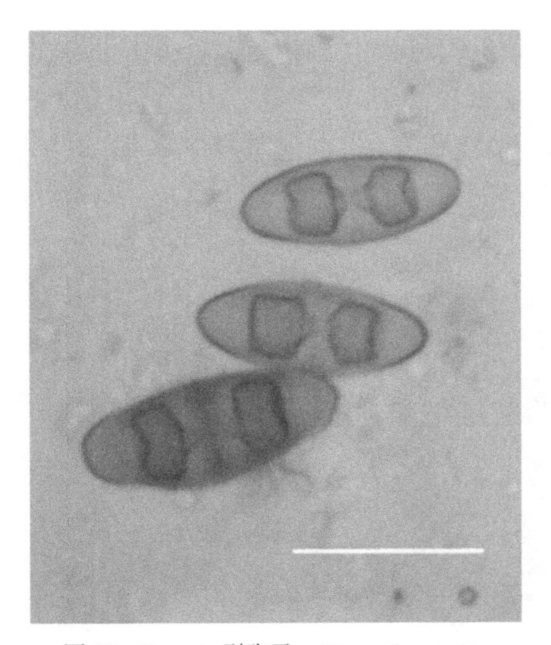

图 38　Physcia 型孢子：*Phaeophyscia hirtuosa* (陈健斌、姜玉梅 A-710)，标尺= 20 μm

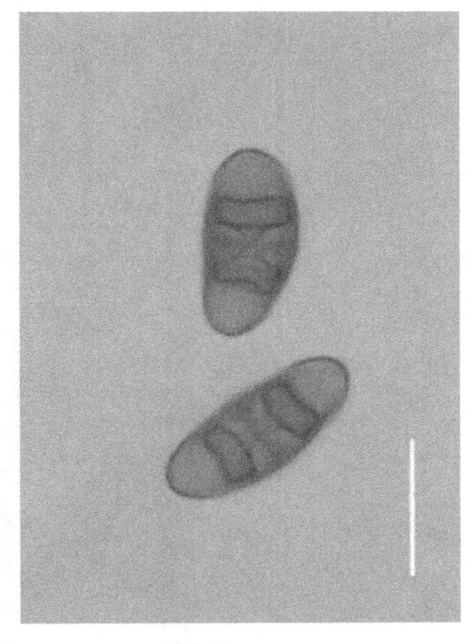

图 39　Physcia 型孢子：*Phaeophyscia primaria* (陈健斌 10423)，标尺= 20 μm

(2) Pachysporaria 型：相似于蜈蚣衣型 (Physcia 型) 孢子，但孢壁不仅在两端和中间部位加厚，而是整个周壁均匀加厚，孢子中的两个细胞为椭圆形、倒卵形，细胞的纵径大于横径，即细胞的长度与宽度之比大于1 (图40、图41)。但此类型孢子有时与Physcia型难以区分，在我们的实际观察中，同一个种甚至同一子囊盘中存在这两类孢子，有时以某一类型占优势。这可能是孢子个体发育的不同阶段显示出的孢子形态差异。厚壁型之一与厚壁型之二两个类型的孢子主要存在于蜈蚣衣属、黑蜈蚣叶属以及哑铃孢属的部分种中。

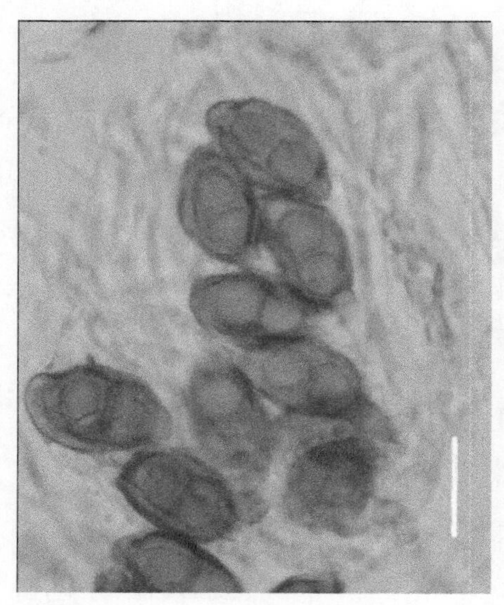

图 40　Pachysporaria 型孢子：*Phaeophyscia endococcina*
(赵继鼎、徐连旺 10097)，标尺= 20 μm

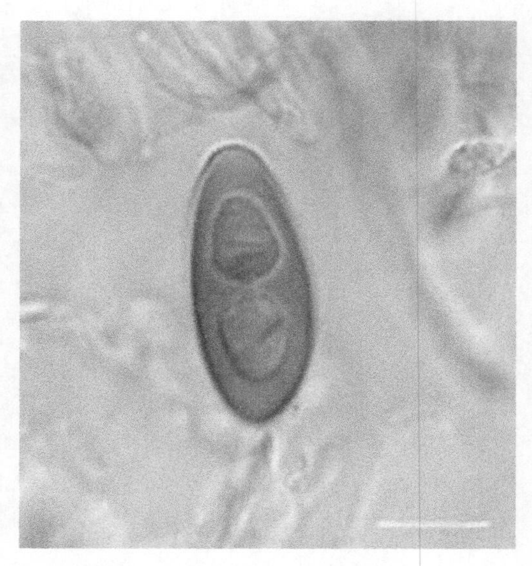

图 41　Pachysporaria 型孢子：*Phaeophyscia confusa*
(赵继鼎、徐连旺 7152)，标尺= 10 μm

(3) Polyblastidia 型：相似于 Pachysporaria 型，但孢子较大，2 个细胞两极再生有小芽孢 (图 42)，这类小细胞被 Kurokawa (1962) 称为“sporoblastidia”。此类型孢子存在于哑铃孢属的某些无下皮层的种中，有一定分类价值。

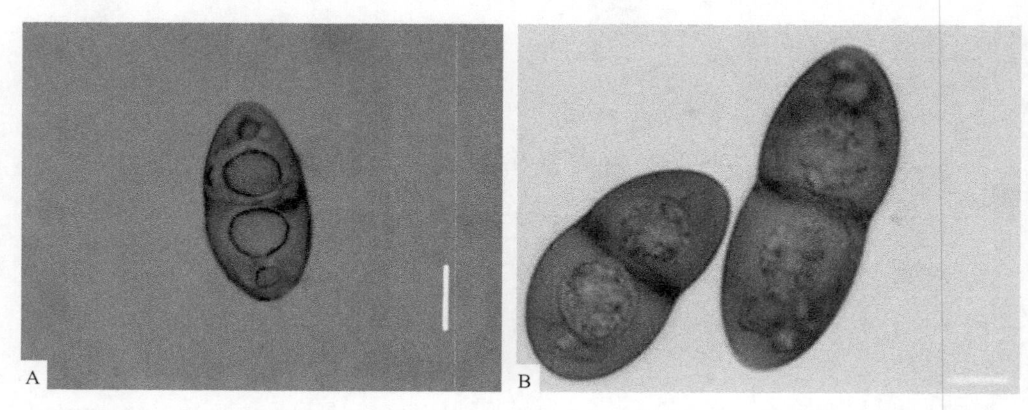

图 42　Polyblastidia 型孢子：*Heterodermia boryi*　A：赵继鼎、陈玉本 4684，标尺= 20 μm
B：宗毓臣 2，标尺= 10 μm

薄壁型孢子只有一个类型，即 Physconia 型：孢子壁相对薄而且壁的厚度均一。雪花衣属 *Anaptychia* 和大孢衣属 *Physconia* 地衣的孢子属此类型 (图 43)。薄壁型孢子是 Poelt (1965) 建立大孢衣属 *Physconia* 以及分开 *Anaptychia* 和 *Heterodermia* 两属地衣的重要依据之一。

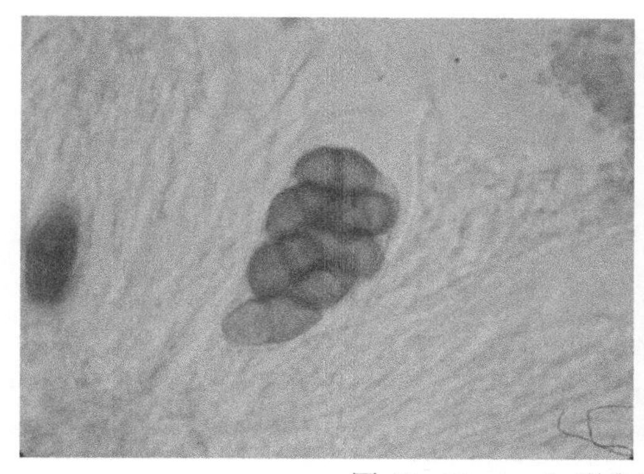
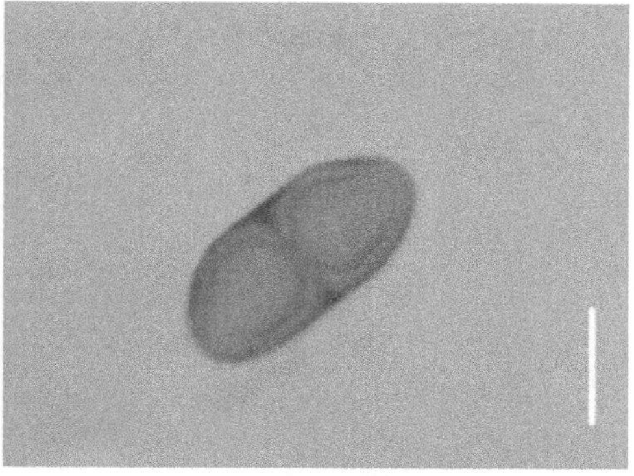

图 43　Physconia 型孢子：*Anaptychia setifera*
(赵从福 2589)，标尺= 20 μm

由此可见，只有 Physconia 型是薄壁孢子，而 Physcia 型、Pachysporaria 型和 Polyblastidia 型 3 个类型均属于厚壁孢子。

16. 分生孢子器和分生孢子

分生孢子器埋生于地衣体，以圆点状孔口露于表面。分生孢子的分类学意义日益受到重视，而成为分属的重要特征之一。狭义蜈蚣衣科地衣中包括 3 类常见的分生孢子：① 丝状即线性，长通常大于 15 μm，仅见于外蜈蚣叶属 *Heperphyscia* 地衣；② 近椭圆形，长小于 4 μm，仅见于黑蜈蚣叶属 *Phaeophyscia* 地衣，而且是该属地衣显著特征之一；③ 柱状、亚柱状，长 4-7 μm，见于其他几个属的地衣。

（二）地衣化学

1. 皮层化学

皮层化学主要是指上皮层化学，有些种无下皮层。蜈蚣衣科地衣上皮层化学包括 3 个类型。

(1) 上皮层 K+黄色，以 atranorin 为皮层的主要成分。蜈蚣衣属 *Physcia*、哑铃孢属 *Heterodermia* 和黑囊基衣属 *Dirinaria* 3 属地衣的全部种类，以及黑盘衣属 *Pyxine* 中多数种的上皮层属于此类型。

(2) 上皮层 K-，不含 atranorin，也未检测出其他皮层地衣物质。雪花衣属 *Anaptychia*、黑蜈蚣叶属 *Phaeophyscia*、大孢衣属 *Physconia*、外蜈蚣叶属 *Hyperphyscia* 4 属地衣的上皮层属此类型。Esslinger (2007) 报道北美洲雪花衣属 *Anaptychia* 中的某些种上皮层 K+淡黄色，我们未见。

(3) 上皮层 UV+黄色，含有 lichexanthone，存在于黑盘衣属某些种中，如 *Pyxine berteriana*、*Pyxine cocoes*、*Pyxine subcinerea* 等，是区分其他有关种的重要鉴别特征之一。

2. 髓层化学

髓层中的地衣物质常常是同属地衣分种的重要依据之一。本卷涉及的地衣的髓层常见物质有以下几类。

Disectic acid：存在于 *Heterodermia angustiloba* 和 *Heterodermia dissecta* 中。

Divaricatic acid：存在于黑囊基衣属 *Dirinaria* 的种中。

Gyrophoric acid：存在于大孢衣属的某些种中，如 *Physconia kurokawae* 和 *Physconia lobulifera*。

Norstictic acid：存在于哑铃孢属 *Heterodermia* 和黑盘衣属 *Pyxine* 的许多种中。

Salazinic acid：存在于哑铃孢属 *Heterodermia* 的许多种中。

Secalonic acid A：存在于唇粉大孢衣 *Physconia leucoleiptes* 中。

Skyrin：一种红色色素，存在于外蜈蚣叶属 *Hyperphyscia* 及黑蜈蚣叶属 *Phaeophyscia* 的某些髓层红色的种中。

未知色素：存在于哑铃孢属 *Heterodermia* 和黑盘衣属 *Pyxine* 的某些种中。

Testacein：存在于黑盘衣属 *Pyxine* 的少数种中。

Zeorin：存在于哑铃孢属 *Heterodermia* 地衣中，蜈蚣衣属 *Physcia* 的某些种中，以及黑蜈蚣叶属 *Phaeophyscia*、黑盘衣属 *Pyxine*、外蜈蚣叶属 *Hyperphyscia* 的极少数种中。

其他有关的未知萜类 (terpenes，triterpenes) 物质：存在于黑囊基衣属 *Dirinaria*、哑铃孢属 *Heterodermia*、黑盘衣属 *Pyxine* 等属地衣的许多种中。

未检测出髓层地衣物质：雪花衣属 *Anaptychia* 的种，黑蜈蚣叶属 *Phaeophyscia* 和大孢衣属 *Physconia* 中的大多数种，以及蜈蚣衣属 *Physcia* 中的某些种。

（三）地理分布

物竞天择，适者生存。地衣的生态幅较之植物生态幅宽得多。例如，很少见到中国特有的地衣科与属，而植物中的中国特有属共计 239 个 (吴征镒等，2005)。虽然如此，地衣仍有其分布规律。

1. 地理分布是地衣分类的重要表型特征之一

形态、化学、地理分布构成地衣表型特征三个重要组成部分。因此，地理分布一直受到地衣学家的重视，而且常常是地衣分属的依据之一，如 Culberson 和 Culberson (1968) 建立的斑叶属 *Cetrelia* 和宽叶衣属 *Platismatia*。斑叶属的子囊盘和分生孢子器近边缘生，似岛衣类地衣，但裂片宽阔，下表面顶部有较宽的无假根裸露带似大叶梅属 *Parmotrema* 地衣，髓层中的地衣物质组合又不同于许多梅衣类地衣，而且分布中心在东亚，特别是我国西南的云南和四川 (陈健斌，1986)。宽叶衣属是一个温带属，其分化中心在亚洲东北部和北美洲西部，即太平洋北部两岸。这两个属提出后很快得到地衣学家普遍承认。又如，具有葱头状缘毛 (缘毛基部膨大) 的球针叶属 *Bulbothrix* 与球针黄叶属 *Relicina* 地衣的区分除皮层物质、分生孢子形态外，在地理分布上球针叶属是一个热带属，其分布中心在南美洲和南非；而球针黄叶属地衣分布在热带至温带，其分布中心在东南亚和澳大利亚。雪花衣属 *Anaptychia* 和哑铃孢属 *Heterodermia* 地衣除在形态与化学上不同外，在地理分布上也存在明显差异。雪花衣属是一个北温带属，除个别种外其余种分布在北温带或北方植被带，而哑铃孢属地衣广布于热带至暖温带，多数种出现在南半球。基于形态、化学、地理分布的表型特征，雪花衣属与哑铃孢属是两个界限分明的独立属。Lohtander 等 (2008) 的分子系统学研究以及他们引述此前某些学者的有关研究都表明，雪花衣属与哑铃孢属的关系并不密切，而与大孢衣属 *Physconia* 构成姐妹群。事实上，地理分布也能提供 *Anaptychia* 和 *Physconia* 关系密切的证据。因为这两属的地衣主要分布在北温带和北方植被带。许多事实显示：凡是表型特征界限分明，形态、化学、地理分布相关联的地衣属通常都能得到分子系统学数据的支持。

2. 蜈蚣衣科各属地衣的整体分布格局

本卷包括的有关属地衣的世界分布可概括为四大类型。

(1) 具有明显的北温带性质，分布或主要分布于北温带或北方植被带：雪花衣属 *Anaptychia*、黑蜈蚣叶属*Phaeophyscia*、大孢衣属*Physconia* 3属的地衣。

从广义的雪花衣属分出哑铃孢属后，雪花衣属目前只包括约 15 个种，是一个小属。Kurokawa (1973) 指出，雪花衣属中具有薄壁型孢子的种类局限于北半球温带或亚北方植被带。他当时的雪花衣属概念包括了哑铃孢属地衣，即广义的雪花衣属，具有薄壁型孢子的种类即当今的雪花衣属地衣，它们主要分布于北温带和亚北方植被带，而且有些种分布不广泛。

黑蜈蚣叶属地衣主要分布于北温带或北方植被带。东亚和北美洲是黑蜈蚣叶属地衣两个最重要的分布地域，主要分化中心在东亚 (Moberg，1994，1995)。只有很少数的种出现在东非 (Moberg，1983a)、南美洲 (Moberg，1993) 和澳大利亚 (McCarthy，2018)。

大孢衣属地衣主要分布于北温带。Moberg (1994) 认为大孢衣属地衣的主要分化中心在东亚，其次是欧洲。但是，Esslinger (1994，2000) 描述了来自北美洲的7个新种，并作出2个新组合。从目前而论，东亚、北美洲和欧洲是大孢衣属地衣3个主要分布区和分化地，有各自的特有种。Otte等 (2002) 对欧洲大孢衣属地衣10个分类单位进行生物地理学研究和分析，他们认为，这10个分类单位中，只有*Physconia muscigena* 和 *Physconia perisidiosa* 2个种属于两极分布型，其余都属于泛北极型。

(2) 具有明显的热带性质：黑囊基衣属 *Dirinaria* 和黑盘衣属 *Pyxine* 地衣属于此类型。

黑囊基衣属和黑盘衣属地衣广泛分布于热带、亚热带地区，有些种可延伸至温带 (Awasthi，1975，1982；Swinscow and Krog，1975，1978；Moberg，1983b；Huneck et al.，1987；Rogers，1986；Elix，2009a，2009b；Aptroot et al.，2014)。Aptroot 等 (2014) 指出，巴西是黑盘衣属 *Pyxine* 地衣多样性的中心，在世界已知的 70 余种黑盘衣中，巴西有 34 种。

(3) 热带、亚热带分布为主兼备温带性质：哑铃孢属 *Heterodermia* 地衣的分布属于此类型。

哑铃孢属是一个世界性的属，近120种，主要分布于热带至温带，多数种出现在南半球。例如，Moberg (2011) 记载南美洲的厄瓜多尔、秘鲁等地域有哑铃孢属地衣33种。Michlig等 (2017) 在南美洲南部又发现4个新种。澳大利亚有哑铃孢属地衣42种 (Elix，2011a)。但是，Mongkolsuk等 (2015) 报道泰国有39种哑铃孢属地衣。这也许说明亚洲热带是哑铃孢属地衣的重要分布区之一。

(4) 分布比较广泛：蜈蚣衣属 *Physcia* 地衣。

蜈蚣衣属是一个世界性的属，与 *Phaeophyscia* 和 *Physconia* 地衣主要分布在北半球不同，蜈蚣衣属地衣在世界范围内有比较广泛的分布，从热带直至北方植被带和北极地区，有些种是广布种。Moberg (1994) 指出，蜈蚣衣属地衣的分化中心在南美洲，东亚没有该属地衣特有种。

3. 种的地理分布型和在中国的分布

地衣区系的地理成分如同植物区系的地理成分，是按照种或其他分类单位的现代地理分布区来划分的，可以归结为若干分布型。对于“世界广布种”而言，属于该分布型的种类几乎分布于世界各大洲而没有特别的分布中心，或有分布中心却分布于世界各地(当然这只是相对的，实际上没有绝对的世界广布种)。

由于研究工作的不断深入，各地区的新记录种不断出现，因此种的分布格局时有变化。例如，*Anaptychia ulotricoides* 一直被认为分布于欧亚某些地区 (Kurokawa，1973)，但 Moberg (1980) 报道北美洲有该种分布。*Heterodermia hypoleuca* 一直被认为是东亚—北美间断分布的典型例子之一，可是 Swinscow 和 Krog (1976) 报道该种在东非有广泛分布。另外有些种的分布型难以确定。

我们根据前述的各属分布格局中引用的文献以及后面专论中每个种的世界分布中引用的文献，经综合考量，归纳出中国蜈蚣衣科地衣的分布型。某些种的分布比较零散或很难归纳。每个种在中国的分布以本卷的记载为依据，但中国香港和台湾有分布的种主要以文献为根据，我们只研究了少数几个种的香港和台湾标本。

1) 中国雪花衣属 *Anaptychia* 地衣的地理分布

雪花衣属地衣约 15 种，主要分布于北温带和亚北方植被带，而且分布不广泛。本卷记载中国雪花衣属地衣 7 种，约占该属种数的 47%，在雪花衣属地衣区系中占有重要地位。这 7 种雪花衣的分布型如下。

(1) 北温带分布型 1 种 (14.3%)：*Anaptychia ulotricoides*，分布于欧洲、北美洲、中亚、北非。分布不广泛，不完全北温带分布。

(2) 欧亚分布型 (主要在欧洲) 3 种 (42.9%)：*Anaptychia ciliaris*，*Anaptychia runcinata*，*Anaptychia setifera*。

(3) 东亚—北美间断分布型 1 种 (14.3%)：*Anaptychia palmulata*。

(4) 东亚分布型 1 种 (14.3%)：*Anaptychia isidiata*。

(5) 难以归类 1 种 (14.3%)：*Anaptychia ethiopica*，分布于东非、中国西北部。

雪花衣属中的 *Anaptychia isidiata* 和 *Anaptychia palmulata* 分别属东亚分布型和东亚—北美间断分布型，在中国有较广泛的分布，其余几个种分布于西北的新疆、甘肃、陕西等地区 (表 6)。各种的中国分布以本研究标本产地为依据，世界分布文献见专论，以下均同。

表 6　中国雪花衣属地衣的地理分布

Table 6　The geographical distribution of *Anaptychia* lichens in China

种	分布型	在中国的分布
Anaptychia isidiata	东亚	河北、内蒙古、黑龙江、吉林、辽宁、湖北、湖南、安徽、贵州、四川、陕西
Anaptychia palmulata	东亚—北美	黑龙江、吉林、安徽、浙江、湖北、湖南、云南、西藏、陕西
Anaptychia ciliaris	欧亚（主要在欧洲）	河北、陕西、甘肃、新疆
Anaptychia runcinata	欧亚（主要在欧洲）	陕西
Anaptychia setifera	欧亚（主要在欧洲）	新疆
Anaptychia ulotricoides	北温带（不广泛，散布）	甘肃、青海、新疆
Anaptychia ethiopica	难以归类	陕西、甘肃、新疆

2) 中国大孢衣属 *Physconia* 地衣的地理分布

大孢衣属基本上是一个北温带属，东亚是该属地衣物种的重要分化地区之一。本卷记载的中国大陆 9 种大孢衣的分布型如下。

(1) 北温带分布型 3 种 (33.3%)：*Physconia detersa*，*Physconia distorta*，*Physconia leucoleiptes*。

(2) 东亚分布型 3 种 (33.3%)：*Physconia hokkaidensis*，*Physconia kurokawae*，*Physconia lobulifera*。

(3) 东亚—北美间断分布型 1 种 (11.1%)：*Physconia grumosa*。

(4) 两极分布型 1 种 (11.1%)：*Physconia muscigena*。这个种广泛分布于北极、北方植被带、欧洲至中亚温带、热带高山、南美洲南极植被带、南极半岛和某些亚南极岛屿 (Otte et al.，2002)，分布比较广泛。

(5) 中国特有种 1 个 (11.1%)：*Physconia chinensis*。

上述 9 个种的分布型以及在中国的分布概括于表 7。它们在中国主要分布于中东部地区，某些种延伸至四川、云南、西藏 (某些高山地带)，而不出现在广东、广西、海南、台湾等地，其分布符合该属地衣地理分布的整体格局。

表 7　中国大孢衣属地衣的地理分布

Table 7　The geographical distribution of *Physconia* lichens in China

种	分布型	在中国的分布
Physconia chinensis	中国特有	北京、吉林、云南
Physconia detersa	北温带	北京、内蒙古、吉林、黑龙江、湖北、云南、四川、新疆
Physconia distorta	北温带	北京、内蒙古、吉林、黑龙江、四川、云南、西藏、陕西、甘肃、新疆
Physconia leucoleiptes	北温带	北京、河北、内蒙古、辽宁、吉林、黑龙江、河南、江西、四川、陕西

续表

种	分布型	在中国的分布
Physconia grumosa	东亚—北美	河北、内蒙古、吉林、黑龙江、安徽、湖北、湖南、重庆、四川、云南、西藏、陕西
Physconia hokkaidensis	东亚	山西、吉林、黑龙江、湖南、云南、西藏、陕西
Physconia kurokawae	东亚	吉林、黑龙江
Physconia lobulifera	东亚	吉林
Physconia muscigena	两极分布	内蒙古、吉林、四川、西藏、陕西、青海、新疆

3) 中国黑蜈蚣叶属 *Phaeophyscia* 地衣的地理分布

黑蜈蚣叶属地衣主要分布于北温带或温带—北方植被带。东亚和北美洲是黑蜈蚣叶属地衣两个最重要的分布地区，主要分化中心在东亚 (Moberg，1994，1995)。本卷记载中国大陆黑蜈蚣叶属地衣 21 种，可归纳为 4 个分布型，其中东亚分布和东亚—北美间断分布 12 种，占 57.1%，另有几个种在某些地区散布，其分布型难以归类。

(1) 广布 (主要是热带、亚热带至温带) 1 种 (4.8%)：*Phaeophyscia hispidula*。

(2) 以北温带—北方植被带为主要分布区 4 种 (19%)：*Phaeophyscia ciliata*，*Phaeophyscia endococcina*，*Phaeophyscia kairamoi*，*Phaeophyscia sciastra*。

(3) 东亚—北美间断分布型 5 种 (23.8%)：*Phaeophyscia denigrata*，*Phaeophyscia hirtella*，*Phaeophyscia imbricata*，*Phaeophyscia melanchra*，*Phaeophyscia rubropulchra*。

(4) 东亚分布型 7 种 (33.3%)：*Phaeophyscia exornatula*，*Phaeophyscia hirtuosa*，*Phaeophyscia hunana*，*Phaeophyscia laciniata*，*Phaeophyscia primaria*，*Phaeophyscia pyrrhophora*，*Phaeophyscia trichophora*。

(5) 目前难以归类的 4 种 (19%)：*Phaeophyscia adiastola* (分布于北美洲、东非、澳大利亚)，*Phaeophyscia chloantha* (分布于欧洲中部和南部、北美洲、南美洲、东非、日本、蒙古、中国)，*Phaeophyscia confusa* (分布于东非)，*Phaeophyscia fumosa* (分布于东非、澳大利亚)。

黑蜈蚣叶属地衣在中国的分布如表 8 所示。

表 8　中国黑蜈蚣叶属地衣的地理分布

Table 8　The geographical distribution of *Phaeophyscia* lichens in China

种	分布型	在中国的分布
Phaeophyscia hispidula	广布	北京、河北、内蒙古、吉林、黑龙江、山东、浙江、湖北、湖南、广西、四川、贵州、云南、西藏、陕西、新疆
Phaeophyscia sciastra	北温带—北方植被带	北京、内蒙古
Phaeophyscia ciliata	北温带—北方植被带	内蒙古、江西、四川、陕西、新疆
Phaeophyscia endococcina	北温带—北方植被带	北京、湖北、湖南、广西、四川、云南、台湾*
Phaeophyscia kairamoi	北温带—北方植被带	湖北、四川、云南、西藏、新疆
Phaeophyscia denigrata	东亚—北美	北京、河北、内蒙古、辽宁、 吉林、河南、湖北、湖南、四川、云南、西藏、陕西
Phaeophyscia hirtella	东亚—北美	北京、内蒙古、吉林

续表

种	分布型	在中国的分布
Phaeophyscia imbricata	东亚—北美	河北、吉林、黑龙江、湖北、重庆
Phaeophyscia melanchra	东亚—北美	北京、内蒙古、吉林、黑龙江、山东、上海、江西、四川、云南、陕西、台湾*
Phaeophyscia rubropulchra	东亚—北美	河北、内蒙古、吉林、黑龙江、上海、湖南、重庆、广西
Phaeophyscia exornatula	东亚	北京、河北、内蒙古、吉林、黑龙江、山东、上海、安徽、河北、湖南、广西、四川、云南、西藏、陕西、新疆、台湾*
Phaeophyscia hirtuosa	东亚	北京、河北、内蒙古、山西、辽宁、吉林、黑龙江、山东、浙江、湖北、湖南、江西、四川、贵州、云南、陕西、宁夏
Phaeophyscia hunana	东亚	湖南
Phaeophyscia laciniata	东亚	湖北、广西、四川、贵州
Phaeophyscia primaria	东亚	河北、内蒙古、吉林、黑龙江、山东、安徽、浙江、江西、湖北、湖南、四川、云南、西藏、陕西
Phaeophyscia pyrrhophora	东亚	吉林、浙江、福建、安徽、湖南、广西、云南
Phaeophyscia trichophora	东亚	云南
Phaeophyscia adiastola	难以归类	吉林、云南、陕西
Phaeophyscia chloantha	难以归类	北京、河北、黑龙江、西藏、新疆
Phaeophyscia confusa	难以归类	四川、云南
Phaeophyscia fumosa	难以归类	福建、湖南、四川、云南

*在中国台湾和香港的分布主要以文献为依据，以下均同。

4) 黑囊基衣属 *Dirinaria* 和黑盘衣属 *Pyxine* 地衣的地理分布

黑囊基衣属和黑盘衣属在地理分布上具有明显的热带性质，在此一并讨论。

中国大陆黑囊基衣属4个种均为泛热带分布型，这4种黑囊基衣在中国分布于南方，有的种延伸至暖温带，这与黑囊基衣属地衣是以热带、亚热带为主要分布区的分布格局相一致(表 9)。

表 9　中国黑囊基衣属地衣的地理分布

Table 9　The geographical distribution of *Dirinaria* lichens in China

种	分布型	在中国的分布
Dirinaria aegialita	泛热带	山东、湖北、广东、广西、海南、四川、贵州、云南、香港、台湾
Dirinaria applanata	泛热带	山东、福建、广西、海南、云南、香港、台湾
Dirinaria confluens	泛热带	海南、云南、台湾
Dirinaria picta	泛热带	湖南、广东、广西、海南、云南、香港、台湾

中国 17 种黑盘衣的地理分布型如下。在中国的分布见表 10。

(1) 泛热带分布 7 种 (41.2%)：*Pyxine berteriana*，*Pyxine cocoes*，*Pyxine cognate* (未出现在非洲)，*Pyxine coralligera*，*Pyxine meissnerina*，*Pyxine sorediata*，*Pyxine subcinerea* (后面 2 种可延伸至温带)。

(2) 旧世界热带分布 3 种 (17.6%)：*Pyxine consocians*，*Pyxine copelandii*，*Pyxine endochrysina* (个别种可延伸至旧世界暖温带)。

(3) 亚洲热带分布 1 种 (5.9%)：*Pyxine philippina*。

(4) 东亚分布 1 种 (5.9%)：*Pyxine limbulata*。

(5) 中国喜马拉雅分布 2 种 (11.8%)：*Pyxine himalayensis*，*Pyxine minuta*。

(6) 中国特有 3 种 (17.6%)：*Pyxine flavicans*，*Pyxine hengduanensis*，*Pyxine yunnanensis*。

表 10　中国黑盘衣属地衣的地理分布

Table 10　The geographical distribution of *Pyxine* lichens in China

种	分布型	在中国的分布
Pyxine berteriana	泛热带	海南、云南、西藏、台湾
Pyxine cocoes	泛热带	海南、香港、台湾
Pyxine coralligera	泛热带	云南西双版纳
Pyxine cognata	泛热带	四川、云南
Pyxine meissnerina	泛热带（？）	云南西双版纳
Pyxine sorediata	热带至温带	吉林、黑龙江、浙江、福建、安徽、湖南、广西、四川、云南、西藏、香港、台湾
Pyxine subcinerea	热带至温带	浙江、广西、贵州、云南、台湾
Pyxine consocians	旧世界热带	海南、四川、云南、台湾
Pyxine copelandii	旧世界热带	海南、云南、台湾
Pyxine endochrysina	旧世界热带	北京、山东、浙江、湖北、湖南、广西、云南、香港、台湾
Pyxine philippina	亚洲热带	云南西双版纳、台湾
Pyxine limbulata	东亚	吉林、黑龙江、浙江、四川、云南、西藏、台湾
Pyxine minuta	中国喜马拉雅	四川、云南
Pyxine himalayensis	中国喜马拉雅	四川、云南、西藏、台湾
Pyxine flavicans	中国特有	四川、云南、西藏
Pyxine hengduanensis	中国特有	四川、云南、西藏
Pyxine yunnanensis	中国特有	云南

5) 中国哑铃孢属 *Heterodermia* 地衣的地理分布

哑铃孢属地衣地理分布兼备热带至温带性质。中国 30 种哑铃孢属地衣的地理分布型概述如下。

(1) 热带至暖温带或温带分布 15 种 (50%)：*Heterodermia boryi*，*H. comosa*，*H. diademata*，*H. flabellata*，*H. fragilissima*，*H. galactophylla*，*H. isidiophora*，*H. japonica*，*H. leucomelos*，*H. lutescens*，*H. neglecta*，*H. obscurata*，*H. podocarpa*，*H. pseudospeciosa*，*H. speciosa*。

(2) 亚洲热带—大洋洲分布 3 种 (10%)：*H. angustiloba*，*H. dissecta*，*H. hypocaesia*。

(3) 古热带至东亚分布 1 种 (3.3%)：*Heterodermia microphylla* (分布于东非、南非、南亚、东亚、澳大利亚、新西兰)。

(4) 亚洲热带分布 1 种 (3.3%)：*H. pellucida*。

(5) 东亚分布 2 种 (6.7%)：*H. pacifica*，*H. subascendens*。

(6) 东亚—北美间断分布 2 种 (6.7%)：*Heterodermia hypoleuca*，*Heterodermia dendritica*。

(7) 中国—喜马拉雅分布 2 种 (6.7%)：*H. firmula*，*H. togashii*。

(8) 中国特有 2 种 (6.7%)：*Heterodermia orientalis*，*Heterodermia sinocomosa*。

(9) 难以归类 2 种 (6.7%)：*H. hypochraea* (东亚、东非、南美洲)，*H. rubescens* (东南亚)。

本卷记载的 30 种哑铃孢属地衣中，大多数种分布在中国的暖温带、亚热带和热带。与该属地衣主要分布在热带至暖温带的整体格局相一致，见表 11。

表 11　中国哑铃孢属地衣的地理分布

Table 11　The geographical distribution of *Heterodermia* lichens in China

种	分布型	在中国的分布
Heterodermia angustiloba	亚洲热带—大洋洲	湖南、贵州、云南、台湾
Heterodermia boryi	热带至暖温带	黑龙江、吉林、安徽、湖北、四川、贵州、云南、西藏、陕西、台湾
Heterodermia comosa	热带至暖温带	福建、湖南、广西、四川、云南、台湾
Heterodermia dendritica	东亚—北美	安徽、福建、湖南、贵州、云南、台湾
Heterodermia diademata	热带至温带	河北、内蒙古、辽宁、吉林、黑龙江、山东、安徽、福建、浙江、江西、湖北、湖南、广西、四川、贵州、云南、西藏、香港、台湾
Heterodermia dissecta	亚洲热带—大洋洲	福建、湖南、广西、四川、云南、台湾
Heterodermia firmula	中国—喜马拉雅	北京、福建、广西、四川、云南
Heterodermia flabellata	热带至暖温带	广西、云南
Heterodermia fragilissima	散布于热带至暖温带	贵州、云南、西藏
Heterodermia galactophylla	主要在美洲热带至温带	福建、江西、湖南、广西
Heterodermia hypocaesia	亚洲热带—大洋洲	广西、云南、台湾
Heterodermia hypochraea	难以归类(东亚、东非、南美洲)	安徽、湖北、湖南、广西、四川、贵州、云南、台湾
Heterodermia hypoleuca	东亚—北美	内蒙古、辽宁、吉林、黑龙江、山东、安徽、浙江、湖北、四川、贵州、云南、西藏、陕西、台湾
Heterodermia isidiophora	热带至温带	吉林、黑龙江、安徽、江西、福建、广西、云南、台湾
Heterodermia japonica	热带至温带	内蒙古、吉林、黑龙江、安徽、福建、江西、湖南、广西、四川、贵州、云南、西藏、青海、台湾
Heterodermia leucomelos	热带至暖温带	云南、海南、台湾
Heterodermia lutescens	热带至暖温带	云南、台湾
Heterodermia microphylla	古热带至东亚	吉林、黑龙江、福建、湖南、云南
Heterodermia neglecta	热带至温带	吉林、黑龙江、湖北、湖南、广西、四川、贵州、云南、台湾
Heterodermia obscurata	热带至温带	吉林、黑龙江、浙江、福建、安徽、江西、湖南、广西、四川、贵州、云南、西藏、台湾
Heterodermia orientalis	中国特有	云南
Heterodermia pacifica	东亚	吉林、黑龙江、浙江、福建、湖南、广西、云南、台湾

续表

种	分布型	在中国的分布
Heterodermia pellucida	亚洲热带	福建、安徽、湖南、广西、云南、西藏、台湾
Heterodermia podocarpa	热带至暖温带	黑龙江、云南、西藏、台湾
Heterodermia pseudospeciosa	热带至暖温带	吉林、辽宁、浙江、福建、安徽、江西、湖北、湖南、广西、贵州、四川、云南、西藏、香港、台湾
Heterodermia rubescens	东南亚	安徽、云南
Heterodermia sinocomosa	中国特有	云南
Heterodermia speciosa	热带至温带	北京、河北、内蒙古、辽宁、吉林、黑龙江、安徽、江西、湖北、湖南、四川、云南、西藏、陕西、香港
Heterodermia subascendens	东亚	吉林、安徽、湖北、广西、四川、云南、台湾
Heterodermia togashii	中国—喜马拉雅	湖北、四川、云南、西藏

6) 中国蜈蚣衣属 *Physcia* 地衣的地理分布

与 *Paeophyscia* 和 *Physconia* 地衣主要分布在北半球不同，蜈蚣衣属地衣在世界范围内有比较广泛的分布。种类较多的地区有中美洲和南美洲 34 种 (Moberg，1990)，澳大利亚 31 种 (Elix，2011b)。Moberg (1994) 认为，蜈蚣衣属地衣的分化中心在南美洲，东亚没有该属地衣特有种。本卷记载的中国 17 种蜈蚣衣有如下分布型。在中国的分布见表 12。

(1) 广布 7 种 (41.2%)：*Physcia adscendens*，*Physcia aipolia*，*Physcia caesia*，*Physcia dubia*，*Physcia stellaris*，*Physcia tribacia*，*Physcia tribacoides*。某些种主要分布于温带至热带高山和北方植被带或北极植被带。

(2) 北温带 4 种 (23.5%)：*Physcia albinea*，*Physcia phaea*，*Physcia leptalea*，*Physcia tenella* (有的种多分布于北方植被带)。

(3) 热带、亚热带 (散布) 3 种 (17.6%)：*Physcia albata*，*Physcia atrostriata*，*Physcia sorediosa*。

(4) 旧世界热带 (散布) 1 种 (5.9%)：*Physcia dilatata* (分布于东非、尼泊尔)。

(5) 分布型难以归类 2 种 (11.8%)：*Physcia dimidiata* (分布于欧洲、东亚、东非、南美洲)，*Physcia verrucosa* (分布于东非、澳大利亚)。

表 12　中国蜈蚣衣属地衣的地理分布

Table 12　The geographical distribution of *Physcia* lichens in China

种	分布型	在中国的分布
Physcia adscendens	广布	内蒙古、四川、云南、新疆
Physcia aipolia	广布	北京、河北、山西、内蒙古、辽宁、吉林、黑龙江、广西、四川、西藏、陕西、甘肃、新疆
Physcia caesia	广布	北京、河北、内蒙古、吉林、黑龙江、江西、四川、云南、西藏、陕西、青海、新疆
Physcia dubia	广布	吉林、黑龙江
Physcia stellaris	广布	北京、河北、内蒙古、吉林、黑龙江、辽宁、山东、湖北、湖南、四川、云南、陕西、新疆

续表

种	分布型	在中国的分布
Physcia tribacia	广布	河北、内蒙古、四川、云南、新疆
Physcia tribacoides	广布	吉林、福建、湖南、广西、四川、贵州、云南
Physcia albinea	北温带	吉林、四川
Physcia phaea	北温带	河北、内蒙古、辽宁、黑龙江、云南、西藏、陕西
Physcia leptalea	北温带	四川、宁夏、新疆
Physcia tenella	北温带	新疆
Physcia albata	热带（散布）	四川、云南
Physcia atrostriata	热带（散布）	广西、海南、云南西双版纳、香港、台湾
Physcia sorediosa	热带	云南西双版纳、香港、台湾
Physcia dilatata	旧世界热带	云南
Physcia dimidiata	难以归类	新疆
Physcia verrucosa	难以归类	福建、广西

4. 中国蜈蚣衣科地衣地理分布小结

(1) 中国是雪花衣属 *Anaptychia*、黑蜈蚣叶属 *Phaeophyscia*、大孢衣属 *Physconia* 和哑铃孢属 *Heterodermia* 4 属地衣的重要分布区，在世界地衣区系中占有重要地位。

雪花衣属、黑蜈蚣叶属和大孢衣属 3 属地衣在地理分布上具有明显的北温带性质，而且东亚、北美洲是 *Phaeophyscia* 和 *Physconia* 地衣的重要分布区或分化中心。世界已知雪花衣属地衣约 15 种，中国雪花衣属地衣有 7 种，占本属世界已知种数的 47%。世界已知黑蜈蚣叶属地衣 60 余种，本卷记载中国黑蜈蚣叶属地衣 21 种，约占世界种数的 35%。世界已知大孢衣属地衣约 30 种，本卷记载的中国大陆大孢衣属 9 种，占世界已知种数的 30%。这 3 属地衣在中国的北方较之南方分布广泛。

哑铃孢属 *Heterodermia* 是一个世界性的属，近 120 种，主要分布于热带至温带，多数种出现在南半球。本卷记载中国大陆 30 种，另有 3 种分布于中国台湾，共计 33 种，还有几个未研究种。因此中国也是哑铃孢属地衣的重要分布区之一，其种类在中国的南方比北方多。

(2) 黑囊基衣属 *Dirinaria* 和黑盘衣属 *Pyxine* 两属地衣在地理分布上具有明显的热带性质。在中国，这两个属地衣主要集中分布于长江以南，与这两个属地衣的分布与分化中心在热带、亚热带是一致的。

(3) 蜈蚣衣属 *Physcia* 是一世界性的属，分布广泛（从热带至寒带）。在中国的北方和南方因种而异，各有分布。

(4) 以本卷记载为依据，中国大陆狭义蜈蚣衣科地衣 108 种，种类多的前 6 个地区依次是云南 (81 种)、四川 (51 种)、吉林 (42 种)、黑龙江 (34 种)、湖南 (34 种)、广西 (33 种)。种类稍多的地区有西藏 (32 种)、内蒙古 (26 种)、陕西 (25 种)、湖北 (25 种)、安徽 (21 种)、新疆 (20 种)。其他地区种类较少，原因之一是我们采集和收集的标本不够充分。根据文献资料统计，中国台湾约有 60 种，香港有 15 种。

中国各地区有关种类名称详见“中国各地区蜈蚣衣科地衣名录”。这个名录中不仅包括本卷记载的种类，还包括文献记载而我们未见标本的种类。例如，根据已研究标本，本卷记载云南省有 81 种，加上只有文献记载而未见标本的 16 种，共计 97 种。在名录中，每个种的名称后面有记号 + 表示仅本卷在该地区的记载；名称后面 (+) 表示在该地区仅有文献记载，我们未见标本；(+) + 表示文献和本卷均有记载。

专　　论

蜈 蚣 衣 科
PHYSCIACEAE

Physciaceae Zahlbr., in Engler, Syllabus, 2nd edn 2: 46, 1898.

Type: *Physcia* (Schreb.) Michaux

地衣体叶状、亚枝状、壳状、鳞片状；上皮层由假薄壁组织或假厚壁长细胞组织或假厚壁粘合密丝组织构成；共生藻绝大多数为绿藻中的共球藻属*Trebouxia*中的种，异层型；下皮层由假薄壁组织或假厚壁长细胞组织构成，或缺乏下皮层；下表面通常有假根或缘毛型假根，少数种无假根。子囊果为子囊盘，茶渍型、网衣型，偶有似网衣型，无柄至有短柄；子实上层褐色至黑色，或绿色，子实层通常无色，子实下层无色、黄褐色至暗褐色；侧丝单一或上部有分枝，通常有隔，顶端加粗变暗；子囊Lecanora 型，顶部有一个遇碘强烈变蓝色的淀粉质环状体；子囊中 (4-) 8个孢子 (本卷涉及的有关属地衣的子囊中孢子为8个)，孢子1 (-5) 格，通常1格2胞，稀有4胞或6胞，橄榄色、褐色至暗褐色，厚壁或薄壁，大多数孢壁厚。分生孢子杆状、椭圆形、线形等。

第10版《真菌辞典》(Kirk et al.，2008) 中蜈蚣衣科包括17属512种。近期在蜈蚣衣科中建立了某些新属：*Kashiwadia* (Kondratyuk et al.，2014a)、*Oxnerella* (Kondratyuk et al.，2014b)、*Leucodermia* 和 *Polyblastidium* (Mongkolsuk et al.，2015)。最新资料显示蜈蚣衣科包括18属630余种 (Wijayawardene et al.，2020)。

虽然黑囊基衣属 *Dirinaria* 和黑盘衣属 *Pyxine* 已置于粉衣科，但本卷仍包括这两个地衣属的内容。

中国蜈蚣衣科地衣分属检索表

1. 上皮层为假厚壁长细胞组织，菌丝在纵切面或多或少平行走向 ……………… 2
1. 上皮层非假厚壁长细胞组织，多为假薄壁组织 ……………… 3
　2. 上皮层 K-，缺乏 atranorin，孢子薄壁，Pysconia 型 ……………… **雪花衣属 *Anaptychia***
　2. 上皮层 K+黄色，含有 atranorin，孢子厚壁型 ……………… **哑铃孢属 *Heterodermia***
3. 下表面缺乏假根或假根不明显 ……………… 4
3. 下表面有明显假根 ……………… 5
　4. 上皮层 K+黄色，含有 atranorin ……………… **黑囊基衣属 *Dirinaria***
　4. 上皮层 K-，缺乏 atranorin ……………… **外蜈蚣叶属 *Hyperphyscia***
5. 子囊盘成熟时似网衣型，子实上层 K+紫色 ……………… **黑盘衣属 *Pyxine***
5. 子囊盘茶渍型，子实上层 K- ……………… 6
　6. 上皮层 K+黄色，含有 atranorin ……………… **蜈蚣衣属 *Physcia***
　6. 上皮层 K-，缺乏 atranorin ……………… 7
7. 地衣体通常有明显粉霜和羽状分枝假根，孢子薄壁型 ……………… **大孢衣属 *Physconia***

7. 地衣体通常缺乏粉霜，假根很少有分枝，孢子厚壁型 ························ **黑蜈蚣叶属 *Phaeophyscia***

Key to the genera of Physciaceae from China

1. Upper cortex prosoplectenchymatous ··· 2
1. Upper cortex not prosoplectenchymatous ·· 3
   2. Upper cortex K-, atranorin absent; spores Physconia-type ······························ ***Anaptychia***
   2. Upper cortex K+ yellow, atranorin present; spores Pachysporaria- or Polyblastidia-types ················ ·· ***Heterodermia***
3. Lower surface without rhizines or with inconspicuous short rhizines ······················ 4
3. Lower surface with conspicuous rhizines ·· 5
   4. Upper cortex K+ yellow, atranorin present ··· ***Dirinaria***
   4. Upper cortex K-, atranorin absent ·· ***Hyperphyscia***
5. Apothecia similar to lecideine appearance, epihymenium K+ purple ························· ***Pyxine***
5. Apothecia Lecanora-type, epihymenium K- ·· 6
   6. Upper cortex K+ yellow, atranorin present ··· ***Physcia***
   6. Upper cortex K-, atranorin absent ··· 7
7. Thallus usually with conspicuous pruina and squarrose rhizinae, spores Physconia-type ········ ***Physconia***
7. Thallus usually without pruina and squarrose rhizinae, spores Physcia- or Pachysporaria-types ·· ***Phaeophyscia***

1. 雪花衣属 **Anaptychia** Körb. emend. Poelt

Anaptychia Körb., Grundr. Krypt.-Kunde: 197, 1848 emend. Poelt, Nova Hedwigia 9: 31, 1965.

Type species: *Anaptychia ciliaris* (L.) Körb.

地衣体叶状，或亚枝状似灌丛；裂片二叉式或不规则分裂，分离或紧密相连，多亚线形延长；上表面淡褐灰色、淡橄榄绿色、褐色、淡灰白色、污白灰色，有时有粉霜和茸毛；皮层由假厚壁长细胞组织构成，其菌丝走向在纵切面或多或少与表面平行；下表面有皮层或无皮层，假根或缘毛型假根与地衣体同色或顶部常变暗，不分枝，或顶部稀分枝，或有羽状分枝。子囊盘表面生，茶渍型，无柄或具短柄，有的盘托上具刺毛；子囊中 8 孢，孢子椭圆形，双胞，薄壁，Physconia 型，褐色至暗褐色。通常未检测出地衣物质。

Lohtander 等 (2008) 的分子研究以及他们引述此前某些学者的有关研究都表明，雪花衣属与哑铃孢属 *Heterodermia* 的关系并不密切，而与大孢衣属 *Physconia* 构成姐妹群。

从雪花衣属分出哑铃孢属后，本属目前只包括约 15 个种，主要分布于北温带或北方植被带。文献记载中国大陆有雪花衣属地衣 7 种和 1 亚种，本卷确认 7 种。文献中记载的 *A. fusca* 是 *A. runcinata* 的异名。未包括的分类单位 1 个：毛边雪花衣黑斑亚种 *Anaptychia ciliaris* subsp. *mamillata* (Taylor) D. Hawksw. & P. James。中国地衣学文献中记载的 *Physconia tentaculata* (Zahlbr.) Poelt 分布于中国台湾，中国大陆未知。

分种检索表

1. 地衣体叶状至枝状似灌丛……………………………………………………………………………2
1. 地衣体叶状，平铺于基物……………………………………………………………………………4
   2. 具粉芽……………………………………………………………………东非雪花衣 ***A. ethiopica***
   2. 无粉芽……………………………………………………………………………………………3
3. 盘托上有刺毛 (spinules)……………………………………………………毛盘雪花衣 ***A. setifera***
3. 盘托上无刺毛……………………………………………………………………毛边雪花衣 ***A. ciliaris***
   4. 裂片 1-3 mm 宽，上表面淡灰色至污白灰色，顶部有微小无色的毛……………………
   ……………………………………………………………………………………污白雪花衣 ***A. ulotricoides***
   4. 裂片 0.5-1.5 mm 宽，上表面淡橄榄绿色至淡褐色或褐色，无毛……………………………5
5. 具有柱状裂芽…………………………………………………………………裂芽雪花衣 ***A. isidiata***
5. 无柱状裂芽……………………………………………………………………………………………6
   6. 上表面淡绿灰色至淡橄榄绿色，常常有羽状分枝假根……………………掌状雪花衣 ***A. palmulata***
   6. 上表面淡褐色至褐色或深褐色，假根不分枝或有时不规则分枝………倒齿雪花衣 ***A. runcinata***

Key to the species

1. Thallus foliose to fruticose, shrub-like……………………………………………………………2
1. Thallus foliose, appressed to the substratum………………………………………………………4
   2. With soradia…………………………………………………………………………***A. ethiopica***
   2. Without soradia……………………………………………………………………………………3
3. With spinules on receptacle of apothecia……………………………………………………***A. setifera***
3. Without spinules on receptacle of apothecia…………………………………………………***A. ciliaris***
   4. Lobes 1-3 mm wide, lobe tips with colorless hairs……………………………………***A. ulotricoides***
   4. Lobes 0.5-1.5 mm wide, without hairs……………………………………………………………5
5. With cylindrical isidia……………………………………………………………………***A. isidiata***
5. Without cylindrical isidia……………………………………………………………………………6
   6. Upper surface greenish to greenish olive, rhizines often squarrosely branched…………***A. palmulata***
   6. Upper surface brownish to dark brown, rhizines simple or irregularly branched…………***A. runcinata***

1.1 毛边雪花衣　图版 I: 1

Anaptychia ciliaris (L.) Körb., in A. Massalongo, Memor. Lichenogr.: 35, 1853; Zahlbruckner, in Handel-Mazzetti, Symb. Sin. **3**: 243, 1930; Tchou, Contr. Inst. Bot. Natl. Acad. Peiping **3**: 35, 1935; Moreau & Moreau, Rev. Bryol. Lichenol. **20**: 196, 1951; Zhao, Xu & Sun. Prodr. Lich. Sin.: 123, 1982; Wei, Enum. Lich. China: 23, 1991; Abbas & Wu, Lich. Xinjiang: 106, 1998; Chen & Wang, Mycotaxon **73**: 336, 1999.

≡ *Lichen ciliaris* L., Sp. PI. **2**: 1144, 1753. — *Parmelia ciliaris* (L.) Ach., Method. Lich.: 255, 1803; Jatta, Nuov. Giorn. Bot. Italiano Ser.2, **9**: 471, 1902. — *Physcia ciliaris* (L.) D C., in Lamarck & de Candolle, Fl. Franc. edn 3 (Paris), **2**: 396, 1805; Nylander & Crombie, J. Linn. Soc. London Bot. **20**: 62, 1883.

= *Borrera ciliaris* f. *nigrescens* Bory, Exped. Sci. Moree **3**: 307, 1832. — *Anaptychia ciliaris* f. *nigrescens* (Bory) Zahlbr., Cat. Lich. Univ. **7**: 714, 1931; Abbas & Wu, Lich. Xinjiang: 106, 1998.

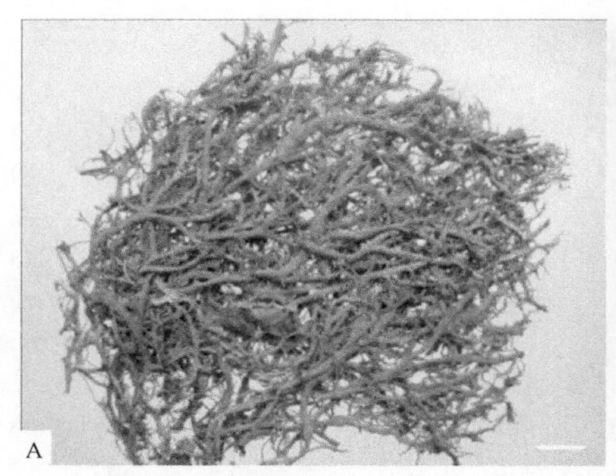

图 44　毛边雪花衣 *Anaptychia ciliaris*　A：地衣体 (陈健斌、贺青 5813)，标尺= 5 mm
B：茸毛 (陈健斌、贺青 5775)，标尺= 1 mm

地衣体叶状至亚枝状、不规则垫状至灌丛状，5-10 cm 宽，疏松着生于基物；裂片二叉式重复分裂，线形延长，0.5-2.5 mm 宽，顶端抬升；上表面灰白色、淡褐色至深褐色，平坦至稍凸，披有茸毛，无粉芽和裂芽；髓层白色；下表面边缘微向下卷，呈沟槽状，无下皮层，淡灰白色，具不规则脉纹，边缘具缘毛型假根，1-5 mm 长，与地衣体同色，顶部常变暗，不分枝，或顶部稀分枝，表面有茸毛。子囊盘十分少见，表面生，具短柄，圆形，直径 2.5-4.0 mm，盘缘完整，盘面褐色至暗褐色，有粉霜，盘托上无刺毛。文献记载盘缘生有细长小裂片 (lacinules)，子囊孢子暗褐色，双胞，薄壁型 (Physconia 型)，阔椭圆形，28-43 × 17-23 μm (Kurokawa，1962)。

化学：地衣体 K-；髓层 K-，C-，KC-，PD-；未检测出地衣物质。

基物：树皮、岩石。

研究标本 [在标本采集号后面的括号内若无特别说明则为中国科学院微生物研究所菌物标本馆-地衣部 (HMAS-L) 的标本馆藏号。为节省篇幅，从第 2 次及以后出现的同类括号内则省略“HMSA-L”]：

河北，兴隆县雾灵山，海拔 1900-2100 m，1929 年 10 月 29 日，郝景盛 (K.S. Hao) 1983 (HMAS-L 1501)；1931 年 4 月 5 日，刘慎谔 (T.N. Liou) 6784 (1962)；1931 年 6 月 4 日，刘继孟 (K.M. Liou) 140 (1963)；1998 年 8 月 14-16 日，陈健斌、王胜兰 50 (13553)，89 (110775)，207 (13551)，261 (13552)，315 (13550)。

陕西，太白山，海拔 1800 m，1932 年 6 月 7 日，郝景盛 3959 (1961)；1963 年 7 月 18 日，马启明 17 (2360)；海拔 2400-3100 m，1992 年 7 月 25-28 日，陈健斌、贺青 5754 (84531)，5775 (110522，110523)，5813 (85862，85865)，5818 (84575)，6002 (85861)，6187 (84577)，6002 (85861)，6428 (85866)；太白山紫阳台，海拔 2330 m，2005 年 8 月 2 日，徐蕾 50088 (80590)。

甘肃，肃南县隆昌河林场，1982 年 10 月 15 日，赵从福 2676 (13555)。

新疆，天山北木扎尔台河谷，海拔 2600 m，1978 年 8 月 9 日，王先业 1211 (13554)。

国内记载：河北 (Tchou，1935；赵继鼎等，1982；Chen and Wang，1999；李学东等，2006)，陕西 (Jatta，1902；Zahlbruckner，1930；Tchou，1935；Moreau and Moreau，1951；赵继鼎等，1982；贺青和陈健斌，1995；Chen and Wang，1999)，甘肃 (Chen and

Wang，1999)，新疆 (Moreau and Moreau，1951；赵继鼎等，1982；阿不都拉·阿巴斯和吴继农，1998；Chen and Wang，1999)，浙江 (Nylander and Crombie，1883；Zahlbruckner，1930)，西藏 (李红宁等，2010)，未指明省区 (Hue，1890，1899：根据 Wei，1991)。

世界分布：欧亚分布型 (主要在欧洲)。

讨论：本种主要特征是具有线形延长的裂片，下表面无皮层，沟槽状，上表面及缘毛型假根表面有茸毛 (图 44)。本种相似于 *Anaptychia setifera* (syn.: *A. kaspica*)，但后一个种果托上存在刺毛(spinules)。过去认为北美洲有本种分布，但是 Esslinger (2007) 指出，北美洲的 *A. ciliaris* 是 *Anaptychia crinalis* 的错误鉴定。*A. crinalis* 的子囊盘果托上有刺毛，相似于 *A. setifera*，但它的地衣体长，裂片极为狭窄，0.2-0.6 mm 宽，最宽处也不超过 1.0 mm。Kurokawa (1962) 承认本种包括 4 个变型，彼此的区别在于裂片宽度，颜色，分生孢子器的有无及丰富度，盘缘是否完整或缺刻至深裂。但 Kurokawa (1973) 认为这些特征可能由于生态条件不同而引起，并无分类学意义，于是将几个变型都还原为本种之异名。Hawksworth 等 (1980) 将 *A. ciliaris* var. *melanosticta* Ach.处理为 *A. ciliaris* subsp. *mamillata* (Taylor) D. Hawksw. & P. James 的异名。Zahlbruckner (1930) 以 *A. ciliaris* var. *melanosticta* 名称报道过这个分类单位在中国的存在 (见本卷未确定的分类单位)。

1.2 东非雪花衣　图版 I: 2

Anaptychia ethiopica Swinscow & Krog, Lichnologist **8**: 111, 1976; Chen & Wang, Mycotaxon **73**: 337, 1999.

地衣体叶状至灌丛亚枝状，疏松着生于基物；裂片不规则分裂，线形延长，分离，0.3-1.5 mm 宽，主枝有侧生的次生裂片，顶端亚抬升；上表面淡褐灰色，披有少量茸毛或茸毛不明显，具粉芽，由颗粒状粉芽组成的粉芽堆常位于裂片顶端区域、两侧边缘和下表面顶端部位附近；髓层白色；下表面无皮层，淡灰白色，具不规则脉纹，边缘具缘毛型假根，灰褐色至暗褐色，不分枝和顶部弱分枝。子囊盘和分生孢子器未知。

化学：地衣体 K-；髓层 K-，C-，KC-，PD-；未检测出地衣物质。

基物：树皮，文献记载可生于石表藓层。

研究标本：

陕西，太白山，海拔 2700 m，1988 年 7 月 10 日，高向群 2963 (85974)。

甘肃，肃南县西水林场，海拔 2800 m，1982 年 10 月 17 日，赵从福 2679 (80557)。

新疆，博达克山，海拔 2500 m，1931 年 8 月 22 日，刘慎谔 (T.N. Liou) 3585 (1499)；天山夏塔温泉，北木扎尔台，海拔 2500-2600 m，1978 年 7-8 月，王先业 1016 (13531)，1290 (80284)，1294 (13535)，1295 (13532)，1298 (13534)，1324 (13533)，1334 (13530)。

国内记载：新疆 (Chen and Wang，1999)。

世界分布：埃塞俄比亚海拔 3500 m 以上山地 (Swinscow and Krog，1976)，肯尼亚 (Frisch and Hertel，1998)。

讨论：本种相似于 *A. ciliaris* 和 *A. setifera*，与它们的主要区别在于本种具有粉芽。由颗粒状粉芽组成的粉芽堆常位于裂片顶端区域，有时生于裂片边缘，或位于裂片下表面顶端部位附近，并有时可形成唇形粉芽堆。Swinscow 和 Krog (1976) 认为东非雪花

衣 *A. ethiopica* 是无粉芽的雪花衣 *A. ciliaris* 的“种对”。与 Swinscow 和 Krog 的原描述相比，中国本种标本地衣体上的茸毛不明显。

1.3 裂芽雪花衣 图版 I: 3

Anaptychia isidiata Tomin, Bull. S. Ussuri Branch State Russ. Geogr. Soc. **12**: 220, 1926.

= *Anaptychia palmulata* var. *isidiata* Zahlbr., Bot. Mag. (Tokyo) **41**: 364, 1927 (non *A. isidiata* Tomin, 1926). — *Anaptychia isidiza* Kurok., Beih. Nova. Hedwigia **6**: 19, 1962; Chen, Zhao & Luo, J. NE Forestry Inst. **3**: 128, 1981; Zhao, Xu & Sun, Prodr. Lich. Sin.: 124, 1982; Chen, Wu & Wei, in Fungi & Lichens of Shennongjia: 483, 1989; Wei, Enum. Lich. China: 24, 1991; Chen & Wang, Mycotaxon **73**: 337, 1999.

地衣体叶状，略圆形至不规则状，3-7 cm 宽，疏松着生于基物；裂片二叉式或近掌状分裂，亚线形延长，0.4-1.5 mm 宽；上表面淡绿至橄榄褐色或有时暗褐色，无光泽，平坦至稍凸，末端有时有白霜，裂芽边缘生和表面生，常分枝，边缘生裂芽有时扁平有背腹之分；髓层白色；下表面有皮层，灰白色至淡褐色，有时中央部位暗色；假根与地衣体同色或变黑色，单一不分枝至羽状分枝，0.5-2 mm 长。子囊盘少见，盘径 1-4 mm，盘缘常生裂芽，孢子褐色，双胞，壁薄，Physconia 型，30-40 (-45) × 15-20 (-22.5) μm。

化学：地衣体 K-；髓层 K-，C-，KC-，PD-；未检测出地衣物质。

基物：树皮、岩石。

研究标本：

河北，雾灵山，海拔 1390 m，1931 年 6 月 1 日，刘慎谔 106 (1833)；海拔 1800-2100 m，2001 年 5 月，刘华杰 317 (85869)，323-1 (111011)。

内蒙古，科尔沁右翼前旗，伊尔施天池，1963 年 6 月 19 日，陈锡龄 1363 (中科院沈阳生态研究所)。

辽宁，新宾县钢山林场，海拔 1100-1336 m，1981 年 9 月，陈锡龄 5632 (13547)；庄河市西山，1961 年 5 月和 7 月，高谦 5690 (28626)，6081 (13546)。

吉林，敦化市，大蒲柴林场，海拔 760 m，1983 年 9 月 16 日，赵从福 4158 (13539)；蛟河市实验林场，海拔 450-850 m，1991 年 8 月 27-28 日，陈健斌、姜玉梅 1065 (13538)，1076 (110774)，1108 (85875)，1109 (85871)，1120 (13537)，1263 (80558)；长白山，海拔 1800 m，1984 年 8 月 23-28 日，卢效德 848311 (84463)，848399-4 (80564)；寒葱沟，海拔 750 m，1994 年 7 月 31 日，魏江春等 94008 (85876)，94025 (141380)；1985 年 6 月 20 日，卢效德 24 (80565)；汪清县，海拔 520-810 m，1984 年 8 月 5-7 日，卢效德 848075-6 (83112)；秃老婆顶子，海拔 720 m，1996 年 6 月 8 日，魏江春等 57 (13536)；长白山，海拔 1000 m，2007 年 7 月 14 日，H. Kashiwadani 48256 (122793)。

黑龙江，密山市，海拔 200 m，1980 年 7 月 16 日，赵从福 710 (13545)；饶河县布开山，海拔 820 m，1980 年 7 月 19 日，赵从福 799 (13544)；带岭凉水沟，海拔 340-500 m，1975 年 8 月 7 日，魏江春 2176 (12523，28624)；1975 年 10 月 17 日，魏江春 2441 (13543)；1975 年 10 月，陈锡龄 3790 (13542)，4002-1 (80562)，4093 (13541)。

安徽，黄山莲花峰，1962 年 8 月 23 日，陈锡龄 634-1 (13549)；黄山温泉，海拔 630 m，赵继鼎、徐连旺 5930 (1839)。

湖北，神农架千家坪，海拔 1900 m，1984 年 8 月 8 日，陈健斌 11582 (82285)；猴子石附近，海拔 2600 m，1984 年 7 月 12 日，陈健斌 10435 (7819)。

湖南，衡山，海拔 380-960 m，1964 年 8 月 31 日至 9 月 2 日，赵继鼎、徐连旺 9903 (1604)，10287 (1603)；桑植县天平山，海拔 1400-1500 m，1997 年 8 月 20 日，陈健斌等 9782-1 (28625)，9824 (28623)。

贵州，梵净山，尖刀峰，海拔 1360 m, 1963 年 9 月 16 日，魏江春 778 (80563)；海拔 1445-2210 m，2004 年 8 月 3-5 日，魏江春、张涛 G190 (83114)，G399 (83113)。

四川，峨眉山，海拔 1780-3160 m，1963 年 8 月 1-19 日，赵继鼎、徐连旺 6872 (1653)，6890 (1651)，6916 (1656)，6920 (1654)，6972 (1918)，7037 (1914)，7043 (1917)，7105 (1912)，7689 (1904)，7897(1907)，7902 (1908)，8001 (1909)，8233 (1910)，8282 (1911)，8369 (1916)；卧龙，银厂沟，海拔 2200 m，1982 年 8 月 24 日，王先业等 9639 (80285)。

陕西，太白山，海拔 3100 m，1992 年 7 月 28 日，陈健斌、贺青 5827 (85874)，6259-1 (85873)，6438 (85210)；海拔 2500 m，2005 年 8 月 3 日，徐蕾 50278 (80561)。

国内记载：黑龙江 (陈锡龄等，1981；Chen and Wang，1999)，内蒙古，吉林，辽宁，陕西，四川 (Chen and Wang，1999)，安徽 (赵继鼎等，1982；Chen and Wang，1999；吴继农和钱之广，1989)，湖南 (赵继鼎等，1982；Chen and Wang，1999)，湖北 (陈健斌等，1989；Chen and Wang，1999)，浙江 (吴继农和钱之广，1989)，福建 (吴继农等，1985)，贵州 (Zhang et al.，2006)，云南 (李红宁等，2010)。

世界分布：东亚分布型。Esslinger (2007) 指出，过去认为北美洲有本种分布是基于错误鉴定。

讨论：裂芽雪花衣是一个东亚种，在中国有较广泛的分布。本种主要特征是具有柱状裂芽，边缘生裂芽多为狭窄的小裂片，有下皮层，假根有羽状分枝，因此相似于掌状雪花衣 *Anaptychia palmulata*。但是，本种具有典型的柱状裂芽，而掌状雪花衣只有次生小裂片，缺乏真正裂芽。这两个种互为“种对”，而且 *A. isidiza* (= *A. isidiata*) 可能是由无裂芽的 *A. palmulata* 演化而来 (Kurokawa，1973)。Kurokawa (1962) 将 *A. palmulata* var. *isidiata* Zahlbr.提升为种级水平时给予了新名称 *Anaptychia isidiza* Kurok.，而不能作出一个新组合，因为原先已有了 *Anaptychia isidiata* Tomin 这一名称。由于 Kurokawa (1962) 没有见到 *A. isidiata* Tomin 的模式标本，他的这个新名称是基于 *A. palmulata* var. *isidiata* Zahlbr. (1927，见本种文献引证)，未能与 *A. isidiata* Tomin 的模式标本进行比较。Esslinger (2007) 指出，Moberg 于 1996 年对 *A. isidiata* 进行了模式标定，即 *A. isidiata* Tomin 为本种的正名，Kurokawa 的 *A. isidiza* (≡*A. palmulata* var. *isidiata* Zahlbr.) 是 *A. isidiata* Tomin 的异名。

1.4 掌状雪花衣　图版 I: 4

Anaptychia palmulata (Michx.) Vain., Termesz. Fuzetek **22**: 299, 1899; Moreau & Moreau, Rev. Bryol. Lichenol. **20**: 196, 1951; Kurokawa, Beih. Nova. Hedwigia **6**: 17, 1962; Zahlbruckner, in Hander-Mazzetti, Symb. Sin. **3**: 242, 1930; Zhao, Xu & Sun, Prodr. Lich. Sin.: 125, 1982; Chen, Wu & Wei, in Fung. Lich. Shennogjia: 483, 1989; Wei, Enum. Lich. China: 24, 1991; Chen & Wang, Mycotaxon **73**: 338, 1999.

≡ *Psoroma palmulata* Michx., Fl. Bor. Amer.**2**: 321, 1803. — *Physcia palmulata* (Michx.) Nyl., Lich. Jap.: 33, 1890.

= *Parmelia detonsa* Fr., Syst. Orb. Veg.**1**: 284, 1825; Jatta, Nuov. Giorn. Bot. Italiano, Ser. 2, **9**: 472, 1902.

地衣体叶状，形成莲座状或不规则状，较疏松平铺于基物；裂片二叉式或近掌状分裂，亚线形延长，不抬升，0.5-1.5 mm 宽；上表面淡绿灰至橄榄褐色，无光泽，有时近顶部有粉霜，地衣体中央部位裂片边缘常有狭窄的次生小裂片，无裂芽；髓层白色；下表面有皮层，灰白色至淡褐色，中央部位常常暗褐色；假根与地衣体同色或变黑色，单一至羽状分枝或呈束状，通常不超过 1.5 mm 长。子囊盘表面生，茶渍型，无柄，基部缢缩，直径 0.5-3 mm，盘缘完整至浅齿裂或有小裂片，盘面下凹，褐色至黑褐色；孢子双胞，椭圆形，薄壁，Physconia 型，34-42 (-45) × 17-21 μm。

化学：地衣体 K-；髓层 K-，C-，KC-，PD-；未检测出地衣物质。

基物：树皮、岩石。

研究标本：

吉林，敦化县，大蒲柴林场，海拔 750 m，1983 年 9 月 15-16 日，赵从福 4018 (85855)，4154 (85857)；蛟河市实验林场大顶子，海拔 1050 m，1991 年 9 月 2 日，陈健斌、姜玉梅 1453 (80566)。

黑龙江，小兴安岭五营，海拔 462 m，1977 年 9 月 24 日，陈锡龄 5199 (141379)，5202 (85852，111012)。

浙江，天目山，海拔 1000-1500 m，1962 年 8 月 30 日至 9 月 1 日，赵继鼎、徐连旺 6062 (2087)，6139 (2096)，6301 (2095)。

安徽，黄山，1962 年 8 月 16-19 日，赵继鼎、徐连旺 5165 (2094)，5333 (2092)，5422 (2091)，5425 (2090)，5438 (2529)，5924 (2088)，5931 (2089)。

湖北，神农架，海拔 2630-3000 m，1984 年 7 月 27-30 日，陈健斌 10450 (7820)，10762 (7822)，11084 (7821)。

湖南，张家界袁家界，海拔 1000 m，1997 年 8 月 14 日，陈健斌等 9220 (80567)。

云南，玉龙山云杉坪，海拔 3100 m，1981 年 8 月 3 日，王先业等 5018 (80568)；维西县，海拔 2700-2900 m，王先业等 3863 (85851)；1982 年 5 月 20 日，苏京军 605 (85858)。

西藏，察隅，海拔 3100 m，1982 年 9 月 1 日，苏京军 4445 (85854)。

陕西，太白山，海拔 3100 m，1981 年 8 月 3 日，陈健斌、贺青 6243 (85209)；宁陕县，海拔 2200 m，2005 年 7 月 28 日，徐蕾 50028-1 (80286)。

国内记载：河北 (Moreau and Moreau，1951)，陕西 (Jatta，1902；贺青和陈健斌，1995)，吉林，黑龙江 (Chen and Wang，1999)，湖南 (Chen and Wang，1999)，四川 (赵继鼎等，1982；李红宁等，2010)，云南 (Zahlbruckner，1930；Kurokawa，1962；赵继鼎等，1982；Chen and Wang，1999；李红宁等，2010)，湖北 (陈健斌等，1989；Chen and Wang，1999)，安徽，浙江 (赵继鼎等，1982；吴继农和钱之广，1989；Chen and Wang，1999)，福建 (吴继农等，1985)，西藏 (Chen and Wang，1999)，未指明地区 (Yoshimura，1974)。

世界分布：东亚—北美间断分布。

讨论：本种地衣体平铺于基物，缺乏粉芽和裂芽，但常常有次生小裂片，假根主要有羽状分枝。与近似种裂芽雪花衣 *A. isidiata* 的主要区别在于本种没有真正的裂芽，仅有次生小裂片。本种还十分相似于 *A. runcinata* (异名：*A. fusca*)，但是本种上表面为淡绿色至淡橄榄绿色，以及假根主要为羽状分枝，而 *A. fusca* 的上表面为褐色至暗褐色，假根不分枝或有不规则分枝。

1.5 倒齿雪花衣　图版 I: 5

Anaptychia runcinata (With.) J.R. Laundon, Lichenologist **16**: 225, 1984; Wei, Enum. Lich. China: 25, 1991; Ren, Sun, Li, Sun & Zhao, Mycosystema **28**:103, 2009.

≡ *Lichen runcinatus* With., Bot. Arr. Veg. Gr. Brit. (London) **2**: 714, 1776.

= *Lichen fuscus* Huds., Fl. Angl. edn 2, **2**: 533, 1778. — *Anaptychia fusca* (Huds.) Vain.,Term. Füz. **22**: 299, 1899; Zhao, Xu & Sun, Prodr. Lich. Sin.: 124, 1982.

地衣体叶状，略圆形至不规则状，约 4 cm 宽，较紧密平铺于基物；裂片近二叉式或三叉式分裂，亚线形延长，0.5-1 mm 宽，边缘完整；上表面淡褐色或棕色，末端常变暗色，无光泽，平坦至稍凸，缺乏粉芽、裂芽和小裂片；髓层白色；下表面有皮层，灰白色；假根与地衣体同色或变黑色，单一不分枝，有时顶部简单分枝或不规则分枝，0.5-1.2 mm 长。未见子囊盘。文献记载子囊盘表面生，盘径 1-3 mm，盘缘完整或齿裂，孢子暗褐色，双胞，壁薄，Physconia 型，35-48 × 17-23 μm (Kurokawa，1962)。

化学：地衣体 K-；髓层 K-，C-，KC-，PD-；未检测出地衣物质。

基物：藓层。

研究标本：

陕西，太白山大爷海，海拔 3700 m，2005 年 8 月 5 日，李莹洁、付伟 L-237 (山东师范大学 SDNU)。

国内记载：河北 (赵继鼎等，1982)，陕西 (Ren et al.，2009)。

世界分布：主要分布于欧洲。

讨论：本种上表面褐色或棕色，缺乏粉芽和裂芽，假根不分枝或不规则分枝。相似种掌状雪花衣 *A. palmulata* 上表面为淡绿色至淡橄榄绿色，以及假根主要为羽状分枝。赵继鼎等 (1982) 基于河北雾灵山的 1 份标本 (刘继孟 106) 以本种异名 *A. fusca* 报道，但这份标本的裂片上表面存在裂芽，被我们重新鉴定为裂芽雪花衣 *A.isidiata*。最近任强等 (Ren et al., 2009) 基于陕西 1 份标本报道了本种，经复查属实。

1.6 毛盘雪花衣　图版 II: 6

Anaptychia setifera (Mereschk.) Räsänen, Ann. Acad. Sci. Fenn. Ser. A. **34**: 123, 1931; Chen & Wang, Mycotaxon **73**: 339, 1999.

≡ *Anaptychia ciliaris* f. *setifera* Mereschk.

= *Anaptychia kaspica* Gyeln., Ann. Cryptog. Exot. **4**: 166, 1932.

地衣体叶状至亚枝状，疏松不规则灌丛状，疏松着生于基物；裂片二叉式重复分裂，线形延长，0.4-1.5 mm 宽，顶端稍抬升；上表面淡灰褐色至褐色，稍凸，光滑，局部披有茸毛，不明显，无粉芽和裂芽；髓层白色；下表面无皮层，淡灰白色，具不规则脉纹，边缘下卷，沟槽状，具缘毛型假根，1-5 mm 长，与地衣体同色和有时变黑色，不分枝，或顶部稀分枝。子囊盘表面生和近顶生，具短柄，圆形，直径 1-3 mm，盘缘完整，盘面褐色至暗褐色，常有粉霜，盘托上有刺毛 (spinules)；子囊孢子暗褐色，双胞，薄壁，椭圆形，Physconia 型，32-45 × 15-21 μm。

化学：地衣体 K-；髓层 K-，C-，KC-，PD-；未检测出地衣物质。

基物：树皮。

研究标本：

新疆，天山特克斯林场，海拔 1950 m，1982 年 9 月 24 日，赵从福 2504 (113674)；巩留林场，海拔 1900-2000 m，1982 年 9 月 24-28 日，赵从福 2582 (中科院沈阳生态研究所)，2589 (80569)。

国内记载：新疆 (Chen and Wang，1999)，陕西 (Ren et al.，2009)。

世界分布：欧洲，西喜马拉雅地区 (Kurokawa，1973)。

讨论：本种主要特征是裂片狭窄 (0.5-1.5 mm 宽)，子囊盘果托上有刺毛 (spinules，图 30)，以此区别毛边雪花衣。过去认为北美洲有本种分布，但 Esslinger (2007) 指出，北美洲的 *A. ciliaris* 和 *A. setifera* 是 *Anaptychia crinalis* 的错误鉴定。*A. crinalis* 的子囊盘果托上也有刺毛，但它的地衣体裂片长，极为狭窄，0.2-0.6 mm 宽。

1.7 污白雪花衣　图版 II: 7

Anaptychia ulotricoides (Vain.) Vain., Bot. Tidstr. **26**: 245, 1904; Kurokawa, Beih. Nova Hedwigia **6**: 21, 1962; Zhao, Xu & Sun, Prodr. Lich. Sin.: 124, 1982; Wei & Jiang, Lich. Xizang: 112, 1986; Wei, Enum. Lich. China: 25, 1991; Abbas & Wu, Lich. Xinjiang: 106, 1998; Chen & Wang, Mycotaxon **73**: 339, 1999.

≡ *Physcia ulotricoides* Vain., Acta Horti Petropolit.**10**: 553, 1888.

地衣体叶状，略圆形，形成莲座状或不规则状，3-10 cm 宽，平铺于基物；裂片不规则分裂至近掌状分裂，亚线形延长，不抬升，有时顶部加宽，1-2.5 (-3.5) mm 宽，裂片间紧密相连；上表面污灰白色、微土黄色色度，平坦至凸起，常粗糙至微粒状，地衣体中央部位微皱，无粉芽和裂芽，裂片顶端附近常有无色的毛；髓层白色；下表面有皮层，灰白色至淡土黄色色度，微皱；假根与地衣体同色或变暗色，1-2 (-3) mm 长，基本不分枝。子囊盘表面生，茶渍型，直径 0.7-2.5 (-3.0) mm，盘缘完整至浅裂，盘面平坦至下凹，褐色至黑褐色，有白霜；孢子双胞，椭圆形，薄壁，Physconia 型，29-42 × 15-20 μm。

化学：地衣体 K-；髓层 K-，C-，KC-，PD-；未检测出地衣物质。

基物：树皮、土壤。

研究标本：

甘肃，张掖市大野口煤矿，海拔 2850 m，1958 年 9 月 1 日，马启明 003 (2333)；祁连山，肃南县，1982 年 10 月 15 日，赵从福 2671 (13598)。

青海，德令哈市北山，海拔 3400-3600 m，1959 年 5 月 27 日和 7 月 23 日，马启明、邢俊昌 23 (1762)，1106 (2332)。

新疆，天山，托木尔峰和铁米尔峰，海拔 2600-3200 m，1977 年 6 月 28 至 7 月 28 日，王先业 294 (80571，13585)，334 (13588)，335 (13587)，337 (110878)，366-1 (13589)，

371 (12527)，389 (12526)，518 (13586)，520-1 (13590)，521 (13584)，624-1 (13583)；拜城县，海拔 2300 m，1978 年 5 月 20 日，王先业 660 (13582)，671 (13581)；温宿县，海拔 2100-2900 m，1977 年 6-7 月，王先业 232 (13594)，529 (13591)，543 (85205，85207)，544 (13596)，650 (13595)；天山库尔干边防站，海拔 2700 m，1978 年 6 月 18 日，王先业 820 (12525)；天山阜康天池，海拔 1900 m，1982 年 9 月 5 日，赵从福 2288 (80570)。

国内记载：西藏 (Kurokawa，1962；魏江春和姜玉梅，1986；李红宁等，2010)，青海 (Kurokawa，1962)，甘肃 (Chen and Wang，1999)，新疆 (赵继鼎等，1982；王先业，1985；阿不都拉·阿巴斯和吴继农，1998；Chen and Wang，1999)。

世界分布：北温带但不广泛。欧洲 (主要在地中海地区)，中亚，中国西部，北美洲。

讨论：本种主要特征是地衣体莲座状，裂片较宽，上表面常污白灰色，裂片顶端常有微小无色的毛，下表面白色有皱纹，盘面常有白霜。因此容易与其他有关种区别。本种裂片上有毛是 Moberg (1980) 首次发现的。本种的种加词过去常写为"*ulothricoides*"是遵循 Vainio 首次发表本种时使用的种加词，目前多写为"*ulotricoides*"。

2. 黑囊基衣属 **Dirinaria** (Tuck.) Clem.

Dirinaria (Tuck.) Clem., Gen. Fungi: 84, 1909.

≡ *Pyxine* sect. *Dirinaria* Tuck., Proc. Amer. Acad. Arts & Sci. **12**: 166, 1877.

Type species: *Dirinaria picta* (Sw.) Schaer. ex Clem.

地衣体叶状，紧贴基物，略圆形，2-12 cm 宽；裂片不规则或亚羽状分裂，辐射状排列， 0.3-3 (-4) mm 宽，地衣体周边部位的裂片分离或紧密相连，在地衣体中央部位的裂片常常彼此紧密汇合拥挤，有时呈折叠状；上表面青灰色、灰白色、淡蓝灰色、深灰色、微黄褐色，有时披粉霜；无缘毛，无假杯点；上皮层为假薄壁组织；髓层白色或部分呈淡黄色，偶为红色；下皮层由假厚壁长细胞组织构成；下表面褐色至黑色，少数为淡褐色，无假根。子囊盘表面生，茶渍型，圆形，无柄或基部收缩；盘面通常黑色，有时披粉霜，盘缘完整，果托内部具有连续的藻层；子实上层淡褐色，有时淡红褐色和不清晰，K-；子实层透明无色或偶尔为淡黄色，I+蓝色，侧丝有隔，不分枝或近顶端处稍分枝，顶部常为头状，淡褐色；子实下层褐色或黑褐色，中央厚，周边薄，呈透镜状。子囊内含 8 孢，子囊孢子褐色，厚壁，双胞，Dirinaria 型，近 Physcia 型。分生孢子杆状或纺锤形。

黑囊基衣属 *Dirinaria* 地衣区别于蜈蚣衣类群其他属地衣的显著特征有如下 3 个特征组合：地衣体 K+黄色，含有 atranorin；没有假根；子实下层褐色至黑褐色。黑囊基衣属地衣因地衣体 K+，含有 atranorin 和无假根，容易和假根丰富、地衣体 K-、不含 atranorin 的 *Phaeophyscia* 和 *Physconia* 区分。虽然 *Physcia* 地衣含有 atranorin，但地衣体有假根，子实下层无色。*Hyperphyscia* 地衣虽然无假根或不明显，但不含 atranorin，子实下层无色。*Dirinaria* 与 *Pyxine* 地衣的子实下层均为褐色至黑褐色，但 *Pyxine* 地衣有假根及其他鉴别特征。

黑囊基衣属地衣主要分布于热带、亚热带地区，有些种延伸至温带。目前世界已知本属地衣约 36 种 (Elix，2009a)。中国地衣学文献中记载的 *D. aspera* 是 *D. aegialita* 的异名；*D. caesiopicta* 是 *D. picta* 的异名。中国地衣学文献中记载的 *Physcia picta* f. *isidiifera* (=*Dirinaria papillulifera*) 和 *Physcia picta* var. *endochroma* H. Magn. & D.D. Awasthi [=*Dirinaria applanata* var. *endochroma* (H. Magn. & D.D. Awasthi) D.D.Awasthi]，其引证的标本系错误鉴定，详见排除种。本卷记载中国大陆黑囊基衣属地衣 4 种。

分种检索表

1. 地衣体无粉芽无裂芽 ······································· **无芽黑囊基衣 *D. confluens***
1. 地衣体具粉芽或疱状突体与指状突体 ······································· 2
  2. 粉芽由疱状突体顶端开裂形成，粗糙，粉芽堆不规则 ··············· **海滩黑囊基衣 *D. aegialita***
  2. 无疱状突体和指状突体，粉芽堆近球状和圆形 ······································· 3
3. 裂片紧密相连，顶端加宽似扇形，上表面纵向扇状皱褶 ··············· **扁平黑囊基衣 *D. applanata***
3. 裂片间有些分离，顶端非扇形，上表面没有或仅微弱纵向扇状皱褶 ·········· **有色黑囊基衣 *D. picta***

Key to the species

1. Thallus without vegetative propagules ······································· ***D. confluens***
1. Thallus with soredia or pustules and dactyls ······································· 2
  2. Pustules often present, soredia granular, soralia irregular ······································· ***D. aegialita***
  2. Pustules absent, soralia orbicular ······································· 3
3. Lobes contiguous, apices flabellate, thallus longitudinally plicate ······································· ***D. applanata***
3. Lobes slightly disjunct; apices not flabellate; thallus not longitudinally plicate or very weakly ······ ***D. picta***

2.1 海滩黑囊基衣　图版 II: 8

Dirinaria aegialita (Afzel. ex Ach.) B.J. Moore, Bryologist **71**: 248, 1968; Awasthi, Biblioth. Lichenol. **2**: 64, 1975; Aptroot & Seaward, Tropical Bryology **7**: 74, 1999.

≡ *Parmelia aegialita* Afzel. ex Ach., Method. Lich.: 191, 1803. — *Lecanora aegialita* (Afzel. ex Ach.) Ach., Lich. Univ.: 423, 1810. — *Physcia aegialita* (Afzel.ex Ach.) Nyl., Ann. Sci. Nat. Bot. Ser. 4, **15**: 43, 1861; Zahlbruckner, in Handel- Mazzetti, Symb. Sin. **3**: 237, 1930; Sasaki, J. Jap. Bot.18: 631, 1942; Zhao, Xu & Sun, Prodr. Lich. Sin.: 120, 1982.

= *Physcia aspera* H. Magn., in Magnusson & Zahlbruckner, Ark. Bot. **32 A** (2): 63, 1945; Zhao, Xu & Sun, Prodr. Lich. Sin.: 121, 1982. — *Dirinaria aspera* (H. Magn.) D.D. Awasthi, Bryologist **67**: 371, 1964; Wei, Enum, Lich, China: 91, 1991.

地衣体叶状，圆形或亚圆形，直径 4-5 cm，较疏松至较紧密地贴生于基物；裂片多亚羽状分裂和辐射状排列，地衣体中央部位裂片紧密连接，周边的裂片多分开，裂片狭窄，宽常小于 1.2 mm，顶端稍加宽，略圆，上表面灰色、橄榄灰至淡黄褐色，无粉霜或轻微粉霜，纵向扇状褶皱，开始有小的疱状突体，顶端开裂形成颗粒粉芽，粗糙，似裂芽，粉芽堆不规则，或似火山口状，有时只见疱状突体和开裂的颗粒而没有明显粉芽堆；髓层白色；下表面黑色，有时顶端褐色，无假根。子囊盘表面生，无柄或基部收缩，直径小于 1.5 mm，盘面平坦或凸起，黑色，无粉霜，盘缘完整或呈锯齿状，甚至具粉芽；子实层透明或微黄色，I+蓝色；子实下层深褐色至黑色，中央厚，边缘处变薄，似透镜状；子囊棍棒状，内含 8 孢；孢子双胞，褐色，厚壁，15-22 × 6-9 μm。

化学：地衣体 K+黄色；髓层 K-，C-，KC-，PD-；含有 atranorin、divaricatic acid、微量的萜类 (terpenes) 物质。

基物：树皮，文献记载也可生于岩石。

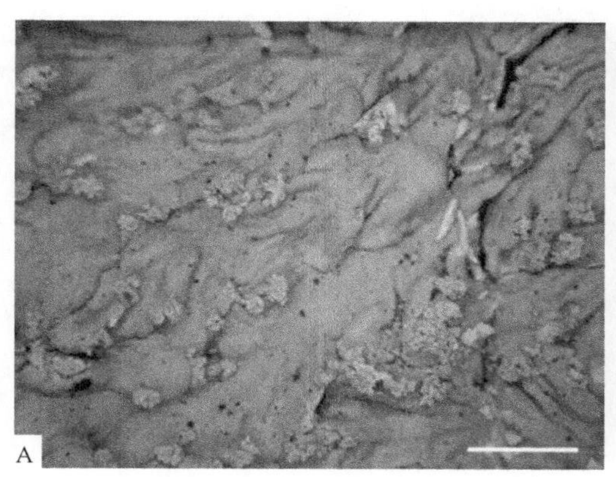

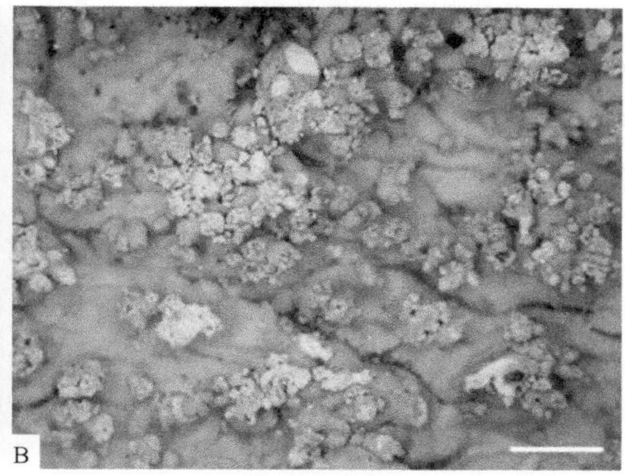

图 45 海滩黑囊基衣 *Dirinaria aegialita* A：表面纵向褶皱 (陈健斌等 20559)，标尺= 2 mm B：疱状突体及其开裂形成小颗粒及粉芽 (魏江春，标本馆号 84247)，标尺= 2 mm

研究标本：

山东，昆嵛山，海拔 280 m，2002 年 9 月 19 日，陈健斌 22196(24609)；泰安孔庙，海拔 200 m，1999 年 5 月 27 日，陈健斌 14208 (23799)，14213 (23762)。

湖北，武昌珞珈山，海拔 80 m，1964 年 9 月 6 日，赵继鼎、徐连旺 10403 (2369)，10405 (2372)，10412 (2371)，10415 (2370)。

广东，肇庆鼎湖山，海拔 230 m，2001 年 7 月 3 日，陈健斌等 20819 (23782)。

广西，龙津县，1958 年 9 月 22 日，刘恒英 843(1724)；上思县十万大山，海拔 390 m，2001 年 6 月 19 日，陈健斌等 20478 (82494)。

海南，通什市五指山，海拔 780 m，陈健斌等 20559 (24610，24611，24612)。

四川，峨眉山，海拔 2450 m，1999 年 9 月 22 日，王瑜 9449 (23793)。

贵州，册亨，海拔 700 m，1958 年 10 月 31 日，王庆之 620 (2366)，624 (2367)。

云南，昆明黑龙潭，海拔 2600 m，1960 年 12 月 16 日，赵继鼎、陈玉本 4696 (2361)；昆明西山，1987 年 9 月 28 日，魏江春 9270 (111188)；1994 年 6 月 30 日，陈健斌 6470-2 (23795)；思茅，1957 年 3 月，巴良斯基 1011 (2356)，1013 (2357)；瑞丽，海拔 820 m，1980 年 12 月 1 日，姜玉梅 618 (23789)；西双版纳勐龙，海拔 650 m，姜玉梅 892-10a (82493)；勐仑，海拔 500 m，1987 年 9 月 16 日，高向群 2307 (23796)；植物园，1993 年 4 月 15 日，魏江春，标本室号 84247；石屏，1960 年 11 月 12 日，赵继鼎、陈玉本 2468a (2358)，2483 (2359)。

国内记载：四川，福建 (Zahlbruckner，1930)，陕西，云南 (Zahlbruckner，1930；赵继鼎等，1982，作为 *Physcia aspera* 记载)，台湾 (Zahlbruckner，1933；Sato，1936b；Sasaki，1942；Wang-Yang and Lai，1973；Awasthi，1975；Aptroot et al., 2002)，香港 (Aptroot and Sweaward，1999)。

世界分布：泛热带分布型。非洲，亚洲，澳大利亚，北美洲，中美洲，南美洲，某些太平洋岛屿 (Awasthi，1975；Elix，2009a)。

讨论：Moore 于 1968 年（见本种学名文献引证）将 *Physcia aegialita* 转入 *Dirinaria* 属中时，对该种作了如下描述：地衣体白色或灰色，3-10 cm 宽，阴暗或具光泽，无粉霜；裂片聚合，紧密贴生在基质上，常呈壳状。下皮层黑色。子囊盘常见，丰富，无柄，直径 0.5-1.5 mm；盘面平坦，黑色，无粉霜或具轻微的白色粉霜；含 atranorin、divaricatic acid 或 sekikaic aid，有时也含有 zeorin。Awasthi (1975) 指出，Moore 的描述包括了另外的两个种：*Dirinaria confluens* 和 *Dirinaria confusa*。实际上它们是不同的种，*D. confluens* 无粉芽和裂芽，含 divaricatic acid；*D. confusa* 无粉芽和裂芽，含 sekikaic acid；而 *D. aegialita* 具疱状突体粉芽（图 45），含 divaricatic acid。《中国地衣综览》(Wei, 1991) 将 *D.aegialita* 作为 *D. confusa* 的异名。目前东非（Swinscow and Krog，1978）以及北美洲、日本、澳大利亚等地区的地衣名录都将 *D. aegialita* 作为一个独立的种而不是 *D. confusa* 的异名。中国地衣学文献中曾将 *Dirinaria aspera* 作为 1 个独立种。但 *D. aspersa* 被认为是 *D. aegialita* 的异名（Swinscow and Krog，1978；Elix，2009a)。

2. 2 扁平黑囊基衣 图版 II: 9

Dirinaria applanata (Fée) D.D. Awasthi, in Awasthi & Agarwal, J. Indian Bot. Soc. **49**: 135, 1970; Wei, Enum. Lich. China: 91, 1991; Aptroot & Seaward, Tropical Bryology **17**: 74, 1999; Aptroot & Sipman, 2001, J. Hattori Bot. Lab. **91**: 325, 2001.

≡ *Parmelia applanata* Fée, Essai Crypt. Écorc.: 126, 1824. — *Physcia applanata* (Fée) Zahlbr., Cat. Lich. Univ. **7**: 581, 1931.

地衣体叶状，圆形或近圆形，直径 3-6 cm，较紧密地贴生于基物；裂片近二叉或近羽状至不规则分裂，裂片间紧密相连，0.5-1.5 (-2.0) mm 宽，顶端渐宽稍圆，近扇形；上表面淡黄灰色至淡橄榄灰色，具有扇子似的纵向褶皱，粉霜存在或缺乏，无疱状突体，粉芽堆表面生，稀疏或稠密，近球形或半球形，分离或聚集，粉芽相对精细；髓层白色，某些区域呈淡黄色；下表面黑色，顶部褐色，无假根，有时具有似节杆状的假根前体。子囊盘不常见，无柄或在基部收缩，圆形，直径 0.6-1.5 mm，盘面黑色，平坦，无粉霜或具少量粉霜；边缘完整或呈缺刻状，甚至具粉芽；子实层透明；子实下层深褐色至黑褐色，似透镜状；子囊棍棒状，但未见成熟孢子。文献记载：子囊孢子 16-24 × 6-10 μm (Awasthi，1975)。

化学：地衣体 K+黄色；髓层 K-，C-，PD-；含有 atranorin、divaricatic acid、微量萜类（terpenes）物质。

基物：树皮、岩石。

研究标本：

福建，厦门市，1988 年 4 月 27 日，高向群 2883 (23769)。

山东，昆嵛山，1999 年 7 月 25 日，赵遵田 99024-1 (23798)；2002 年 9 月 17 日，陈健斌 22193 (23776)。

广西，上思县十万大山，海拔 370 m，2001 年 6 月 20 日，陈健斌等 20463 (23777)；那坡，海拔 800-1400 m，陈林海 980071 (23779)，980227 (23764)；靖西，海拔 750 m，1998 年 4 月 21 日，陈林海 980252 (23767)；德保县，海拔 700 m，1998 年 4 月 27 日，陈林海 980468 (25873)。

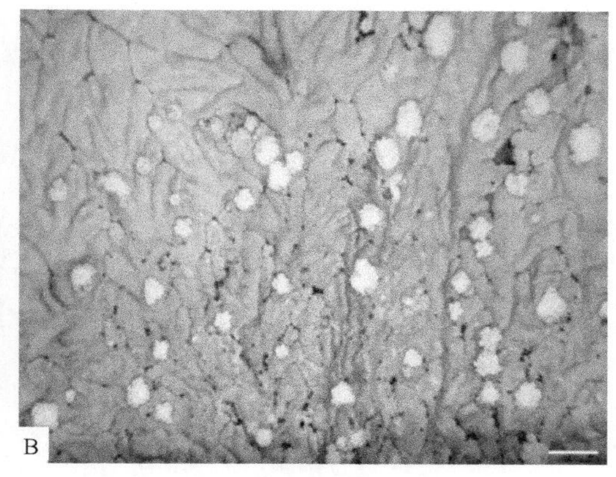

图 46　扁平黑囊基衣 *Dirinaria applanata*　A：地衣体 (王先业等 2749)，标尺= 5 mm；B：上表面纵向褶皱及粉芽堆 (陈健斌等 20523)，标尺=1 mm

海南，吊罗山，海拔 900-1700 m，2001 年 6 月 25-26 日，陈健斌等 20495 (25875)，20529 (25871)，20523 (25874)。

云南，个旧，1960 年 11 月 10 日，赵继鼎、陈玉本 2323 (2363)，2331 (2364)，2338 (2362)；西双版纳勐龙，1957 年 4 月 7 日，巴良斯基 1034 (2355)，1035 (2354)；勐养，1960 年 11 月 24 日，赵继鼎、陈玉本 3565 (2360)；小勐仑，海拔 600 m，1991 年 11 月 28 日，陈健斌 5495 (23770)；瑞丽，海拔 820 m，1980 年 12 月 1 日，姜玉梅 626 (23773，23774)，628 (103768)；腾冲县，海拔 2000 m，1981 年 6 月 15 日，王先业等 2749 (84492)。

国内记载：上海 (Awasthi，1975)，云南 (赵继鼎等，1982；王立松等，2008)，江苏，浙江 (吴继农和钱之广，1989)，广东，福建 (Awasthi，1975)，海南 (魏江春等，2013)，台湾 (Awasthi，1975；赖明洲，2000)，香港 (Awasthi，1975；Thrower，1988；Aptroot and Seaward，1999；Aptroot and Sipman，2001)。

世界分布：泛热带分布型。广泛分布于热带、亚热带地区 (Awasthi，1975)。

讨论：本种具粉芽，裂片相对较宽，彼此紧密相连，顶部加宽似扇形，形成明显纵向褶皱 (图 46)，含有 divaricatic acid。本种在形态和化学上相似于 *D. picta*，但后者的裂片多分离，顶部非扇形，纵向褶皱不明显或无纵向褶皱。

2.3 无芽黑囊基衣　图版 III: 10

Dirinaria confluens (Fr.) D.D. Awasthi, Biblioth. Lichenol. **2**: 28, 1975.

≡ *Parmelia confluens* Fr., Syst. Orb. Veget. Part I: 284, 1825.

地衣体叶状，圆形或近圆形，直径 2-3 cm，较紧密地贴生于基物；裂片常常二叉至亚羽状分裂，紧密相连，聚合在一起，形成纵向的褶皱和疣状突起，有时会发展成次生的小裂片，0.5-1.5 mm 宽，顶端略圆，加宽似扇形；上表面灰白色至淡褐色，有时顶部被白色粉霜，无粉芽和裂芽；髓层白色；下表面黑色，无假根。子囊盘直径 0.5-1.5 mm，盘面黑色，平坦或稍凸起，无粉霜；盘缘完整或具缺刻；子实层透明至淡黄色，I+蓝色；子实下层深褐色至黑褐色，透镜状，140-160 μm 厚，K-；子囊棍棒状，内含 8 孢，孢子淡褐色至深褐色，双胞厚壁，17-21× 6-7.5 μm。

化学：地衣体 K+黄色；髓层 K-，C-，KC-，PD-；含有 atranorin 和 divaricatic acid

及微量萜类 (terpenes) 化合物。

基物：树皮。

研究标本：

海南，乐东尖峰岭，海拔 120 m，1993 年 4 月 3 日，姜玉梅、郭守玉 H-0716 (23761)；2001 年 6 月 30 日，陈健斌等 20801 (23759)。

云南，瑞丽，海拔 1350 m，1980 年 11 月 30 日，姜玉梅 591-2 (23760)。

国内记载：海南 (魏江春等，2013)，台湾 (赖明洲，2000；Aptroot et al., 2002)。

世界分布：热带及亚热带 (Awasthi，1975)。

讨论：本种因地衣体缺乏粉芽和裂芽，含有 divaricatic acid 而容易与本属的中国其他种相区别。虽然 *Dirinaria confusa* 也无粉芽和裂芽，但这个种含有 sekikaic acid。

2.4 有色黑囊基衣　图版 III: 11

Dirinaria picta (Sw.) Shear ex Clem., Gen. Fungi edn 2: 323, 1931; Wei, Enum. Lich. China: 92, 1991; Aptroot & Seaward, Tropical Bryology 17:74, 1999.

≡ *Lichen pictus* Sw., Nov. Gen. Sp. Pl.: 146, 1788. — *Physcia picta* (Sw.) Nyl., Mém. Soc. Sci. Nat. Cherbourg **3**: 175, 1855; Nylander & Crombie, J. Linn. Soc. London Bot.**20**: 62, 1883; Hue, Nouv. Arch. Mus. Hist. Nat. Paris, Ser. 4, **11**: 79, 1900; Zahlbruckner, in Handel- Mazzetti, Symb. Sin. **3**: 237, 1930; Sasaki, J. Jap. Bot.**18**: 626, 1942; Zhao, Xu & Sun, Prodr. Lich. Sin.:120, 1982. — *Pyxine picta* (Sw.) Tuck., Synop. N. Amer. Lich. **1**: 79, 1882.

= *Physcia caesiopicta* Nyl., Lich. Jap.: 34, 1890. — *Dirinaria caesiopicta* (Nyl.) D.D. Awasthi, Biblioth. Lichenol. **2**: 94, 1975; Wei, Enum. Lich. China: 91, 1991. Type: JAPAN. Nagasaki, E. Almquist-holotype in H (Herb. Nylander 31813!).

[= *Physcia picta* f. *sorediifera* Nyl. & Cromb., J. Linn. Soc. London Bot. **20**: 62, 1883)]

地衣体叶状，圆形或亚圆形，直径 6-10 cm；较紧密地贴生于基物上；裂片近二叉至亚羽状分裂，狭窄，约 1 mm 宽，裂片末端钝圆，裂片分离或呈覆瓦状 (部分重叠)，至中央处开始趋向联合；上表面灰白色至淡褐色，粉芽堆表面生，略圆形，近球状；髓层白色；下表面黑色，未见到明显的假根。子囊盘常见，直径约 1.0 mm，盘面黑色，无粉霜，平坦或稍凸起，盘缘完整或呈锯状；子实层透明，I+蓝色，子实下层黑色，中间较厚，稍呈透镜状；子囊棍棒状，内含 8 孢，孢子褐色，双胞，17-22 × 7-9 μm。

化学：地衣体 K+黄色；髓层 K-，C-，KC-，PD-；含有 atranorin、divaricatic acid、微量未知萜类 (terpenes) 物质。

基物：树皮。

研究标本：

湖南，衡山，海拔 200-600 m，1964 年 8 月 31 日，赵继鼎、徐连旺 9828 (2349)。

广东，肇庆市鼎湖山，海拔 230 m，2001 年 7 月 3 日，陈健斌等 20819 (23782)。

广西，龙胜花坪，海拔 900 m，1964 年 8 月 14 日，赵继鼎、徐连旺 8635 (2346)；上思县十万大山，海拔 370 m，陈健斌等 20468 (23766)。

云南，昆明黑龙潭，海拔 2600 m，1960 年 12 月 16 日，赵继鼎、陈玉本 4830 (2365)；

西双版纳热带植物园，海拔 680 m，1980 年 12 月 24 日，姜玉梅 1042-3 (23778)。

海南，西沙群岛，1992 年 5 月 29 日，邢福武 1 (16936)；吊罗山，海拔 200-900 m，1993 年 4 月 10 日，郭守玉 H-0813 (23775)；2001 年 6 月 26 日，陈健斌等 20505 (25870)。

香港，南平山，1978 年 12 月 27 日，S. L. Thrower 3126 (3492)。

台湾，埔里，Y. Asahina F-95b (TNS)。

国内记载：上海 (Nylander and Crombie，as *Physcia picta* f. *sorediifera*，1883；Zahlbruckner，1930)，云南 (Hue，1900；Zahlbruckner，1930；赵继鼎等，1982)，贵州，湖南，广西 (赵继鼎等，1982)，江苏 (吴继农和项汀，1981)，四川 (Hue，1900；Zahlbruckner，1930)，广东 (Krempelhuber，1873，1874；Rabenhorst，1873；Zahlbruckner，1930)，福建 (吴继农等，1985)，台湾 (Zahlbruckner，1933；Sato，1936b；Sasaki，1942；Wang-Yang and Lai，1973；Awasthi，1975 as *Dirinaria caesiopicta*；赖明洲，2000)，香港 (Hue，1900；Zahlbruckner，1930；Thrower，1988；Aptroot and Seaward，1999；Aptroot and Sipman，2001)。

世界分布：泛热带分布型。广泛分布于热带、亚热带，有时可延伸至温带。

讨论：Nylander 于 1890 年依据日本的一份标本 (Nylander 31813) 描述为新种 *Physcia caesiopicta* Nyl., Lich. Jap.: 34 (1890)。Awasthi (1975) 将该种组合为 *Dirinaria caesiopicta* (Nyl.) D.D. Awasthi，并认为模式标本缺乏 divaricatic acid；而 Kashiwadani (1975) 肯定了 divaricatic acid 的存在，认为 *Physcia caesiopicta* 是 *D. picta* 的异名。我们从赫尔辛基大学借阅了这份模式标本，通过 TLC 检测到痕量 divaricatic acid 的存在。该种的形态也与 *D. picta* 相似。所以，我们同意 Kashiwadani 的意见，将 *D. caesiopicta* 作为 *D. picta* 的异名处理。Nylander 和 Crombie (1883) 在报道中国有关地衣时使用了名称 *Physcia picta* f. *sorediifera*，但 Index Fungorum 中没有 *Physcia picta* f. *sorediifera* 这个名称。仅根据《中国地衣综览》(Wei，1991) 将 *Physcia picta* f. *sorediifera* 作为本种的异名。

D. aegialita、*D. applanata* 与 *D. picta* 这 3 个种均具粉芽和含 divaricatic acid。但它们粉芽堆的形态并不相同，*D. aegialita* 的粉芽堆由疣状突体顶端开裂发展而来，粉芽颗粒状，粗糙似裂芽状，粉芽堆不规则，而后两个种的粉芽堆为半球状，粉芽相对精细。此外，*D. picta* 的裂片分离，末端非扇形，表面较平坦；而 *D. applanata* 的裂片紧密联合在一起，只是在地衣体外周稍分开，末端加宽圆滑呈扇形，在中央处形成纵向的扇状褶皱。

赵继鼎等 (1982) 基于云南的 1 份标本报道一变种：*Physcia picta* var. *endochroma* H. Magn. & D.D. Awasthi [=*Dirinaria applanata* var. *endochroma* (H. Magn. & D.D. Awasthi) D.D.Awasthi]，但其所引证的标本巴良斯基 1031 实为粉芽黑盘衣 *Pyxine sorediata* (见后文黑盘衣属 *Pyxine*)。

3. 哑铃孢属 **Heterodermia** Trevis. emend. Poelt

Heterodermia Trevis., Atti Soc. Ital. Sci. Nat. **11**: 613, 1868 emend. Poelt, Nova Hedwigia **9**: 31, 1965.

Type species: *Heterodermia speciosa* (Wulf.) Trevis

地衣体叶状、亚枝状，形成莲座状或不规则垫状，2-15 cm 宽，较疏松或紧密着生于基物，平铺或末端抬升或亚直立；裂片二叉或不规则多次分裂，较短或亚线形延长，有时有毛；上表面淡灰白色、淡黄灰色，粉芽、裂芽、小裂片、白霜存在或缺乏，没有假杯点，上皮层由 prosoplectenchymatous 构成；髓层白色，或部分黄色、橙红色；下表面有皮层或缺乏皮层，白色至灰白色，或局部不同程度黄色、橙色或紫黑色；有下皮层者由 prosoplectenchymatous 构成；假根或缘毛型假根与地衣体同色或顶端变黑色，单一不分枝或不规则分枝或羽状分枝。子囊盘茶渍型，表面生或顶生，无柄或具柄，盘面淡褐色至黑色，有时披粉霜；子实上层淡褐色至暗褐色，子实层无色，子实下层通常无色，偶有微黄色；侧丝分枝，顶端膨大；子囊 Lecanora 型，子囊中 8 孢，孢子褐色至暗褐色，双胞，椭圆形，厚壁，Pachysporaria 型或 Polyblastidia 型 [细胞末端有 1 个至多个小芽孢 (sporoblastidia)]。分生孢子杆状。

Lohtander 等 (2008) 的分子研究以及他们引述此前某些学者的有关研究表明，哑铃孢属与雪花衣属的关系并不密切，而与蜈蚣衣属 *Physcia* 的关系较为密切。

Mongkolsuk 等 (2015) 基于表型特征与分子数据，从哑铃孢属 *Heterodermia* 中分出 *Leucodermia* 和 *Polyblastidium* 2 个新属以及 2 个组 (group)。基于这个问题需要进一步研究，我们目前没有接受将哑铃孢属细分成几个属的观点，仍然沿用广义的哑铃孢属概念。

哑铃孢属地衣主要分布于热带至暖温带。目前世界已知本属地衣约110种。中国地衣学文献中记载 *H. albicans*、*H. erinacea*、*H. granulifera*系错误鉴定。由赵继鼎等 (1979) 描述的、以中国标本为模式的3个种处理为有关种的异名。另有3个种未见到标本：*H. barbifera*、*H. corallifera*、*H. dactyliza* (详见本卷未确定的种)。灰白哑铃孢 *H. incana*、琴哑铃孢 *H. pandurata*、疣哑铃孢 *H. verrucifera* 和小刺哑铃孢 *H. spinulosa* 4个种在中国台湾有分布而中国大陆未知。本卷记载中国大陆31种2变种。

分种检索表

I. 下表面具有皮层

1. 髓层黄色或橙色……………………………………黄髓哑铃孢 ***H. firmula***
1. 髓层白色……………………………………………………………2
    2. 具粉芽……………………………………………………………3
    2. 无粉芽……………………………………………………………4
3. 含有 norstictic acid，± salazinic acid………………拟哑铃孢 ***H. pseudospeciosa***
3. 缺乏 norstictic acid 和 salazinic acid…………………………哑铃孢 ***H. speciosa***
    4. 具有裂芽或小裂片…………………………………………………5
    4. 缺乏裂芽和小裂片…………………………………………………8
5. 裂芽柱状……………………………………………裂芽哑铃孢 ***H. isidiophora***
5. 有小裂片，无裂芽……………………………………………………6
    6. 含有 dissectic acid…………………………………………………7
    6. 不含 dissectic acid……………………………………大哑铃孢 ***H. diademata***
7. 含有 norstictic acid，± salazinic acid ………………………深裂哑铃孢 ***H. dissecta***
7. 不含 norstictic acid 和 salazinic acid………………深裂哑铃孢高野变种 ***H. dissecta* var. *koyana***
    8. 缺乏 dissectic acid 和 norstictic acid…………………………大哑铃孢 ***H. diademata***

8. 含有 dissectic acid 或 norstictic acid……9
9. 含有 dissectic acid……狭叶哑铃孢 *H. angustiloba*
9. 缺乏 dissectic acid，含有 norstictic acid……红色哑铃孢 *H. rubescens*

II. 下表面缺乏皮层

1. 孢子具有小芽孢 (sporoblastidia)……2
1. 孢子缺乏小芽孢 (sporoblastidia)……21
2. 裂片顶端抬升或亚直立，子囊盘多近顶生或侧生……3
2. 裂片平铺于基物，子囊盘多表面生……14
3. 裂片狭长，通常二叉式分裂，仅顶端抬升……4
3. 裂片较短稍宽，不规则分裂，亚直立抬升……6
4. 含有 salazinic acid……顶直哑铃孢 *H. leucomelos*
4. 缺乏 salazinic acid……5
5. 下表面白色，无黄色色素……卷梢哑铃孢 *H. boryi*
5. 下表面有黄色色素……黄哑铃孢 *H. lutescens*
6. 上表面有毛……7
6. 上表面无毛……8
7. 具有粉芽……丛毛哑铃孢 *H. comosa*
7. 缺乏粉芽……中国丛毛哑铃孢 *H. sinocomosa*
8. 具有粉芽……9
8. 缺乏粉芽……10
9. 下表面白色，无黄色色素……美洲哑铃孢 *H. galactophylla*
9. 下表面有黄色色素，K+紫红色……翘哑铃孢 *H. subascendens*
10. 含有 1 个 UV+物质和未知色素 (K-)……东方哑铃孢 *H. orientalis*
10. 缺乏 UV+物质和未知色素 (K-)……11
11. 下表面有黄色色素，K+紫红色……12
11. 下表面无黄色色素……13
12. 含有 norstictic acid，± salazinic acid……太平洋哑铃孢 *H. pacifica*
12. 缺乏 norstictic acid 和 salazinic acid……黄腹哑铃孢 *H. hypochraea*
13. 含有 norstictic acid，± salazinic acid……毛果哑铃孢 *H. podocarpa*
13. 缺乏 norstictic acid 和 salazinic acid……透明哑铃孢 *H. pellucida*
14. 具有粉芽……15
14. 缺乏粉芽……18
15. 下表面无黄色色素, 中央部位淡紫黑色……16
15. 下表面有黄色色素，K+紫红色……17
16. 不含 norstictic acid 和 salazinic acid……阿里山哑铃孢 *H. japonica*
16. 含有 norstictic acid，± salazinic acid……阿里山哑铃孢异反应变种 *H. japonica* var. *reagens*
17. 含有 norstictic acid 和 salazinic acid……新芽体哑铃孢 *H. neglecta*
17. 缺乏 norstictic acid 和 salazinic acid……暗哑铃孢 *H. obscurata*
17. 缺乏 norstictic acid，但含有 salazinic acid……兰腹哑铃孢 *H. hypocaesia*
18. 具有小鳞片……脆哑铃孢 *H. fragilissima*
18. 缺乏小裂片……19
19. 下表面有黄色色素，K+紫红色……20
19. 下表面无黄色色素……拟白腹哑铃孢 *H. togashii*
20. 含有 norstictic acid，有时还含有 salazinic acid……树哑铃孢 *H.dendritica*

20. 缺乏 norstictic acid 和 salazinic acid ······ 扇哑铃孢 ***H. flabellata***
21. 有边缘生小裂片，抬升，并常常粉芽化······ 小叶哑铃孢 ***H. microphylla***
21. 缺乏粉芽、裂芽和小裂片······ 白腹哑铃孢 ***H. hypoleuca***

Key to the species

I. Lower surfaces with coetex

1. Medulla yellow or orange red ······ ***H. firmula***
1. Medulla white ······ 2
   2. Thallus with soredia ······ 3
   2. Thallus without soredia ······ 4
3. Norstictic and ± salazinic acids present ······ ***H. pseudospeciosa***
3. Norstictic and salazinic acids absent ······ ***H. speciosa***
   4. Thallus with isidia or lobules ······ 5
   4. Thallus without isidia and lobules ······ 8
5. Isidia present ······ ***H. isidiophora***
5. Isidia absent, lobules present ······ 6
   6. Dissectic acid present ······ 7
   6. Dissectic acid absent ······ ***H. diademata***
7. Norstictic and salazinic acids present ······ ***H. dissecta***
7. Norstictic and salazinic acids absent ······ ***H. dissecta* var. *koyana***
   8. Dissectic and norstictic acids absent ······ ***H. diademata***
   8. dissectic acid or norstictic acid present ······ 9
9. Dissectic acid present ······ ***H. angustiloba***
9. Ddissectic acid absent，norstictic acid present ······ ***H. rubescens***

II. Lower surfaces without coetex

1. Spora with sporoblastidia ······ 2
1. Spora without sporoblastidia ······ 21
   2. Lobes ascending towards tips or suberect, apothecia subterminal or lateral ······ 3
   2. Lobes appressed to substratum, apothecia laminal ······ 14
3. Lobes dichotomously branched, linear-elongate, narrow, adcending only at tips ······ 4
3. Lobes shorter and broader, suberect adcending ······ 6
   4. Salazinic acid present ······ ***H. leucomelos***
   4. Salazinic acid absent ······ 5
5. Lower surface white, yellow pigment absent ······ ***H. boryi***
5. Lower surface with yellow pigment ······ ***H. lutescens***
   6. Upper surface with hair (cilia) ······ 7
   6. Upper surface without hair (cilia) ······ 8
7. Soredia present ······ ***H. comosa***
7. Soredia absent ······ ***H. sinocomosa***
   8. Soredia present ······ 9
   8. Soredia absent ······ 10
9. Lower surface white, yellow pigment absent ······ ***H. galactophylla***
9. Lower surface with yellow pigment K+ purple ······ ***H. subascendens***
   10. An UV+substance and an unknown pigment (K-) present ······ ***H. orientalis***

10. An UV+substance and an unknown pigment (K-) absent ························ 11
11. Lower surface with yellow pigment K+purple ························ 12
11 Lower surface white, without yellow pigment ························ 13
12. Norstictic and ± salazinic acids present ························ ***H. pacifica***
12.Norstictic and salazinic acids absent ························ ***H. hypochraea***
13. Norstictic and ± salazinic acids present ························ ***H. podocarpa***
13. Norstictic and salazinic acids absent ························ ***H. pellucida***
14. Soredia present ························ 15
14. Soredia absent ························ 18
15. Lower surface without yellow pigment,often purple black in center ························ 16
15. Lower surface with yellow pigment, K+ purple ························ 17
16. Norstictic acid and salazinic acid absent ························ ***H. japonica***
16. Norstictic acid and salazinic acid present ························ ***H. japonica* var. *reagens***
17. Norstictic acid and salazinic acid present ························ ***H. neglecta***
17.Norstictic acid and salazinic acid absent ························ ***H. obscurata***
17. Salazinic acid present, norstictic acid absent ························ ***H. hypocaesia***
18. Lobules present ························ ***H. fragilissima***
18. Lobules absent ························ 19
19. Lower surface with yellow pigment, K+ purple ························ 20
19. Lower surface without yellow pigment ························ ***H. togashii***
20. Norstictic acid present ························ ***H. dendritica***
20. Norstictic acid absent ························ ***H. flabellata***
21.Marginal lobules present, often sorediate ························ ***H. microphylla***
21. Soredia, isidia and lobules absent ························ ***H. hypoleuca***

3.1 狭叶哑铃孢　图版 III: 12

Heterodermia angustiloba (Müll. Arg.) D.D Awasthi, Geophytology **3**: 113, 1973; Wei, Enum. Lich. China : 106, 1991; Chen & Wang, Mycotaxon **77**: 109, 2003.

≡ *Physcia speciosa* var. *angustiloba* Müll. Arg., Flora **66**: 78, 1883. — *Anaptychia angustiloba* (Müll. Arg.) Kurok., Beih. Nova Hedwigia **6**: 39, 1962.

地衣体叶状，形成莲座状或不规则状，较疏松平铺于基物；裂片二叉至三叉式多次分裂，狭窄，0.6-1.5 mm 宽，彼此分离，裂腋弯曲；上表面白灰色，无粉芽和裂芽；髓层白色；下表面有皮层，灰白色，有时中央部位微褐色色度；假根与地衣体同色，顶部变暗，不规则分枝，通常 0.5-1.5 mm 长。子囊盘表面生，茶渍型，无柄或具短柄，直径 0.6-2.5 (-3.0) mm，盘缘完整至齿裂，有时呈小裂片，盘面平坦或下凹，褐色至黑褐色，偶有稀薄白霜；孢子双胞，褐色，椭圆形，厚壁，无小芽孢，Pachysporaria 型，25-37 × 12-17.5 μm。

化学：地衣体 K+黄色；髓层 K+黄色或转淡红色，C-，PD+橙色；含有 atranorin、zeorin、dissectic acid、± norstictic acid、± salazinic acid。

基物：树皮，偶为岩石。

研究标本：

湖南，桑植县公平山，海拔 1400 m，1997 年 8 月 20 日，陈健斌、王胜兰、王大鹏

9981 (110776)，9990-2 (14528)，9995 (14527)。

贵州，梵净山，海拔2400 m，1994年6月22日，陈健斌6449-2 (14516)，6456-1 (14515)；海拔 1300 m，2004 年 8 月 5 日，魏江春、张涛 G509 (83210)。

云南，昆明西山，1960 年 11 月 3 日，赵继鼎、陈玉本 2110-1 (14526)；瑞丽，海拔 1400 m，1980 年 11 月 30 日，姜玉梅 586-1 (85575)；保山市，高黎贡山，海拔 2570 m，1980 年 12 月 10 日，姜玉梅 807-3 (14525)；泸水县片马北，海拔 3000 m，1981 年 5 月 30 日，王先业等 1896 (14519)，1905 (14520)；盈江县，铜壁关，海拔 1200 m，1981 年 6 月 20 日，王先业等 3091 (14517)，3115 (14518)；陇川县，海拔 1700 m，王先业等 3196 (14523)；腾冲县，海拔 2000 m，1981 年 6 月 5 日，王先业等 2778 (14521)；贡山县，海拔 2100 m，1982 年 7 月 19 日，苏京军 2185 (14524)。

国内记载：四川 (Kurokawa，1962)，云南 (Kurokawa，1962；Yoshimura，1974；Chen and Wang，2001)，湖南，贵州 (Chen and Wang，2001；Zhang et al.，2006)，台湾 (Kurokawa，1962；Yoshimura，1974；Wang-Yang and Lai，1976；赖明洲，2000)。

世界分布：亚洲 (中国，日本，越南，印度，尼泊尔，泰国)，澳大利亚 (Elix，2011a)。

讨论：本种主要特征是裂片狭窄(0.6-1.5 mm 宽)，具下皮层，无粉芽、裂芽和小裂片，含有 dissectic acid。在形态上本种相似于大哑铃孢 *Heterodermia diademata* 和红色哑铃孢 *Heterodermia rubescens*，但后面两个种不含 dissectic acid。在化学上本种相似于深裂哑铃孢 *Heterodermia dissecta*，两者均含有 dissectic acid，但深裂哑铃孢的裂片边缘深裂形成众多的抬升的小裂片，而本种无小裂片。本种有 2 个化学型，区别在于是否含有 norstictic acid 和 salazinic acid (中国标本常常无 salazinic acid)，而 atranorin、zeorin、dissectic acid 是共有的。

3.2 卷梢哑铃孢　图版 III: 13

Heterodermia boryi (Fée) K.P. Singh & S.R. Singh, Geophtology **6**: 33, 1976; Wei & Jiang, Lich. Xizang: 109, 1986; Chen, Wu & Wei, in Fungi and Lichens of Shennongjia: 484, 1989; Wei, Enum. Lich. China: 107, 1991.

≡ *Borrera boryi* Fée, Essai Cryptog. Écorc. Exot. Officin. Introd. XCVI et tab. II, fig. 23, 1825. — *Anaptychia boryi* (Fée) A. Massal., Mem, Lichenogr.: 41, 1853; Chen, Zhao & Luo, J. NE Foretstry Inst. **3**: 128, 1981. — *Heterodermia leucomelos* subsp. *boryi* (Fée) Swinscow & Krog, Lichenologist **8**: 124, 1976. — *Leucodermia boryi* (Fée) Kalb, in Mongkolsuk et al., Phytotaxa **235** (1): 34, 2015.

= *Anaptychia neoleucomelaena* Kurok., J. Jap. Bot. **36**: 51, 1961; Kurokawa, Beih. Nova Hedwigia **6:** 77, 1962; Zhao, Xu & Sun, Prodr. Lich. Sin.: 141, 1982.

= *Parmelia leucomela* var. *angustifolia* Meyen & Flot., Nov. Act. Acad. Leop. Carol.**19** (Suppl.): 221, 1843; Jatta, Nuov. Giorn. Bot. Ital. **9**: 471, 1902. — *Physcia leucomela* var. *angustifolia* (Meyen & Flot.) Nyl., Mém. Soc. Sci. Nat. Cherbourg, **5**: 106, 1857; Hue, Bull. Soc. Bot. France **34**: 23, 1887 & **36**: 167, 1889. — *Anaptychia leucomelaena* var. *angustifolia* (Meyen & Flot.) Müll. Arg., Bot. Jahrb. Syst. **20**: 249, 1894; Sato, J. Jap. Bot. **12**: 429, 1936.

= *Parmelia leucomela* var. *sorediosa* Jatta, Ann. di Bot. **6**: 407, 1908. — *Anaptychia leucomelaena* f. *sorediosa* (Jatta) Kurok., J. Jap. Bot. **36:** 53, 1961; Zhao, Xu & Sun, Prodr, Lich. Sin.: 142, 1982. — *Heterodermia boryi* var. *sorediosa* (Jatta) Wei, Enum. Lich. China: 107, 1991. — *Heterodermia boryi* var. *squarrosa* f. *sorediosa* (Jatta) Wei, in Wei & Jiang, Lich. Xizang: 110, 1986; Wei, Enum. Lich. China: 107, 1991.

= *Anaptychia leucomelaena* f. *squarrosa* Vain., Cat.Welw. Afr. Pl. **2**: 408, 1901; Zhao, Xu & Sun, Prodr. Lich. Sin.: 142, 1982. — *Anaptychia neoleucomelaena* var. *squarrosa* (Vain.) Kruok., J. Jap. Bot. **36**: 53, 1961. — *Anaptychia neoleucomelaena* f. *squarrosa* (Vain.) Kurok., Beih. Nova Hedwogia **6**: 78, 1962. — *Heterodermia boryi* var. *squarrosa* (Vain.) Wei, in Wei & Jiang, Lich. Xizang: 110, 1986; Wei, Enum. Lich. China: 107, 1991.

= *Anaptychia leucomelaena* var. *multifida* (Meyen & Flot.) Vain., Acta Soc. Fauna Fl. Fenn. **7**: 128, 1890; Zahlbruckner, in Handel-Mazzetti, Symb. Sin. **3**: 243, 1930; Asahina, J. Jap. Bot.**10**: 355, 1934.

= *Anaptychia leucomelaena* var. *multifida* f. *circinalis* Zahlbr., Beih. Bot. Centr. **19** (2): 84. 1905: — *Anaptychia neoleucomelaena* f. *circinalis* (Zahlbr.) Kurok., Beih. Nova Hedwigia **6:** 79, 1962. — *Heterodermia boryi* f. *circinalis* (Zahlbr.) J.C.Wei, in Wei & Jiang, Lich. Xizang: 110, 1986; Wei, Enum. Lich. China: 107, 1991.

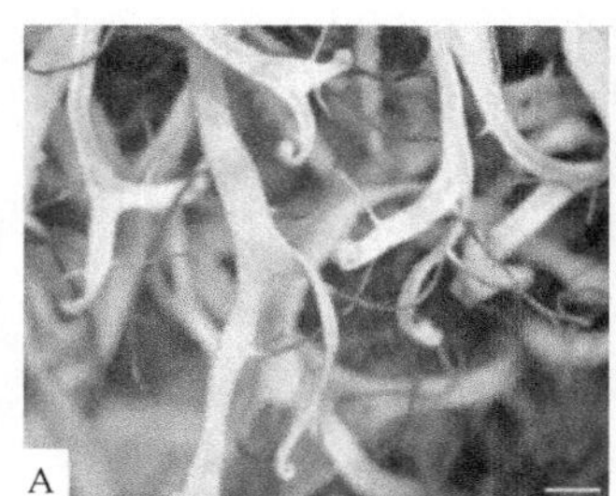

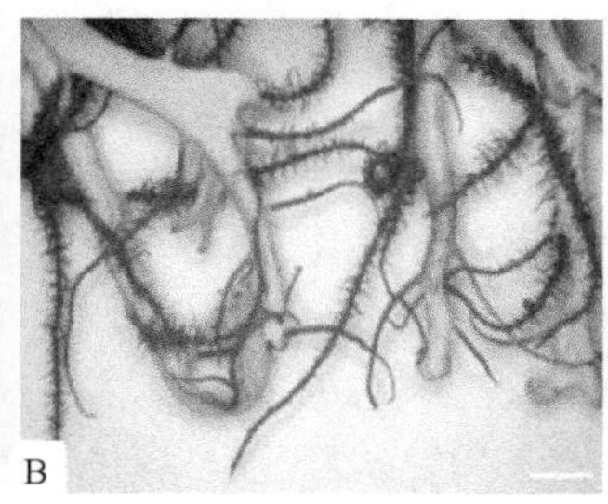

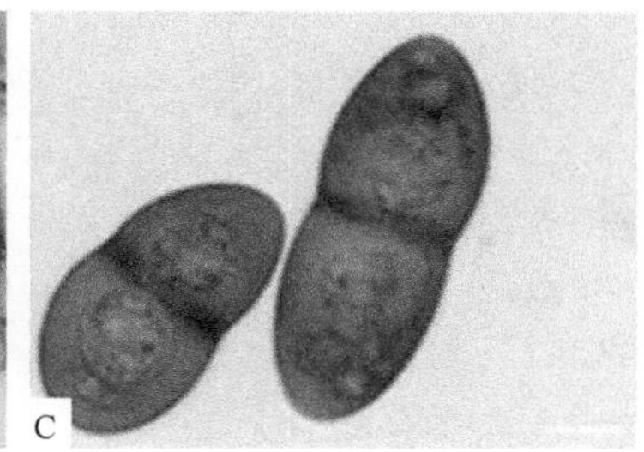

图 47 卷梢哑铃孢 *Heterodermia boryi* A：裂片顶端卷曲呈钩状（陈健斌 11834，标尺= 1 mm）；B：单一至羽状分枝假根（王先业等 1488，标尺= 1 mm）；C：孢子二胞并在顶端具小芽孢（宗毓臣 2，标尺 = 10 μm）

地衣体叶状至亚枝状，形成不规则颇为纠缠的灌丛垫状，疏松着生于基物；裂片二叉式分裂，线形延长，彼此分离，趋向顶端裂片渐窄，0.3-1.5 mm 宽，顶端亚抬升并卷曲，常呈钩状，无粉芽或有时两侧边缘有粉芽，上表面灰白色至淡绿灰色，有时变暗，髓层白色；下表面边缘下卷，略沟槽状，无皮层，淡灰白色，似蛛网状，顶部和两侧边缘有时有粉芽，边缘有皮层，具缘毛型假根，暗褐色至黑色，不分枝或羽状分枝，2-10 (-12) mm 长。子囊盘近顶生，具短柄，直径 1-5 mm，盘缘齿裂成小裂片，有时盘缘上有短的缘毛，盘面暗褐色，偶有白霜；孢子双胞，褐色，椭圆形，厚壁，末端有小芽孢，Polyblastidia 型，45-65 × 22-32 (-35) μm。

化学：地衣体 K+黄色；髓层 K+黄色，C-，KC-，PD-；含有 atranorin、zeorin。

基物：树皮、岩石。

研究标本：

吉林，安图县，长白山白水站，海拔 1190 m，1980 年 6 月 19 日，赵从福 424 (84990)；

汪清县，海拔 810-1000 m，1984 年 8 月 7 日，卢效德 8488129-9 (85587)；长白山梯子河，1985 年 8 月 1 日，卢效德 1101 (13874)；1994 年 8 月 9 日，姜玉梅、郭守玉 94585 (85601)。

黑龙江，带岭凉水，海拔 350-570 m，1957 年 7 月，周瑛 270 (1626)；1975 年 10 月 10-14 日，魏江春 2235 (1491)，2305 (1497)，2321 (484)，2328 (1492)，2336 (1496)，2343 (1498)，2394 (1495)；1975 年 10 月 11-30 日，陈锡龄 3752 (84991)，3969 (110590)，4055 (84992)；穆棱县三新山林场，1977 年 7 月 22 日，魏江春 2574 (24160)。

安徽，黄山，海拔 1610-1800 m，1962 年 8 月 22-23 日，赵继鼎、徐连旺 5724 (1639) 5844 (1640)；岳西县 2001 年 9 月 5 日，黄满荣 613 (17616)；金寨县，海拔 1680 m，2001 年 9 月 12 日，黄满荣 786 (17615)。

湖北，神农架，海拔 1800 m，1984 年 8 月 19 日，陈健斌 11834 (7803)，11877 (7801)，12004-1 (7802)。

四川，峨眉山，海拔 2080-3160 m，1963 年 8 月 13-17 日，赵继鼎、徐连旺 7112 (1649)，7129 (1881)，7257 (1646)，7488 (1644)，7608 (1647)，8052 (1648)，8063 (1643)；1994 年 6 月 3 日，陈健斌 6230-2 (84962)；九寨沟，海拔 2200-2500 m，1983 年 6 月 7-8 日，王先业、肖勰 10080 (84963)，10235 (85578)；1994 年 5 月 24 日，陈健斌 6085 (84964)，6068 (111521)；卧龙，海拔 2200-2700 m，1982 年 8-9 月，王先业等 9614 (84998，110582，110588)，9710 (84999)，9717 (84968)，9794 (84967)，9995 (84969)，9997 (84966)，10038 (84965)；贡嘎山，燕子沟，海拔 2000-2650 m，1982 年 6 月 23 日至 7 月 2 日，王先业等 8115 (84993)，8598 (84996)，8615 (84994)，8626 (84995)，8719 (84997)，8745 (17880)。

贵州，梵净山，海拔 2080 m，2004 年 8 月 3 日，魏江春、张涛 G271 (83185)。

云南，昆明西山，1960 年 10 月至 11 月，赵继鼎、陈玉本 1000 (2041)，1530 (2042)，1987a (1641)，1979 (2035)，2047 (1879)，2047a (1642)，2047c (2043)；1994 年 6 月 30 日，陈健斌 6485 (85595)；泸水，海拔 2750-3200 m，1981 年 6 月 1-7 日，王先业等 2277 (84972)，2333 (84976)，2386 (84973)，2415 (84974)，2678 (84975)；保山市，高黎贡山，海拔 2300-2700 m，1980 年 12 月 9-11 日，姜玉梅 907-3 (84988)，915-1 (84987)；贡山独龙江，海拔 2300-2400 m，1982 年 8 月 30 日至 9 月 6 日，苏京军 3771 (84970)，4134 (84971)；中甸，海拔 3500-3800 m，1981 年 8 月 19-20 日，王先业等 5195 (84977)，5273 (85598)；福贡县，海拔 3400 m，1982 年 5 月 28 日，苏京军 914 (85599)；玉龙山，海拔 2400-3600 m, 1960 年 12 月 7-8 日，赵继鼎、陈玉本 4055 (2045)，4060 (2044)，4063 (2048)，4094 (2051)，4102 (2049)，4211 (2046)，4684 (1635)；1980 年 11 月 9-12 日，姜玉梅 13 (84981)，191-5 (84983)，366-2 (84982)；1981 年 8 月 3-8 日，王先业等 5073 (85594)，5129 (85588)，6283 (84978)，6374 (84984)，6559 (84986)，6563 (85584)，6629 (85596)，6680 (85591)，6699 (84980)，6705-1 (84985)；1987 年 4 月 20-21 日，Ahti 等 46235 (85579)，4636 (84979)，46495 (85585)；玉龙雪山扇子峰，海拔 3200 m，1981 年 5 月 26 日，刘增基 6401 (84508)。

西藏，樟木，海拔 2720-3620 m，1966 年 5 月 11-15 日，魏江春、陈健斌 462 (2769)，474 (947)，544 (2770)，746 (2761)；聂拉木曲乡，海拔 3250-3700 m，1966 年 5 月 17-20 日，魏江春、陈健斌 746 (2761)，759 (2767)，834 (2763)，867 (2768)，1035 (2762)，1035-1a

(2760)，1039 (2766)；吉隆，海拔 3000 m，1975 年 6 月 22 日，宗毓臣 30 (944)；察隅，海拔 2500-3100 m，1982 年 9 月 7 日，苏京军 4214 (85600)；10 月 3 日，苏京军 5070 (85583)，5105 (85597)，5110 (84989)；亚东，1975 年 6 月 1 日，臧穆 21 (2758)；海拔 2780 m，宗毓臣 2 (2757)。

陕西，洋县，1938 年，8 月 19 日，T.N. Liou 和 P.C. Tsong 3646 (8268)。

国内记载：吉林 (赵继鼎等，1982)，黑龙江 (陈锡龄等，1981；罗光裕，1984)；山东 (侯亚男等，2008)，安徽 (魏江春等，1982；赵继鼎等，1982；吴继农和钱之广，1989)，湖北 (陈健斌等，1989)，四川 (Kurokawa，1961，1962)，云南 (Zahlbruckner，1930；Kurokawa，1961，1962；魏江春，1981；赵继鼎等，1982)，西藏 (魏江春和陈健斌，1974；魏江春，1981；魏江春和姜玉梅，1986)，贵州 (Zhang et al.，2006)，陕西 (Jatta，1902)，台湾 (Zahlbruckner，1933；Kurokawa，1962；Wang-Yang and Lai，1973，1976；赖明洲，2000)。

世界分布：热带至暖温带。

讨论：本种主要特征是线形延长和二叉式分裂的狭窄裂片，顶端抬升，常常卷曲呈钩状 (图 47A)，下表面无皮层，缘毛型假根较长 (图 47B)，孢子顶端具小芽孢，即孢子为 Polyblastidia 型 (图 47C)，含有 atranorin 和 zeorin。Kurokawa (1962) 根据标本是否有粉芽、裂片的宽度、假根是否有羽状分枝等，在 *Anaptychia neoleucomelaena* (=*Heterodermia boryi*) 名称下承认了几个种下单位，后来这些种下单位均被 Kurokawa (1973) 处理为 *Anaptychia boryi* 的异名。*H. boryi* 在形态上呈现出较多的变异，如裂片的宽度、粉芽的有无、假根分枝状况，以及裂片顶端卷曲呈钩状的程度等。

卷梢哑铃孢 *H. boryi* 十分相似于顶直哑铃孢 *H. leucomelos*，并曾被处理为后者的一个亚种 (Swinscow and Krog，1976)。但是本种裂片顶端常明显卷曲，更狭窄，髓层中不含 salazinic acid，而 *H. leucomelos* 裂片顶端很少卷曲或只轻微卷曲，髓层中含有 salazinic acid。因此大多数地衣学家将它们视为两个不同的种。有的标本的裂片卷曲不是很普遍，使用 TLC 方法检测地衣物质更为重要。

3. 3 丛毛哑铃孢　图版 IV: 14

Heterodermia comosa (Eschw.) Follmann & Redón, Willdenowia **6** (3): 446, 1972; Wei & Jiang, Lich. Xizang : 110, 1986; Wei, Enum. Lich. China: 107, 1991.

≡ *Parmelia comosa* Eschw., in Martius, Icon. PI. Ctryptog. **2**: 25, 1828. — *Anaptychia comosa* (Eschw.) A. Massal., Memor. Lichenogr.: 39, 1853; Zahlbruckner, in Handel-Mazzetti, Symb. Sin. **3**: 244, 1930; Kurokawa, Beih. Nova Hedwigia **6:** 103, 1962; Zhao, Xu & Sun, Prodr. Lich. Sin.: 143, 1982.

地衣体叶状至亚枝状，形成莲座状和束丛，2-5 cm 宽，或不规则扩展，抬升，较疏松，常仅以中央部位贴于基物；裂片不规则分裂，较短，裂片间紧密相连，亚覆瓦状，1-3.5 mm 宽，趋向顶部渐宽，膨大，可达 5 mm 宽，似扇形或匙状，顶端略圆，抬升或近半直立；上表面淡灰白色，凸起 (边缘微向下卷)，有表面生的毛，与地衣体同色，1-3.5 mm 长，通常不分枝；髓层白色；下表面无皮层，似蛛网状，白色或杂有淡赭黄色，顶部常有粉芽；缘毛型假根与地衣体同色，1-3.5 mm 长，单一不分枝或有时顶部有分枝。子囊盘少见，近顶生，孢子 Polyblastidia 型，35-47 × 16-22 μm。

化学：地衣体 K+黄色；髓层 K+黄色，C-，KC-，PD-；含有 atranorin、zeorin、± 未知色素。

基物：树皮、土壤。

图 48　从毛哑铃孢 *Heterodermia comosa* 下表面顶部粉芽

(姜玉梅 988)，标尺= 1 mm

研究标本：

福建，武夷山，海拔 700 m，1999 年 9 月 24 日，陈健斌、王胜兰 14685-1 (110592)。

湖南，龙山石牌，海拔 2200 m，1958 年 9 月 21 日，陈庆涛、梁林山 811 (1808)。

广西，临桂，1964 年 8 月 14 日，赵继鼎、徐连旺 8593 (1807)。

四川，贡嘎山，海拔 1900 m，1982 年 7 月 9 日，王先业等 8856-1 (110472)。

云南，昆明西山，1960 年 11 月 2 日，赵继鼎、陈玉本 1940 (1805)；云凤，海拔 1600 m，1959 年 10 月 12 日，王庆之 11 (1802)；个旧，1960 年 11 月 10 日，赵继鼎、陈玉本 2392 (1803)；西畴县法斗，海拔 1370-1600 m，1991 年 11 月 16-18 日，陈健斌 5110-1 (14697)，5297 (14695)，5298 (14698)，5312 (14699)，5462 (14696)；陈锡龄 7623 (84507)，7654-3 (84505)；腾冲，1981 年 6 月 15 日，王先业等 2751 (14703)；勐海，海拔 1350 m，1981 年 1 月 3 日，姜玉梅 1081-4 (14701)；勐仑植物园，海拔 650 m，1980 年 12 月 21 日，姜玉梅 988 (14700)；贡山县独龙江，海拔 1200 m，1982 年 8 月 11 日，苏京军 3007 (14702)。

国内记载：福建 (魏江春等，1982；吴继农等，1985)，云南 (Zahlbruckner，1930；Kurokawa，1962；赵继鼎等，1982；王立松等，2008)，西藏 (魏江春和姜玉梅，1981，1986)，湖南，广西 (赵继鼎等，1982)，台湾 (Wang-Yang and Lai，1973；赖明洲，2000)。

世界分布：广泛分布于热带至暖温带。

讨论：本种主要特征是具抬升的匙形或似扇形的裂片，上表面有毛，下表面无皮层，

顶部常有粉芽 (图 48)，子囊盘近顶生，孢子有小芽孢 (Polyblastidia 型)，含 aranorin、zeorin，缺乏 norstictic acid 和 salazinic acid。中国标本的孢子 35-47 × 16-22 μm，大于 Kurokawa (1962) 记载的本种孢子 30-35 × 13-16 μm。本种与中国丛毛哑铃孢 *Heterodermia sinocomosa* 的区别见后面中国丛毛哑铃孢的讨论部分。

3. 4 树哑铃孢　图版 IV: 15

Heterodermia dendritica (Pers.) Poelt, Nova Hedwigia **9**: 31, 1965; Wei, Enum. Lich. China: 108, 1991; Chen & Wang, Mycotaxon **77**: 110, 2001.

≡ *Borrera dendritica* Pers., in Gaudich., Voy. Uran. Bot. **4**: 207, 1826. — *Anaptychia dendritica* (Pers.) Vain., Acta Soc. Fauna FI. Fenn. **7**: 134, 1890; Kurokawa, Beih. Nova Hedwigia **6:** 54, 1962; Zhao, Xu & Sun, Prodr. Lich. Sin.: 139, 1982. — *Polyblastidium dendriticum* (Pers.) Kalb.,in Mongkolsuk et al., Phytotaxa **235** (1): 49, 2015.

= *Anaptychia dendritica* var. *colorata* f. *esorediosa* Kurok., J. Jap. Bot. **30**: 256, 1955. Type: CHINA. Taiwan, M.Ogata (holotype in TNS) (not seen).

= *Anaptychia subheterochroa* Kurok., J. Jap. Bot. **35**: 240, 1960.

地衣体叶状，不规则形，可达 8 cm 宽，较疏松平铺于基物；裂片近二叉和亚掌状分裂，亚线形延长，0.7-2.0 (-3.0)mm 宽，紧密相连或分离，边缘较完整，有时有少数不定小裂片；上表面污灰色至淡绿白色，平滑，无粉芽和裂芽；髓层白色；下表面无皮层，白色，似蛛网状，中央部位常色暗；趋向顶部有黄色色素 (K+紫红色)，假根黑色，单一至羽状分枝或不规则分枝，1-4 mm 长。子囊盘少见，盘径 1-4 (-6) mm，盘缘齿裂并常常发育成小裂片，盘面黑褐色，常披微薄白霜；孢子双胞，褐色，椭圆形，厚壁，末端有小芽孢，Polyblastidia 型，35-50 × 16-24 μm。

化学：地衣体 K+黄色；髓层 K+黄色转微红色，C-，KC-，PD+橙色；下表面色素 K+紫红色；含有 atranorin、zeorin、norstictic acid、± salazinic acid、未知色素。

基物：树皮。

研究标本：

安徽，黄山，海拔 1600 m，1999 年 11 月 11-12 日，陈健斌 14715 (14561)，14727-1 (14562)。

福建，武夷山，挂墩至黄岗山，海拔 1300-1800 m，1999 年 9 月 18-21 日，陈健斌、王胜兰 14241-2 (110783)，14251 (110782)，14257-1 (14550)，14266 (14556)，14296 (14553)，14332 (14557)，14346-1 (14551)，14353 (14555)，14400 (14554)，14403 (14552)，14535 (14559)，14565 (110780)，14576-1 (14558)，14649 (110781)。

湖南，桑植县天平山，海拔 1400-1550 m，1997 年 8 月 20 日，陈健斌等 9893 (110779)，9989 (14560)。

贵州，梵净山，海拔 2220 m，2004 年 8 月 4 日，魏江春、张涛 G351 (83186)。

云南，贡山县，次开至独龙江，海拔 2200-2600 m，1982 年 7 月 22-26 日，苏京军 2446 (14564)，2595 (14565)，2754 (14566)；西畴县法斗，海拔 1450 m，1991 年 11 月 16 日，陈健斌 5109 (14567)；麻栗坡县老君山，海拔 1400 m，陈健斌 5423 (14563)。

国内记载：浙江 (赵继鼎等，1982)，湖南，安徽，福建 (Chen and Wang，2001)，

云南 (赵继鼎等，1982；Chen and Wang，2001)，陕西 (Ren et al.，2009)，贵州 (Zhang et al.，2006)，台湾 (Kurokawa，1955，1960b，1962；Wang-Yang and Lai，1973, 1976；Ikoma，1983；赖明洲，2000)。

世界分布：亚洲、北美洲。基本属于东亚—北美间断分布。

讨论：本种主要特征是地衣体平铺于基物，无粉芽无裂芽，下表面缺乏皮层，具黄色色素 (K+紫红色)，孢子 Polyblastidia 型，含有 atranorin、zeorin、norstictic acid、± salazinic acid 及黄色色素。近似种扇哑铃孢 *Heterodermia flabellata* 不含 norstictic acid 和 salazinic acid。在化学上本种相似于新芽体哑铃孢 *Heterodermia neglecta*，但后者具粉芽而本种无粉芽。本种存在两个化学型，其差异在于是否含有 salazilic acid，本种的中国标本大多数缺乏 salazinic acid。

3.5 大哑铃孢　图版 IV: 16

Heterodermia diademata (Taylor) D.D. Awasthi, Geophytology **3**: 113, 1973; Chen, Wu & Wei, in Fungi & Lichens of Shennongjia: 485, 1989; Wei, Enum. Lich. China: 108, 1991.

≡ *Parmelia diademata* Taylor, London J. Bot. **6**: 165, 1847. — *Anaptychia diademata* (Taylor) Kurok., Beih. Nova Hedwigia **6**: 28, 1962; Zahlbruckner, Cat. Lich. Univ. **9**:74, 1934; Zhao, Xu & Sun, Prodr. Lich. Sin.: 134, 1982.

= *Anaptychia esorediata* f. *angustata* Räsänen, J. Jap. Bot. **16**: 139, 1940. — *Anaptychia diademata* f. *angustata* (Räsänen) Kurok., Beih. Nova Hediwigia **6:** 30, 1962; Zhao, Xu & Sun, Prodr. Lich. Sin.: 135, 1982.

= *Physcia speciosa* var. *cinerascens* f. *brachyloba* Müll. Arg., Flora **73**: 340, 1890. — *Anaptychia diademata* f. *brachyloba* (Müll. Arg.) Kurok, Beih. Nova Hedwigia **6**: 29, 1962; Zhao, Xu & Sun, Prodr. Lich. Sin.: 135, 1982.

= *Anaptychia esorediata* f. *condensata* Kurok., J. Jap. Bot. **34**: 181, 1959. — *Anaptychia diademata* f. *condensata* (Kurok.) Kurok., Beih. Nova Hedwigia **6**: 30, 1962; Zhao, Xu & Sun, Prodr. Lich. Sin.: 135, 1982.

= *Anaptychia esorediata* f. *subimbricata* Räsänen, J. Jap. Bot. **16**: 139, 1940; Kurokawa., J. Jap. Bot. **34**: 180, 1959. — *Anaptychia speciosa* var. *esorediata* f. *subimbricata* (Räsänen) Sato, Index Pl. Nipp. 4. Lich. 9, 115. 1943.

= *Anaptychia speciosa* var. *esorediata* Vain.,Cat. Welw. Afr. Pl. **2**: 409, 1901; Zahlbruckner, *Hedwigia* **74**: 213, 1934. — *Anaptychia esorediata* (Vain.) Du Rietz & Lynge, in Lynge, Nat. Skrifter 1. Math.-Nat. Klasse **16**: 14, 1924; Kurok., J. Jap. Bot. **34**: 179, 1959.

= *Anaptychia speciosa* f. *subtremulans* Zahlbr., in Handl-Mazzetti, Symb. Sin. **3:** 242, 1930; Kurokawa, Beih. Nova Hedwigia **6**: 30, 1962. Type: CHINA. Sichuan, Handel-Mazzetti 2762 (holotype in W; isotype in K, WU) (not seen).

= *Anaptychia speciosa* f. *compactor* Zahlbr., Bot. Mag.(Toyko) **41**: 364, 1927; Asahina, J. Jap. Bot.**15**: 278, 1939.

= *Physcia dispansa* Ny1., Syn. Meth. Lich. **1**: 418, 1860. — *Anaptychia speciosa* var.

cinerascens f. *dispansa* (Nyl.) Zahlbr., Cat. Lich. Univ. 7: 741, 1931; Zahlbruckner, Hedwigia **34**: 213, 1934. Type: CHINA. no precise locality. Nyl. Herb.32571 (holotype in H) (not seen).

= *Chaudhuria indica* Zahlbr., Ann. Mycol. **30**: 434, 1932.

= *Anaptychia undulata* Zhao, Xu & Sun, Acta Phytotax. Sin. **17**: 98, 1979. — *Heterodermia undulata* (Zhao, Xu & Sun) Wei, Enum. Lich. China: 113, 1991. Type: CHINA. Anhui, J.D. Zhao & L.W. Xu 5613 (holotype in HMAS-L !).

Anaptychia dissecta auct. non Kurok.: Zhao, Xu & Sun, Prodr. Lich. Sin.: 133, 1982.

地衣体叶状，略圆形，常形成莲座状，2-10 (-15) cm 宽，较紧密贴于基物；裂片近二叉和亚羽状分裂，紧密相连或地衣体外周裂片分离，0.5-2.0 mm 宽，顶端略圆，边缘微缺刻，侧生小裂片，有时有的裂片边缘形成白点状或不连续的白色线状；上表面污灰色至灰白色，平滑，微凸，无粉芽和裂芽；髓层白色；下表面有皮层，白色，趋向中央部位变淡褐色；假根与下表面同色，顶端呈暗褐色至黑色，不分枝至不规则或灌木状分枝，0.5-2.0 (-3) mm 长。子囊盘常见，表面生，无柄或具短柄，直径 1-7 (-12) mm，盘缘稍向内卷，完整或齿裂，有时发育成小裂片，盘面红褐色至黑褐色，盘托光滑；孢子褐色，双胞，厚壁，无小芽孢，Pachysporaria 型，26-38 (-40) × 12-17.5 μm。

化学：地衣体 K+黄色；髓层 K+黄色，C-，KC-，PD-；含有 atranorin、zeorin。

基物：树皮、岩石。

研究标本：

河北，雾灵山，海拔 1390 m，1931 年 6 月 10 日，刘继孟 95 (1531)；海拔 1900 m，1998 年 8 月 16 日，陈健斌、王胜兰 299 (85616)。

内蒙古，赤峰，海拔 1200 m，1973 年 8 月 9 日，陈锡龄 3039 (14167)。

辽宁，蛇岛，1973 年 5 月 13 日，张利良 15 (14168)；庄河市，1961 年 7 月，高谦 6087 (111520)；庄河市仙人洞，海拔 250-500 m，1981 年 10 月 9 日，陈锡龄 5902 (10087)，6884 (100088)。

吉林，敦化市，海拔 650-700 m，1983 年 9 月 15 日，赵从福 4007 (14164)；舒兰市，海拔 600 m，1984 年 8 月 14 日，卢效德 848190 (85622)；蛟河市，海拔 500-900 m，1991 年 8 月 28-31 日，陈健斌、姜玉梅 A-1260 (14166)，A-1324 (14165)，1333 (85623)。

黑龙江，密山市，裴德八一农大后山，海拔 200 m，1980 年 7 月 16 日，赵从福 4185 (14161)，710-2 (14169)，716-3 (14162)；尚志县，苇河大秃顶子，1953 年 8 月 25 日，王光正 1608-14 (14163)。

浙江，天目山，1930 年 7 月 26 日，刘慎谔 6799 (1988)；海拔 1000-1500 m，1962 年 8 月 30 日至 9 月 2 日，赵继鼎、徐连旺 6069 (1530，85629)，6171 (1528)，6163 (2140)，6192 (1907)，6316 (1529)，6398 (1550)。

安徽，黄山，1935 年 8 月 13 日，刘慎谔、钟补求 2693b (1991)；云谷寺至光明顶，海拔 800-1800 m，1962 年 8 月，赵继鼎、徐连旺 5122 (1972)，5131 (1968)，5172 (1984)，5318 (1551)，5332 (1815)，5410 (1983)，5466 (2137)，5613 (2136：holotype of *Anaptychia undulata* Zhao, Xu & Sun)，5730 (1964)，5824 (1982)，5836 (1967)，5917 (1985)；1999 年 11 月 12 日，陈健斌 14710 (14127)。

福建，武夷山，桐木、挂墩至黄岗，海拔 700-1800 m，1999 年 9 月，陈健斌、王胜兰，14174 (14044)，14253 (14043)，14304 (14048)，14312 (14042)，14454 (110785)，14507 (14045)，14522 (14046)，14697 (14047)；崇安县，海拔 800 m，王庆之 305a (1979)，306 (1978)。

江西，庐山，1960 年 3 月 29 日至 4 月 1 日，赵继鼎等 348 (1533)，442 (1532)，504 (1518，85613)，555 (1504)，574 (1811)。

山东，昆嵛山，海拔 800 m，2002 年 9 月 18 日，陈健斌 22135 (110929)；崂山，海拔 260 m，2002 年 9 月 19 日，陈健斌 22170 (110930)。

湖北，神农架，海拔 1700-2670 m，1984 年 7-8 月，陈健斌 10632-1 (14126)，11023 (7806)，11647 (14123)，11686 (14125)，11719 (14124)，11837 (7800)，11949 (7804)，11976 (7807)，11999 (7805)。

湖南，衡山，海拔 960 m，1964 年 9 月 2 日，赵继鼎、徐连旺 10266 (1505)；桑植县，公平山，海拔 1300-1600 m，1997 年 8 月 19-20 日，陈健斌等 9396 (14034)，9420 (14776)，9548 (14031)，9551 (14040)，9584 (85627)，9611 (14039)，9709 (85628)，9724 (14037)，9759 (14036)，9790 (14033)，9802 (14038)，9804 (14030)，9860 (14032)，9976 (14035)，9986 (14041)；张家界，海拔 700 m，1997 年 8 月 15 日，陈健斌等 9292 (110598)。

广西，花坪林区红滩，海拔 900 m，1964 年 8 月 15 日，赵继鼎、徐连旺 8767 (2139)，8770 (2138)，8810 (1974)，9484 (1975)；宁明，海拔 1200 m，1958 年 10 月 19 日，刘恒英 851 (1516)，852 (1517)；那坡县，海拔 650 m，1998 年 4 月 5 日，陈林海 980345 (85630)，980346 (85631)。

四川，汶川卧龙，海拔 2500-2750 m，1982 年 8 月，王先业等 9655-1 (14114)，9701 (14112)，9758 (85608)；1994 年 6 月 9 日，陈健斌 6328 (14113)；峨眉山，海拔 1780-2500 m，1963 年 8 月 13-16 日，赵继鼎、徐连旺 6964 (1519)，7173 (1520)，7228 (1514)，7355 (1527)，7366 (1522)，7436 (1523)，7567 (1525)；九寨沟，海拔 2600 m，1983 年 6 月 9 日，王先业、肖勰 10315 (14110)；稻城县，海拔 3700 m，1983 年 7 月 31 日，苏京军等 6007 (14111)；木里县，海拔 2500 m，1982 年 6 月 8 日，王先业、肖勰 7909 (85621)。

贵州，梵净山，海拔 1700-2400 m，1994 年 6 月 22-23 日，陈健斌 6423 (14051)，6460-1 (14053)，6456-2 (14052)，6461-1 (14050)，6463 (14049)；册亨县，海拔 1400 m，王庆之 290 (1510)；海拔 1400 m，魏江春、张涛 G20 (83218)。

云南，昆明西山，1960 年 10 月 25 日，赵继鼎、陈玉本 1527 (1541)；文山县，海拔 1400 m，1959 年 7 月 26 日，王庆之 941 (1976)；个旧，1960 年 11 月 10 日，赵继鼎、陈玉本 2381 (2000)，2383 (2002)，2386 (2001)，2396 (1998)，2398 (1995)；大理，1935 年，12 月，王启无 21238 (1534)；西畴县法斗，海拔 1400 m，1991 年 11 月 18 日，陈健斌 5326 (14119)；麻栗坡老君山，海拔 1370 m，1991 年 11 月 21 日，陈健斌 5460 (14761)；西双版纳勐养，1960 年 11 月 24 日，赵继鼎、陈玉本 3577 (1545)；勐海，海拔 1000-1100 m，1994 年 7 月 8 日，陈健斌 6513-5 (14075)，6516 (14074)，6516-3 (14076)，6518-3 (14077)，6523 (14079)；维西白济汛，海拔 1800-2500 m，1981 年 7 月，王先业等 3598 (14066)，3599 (14065)，3652 (14061)；1982 年 5 月，苏京军 644 (14073)；维西攀天阁，海拔 2500-2900 m，1981 年 7 月，王先业等 3751 (14070)，3793 (14069)，3951 (14059)，

3969 (85625)，4002 (14064)，4043 (14060)，4162 (14068)，4167 (14054)，4184 (14071)，4192 (14063)，4195 (14062)，4224 (14056)，4250 (14067)，4263 (14057)，4276 (14055)，4281 (14072)；中甸，吉沙林场，海拔 3350-3500 m，1981 年 8 月 13-20 日，王先业等 4384 (14144)，5390 (14141)，5443 (14143)，5567 (14140)，5575 (14137)，5666 (14139)，5703 (14142)，5705 (14769)，6040 (14136)；腾冲县，海拔 2000 m，1981 年 6 月 15 日，王先业等 2775 (14767)，2795-1 (14116)，2822 (14765)，2831 (14115)；福贡县，海拔 1700-2400 m，1982 年 5-6 月，苏京军 920 (14770)，1013 (14722)，1070 (14108)，1148 (14771)，1160 (14105)，1175 (14106)，1251 (14109)，1324 (14107)；景洪市至普文，1994 年 7 月 9 日，陈健斌 6559-1 (14081)，6565-2 (14080)；盈江县，铜壁关，海拔 1100-1400 m，1981 年 6 月 20 日，王先业等 2974 (14133)，3006 (14131)，3082 (14130)，3114 (14128)，3116 (14129)，3142 (14132)，3143 (14135)；保山市西山梁子，海拔 2600 m，1981 年 5 月 25 日，王先业等 1624 (14100)；保山市高黎贡山林场，海拔 1700-2330 m，1980 年 12 月 8-10 日，姜玉梅 657-4 (14102)，703 (14103)，785 (110766)，793 (14101)，800-1 (14104)，938-1 (14099)；泸水县，海拔 2000-3000 m，1981 年 5 月 28 日至 6 月 3 日，王先业等 1668 (14117)，1788 (14758)，1895 (14121)，2157 (14118)，2438 (14759)；贡山县独龙江，海拔 1200-2400 m，1982 年 7-9 月，苏京军 2236 (14089)，2235 (14084)，2248 (14093)，2643 (14098)，2674 (14095)，2787 (14086)，2936 (14096)，2999 (14094)，3216 (14083)，3313 (14088)，3700 (14092)，3714 (14087)，3716 (14091)，3949 (85626)，4144(14090)，4150 (14085)，4156 (14097)；丽江、玉龙山，海拔 2600-3600 m，1960 年 12 月 6-10 日，赵继鼎、陈玉本 3804 (1535)，3845 (1986)，3899 (1515)，4591 (1536)，4647a (1537)；1981 年 8 月，王先业等 4792 (14154)，4882 (14150)，5047 (14147)，5017 (14151)，6176 (14149)，6322 (14155)，632 (14155)，6325 (14146)，6623 (14152)，6632 (14148)，6696 (14145)，6723 (14153)，7037-1 (14763)；Ahti 等 46229 (14159)，46279 (14762)，46336 (14157)，46353 (14156)，46359-3 (14160)，46434 (14158)。

西藏，察隅县日东，海拔 3000-3500 m，9 月 11-25 日，苏京军 4468 (14778)，4496 (14195)，4523 (14194)，4547 (14192)，46676 (14764)，4693 (14193)，4712 (14191)，4713 (14189)，4763 (14190)，5042 (14777)。

香港，1972 年 12 月 5 日，S.T. Chan 1512 (3493)。

国内记载：吉林，安徽，江西，湖南，广西，湖北 (陈健斌等，1989)，江苏 (吴继农和项汀，1981)，福建 (Kurokawa，1962；吴继农等，1985)，四川 (Zahlbruckner，1930，1931，1934；Kurokawa，1962；赵继鼎等，1982)，云南 (Zahlbruckner，1934；Kurokawa，1962；赵继鼎等，1982；王立松等，2008)，贵州 (赵继鼎等，1982；Zhang et al.，2006)，广东 (Kurokawa，1962)，香港 (Kurokawa，1959b，1962；Thrower，1988)，台湾 (Kurokawa，1959b，1962；Wang-Yang and Lai，1973，1976；赖明洲，2000)。

世界分布：广布于世界热带、亚热带，并可延伸至温带。

讨论：本种缺乏粉芽、裂芽，下表面具皮层，白色髓层，孢子无小芽孢，含有 atranorin 和 zeorin 等萜类物质，广布于热带和温带。某些标本存在侧生短鳞片 (小裂片)，易错误鉴定为深裂哑铃孢 *Heterodermia dissecta*，但后者含有 dissectic acid。本种的某些标本裂片较狭窄，十分相似于狭叶哑铃孢 *Heterodermia angustiloba*，但后者含有 dissectic acid

和 norstictic acid。Swinscow 和 Krog (1976) 描述的产于东非的 *Heterodermia lepidota* 具有众多的边缘生和表面生鳞片，相似于本种某些具有侧生鳞片的标本，但是本种小鳞片具有下皮层，而 *H. lepodota* 的鳞片缺乏下皮层。本种在形态上变异颇大，曾有许多变型、变种，现已作为本种异名处理。此外，赵继鼎等 (1979) 描述的新种 *Anaptychia undulata* 的模式及引证的其他有关标本经重新鉴定实为 *H. diademata*，因此将 *A. undulata* 处理为 *H. diademata* 的异名。

Kurokawa (1962) 记载本种的孢子略小，23-31 × 10-15 μm。我们测量过一份日本的本种标本 (Kurokawa 56559) 的孢子大小为 25-35 × 11-16 μm。东非的本种孢子为 25-35 (-40) × 12-17 μm (Swinscow and Krog，1976)。中国标本的孢子为 26-38 × 12-17 μm，非常接近东非的本种孢子的大小。

3. 6 深裂哑铃孢 图版 IV: 17

Heterodermia dissecta (Kurok.) D.D. Awasthi, Geophytology **3**: 113, 1973; Wei, Enum. Lich. China: 108, 1991; Chen & Wang, Mycotaxon **77**: 109, 2001.

≡ *Anaptychia dissecta* Kurok., J. Jap. Bot. **34**: 182, 1959; Kurokawa, Beih. Nova Hedwigia **6**: 38, 1962.

(a) 原变种

var. **dissecta**

地衣体叶状，略圆形，常形成莲座状，2-7 cm 宽，较疏松贴于基物；裂片近二叉和亚掌状分裂，紧密相连或地衣体外周裂片分离，狭窄，0.5-1.5 mm 宽，上表面污灰色至灰白色，平滑，微凸，边缘生有许多狭窄小裂片，微抬升，小裂片有时粉芽化，颗粒状；髓层白色；下表面有皮层，白色，趋向中央部位变淡褐色；假根与下表面同色，顶端呈暗褐色至黑色，不规则分枝，0.5-2.0 (-3) mm 长。子囊盘未见。文献记载，子囊盘稀有，表面生，无柄或具短柄，直径 1-5 mm，盘缘有狭窄小裂片，有的似裂芽，盘面褐色至黑褐色；孢子褐色，双胞，厚壁，无小芽孢，Pachysporaria 型，28-32 × 12-16 μm (Kurokawa，1962)。

化学：地衣体 K+黄色；髓层 K+黄色或转微红色，C-或微红，KC+微红，PD+橙色；含有 atranorin、dissectic acid、norstictic acid、± salazinic acid、zeorin 及有关萜类物质。

基物：树皮。

研究标本：

福建，武夷山挂墩，海拔 1400 m，1999 年 9 月 18 日，陈健斌、王胜兰 14232 (85633)。

湖南，桑植县，公平山，海拔 1300 m，1997 年 8 月 19 日，陈健斌等 9365 (14441)，9485 (14442)。

云南，西畴县法斗，海拔 1650 m，1991 年 11 月 17 日，陈健斌 5263 (14439)；麻栗坡老君山，海拔 1500 m，1991 年 11 月 22 日，陈锡龄 7705-1 (14440)；西双版纳勐仑植物园，海拔 680 m，1980 年 7 月 24 日，姜玉梅 1040-1 (111193)。

国内记载：安徽，浙江 (吴继农和钱之广，1989)，湖南，四川 (Chen and Wang，2001)，云南 (Chen and Wang，1999，2001；王立松等，2008)，贵州 (Zhang et al.，2006)，台湾 (Yoshimura，1974；赖明洲，2000)。

世界分布：日本，印度，尼泊尔，泰国（Kurokawa，1962；Baniya et al.，2010；Buaruang et al.，2017），澳大利亚（Elix，2011a）。Wei 等（2008）报道韩国有 *H. dissecta* 分布，但对该种的特征提要中未涉及一个重要地衣物质 dissectic acid。本种原变种可归于亚洲热带—大洋洲分布。

讨论：本种原变种主要特征是具有众多的边缘生的狭窄小裂片，抬升，地衣体下表面有皮层，以及含有 dissectic acid、norstictic acid，有时还有 salazinic acid。小裂片相似于小叶哑铃孢 *Heterodermia microphylla* 的小裂片，但后面这个种缺乏下皮层，髓层中不含 dissectic acid。裂芽哑铃孢 *Heterodermia isidiophora* 虽然有时有一些小裂片，但柱状裂芽占优势，而且缺乏 dissectic acid。在化学上本种相似于狭叶哑铃孢 *Heterodermia angustiloba*，但后者缺乏小裂片，而本种具有众多的边缘生的狭窄小裂片。赵继鼎等（1982）报道本种分布于河北、云南、江西、安徽、浙江。但陈健斌和王大鹏（Chen and Wang，2001）重新检查有关标本后，认为赵继鼎等（1982）所引证的标本为大哑铃孢 *Heterodermia diademata*。虽然大哑铃孢有时也有边缘生的小裂片，但它的小裂片不抬升，更重要的是缺乏 dissectic acid。

(b) 高野变种

var. **koyana** (Kurok.) D.D.Awasthi, Geophytology **3**: 113, 1973; Wei, Enum. Lich. China: 109, 1991.

≡ *Anaptychia dissecta* var. *koyana* Kurok., J. Jap. Bot. **34**: 183, 1959; Kurokawa, Beih. Nova Hedwigia **6**: 39, 1962; Wu, Xiang & Qian, Wuyi Sci. J. **5**: 225, 1985. — *Hetetrodermia koyana* (Kurok.) Elix, Australas. Lichenol. **66**: 61, 2010.

高野变种非常相似于原变种，具有众多的边缘生的狭窄小裂片，抬升，地衣体下表面有皮层，以及含有 dissectic acid。两者的区别在于地衣化学的差异，高野变种髓层中缺少 norstictic acid 和 salazinic acid。

基物：树皮、岩石。

研究标本：

湖南，张家界，海拔 800 m，1997 年 8 月 12 日，陈健斌等 9199 (14434)。

广西，花萍，海拔 900 m，1964 年 8 月 22 日，赵继鼎、徐连旺 10354 (1602)。

四川，峨眉山，海拔 1000 m，1963 年 8 月 9 日，赵继鼎、徐连旺 6755 (1884)。

贵州，梵净山，海拔 1150 m，2004 年 8 月，张涛、魏江春 G68 (83189)，G108 (83188)，G149 (83187)。

云南，贡山县独龙江，海拔 1300 m，1982 年 8 月 11 日，苏京军 2998 (14435)；西畴县法斗，海拔 1450-1650 m，1991 年 11 月 17 日，陈健斌 5210 (14437)，5251-1 (14436)，5306 (14438)。

国内记载：福建（吴继农等，1985），贵州（Zhang et al.，2006），台湾（Kurokawa，1959b，1962；赖明洲，2000）。

世界分布：印度，日本，澳大利亚，中美洲。

讨论：高野变种与原变种的区别在于髓层中缺少 norstictic acid 和 salazinic acid。Elix 将此变种提升为种级单位：*Hetetrodermia koyana* (Kurok.) Elix (in Australas.

Lichenol. 66: 61, 2010)。但它们形态相似，并有一个共同的重要物质 dissectic acid，因此我们仍将这个分类单位视为同种的不同变种等级。如何处理此类分类单位的等级，不同的学者常常有不同的观点及其不同的处理结果。这需要形态、化学、分子实验的综合结果与分析方可作出较为正确的结论。

3.7 黄髓哑铃孢 图版 V: 18

Heterodermia firmula (Linds.) Trevis., Atti. Soc. Ital. Sci. Nat. Milano **11**: 615, 1868; Wei, Enum. Lich. China: 109, 1991.

≡ *Physcia obscura* var. *firmula* Linds., Trans. Roy. Soc. Edinb. **22**: 248, 1859. — *Physcia firmula* (Linds) Nyl., Syn. Lich.**1**: 418, 1860; Hue, Bull. Bot. Flance **36**: 168, 1889. — *Anaptychia firmula* (Linds.) Dodge & Awasthi, in Awasthi, J. Indian Bot. Soc. **39**: 423, 1960; Zhao, Xu & Sun, Prodr. Lich. Sin.: 128, 1982.

= *Anaptychia speciosa* f. *endocrocea* Zahlbr., in Handel-Mazzetti, Symb. Sin. **3**: 242, 1930; Zahlbruckner, Cat. Lich. Univ. **8**: 597, 1932.

Type: CHINA. Yunnan, Handel-Mazzetti no.10179 (holotype in W; isotype in WU) (not seen).

地衣体叶状，略圆形，常形成莲座状，2-7 cm 宽，较疏松贴于基物；裂片近二叉和不规则分裂，紧密相连或地衣体外周裂片分离，0.4-1.2 (-1.5) mm 宽，边缘有时有短的小裂片；上表面污灰色至灰白色，平滑，微凸，无粉芽和裂芽；髓层黄色；下表面有皮层，灰白色，趋向中央部位变淡褐色；假根与下表面同色，顶端呈暗褐色至黑色，不规则分枝，0.5-2 (2.5) mm 长。子囊盘表面生，无柄或具短柄，直径 1-3 mm，盘缘稍向内卷，完整或齿裂，或发育成小裂片，盘面褐色至黑褐色；孢子褐色，双胞，厚壁，无小芽孢，Pachysporaria 型，25-32 × 11-16 μm。

化学：地衣体 K+黄色；髓层 K+紫红色，C+紫红色或暗紫色，PD-；含有 atranorin、zeorin、leucotylin、未知色素 (K+紫红色)。

基物：树皮、岩石。

研究标本：

北京，房山，1957 年 8 月 24 日，马启明 1563a (1992)。

福建，崇安，海拔 800 m，1960 年 5 月 25 日，王庆之、袁文亮 305 (1994)；桐木，海拔 700 m，1999 年 9 月 16-20 日，陈健斌、王胜兰 14012 (110787)，14504 (14502)，14516 (14503)；挂墩，海拔 1300 m，2004 年 3 月 27 日，魏鑫丽 124 (28963)；张恩然 wy222-2 (28960)。

广西，花坪，海拔 900 m，1964 年 8 月 22 日，赵继鼎、徐连旺 9685 (2147)。

四川，汶川县，海拔 2200 m，1982 年 8 月 24 日，王先业等 9656-3 (14514)。

云南，个旧，1960 年 11 月 10 日，赵继鼎、陈玉本 2325 (1997)，2391 (2148)；思茅，1960 年 11 月 17 日，赵继鼎、陈玉本 3800 (1817)；西双版纳，勐养，1960 年 11 月 29 日，赵继鼎、陈玉本 3596 (1546)；贡山县，海拔 1200-2100 m，1982 年 7-8 月，苏京军 2096 (14530)，2185-2 (14531)，2839 (14536)，3012 (14534)，3022 (14544)，3163 (14537)，3215 (14545)，3219 (14532)，3238 (14533)，3279 (14542)，3323 (14539)，3327

(14538)，3361 (14540)，3406 (14541)，3492 (14543)，3492 (14543)，3923 (14535)；盈江，海拔 1200-1400 m，1981 年 6 月 20 日，王先业等 2990 (14504)，3060-1 (14506)，3086 (14505)；泸水片马，海拔 2000-2400 m，1981 年 5 月 28-29 日，王先业等 1671 (14509)，1672 (14508)，1762 (14507)，1766 (14510)；腾冲，海拔 2000 m，1981 年 6 月 15 日，王先业等 2816 (14547)；潞西县 (芒市三台山)，海拔 1100 m，1980 年 11 月 7 日，姜玉梅无号标本 1 份 (14549)；西畴县法斗，海拔 1450 m，1991 年 11 月 16 日，陈健斌 5052-2 (14548)，5087 (14512)，5109-1 (14511)，5459 (14513)；麻栗坡老君山，海拔 1400 m，1991 年 11 月 21 日，陈健斌 5459 (14513)。

国内记载：河北，安徽，江西 (赵继鼎等，1982)，福建 (赵继鼎等，1982；吴继农等，1985)，浙江 (赵继鼎等，1982；吴继农和钱之广，1989)，云南 (Hue，1889；Zahlbruckner，1930；赵继鼎等，1982；王立松等，2008)，无具体省区 (Nylander, in Flora: 322, 1869，根据马骥，1984，北京林学院学报 3: 107)。

世界分布：印度，尼泊尔，中国西南地区 (Kurokawa，1962，1973)。可归于中国—喜马拉雅分布型。近期报道泰国也有本种分布 (Buaruang et al.，2017)。

讨论：本种主要特征是裂片较狭窄，通常 0.4-1.2 mm 宽，髓层黄色或橙色，下表面具皮层，孢子 Pachysporaria 型，含有 atranorin、zeorin、未知色素 (K+紫红色)，并以这些特征区别于本属其他种。本种的有些中国标本的髓层仅下半部位黄色，上半部为白色。个别标本的裂片较宽 (1-2 mm)，十分相似于 *Anaptychia rugulosa* (≡*Heterodermia rugulosa*)，然而后面这个种有稠密白霜，并仅产于墨西哥 (Kurokawa，1962) 和美国西南地区 (Nash et al.，2002)。

许多文献将本种学名写为 *Heterodermia firmula* (Nyl.) Trevis.。根据 Index Fungorum，应写为 *Heterodermia firmula* (Linds.) Trevis.，即这个种的基原异名不是 *Physcia firmula* Nyl. (1860) 而是 *Physcia obscura* var. *firmula* Linds. (1859)，详见前面本种学名、异名的文献引证。

3.8 扇哑铃孢　图版 V: 19

Heterodermia flabellata (Fée) D.D. Awasthi, Geophytology **3**: 113, 1973; Wei, Enum. Lich. China: 109, 1991.

≡ *Parmelia flabellata* Fée, Suppl. Essai Crypt. Ecorc. Officin.: 122, 1837. — *Anaptychia flabellata* (Fée) A. Massal., Mem. Lichenogr.: 41, 1853; Kurokawa, Beih Nova Hedwigia **6**: 52, 1962; Zhao, Xu & Sun, Prodr. Lich. Sin.: 140, 1982.

= *Anaptychia hypoleuca* var. *fulvescens* Vain., Philipp. J. Sci. **8**: 106, 1913. — *Anaptychia heterochroa* var. *fulvescens* (Vain.) Sato, J. Jap. Bot.**12**: 429, 1936. — *Anaptychia fulvescens* (Vain.) Kurok., J. Jap. Bot. **35**: 93, 1960.

= *Anaptychia dendritica* var. *colorata* f. *hypoflavescens* Kurok., J. Jap. Bot. **3**: 255, 1955. Type: CHINA.Taiwan, Mt. Alisan, Sato 6 pr. maj. P. (holotype in TI) (not seen).

= *Anaptychia hypoleuca* var. *rottbollii* Vain., Philipp. J. Sci. **8**: 106, 1913. — *Anaptychia fulvescens* var. *rottbollii* (Vain.) Kurok., J. Jap. Bot. **35**: 94, 1960. — *Anaptychia* *flabellata* var. *rottbollii* (Vain.) Kurok., Beih Nova Hedwigia **6**: 53, 1962; Zhao, Xu & Sun, Prodr. Lich. Sin.: 140, 1982. — *Heterodermia flabellata* var. *rottbollii* (Vain.) J.C. Wei, Enum. Lich. China: 109, 1991.

地衣体叶状，常形成莲座状，略圆形或不规则形，5-12 cm 宽，较疏松或稍紧密平铺于基物；裂片近二叉和不规则分裂，亚线形延长，(0.5-) 1.0-2.5 mm 宽，紧密相连或多分离，有时裂片上部较宽，下部较狭窄，边缘完整；上表面污灰色至淡灰白色，或有时有淡灰绿色色度，中央部位有时变暗，平坦或微凸，光滑，无粉芽和裂芽；髓层上半部位白色；下表面无皮层，细毛状，具有深黄色或淡褐黄色色素，常常密布下表面或顶部；假根边缘生 (缘毛型假根)，黑色，单一不分枝至羽状和树杈状分枝，1-3.5 mm 长。子囊盘表面生，常常具短柄，直径 2-5 mm，盘缘幼小时完整，成熟时缺刻和有小裂片，盘面下凹，褐色、暗褐色；孢子双胞，褐色，厚壁，有小芽孢，Polyblastidia 型，30-47 × 13-22 μm。

化学：地衣体 K+黄色；髓层 K+黄色，C-，KC-，PD-，色素 K+紫红色；含有 atranorin、zeorin、有关萜类物质、未知色素。

基物：树皮、岩石。

研究标本：

广西，花坪林区，海拔 900-1200 m，1964 年 8 月 15-18 日，赵继鼎、徐连旺 8727 (1831)，8817 (1559)，8843 (1829)，8817 (1559)，8921 (1555)，8925 (1830)，9008 (1564)，9228 (1558)。

云南：思茅西山，1960 年 11 月 19 日，赵继鼎、陈玉本 3125 (1552)；昆明西山，海拔 2200 m，1981 年 1 月 12 日，姜玉梅 1134 (14715)；大理，海拔 3000 m，1959 年 9 月 5 日，王庆之 1201 (1818)；西双版纳勐海，海拔 1350-1400 m，1981 年 1 月 3 日，姜玉梅 1081-2 (14355)，1107-2 (14356)；陈健斌 6513-5 (14714)，6518-1 (14354)；勐仑植物园，海拔 650 m，1980 年 12 月 21 日，姜玉梅 975 (14360)；景洪至普文，1997 年 7 月 9 日，陈健斌 6558-5 (14357)，6559 (14358)；高黎贡山，海拔 1700 m，1980 年 12 月 10 日，姜玉梅 795 (85634)；芒市三台山 (潞西县)，1980 年 11 月 28 日，姜玉梅 551-5 (14359)；保山市，海拔 2100 m，1981 年 5 月 25 日，王先业等 1491 (14352)，1492 (14351)，1509 (14353)；盈江县，海拔 750-1400 m，1981 年 6 月 19-20 日，王先业等 2906 (14348)，2980 (14346)，3122 (14347)；腾冲县，海拔 2000 m，1981 年 6 月 15 日，王先业等 2845 (14349)；陇川县，海拔 1700 m，1981 年 6 月 26 日，王先业等 3195 (14350)。

国内记载：安徽，浙江 (吴继农和钱之广，1989)，福建 (吴继农等，1985)，广西 (赵继鼎等，1982)，云南 (Kurokawa，1960a，1962；赵继鼎等，1982；王立松等，2008)，贵州 (Zhang et al.，2006)，台湾 (Sato，1936a，Kurokawa，1955，1960a；Wang-Yang and Lai，1973；赖明洲，2000)。

世界分布：热带至暖温带。中美洲，南美洲，非洲，亚洲，澳大利亚，斐济。

讨论：本种主要特征是地衣体平铺于基物，无粉芽和裂芽，下表面无皮层，深黄色，色素 K+紫红色，孢子具小芽孢。在形态上十分相似于树哑铃孢 *Heterodermia dentritica*，但是本种不含 norstictic acid 和 salazinic acid，而 *H. dentritica* 含有 norstictic acid、± salazinic acid。本种与暗哑铃孢 *Heterodermia obscurata* 的区别在于后者具有粉芽，互为“种对”。本种的许多典型标本的下表面几乎全为深黄色，而有些标本仅顶部是黄色，具后面这一特征的标本曾被视为本种的一个变种：*Anaptychia flabellata* var. *rottbollii* (Vain.) Kurok.(Kurokawa，1962；赵继鼎等，1982)，即 *Heterodermia flabellata* var. *rottbollii* (Vain.) Wei (Wei，1991)。但 Kurokawa (1973) 已将 *A. flabellata* var. *rottbollii* 处理为 *A. flabellata* 的异名，即 *H. flabellata* 的异名。我们支持 Kurokawa (1973) 的处理意见。

3.9 脆哑铃孢 图版 V: 20

Heterodermia fragilissima (Kurok.) J.C. Wei & Y.M. Jiang, Lich. Xizang: 111, 1986; Wei, Enum. Lich. China: 109, 1991.

≡ *Anaptychia fragilissima* Kurok., Beih. Nova Hedwigia **6**: 60, 1962; Zhao, Xu & Sun, Prodr. Lich. Sin.: 138, 1982. — *Polyblastidium fragilissimum* (Kurok.) Kalb, in Mongkolsuk et al., Phytotaxa **235** (1): 41, 2015.

= *Anaptychia dendritica* var. *japonica* f. *microphyllina* Kurok., J. Jap. Bot.**30**: 255, 1955.

地衣体叶状，略圆形或不规则形，5-12 cm 宽，较疏松至稍紧密平铺于基物；裂片近二叉和不规则分裂，亚线形延长，0.7-2 mm 宽，紧密相连或分离，易脆，有时裂片上部较宽，下部较狭窄，边缘有次生微鳞片状的小裂片，稍上翘；上表面灰白色至淡绿灰色色度，平滑，无粉芽和裂芽；髓层白色；下表面无皮层，白色，中央部位淡褐色色度，似蛛网状或脉纹状；假根边缘生，黑色，单一不分枝至羽状或不规则分枝，1.5-3.5 mm 长。子囊盘少见，表面生，孢子褐色，双胞，厚壁，Polyblastidia 型，47-51.5 × 17-26 μm。文献记载孢子 36-50 × 16-20 μm (Kurokawa，1962)。

化学：地衣体 K+黄色；髓层 K+黄色，C-，KC-，PD-；含有 atranorin、zeorin 及未知物。

基物：树皮、岩石。

研究标本：

贵州，梵净山，海拔 1410-1800 m，2004 年 8 月 3-5 日，魏江春、张涛 G182 (83192)。

云南，泸水，海拔 3100 m，1981 年 6 月 7 日，王先业等 2636 (14789)；玉龙山，海拔 3500 m，1987 年 4 月 22 日，T. Ahti、陈健斌、王立松 46505 (14788)。

西藏，樟木，海拔 2900 m，1966 年 5 月 11 日，魏江春、陈健斌 529 (2773)。

国内记载：云南 (赵继鼎等，1982)，广东 (Kurokawa，1962；Ikoma，1983)，西藏 (魏江春和姜玉梅，1986)。

世界分布：散布于热带至暖温带。中国，日本，泰国，澳大利亚，坦桑尼亚，危地马拉 (Elix，2011a)。

讨论：本种主要特征是地衣体较薄易脆，平铺于基物，裂片边缘生有众多鳞片状的小裂片，下表面无皮层，无黄色色素，具有较长和黑色的假根 (1.5-3.5 mm 长)，较大的孢子 (可达 50 μm 长)，含有 atranorin 和 zeorin，不含 norstictic acid 和 salazinic acid。与 Kurokawa (1962) 的描述相比，中国标本的假根稍短。鳞片哑铃孢 *Heterodermia squamulosa* 也有众多小鳞片和相似化学，主要区别在于鳞片哑铃孢的裂片狭窄，仅 0.3-1.2 mm 宽，假根只有 1-1.5 mm 长，孢子比较小，26-37 × 11-16 μm (Kurokawa，1962)。

首次将 *Anaptychia fragilissima* 转入哑铃孢属 *Heterodermia* 进行新组合的作者是魏江春和姜玉梅 (1986：西藏地衣，p. 111)，而不是 Wei (1991：中国地衣综览，p. 109)，

也不是 Trass (1992：Folia Cryptog. Estonica 29: 12)。

3.10 美洲哑铃孢　图版 V: 21

Heterodermia galactophylla (Tuck.) W.L. Culb, Bryologist **69**: 482, 1967.

≡ *Parmelia ciliaris* var. *galactophylla* Tuck., Proc. Amer. Acad. Arts Sci. **1**: 224, 1848. — *Anaptychia galactophylla* (Tuck.)Trevis, Flora **44**: 52, 1861; Kurok., Beih.Nova Hedwigia **6**: 97, 1962.

地衣体叶状，形成莲座状至不规则亚枝状，2-3.5 cm 宽，较疏松的常常仅以中央部位贴于基物；裂片二叉式至不规则分裂，亚覆瓦状，裂片抬升，基部 0.7-1.5 mm 宽，顶部加宽，常呈匙形，顶端略圆，可达 3-4 mm 宽；上表面淡灰白色至淡灰绿色，平坦或微凸 (边缘稍向下卷)；髓层白色；下表面无皮层，似蛛网和脉纹状，白色，顶部生有粉芽，粉芽堆略唇形，无黄色色素；边缘生假根与地衣体同色，顶部常变暗色，0.5-1.5 (-2.0) mm 长，单一不分枝至稀分枝。子囊盘未知。

化学：上皮层 K+黄色；髓层 K+黄色，C-，KC-，PD-；含有 atranorin、zeorin。

研究标本：

福建，武夷山，海拔 2150 m，2004 年 3 月 27 日，张恩然 wy364-1 (141382)，wy372 (28975，90255)。

江西，庐山植物园，1960 年 3 月 29 日，赵继鼎等 399 (1679)。

湖南，桑植县天平山，海拔 1300-1400 m，1997 年 8 月 19-20 日，陈健斌等 9395 (80295)，9525 (80296)，9873 (80297)，9913 (80298)；衡山，海拔 750-1200 m，1964 年 8 月 31 日至 9 月 1 日，赵继鼎、徐连旺 9992 (2530)，10134 (2531)。

广西，花坪，海拔 900 m，1964 年 8 月 22 日，赵继鼎、徐连旺 9728 (1667)。

国内记载：福建，江西，湖南，广西 (陈健斌和胡光荣，2022)。

世界分布：热带至暖温带 (Kurokawa，1973)。主要分布于美洲 (北美洲、中美洲、南美洲)。

讨论：本种主要特征是具有抬升和匙形裂片，无下皮层，无黄色色素，下表面顶部有粉芽，缺乏 norstictic acid、salazinic acid。因此本种十分相似于丛毛哑铃孢 *Heterodermia comosa* 和翘哑铃孢 *Heterodermia subascendens*，主要区别在于丛毛哑铃孢具有表面生的毛，翘哑铃孢下表面具有黄色色素。本种还相似于透明哑铃孢 *Heterodermia pellucida*，但后面这个种无粉芽，而本种有粉芽。

3.11 兰腹哑铃孢　图版 VI: 22

Heterodermia hypocaesia (Yasuda) D.D. Awasthi, Geophytology **3**: 113, 1973; Wei, Enum. Linch. China: 109, 1991.

≡ *Anaptychia hypocaesia* Yasuda, in Räsänen, J. Jap. Bot. **16**: 139, 1940; Zhao, Xu & Sun, Prodr. Lich. Sin.: 138, 1982. — *Polyblastidium hypocaesium* (Yasuda) Kalb, in Mongkolsuk et al., Phytotaxa **235** (1): 41, 2015.

地衣体叶状，略圆形，或不规则扩展，5-10 cm 宽，较疏松平铺于基物；裂片近二叉和亚掌状分裂，亚线形延长，1-2.5 mm 宽，紧密相连或分离，边缘较完整；上表面污灰色至淡绿白色，或有微灰黄色色度，平滑，顶部有时有稀薄的白霜，粉芽顶生和近边缘生，多为唇形；髓层白色；下表面无皮层，白色，似蛛网状，趋向顶部有黄色色素或色素不明显，中央部位常常淡紫黑色；边缘生黑色假根，单一不分枝至羽状分枝，1-4 mm 长。子囊盘未见。文献记载本种子囊盘稀有，孢子厚壁，双胞，Polyblastidia 型，35-46 ×16-18 μm (Kurokawa，1962)。

化学：地衣体 K+黄色；髓层 K+黄色转红色，C-，KC-，PD+橙色；含有 atranorin、zeorin、salazinic acid。

基物：树皮、石表土层。

研究标本：

广西，花坪林区，海拔 900 m，1964 年 8 月 14 日，赵继鼎、徐连旺 8621 (1568)。

云南，下关，海拔 2010 m，1980 年 11 月 17-18 日，姜玉梅 420-2 (111194)，507-5 (111195)；腾冲，海拔 2000 m，1981 年 6 月 15 日，王先业等 2827 (14574)；盈江，海拔 1400 m，1981 年 6 月 20 日，王先业等 3097 (14573)，3109 (14572)。

国内记载：安徽，广西，四川，云南 (赵继鼎等，1982)，福建 (吴继农等，1985)，台湾 (Yoshimura，1974；Wang-Yang and Lai，1976；赖明洲，2000)。

世界分布：印度，尼泊尔，泰国，爪哇，中国，日本，澳大利亚，夏威夷 (Kurokawa，1962，1973；Elix，2011a)。可归于亚洲热带—大洋洲分布。

讨论：本种主要特征是具有粉芽，下表面无皮层，趋向顶部常具黄色色素，髓层含有 salazinic acid 而无 norstictic acid。在哑铃孢属地衣中有些种含有 norstictic acid 和 salazinic acid 或有 norstictic acid 无 salazinic acid。而本种有 salazinic acid 但无 norstictic acid，在本属地衣中十分少见，并以此区别于在外形上相似的暗哑铃孢 *Heterodermia obscurata* 和新芽体哑铃孢 *Heterodermia neglecta*。

3. 12 黄腹哑铃孢　图版 VI: 23

Heterodermia hypochraea (Vain.) Swinscow & Krog, Lichenologist **8**: 119, 1976; Chen, Wu &Wei, in Fungi & Lichens of Shennongjia: 486,1989; Wei, Enum. Lich. China: 110, 1991.

≡ *Anaptychia hypochraea* Vain., Bot. Mag. (Tokyo) **35**: 59, 1921; Kurokawa, Beih. Nova Hedwigia **6**: 94, 1962; Zhao, Xu & Sun, Prodr. Lich. Sin. 143, 1982. — *Anaptychia podocarpa* var. *hypochraea* (Vain) M. Sato, J. Jap. Bot. **12**: 431, 1936.

地衣体叶状，形成近莲座丛状或不规则扩展，2-5 cm 宽，较疏松的常常仅以中央部位贴于基物；裂片二叉式至不规则分裂，裂片间紧密相连，亚覆瓦状，(0.5-) 1-2.5 (-3.0) mm 宽，抬升至亚直立，顶端略圆形；上表面淡灰白色至淡灰绿色，常常微凸 (边缘稍向下卷，尤其近上部明显向下卷)，缺乏粉芽、裂芽；髓层白色；下表面多沟槽状，无皮层，似蛛网和脉纹状，白色，顶部夹杂黄色色素，有时不明显；边缘生假根与地衣体同色，顶部有时变暗色，1-3 mm 长，不分枝和不规则分枝。子囊盘近顶生，有短柄，盘径 2-7 (-10) mm，盘缘齿裂和短的小裂片状，盘面暗褐色，常有白霜；孢子双胞，厚壁，褐色，有小芽孢，Polyblastidia 型，35-44 × 17-22 μm。

化学：上皮层 K+黄色；髓层 K+黄色，C-，KC-，PD-；含有 atranorin、zeorin、未

知色素。

基物：树皮、岩石。

研究标本：

安徽，黄山，海拔 1600 m，1962 年 8 月 2 日，赵继鼎、徐连旺 5631b (2010)，1999 年 9 月 12 日，陈健斌 14708-1 (14318)。

湖北，神农架，海拔 1400-2250 m，1984 年 7-8 月，陈健斌 10509 (7816)，11908 (7817)，12011 (7818)。

湖南，衡山，海拔 1200 m，1964 年 8-9 月，赵继鼎、徐连旺 10357 (2003)，10095 (2005)；桑植县天平山，海拔 1350-1450 m，1997 年 8 月 19 日，陈健斌等 9453-1 (14312)，9522 (14313)，9578 (14567)，9710 (14311)；张家界黄石寨，海拔 1100 m，1997 年 8 月 12 日，陈健斌等 9028 (14568)。

广西，花坪，海拔 900-1000 m，1964 年 8 月，赵继鼎、徐连旺 9160 (1674)，9164 (1672)，9604 (1666)。

四川，汶川县卧龙，海拔 1800-2200 m，1982 年 8 月 28-30 日，王先业等 9748 (14310)，9776 (14305)，9787 (14308)，9791 (14307)，9824-1 (14306)，9831 (14309)；贡嘎山东坡，海拔 1900-2000 m，1982 年 7 月 5-9 日，王先业等 8747 (14571)，8770 (14303)，8856-2 (14304)。

贵州，樊净山，海拔 1100 m, 1994 年 6 月 21 日，陈健斌 6387 (14570)；魏江春、张涛 G219 (83193)。

云南，西畴县法斗，海拔 1600 m，1991 年 11 月 16 日，陈健斌 5110 (14317)；丽江县，黑白水林业局，海拔 2400 m，1980 年 11 月 9 日，姜玉梅 38 (14315)；丽江，玉龙山，海拔 2600-2800 m，1987 年 4 月，Ahti 等 46359-4 (14314)。

国内记载：湖南 (Kurokawa，1962；赵继鼎等，1982)，湖北 (陈健斌等，1989)，江西 (魏江春等，1982)，安徽 (魏江春等，1982；赵继鼎等，1982；吴继农和钱之广，1989)，广西 (赵继鼎等，1982)，浙江 (魏江春等，1982；吴继农和钱之广，1989)，福建 (魏江春等，1982；吴继农等，1985)，云南 (Kurokawa，1962；赵继鼎等，1982)，贵州 (Zhang et al.，2006)，台湾 (Zahlbruckner，1933；Kurokawa，1962；Ikoma，1983；赖明洲，2000)。

世界分布：南美洲 (Kurokawa，1962，1973)，东非 (Swinscow and Krog，1976)。但是，Moberg (2011)在报道南美洲的哑铃孢属地衣时没有记载 *H. hypochraea* 这个种。近期报道韩国(Wei et al.，2008) 和泰国 (Buaruang et al.，2017) 有本种分布。

讨论：本种主要特征是具有较短的抬升的裂片，无粉芽，下表面无皮层，夹杂有黄色色素(K+紫红色)，孢子具小芽孢 (sporoblastidia)。在形态上，本种相似于太平洋哑铃孢 *Heterodermia pacifica*，但后者含有 norstictic acid、± salazinic acid，而本种缺乏这两种地衣物质。本种与 *Heterodermia subascendens* 的区别在于本种无粉芽。

3. 13 白腹哑铃孢　图版 VI: 24

Heterodermia hypoleuca (Ach.) Trevis., Atti Soc. Ital. Sci. Nat. **11**: 615, 1868; Chen, Wu & Wei, in Fungi and Lichens of Shennongjia: 485, 1989; Wei, Enum. Lich. China: 110,

1991.

≡ *Parmelia speciosa* var. *hypoleuca* Ach., Syn. Meth. Lich.: 211, 1814. — *Parmelia hypoleuca* (Mühl.Arg) Hue, Nouv. Arch. Mus. Hist. Nat., Paris, Ser. 4,1: 135, 1899 (Nom. Illegit.); Jatta, Nuov. Giorn. Bot. Italiano, Ser.2, **9**: 472, 1902. — *Anaptychia hypoleuca* (Ach.) A. Massal., Atti I. R. Ist. Veneto, Ser. 3, **5**: 249, 1860; Zahlbruckner, in Handel-Mazzetti, Symb. Sin. **3**: 242, 1930; Moreau & Moreau, Rev. Bryol. Lichnol. **20**: 195, 1951; Kurokawa, Beih. Nova Hedwigia **6**: 42, 1962; Chen, Zhao & Luo, J. NE Forestry Inst. **3**: 128, 1981; Zhao, Xu & Sun, Prodr. Lich. Sin.: 127, 1982. — *Physcia hypoleuca* (Ach.) Tuck., Syn. N. Amer. Lich. **1**: 68, 1882; Hue, Bull. Soc. Bot. France **36**: 168, 1889. — *Pseudophyscia hypoleuca* (Ach.) Hue, Nouv. Archiv. Mus. Ser. 4, **1**: 111, 1899. — *Polyblastidium hypoleucum* (Ach.)Kalb, in Mongkolsuk et al., Phytotaxa **235** (1): 42, 2015.

[*Anaptychia hypoleuca* var. *schaereri* (Hepp) Vain., Philipp. J. Sc., sect. C, **8**: 106, 1913; Zahlbruckner, in Handel-Mazzetti, Symb. Sin. **3**: 242, 1930].

[*Anaptychia speciosa* var. *hypoleuca* f. *isidiifera* Müll. Arg., Bull. L'Herb. Boiss. **1**: 236, 1893].

地衣体叶状，略圆形或不规则形，3-10 cm 宽，较疏松平铺于基物，不抬升；裂片近二叉和三叉分裂，中央部位常紧密相连，外周分离，0.5-2.0 mm 宽，顶端浅裂；上表面灰白色，平滑，无粉芽无裂芽；髓层白色；下表面无皮层，白色，趋向中央部位变淡褐色；假根边缘生，较稠密，与下表面同色，顶端呈暗色至黑色，不规则和树杈状分枝，0.5-2 mm 长。子囊盘表面生，无柄或具短柄，直径 2-7 mm，盘缘齿裂和有许多小裂片，盘面褐色至黑褐色；孢子褐色，双胞，厚壁，无小芽孢，Pachysporaria 型，20-33×10-16 μm。

化学：地衣体 K+黄色；髓层 K+黄色，C-，KC-，PD-；含有 atranorin、zeorin。

基物：树皮、岩石。

研究标本：

内蒙古，阿尔山伊尔施，1963 年 6 月 26 日，陈锡龄 1664 (111197，111523)；阿尔山兴安太平岭，海拔 1700 m，1991 年 8 月 7 日，陈健斌、姜玉梅 A-163 (110759)，A-163-1 (111533)，A-171 (110850)。

辽宁，庄河县城西山，1961 年 6 月，高谦 6099 (110751)；庄河仙人洞，海拔 250 m，1981 年 10 月 9 日，陈锡龄等 5883 (111531)；桓仁县老秃顶子，1986 年 9 月 11 日，陈锡龄等 6718 (85635)；宽甸县，海拔 900 m，1964 年 9 月 1 日，陈锡龄 2781 (111528)。

吉林，长白山，海拔 1700-1800 m，1963 年 8 月 26 日，陈锡龄 2113 (111196)；1978 年 8 月 10-15 日，侯家龙 78151 (110758)，78182 (110756)，78359 (110755)；海拔 1000-2200 m，1983 年 8 月 31 日，赵从福 3653 (110757)，4264 (110754，111522)，4288 (111530)；1985 年 6-7 月，卢效德 212 (141372)，276 (110753)，325 (111525)，383 (85648)；长白县宝泉山，1985 年 7 月 21 日，卢效德 914 (84326)；长白山，1994 年 8 月 2 日，魏江春等 94178 (85638)；卢效德 914 (84326)，1998 年 6 月 21 日，陈健斌、王胜兰，13110 (141374)，14097 (141375)，14135 (141376)，14173 (141373)；宝清县宝山林场，1980 年 7 月 15 日，赵从福 645 (85651)。

黑龙江，大兴安岭甘河二道沟，海拔 600 m，1975 年 7 月 4 日，陈锡龄 3330 (111524，111532)；饶河县完达山，海拔 820 m，1980 年 7 月 19 日，赵从福 833 (111519)。

浙江，天目山，1930 年 7 月 27 日，T.N. Liou L 6805 (2517)；1962 年 8 月 31 日，赵继鼎、徐连旺 6137 (2518)。

安徽，黄山，1962 年 8 月 19-23 日，赵继鼎、徐连旺 5465 (2525)，5823 (2524)；1999 年 9 月 11 日，陈健斌 14703 (141368)。

山东，昆嵛山，海拔 800 m，2002 年 9 月 18 日，陈健斌 22213 (141367)。

湖北，神农架，海拔 2000-2850 m，1984 年 7-8 月，陈健斌 10036 (141366)，10119-1 (7809)，10132 (7810)，10133 (7767)，10528 (7765)，10653 (7811)，11003 (7768)，11026 (7812)，11612 (7814)，12123 (7766)，无采集号 (7808)；魏江春 11611 (7813)。

四川，贡嘎山，海拔 3600-3750 m，1982 年 6-8 月，王先业等 8330 (141360)，9301 (141359)；松潘县黄龙寺，海拔 3300 m，1983 年 6 月 13 日，王先业、肖勰 10841 (111529)；卧龙，海拔 2000-2300 m，1994 年 6 月 8-9 日，陈健斌 6269 (141358)，6346 (141357)。

贵州，梵净山，海拔 1300 m，2004 年 8 月 5 日，魏江春、张涛 G491-1 (83210)。

云南，玉龙雪山扇子峰，海拔 3400-3750 m，1981 年 8 月 5-6 日，王先业等 6295 (110750)，6485 (141364)，6554 (110745)，6568 (110749)，7420-1 (141370)；海拔 3420 m，1980 年 11 月 12 日，姜玉梅 366-1 (110752)；中甸，海拔 3500-3600 m，1981 年 8 月 3 日和 22 日，王先业等 4353 (141361)，5186 (141363)，5206 (141362)；维西碧罗雪山，海拔 2550 m，1981 年 7 月 11 日，王先业等 4555 (141365)。

西藏，察隅日东，海拔 3600-3700 m，1982 年 9 月，苏京军 4341-1 (141369)。

陕西，太白山，海拔 1400-3100 m，1963 年 7 月 14 日，马启明、宗毓臣 409 (1837)；1992 年 7 月 25-27 日，陈健斌、贺青 5681 (84605)，5715 (84598)，5779 (85642)，5789 (85636)，5949 (85643)，5965 (84596)，6024 (84599)，6028 (85637)，6044 (85640)，6217 (110746)，6228 (85641)，6433 (84604)，6627 (85645)，6638 (85644)。

国内记载：吉林 (陈锡龄等，1981；赵继鼎等，1982)，黑龙江 (陈锡龄等，1981；罗光裕，1984)，河北 (Moreau and Moreau，1951)，辽宁，广西 (赵继鼎等，1982)，陕西 (Jatta，1902；Zahlbruckner，1930；赵继鼎等，1982；贺青和陈健斌，1995)，湖北 (陈健斌等，1989)，安徽 (吴继农和钱之广，1989)，浙江 (Moreau and Moreau，1951；赵继鼎等，1982；吴继农和钱之广，1989)，四川，湖南，福建 (Zahlbruckner，1930)，山东 (Moreau and Moreau，1951；侯亚男等，2008)，云南 (Hue，1889，1899；Zahlbruckner，1930，1934；Kurokawa，1962；王立松等，2008)，贵州 (Olivier，1904；Zhang et al.，2006)，台湾 (Kurokawa，1962；Wang-Yang and Lai，1973；赖明洲，2000)。Müller Argau 于 1893 年以 *Anaptychia speciosa* var. *hypoleuca* f. *isidiifera* Müll. Arg.名称报道中国中部 (无具体省区) 有本种分部 (Wei，1991)。

世界分布：东亚—北美间断分布型 (Kurokawa，1973)，但东非有本种分布 (Swinscow and Krog，1976)。

讨论：本种主要特征是缺乏粉芽和裂芽，下表面无皮层，无色素，孢子无小芽孢。本种相似于小叶哑铃孢 *H. microphylla* 和拟白腹哑铃孢 *H. togashii*，但是，小叶哑铃孢具有众多的边缘生并常常抬升和粉芽化的小裂片，拟白腹哑铃孢的孢子较大，有小芽孢，属于 Polyblastidia 型。但是，Swinscow 和 Krog (1976) 记载本种有时小室两端各有 1 个小芽孢，20-30 (-36) ×11-16 μm。在分布上，Kurokawa (1973) 认为本种属于典型的东亚—北美东部间断分布型。但 Swinscow 和 Krog (1976) 报道东非有本种分布。

Zahlbruckner (1930) 记载了名称 *Anaptychia hypoleuca* var. *schaereri* (Hepp) Vain.，并注释这个分类单位相当于 *Parmelia hypoleuca* 和 *Physcia hypoleuca*，据此我们将 *Anaptychia hypoleuca* var. *schaereri* (Hepp) Vain.视为 *Heterodermia hypoleuca* 的异名。关于 *A. speciosa* var. *hypoleuca* f. *isidiifera* Müll. Arg.,根据《中国地衣综览》(Wei，1991) 将此名称作为 *H. hypoleuca* (Ach.) Trevis.的异名。

本种的基原异名过去被认为是 *Parmelia hypoleuca* Mühl. (in Cat. Pl. Amer. Sept.:195, 1813)，Jatta (1902) 以此名称 *Parmelia hypoleuca* 记载陕西有本种分布。实际上本种的基原异名是 *Parmelia speciosa* var. *hypoleuca* Ach. (in Syn. Meth. lich. Lund: 211, 1814)。Index Fungorum 注释，1813 年出现的 *Parmelia hypoleuca* Mühl.是不合法名称 (Nom. Illegit.)。

3. 14 裂芽哑铃孢　图版 VI: 25

Heterodermia isidiophora (Nyl.) D.D. Awasthi, Geophytology **3**:114, 1973; Wei, Enum. Lich. China: 110, 1991.

≡ *Physica speciosa* f. *isidiophora* Nyl., Syn. Meth. Lich. **1**: 417, 1860. — *Anaptychia speciosa* f. *isidiophora* (Nyl.) Zahlbr., Bot. Mag. (Tokyo) **41**: 364, 1927; Zahlbruckner, in Handel-Mazzetti, Symb. Sin. **3**: 242, 1930. — *Anaptychia isidiophora* (Nyl.) Vain., Bot. Mag. (Tokyo) **32**: 156, 1918; Kurokawa, Beih. Nov. Hedwigia **6**: 33, 1962; Zhao, Xu & Sun, Prodr. Lich. Sin.: 132, 1982.

Anaptychia granulifera auct. non (Ach.) A. Massal.: Zhao, Xu & Sun, Prodr. Lich. Sin.: 132, 1982.

地衣体叶状，不规则形，3-13 cm 宽；裂片近二叉和不规则分裂，亚线形延长，紧密相连或分离，0.5-2.0 mm 宽，顶端和边缘浅裂；上表面灰白色，裂芽多数边缘和近边缘生，也有表面生，稠密，柱状，单一至分枝，有时杂有扁平状似狭窄小裂片；髓层白色；下表面有皮层，灰白色，趋向中央部位变淡褐色；假根多近边缘生，与下表面同色，顶端呈暗褐色，较稠密，不分枝至不规则分枝，0.5-2.5 mm 长。子囊盘很少见，表面生，无柄或具短柄，直径 1-3 mm，盘缘和盘托上有许多裂芽，盘面褐色至黑褐色；孢子褐色，双胞，厚壁，无小芽孢，Pachysporaria 型，25-32 (-37) × 12-17 μm。

化学：地衣体 K+黄色；髓层 K+黄色，C-，KC-，PD-；含有 atranorin、zeorin。

基物：树皮、岩石、石表藓层。

研究标本：

黑龙江，密山县，海拔 200 m，1980 年 7 月 16 日，赵从福 710-4 (14708)，711-3 (14707)。

吉林，集安镇，海拔 450 m，1963 年 9 月 13 日，陈锡龄 2500 (14710，85652)；长白山，海拔 1100 m，1994 年 8 月 2 日，魏江春等 94138 (14709)。

安徽，黄山，1962 年 8 月 17-24 日，赵继鼎、徐连旺 5218 (1598)，5335 (1599)，5927 (1597)；金寨县，海拔 670 m，2001 年 9 月 10 日，刘华杰 559 (85653)。

福建，建阳市(崇安县)，海拔 800 m，1960 年 5 月 19 日，王庆之 214 (1838)，223a (1600)；武夷山，海拔 700-1000 m，2004 年 3 月 28 日，黄满荣 1069 (28978，90259)，1107 (28977，90261)。

江西，庐山植物园，1960 年 3 月 29 日，赵继鼎、徐连旺 406 (1834)。

广西，花坪林区，海拔 760-900 m，1964 年 8 月 19-24 日，赵继鼎、徐连旺 9291 (85655，85656)，9294 (1595)，9571 (1594)，9723 (1596)，9757 (1566)。

云南，西双版纳，勐养，1962 年 11 月 24 日，赵继鼎、陈玉本 3600 (1601)；勐仑植物园，海拔 700 m，1980 年 12 月 24 日，姜玉梅 1040 (14705)；勐海，1994 年 7 月 7 日，陈健斌 6510 (14706)。

国内记载：东北 (无具体省，Kurokawa，1959b，1962)，安徽 (赵继鼎等，1982；吴继农和钱之广，1989)，山东 (赵遵田等，2002)，江苏 (吴继农和项汀，1981；吴继农和钱之广，1989)，广西，云南 (赵继鼎等，1982)，福建 (Zahlbruckner，1930；吴继农等，1985)，台湾 (Wang-Yang and Lai，1973；赖明洲，2000)。

世界分布：热带至温带。

讨论：本种主要特征是有柱状裂芽，下表面具皮层，孢子缺乏小芽孢，含有 atranorin、zeorin 等萜类物质，缺乏 norstictic acid 和 salazinic acid。颗芽哑铃孢 *H. granulifera* 的裂芽颗粒状并非柱状，而且含有 salazinic acid。赵继鼎等 (1982) 记载 *Anaptychia granulifera* 所引证的标本实为裂芽哑铃孢 *Heterodermia isidiophora*。目前未发现中国分布有颗芽哑铃孢。Swinscow 和 Krong (1976) 指出：*Physcia speciosa* f. *isidiophora* Nyl. 被 Kurokawa (1962) 列为本种的基原异名，实际上 Nylander (1860: Syn. Meth. Lich. **1**: 417) 没有给出这个分类单位的特征提要，Kurokawa (1962) 列出的主模式属于 *Heterodermia antillarum*。因此，Swinscow 和 Krong 认为本种的基原异名应是 *Anaptychia isidiophora* Vain., Cat. Afr. Pl. Coll. Welwitsch **2**: 409, 1901。对此我们没有考证，仍按大多数文献和 Index Fungorum，将 *Physcia speciosa* f. *isidiophora* Nyl.作为本种的基原异名。

3. 15 阿里山哑铃孢　图版 VI: 26

Heterodermia japonica (M. Sato) Swinscow & Krog, Lichenologist **8**: 122, 1976; Wei & Jiang, Lich. Xizang: 111, 1986; Wei, Enum. Lich. China: 110, 1991; Chen & Wang, Mycotaxon **77**: 110, 2001.

≡ *Anaptychia dendritica* var. *japonica* M. Sato, J. Jap. Bot. **12**: 427, 1936. — *Anaptychia japonica* (Sato) Kurok., J. Jap. Bot. **35**: 353, 1960; Kurokawa, Beih. Nova Hedwigia **6**: 58, 1962; Zhao, Xu & Sun. Prodr. Lich. Sin.: 136, 1982. Type: CHINA. Taiwan, Alishan, Jan. 24, 1936, M. Sato (Taiwan 10) (holotype in TI) (not seen). — *Polyblastidium japonicum* (M. Sato) Kalb, in Mongkolsuk et al., Phytotaxa **235** (1): 43, 2015.

= *Anaptychia dendritica* var. *propagulifera* Vain., Philipp. J. Sci. Bot. **8**: 107, 1913. — *Anaptychia subheterochroa* var. *propagulifera* (Vain.) Kurok., J. Jap. Bot. **35**: 241, 1960. — *Anaptychia propagulifera* (Vain.) Ozenda & Clauzade, Les Lichens (Paris): 776, 1970. — *Heterodermia dendritica* var. *propagulifera* (Vain.) Poelt, Nova Hedwigia **9**:

31, 1965. — *Heterodermia propagulifera* (Vain.) J.P. Dey, in Parker & Roane (eds), Distr. Hist. Biota S. Appal.**4**. Algae & Fungi: 403, 1977.

(a) 原变种

var. **japonica**

地衣体叶状，略圆形或不规则形，通常达约 5 cm 宽或更宽，较疏松平铺于基物；裂片二叉至不规则分裂，1-2 mm 宽，常分离，顶部稍加宽，略圆和缺刻，边缘有时有少数次生小裂片；上表面淡灰白色、淡绿灰色，粉芽堆多生于裂片顶端，唇形至头状，粉芽粉末状至颗粒状；髓层白色；下表面无皮层，蛛网状，白色，无黄色色素，中央部位暗色和近紫黑色，缘毛型假根稠密，黑色，1-3 mm 或更长，不分枝至常常羽状和树杈状分枝。子囊盘非常稀少，表面生，无柄或具短柄，直径 1-5 mm，盘缘有小裂片，小裂片无下皮层，顶端有粉芽，盘面下凹，暗褐色，孢子褐色，双胞，Polyblastidia 型，39-46 × 18-22 μm。

化学：地衣体 K+黄色；髓层 K+黄色，C-，KC-，PD-；含有 atranorin、zeorin 及有关萜类物质。

基物：树皮、岩石。

研究标本：

内蒙古，额尔古纳左旗，1985 年 8 月 10 日，高向群 1457 (14716)。

安徽，黄山，海拔 1800 m，1962 年 8 月 23 日，赵继鼎、徐连旺 5846 (1608)。

福建，武夷山 (大竹岚、挂墩、黄岗)，海拔 1000-1950 m，1999 年 9 月 18-22 日，陈健斌、王胜兰 14257 (14647)，14258 (14645)，14320 (14644)，14534-1 (14646)。

江西，庐山，1960 年 3 月 29 日，赵继鼎等 373 (2030)，547 (2029)；2004 年 3 月 27 日，魏鑫丽 120 (28995)；张恩然 wy345 (28990)，wy349 (28993)。

湖南，张家界森林公园，1997 年 8 月 13 日，陈健斌等 9071 (14640)；桑植县，天平山(公平山)，海拔 1350-1500 m，1997 年 8 月 19-20 日，陈健斌等 9491 (14627)，9507 (14632)，9558 (14631)，9701 (14626)，9924 (14629)，9955 (14628)。

广西，花坪林区，海拔 900-1000 m，1964 年 8 月 17 日，赵继鼎、徐连旺 9169 (1870)，10353 (1866)。

四川，峨眉山，海拔 1000-2200 m，1963 年 8 月 9-20 日，赵继鼎、徐连旺 6803 (1593)，7205 (1842)，7967 (88149)，8206 (1841)；汶川县卧龙，海拔 2000 m，1994 年 6 月 8 日，陈健斌 6270 (14656)。

贵州，梵净山，海拔 2100-2400 m，1994 年 6 月 22 日，陈健斌 6444 (14732)，6452 (14652)，6456 (14651)，6457-2 (14731)。

云南，昆明西山，1994 年 6 月 30 日，陈健斌 6479 (14718)；贡山独龙江，海拔 2300 m，1982 年 8 月 30 日，苏京军 3650 (14605)；维西攀天洞，海拔 2500 m，1981 年 7 月 25 日，王先业等 4027 (14622)；西畴县法斗，海拔 1450-1600 m，1991 年 11 月 16-17 日，陈健斌 5048 (14611)，5051 (14609)，5225 (14610)，5310 (4612)；勐海县，海拔 1100 m，1994 年 7 月 8 日，陈健斌 6450 (14624)。

西藏，樟木，海拔 3350-3400 m，1966 年 5 月 11-13 日，魏江春、陈健斌 498 (2776)，634 (2775)；聂拉木曲乡，海拔 3500 m，1966 年 5 月 21 日，魏江春、陈健斌 1080 (2774)。

青海，班玛县红军沟，海拔3630 m，2012年8月7日，魏鑫丽、陈凯 QH12382 (125480)。

国内记载：黑龙江 (赵继鼎等，1982；罗光裕，1984；Chen and Wang，2001)，山东 (侯亚男等，2008)，江西，广西，四川 (赵继鼎等，1982；Chen and Wang，2001)，云南 (赵继鼎等，1982；Chen and Wang，2001；王立松等，2008)，浙江 (赵继鼎等，1982；吴继农和钱之广，1989)，福建 (吴继农等，1985；Chen and Wang，2001)，安徽，湖南 (赵继鼎等，1982；Chen and Wang，2001)，西藏 (魏江春和姜玉梅，1986)，贵州 (Chen and Wang，2001；Zhang et al.，2006)，台湾 (Sato，1936a；Kurokawa，1955，1960c；Ikoma，1983；赖明洲，2000)。

世界分布：泛热带分布型。分布于热带、亚热带，延伸至暖温带亚洲、北美洲、中美洲、南美洲、非洲、澳大利亚。西班牙有本种分布 (Burgaz et al.，1994)。

讨论：本种主要特征是具有唇形粉芽堆，下表面无皮层、无黄色色素，孢子具有小芽孢 (Polyblastidia 型)。下表面虽然无黄色色素，但在地衣体中央部位常呈淡紫黑色色度。本种与暗哑铃孢 *H. obscurata* 和新芽体哑铃孢 *H. neglecta* 的区别在于下表面缺乏黄色色素。

长期以来，地衣学家根据 Kurokawa (1962) 的概念，将 *Anaptychia propagulifera* (≡ *Heterodermia propagulifera*) 视为一个独立种，与 *H. japonica* 的区别在于 *H. propagulifera* 的下表面有黄色色素 (K+)，含有 norstictic acid 和 salazinic acid。但是，*H. propagulifera* 的模式标本的下表面没有黄色色素，也不含 norstictic acid 和 salazinic acid。于是 Moberg 和 Purvis (1997) 将 *A. propagulifera* 处理为 *H. japonica* 的异名。那些的确具有粉芽、下表面有黄色色素 (K+)、含有 norstictic acid 和 salazinic acid 曾误为属于 *A. propagulifera* (≡ *H. propagulifera*) 的居群则构成 1 个新种：*Heterodermia neglecta* (Lendemer et al.，2007)。这意味着过去许多地衣学家鉴定为 *H. propagulifera* 的标本实际是 *H.neglecta*，真正的 *H. propagulifera* 是 *H. japonica* 的异名。

(b) 异反应变种

var. **reagens** (Kurok.) J.N. Wu & Z.G. Qian, in B.S.Xu (ed): Cryptogamic Flora of the Yangtze Delta and Adjacent Regions (Shanghai): 262, 1989; Wei, Enum. Lich. China: 111, 1991.

≡ *Anaptychia japonica* var. *reagens* Kurok., J. Jap. Bot. **35**: 354, 1960; Kurokawa, Beih. Nova Hedwigia **6**: 59, 1962; Zhao, Xu & Sun, Prodr. Lich. Sin.: 137, 1982. — *Heterodermia reagens* (Kurok.) Elix, Australas. Lichenol. **67**: 6, 2010.

异反应变种的形态相似于原变种，与原变种的主要区别在于含有 norstictic acid、± salazinic acid，与 *Heterodermia neglecta* 的区别在于下表面缺乏黄色色素。

基物：树皮、岩石。

研究标本：

吉林，汪清县天桥岭，海拔 500 m，1984 年 8 月 5 日，卢效德 848069-2 (14659)。

黑龙江，密山县裴德八一农场，海拔 200 m，1980 年 7 月 16 日，赵从福 711-3 (14664)；小兴安岭，海拔 460 m，1977 年 9 月 24 日，陈锡龄 5190 (14661)，5201 (14662)；带岭凉水林场，海拔 450-500 m，1975 年 10 月 3 日，陈锡龄 3733 (14663)。

安徽，黄山，1962 年 8 月 19 日，赵继鼎、徐连旺 5429 (1607)；1999 年 9 月 11 日，

陈健斌 14718 (14660)。

福建，武夷山挂墩，海拔 1400 m，1999 年 9 月 18-22 日，陈健斌、王胜兰 14241-1 (14649)，14315 (14648)，14319 (14650)。

江西，庐山植物园，1960 年 4 月 3 日，赵继鼎等 559 (1617)。

湖南，张家界森林公园，海拔 800-1000 m，1997 年 8 月 11-14 日，陈健斌等 9029 (14642)，9071 (14640)，9171 (14643)，9235 (14641)；桑植县天平山（公平山），海拔 1350-1500 m，1997 年 8 月 19-20 日，陈健斌等 9364 (14637)，9461 (14634)，9711 (14633)，9767 (14639)，9777 (14635)，9797 (14638)，9926 (14636)。

广西，花坪，海拔 760-800 m，1964 年 8 月 21-23 日，赵继鼎、徐连旺 9477 (1574)，9641 (1877)，10355 (1575)。

四川，峨眉山，海拔 1800-1900 m，1963 年 8 月 12-20 日，赵继鼎、徐连旺 7058 (1844)，7546 (1847)，8287 (1587)，8302 (1589)；汶川县卧龙，海拔 2000-2600 m，1982 年 8 月 11 日，王先业等 9656 (14655)，10007 (14654)；贡嘎山，海拔 2950 m，1982 年 8 月 11 日，李滨等 346 (14728)；南坪县，海拔 2200 m，1994 年 5 月 24 日，陈健斌 6064 (14658)；西昌市，海拔 1600 m，1982 年 6 月 16 日，王先业等 8025 (14657)。

贵州，梵净山，海拔 1500 m，1994 年 6 月 21 日，陈健斌 6373 (14653)。

云南，昆明，1940 年 10 月 30 日，T.N. Liu19657 (2021)；思茅，1960 年 11 月 18 日，赵继鼎、陈玉本 2947 (1612)；1994 年 7 月 10 日，陈健斌 6578 (14621)；盈江铜壁关，海拔 1400 m，1981 年 6 月 20 日，王先业等 3050 (14719)；贡山独龙江，海拔 1200 m，1982 年 8 月 11 日，苏京军 2941 (14606)，3010 (14608)，3020 (14607)；泸水，海拔 2250 m，1981 年 6 月 3 日，王先业等 2186 (14625)；陇川县，海拔 1700 m，1981 年 6 月 26 日，王先业等 3207 (14623)；西畴县法斗，海拔 1400-1650 m，1991 年 11 月 16-17 日，陈健斌 5012 (14613)，5045-1 (14615)，5081 (14614)，5161 (14620)，525 1(14617)，5327 (14618)，5332 (14619)。

国内记载：广西，云南（赵继鼎等，1982），安徽，浙江（吴继农和钱之广，1989）。

世界分布：亚洲，中美洲，南美洲，非洲，澳大利亚（Elix，2011b）。

讨论：异反应变种与原变种的主要区别在于地衣化学的差异。异反应变种含有 norstictic acid 和 salazinic acid (但 salazinic acid 不是恒定的)，而原变种缺乏这两种物质。Swinscow 和 Krog (1976) 不承认本变种，将 *A. japonica* var. *reagens* Kurok.处理为 *H. japonica* 的异名。而 Elix (2011a) 将此变种提升为种级单位：*H. reagens* (Kurok.) Elix。我们仍然将它视为变种等级。此类情况出现在本属的不少种中，于是提出了一个很有意义的问题：对于形态相似而含有不同地衣物质的居群是作为同一个种的不同化学型，还是作为种下的变种或作为另一个不同的种。这需要形态、化学和分子综合研究和分析后方可作出相对稳妥的结论，在此之前所作的结论都带有一定的主观因素。

3.16 顶直哑铃孢　图版 VI: 27

Heterodermia leucomelos (L.) Poelt, Nova Hedwigia **9**: 31, 1965; Wei, Enum. Lich. China: 111, 1991.

≡ *Lichen leucomelos* L., Sp. Pl. edn 2, **2**: 1613, 1763. — *Borrera leucomela* (L.) Ach.,

Lich. Univ.: 499, 1810. — *Anaptychia leucomelaena* (L.) A. Massal., Mém. Lichenogr.: 35, 1853; Sasaoka, Trans. Nat. Hist. Soc. Formosa **8**: 180, 1919; Magnusson, Lich. Central Asia: 159, 1940; Kurokawa, Beih, Nova Hedwigia **6**: 74, 1962; Zhao,Xu & Sun, Prodr. Lich. Sin.: 141, 1982. — *Leucodermia leucomelos* (L.) Kalb, in Mongkolsuk et al., in Phytotaxa **235** (1): 35.

= *Parmelia ophioglossa* Taylor, London J. Bot. **6**: 172, 1847. — *Anaptychia ophioglossa* (Taylor) Kurok., J. Jap. Bot. **35**: 354, 1960.

地衣体叶状至亚枝状，形成不规则灌丛状，疏松着生于基物；裂片二叉式分裂，线形延长，分离，0.5-2 mm 宽，顶端亚抬升，有时稍卷曲，主枝常侧生小裂片；上表面灰白色至淡绿灰色，光滑，髓层白色；下表面边缘下卷，略沟槽状，无皮层，淡灰白色，有时微粉红色，似蛛网状，近顶部有时有粉芽，边缘具缘毛型假根，暗褐色至黑色，不分枝和弱分枝或羽状分枝，2-8 mm 长。子囊盘未见。文献 (Kurokawa，1962) 记载子囊盘很稀有，近顶生，具短柄，直径 1-5 mm，盘缘齿裂成小裂片，盘面暗褐色，偶有白霜；孢子双胞，褐色，末端有小芽孢，Sporoblastidia 型，31-46 ×17-23 μm。

化学：地衣体 K+黄色；髓层 K+红色，C-，KC-，PD+橙色；含有 atranorin、zeorin、salazinic acid。

基物：树皮、地面或石表藓层。

研究标本：

海南，五指山，海拔 1886 m，1981 年 5 月 29 日，赵从福 2033 (17327)。

云南，思茅，1960 年 11 月 17-19 日，赵继鼎、陈玉本 3132 (2036)，3701 (2033)，3724 (2038)。

国内记载：云南 (Hue，1887，1899；Harmand，1928；Zahlbruckner，1930；赵继鼎等，1982)，海南 (魏江春等，2013)，西藏 (魏江春和陈健斌，1974)，甘肃，新疆 (Magnusson，1940)，台湾 (Sasaoka，1919；Kurokawa，1962；Wang-Yang and Lai，1973，1976；赖明洲，2000)。

世界分布：泛热带分布。

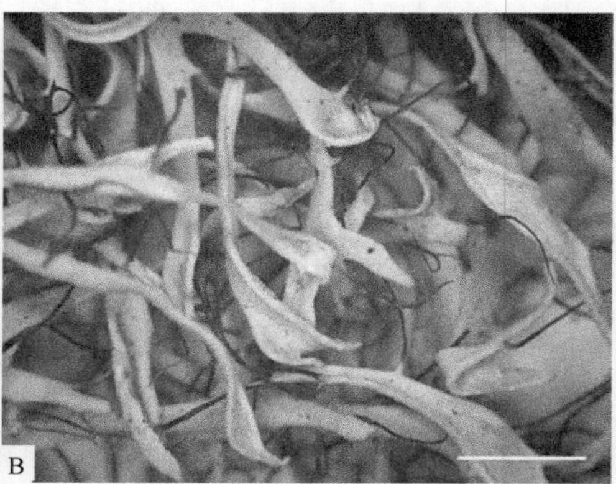

图 49 卷梢哑铃孢 *Heterodermia boryi* (A：陈健斌 11834，标尺=1 mm) 与顶直哑铃孢 *Heterodermia leucomelos* (B：赵继鼎、陈玉本 3701，标尺= 2 mm) 顶端典型形态的比较

讨论：本种十分相似于 *Heterodermia boryi*，但是本种裂片顶端不卷曲成钩状或不明显卷曲，髓层中含有 salazinic acid。而 *H. boryi* 的裂片顶端常常明显卷曲，髓层中不含 salazinic acid。这两个种的裂片顶端的典型形态如图 49 所示。

本种的种加词过去常被某些作者写成 *leucomelaena*，但 Culberson (1966)、Swinscow 和 Krog (1976) 认为本种的种加词应为 *leucomela*，林奈写的 *leucomelos* 可能是印刷错误。Arcadia (2012) 提出了保留 *Lichen leucomelos* (*Heterodermia leucomelos*) 的拼写及其理由。目前 Index Fungorum 和许多地衣学家已将本种学名写为 *Heterodermia leucomelos* (L.) Poelt。

3. 17 黄哑铃孢　图版 VII: 28

Heterodermia lutescens (Kurok.) Follmann, Philippia **2** (2): 73, 1974; Wei, Enum. Lich. China: 111, 1991.

≡ *Anaptychia lutescens* Kurok., J. Jap. Bot.**36**: 55, 1955; Kurok., Beih. Nova Hedwigia **6**: 79, 1962; Zhao, Xu & Sun, Prodr. Lich. Sin.: 141, 1982. — *Leucodermia lutescens* (Kurok.) Kalb, in Mongkolsuk et al., Phytotaxa **235** (1): 38, 2015.

地衣体叶状，较疏松着生于基物，约 5 cm 宽，裂片常二叉式分裂，线形延长，顶部稍抬升，0.5-1.2 mm 宽，边缘有时有短的不定次生小裂片；上表面灰色至淡灰绿色；髓层上部白色；下表面微沟槽状，无下皮层，局部黄色 (K-)，粉芽堆着生于下表面顶端；假根边缘生，黑色，单一不分枝，或有时顶部稍有分枝，3-7 (-10) mm 长。子囊盘未见。文献记载本种子囊盘非常稀有，近顶生，盘缘齿裂呈小裂片，盘面有粉霜，孢子 Polyblastidia 型，36-43 × 20-24 μm (Kurokawa，1962)。

化学：上皮层 K+黄色；髓层 K+黄色，C-，KC-，PD-；含有 atranorin、zeorin、未知黄色色素(？)。

基物：岩石、地面藓层。

研究标本：

云南，昆明西山，1960 年 11 月 2 日，赵继鼎、陈玉本 2080 (1882)；黑龙潭，海拔 2600 m，1960 年 12 月 16 日，赵继鼎、陈玉本 4532 (1935)。

国内记载：云南 (Kurokawa，1961，1962；赵继鼎等，1982)，台湾 (Kurokawa，1961，1962；Wang-Yang and Lai，1973；Ikoma，1983；赖明洲，2000)。

世界分布：泛热带分布型，其分布可延伸至暖温带。

讨论：本种的裂片线形延长，顶端不呈钩状，无下皮层，粉芽着生于下表面顶部。与 *Heterodermia boryi* 和 *Heterodermia leucomelos* 的主要区别在于本种的裂片下表面局部黄色 (K-)，含有未知的黄色色素。Kurokawa (1962) 记载本种下表面的色素是 K+黄色，而 Swinscow 和 Krog (1976) 记载的非洲标本是 K-。

3. 18 小叶哑铃孢　图版 VII: 29

Heterodermia microphylla (Kurok.) Skorepa, Bryologist **75**: 490, 1972; Swinscow & Krog, Lichenologist **8**: 132, 1976; Wei, Enum. Lich. China: 111, 1991; Chen & Wang, Mycotaxon **77**: 111, 2001.

≡ *Anaptychia hypoleuca* var. *microphylla* Kurok., J. Jap. Bot. **34**: 123, 1959. — *Anaptychia mircophylla* (Kurok.) Kurok., Beih. — *Nova Hedwigia* **6**: 44, 1962; Chen, Zhao & Luo, J. NE Forestry Inst. **3**: 128, 1981. — *Polyblastidium microphyllum* (Kurok.) Kalb, in Mongkolsuk et al. Phytotaxa **235** (1) : 44, 2015.

= *Anaptychia hypoleuca* var. *microphylla* f. *granulosa* Kurok., J. Jap. Bot. **34**: 123, 1959. — *Anaptychia microphylla* f. *granulosa* (Kurok.) Kurok., Beih Nova Hedwigia **6**: 44, 1962; Zhao, Xu & Sun. Prodr. Lich. Sin.: 127, 1982. — *Heterodermia microphylla* f. *granulosa* (Kurok.) Wei, Enum. Lich. China: 111, 1991.

地衣体叶状，略圆形或不规则形，3-8 cm 宽，较疏松平铺于基物；裂片近二叉和三叉分裂，中央部位常紧密相连，外周分离，0.5-1.5 mm 宽，顶端浅裂；上表面灰白色，平滑，边缘生众多小裂片，略抬升，常粉芽化；髓层白色；下表面无皮层，白色，趋向中央部位变淡褐色；假根边缘生，与地衣体同色，顶端呈暗色至黑色，不规则和树杈状分枝，0.5-2.0 mm 长，个别可达 2.5 mm 长。未见子囊盘。文献记载子囊盘稀有，表面生，无柄或具短柄，直径 2-5 mm，盘缘齿裂和有许多小裂片并常常粉芽化，盘面褐色至黑褐色；孢子褐色，双胞，厚壁，无小芽孢，Pachysporaria 型，25-35 × 12-18 μm (Elix，2011a)。

化学：地衣体 K+黄色；髓层 K+黄色，C-，KC-，PD-或橙色；含有 atranorin、zeorin、± norstictic acid。

基物：树皮。

研究标本：

吉林，集安市北山，海拔 450 m，1963 年 9 月 13 日，陈锡龄 2471 (14583)；敦化市大蒲柴林场，海拔 650-700 m，1983 年 9 月 15 日，赵从福、高德恩 4006 (14581)，4119 (14596)，4120 (14595)；和龙市，许家洞林场，海拔 1100 m，1983 年 9 月 8 日，赵从福、高德恩 3774 (14582，84065)；长白山寒葱沟，海拔 750 m，1994 年 7 月 31 日，魏江春等 94023 (14584)；长白山，海拔 1000 m，1983 年 7 月 25 日，魏江春、陈健斌 3140 (110764)；2007 年 7 月 12 日，Kashiwadani 48239 (122812)，48292 (122811)。

黑龙江，带岭凉水，海拔 340-500 m，1975 年 10 月，陈锡龄 3696 (14592)，3786 (14580)，3936 (14579)，4004 (80300)；小兴安岭五营镇，1963 年 8 月 18 日，高谦无号标本 (14594)；1977 年 9 月 24 日，陈锡龄 5190-1(14577)；饶河县布开山，海拔 825 m, 1980 年 7 月 19 日，赵从福 812 (14593)；呼中，大白山，海拔 1000 m，1980 年 8 月 3 日，赵从福 1113 (14578)。

福建，武夷山，海拔 900 m，1999 年 9 月 17 日，陈健斌、王胜兰 14193 (111027)。

湖南，张家界，海拔 1000 m，1997 年 8 月 1 日，陈健斌等 9118 (85678)。

云南，西畴县法斗，海拔 1500 m, 1991 年 11 月 16 日，陈健斌 5112 (14585)。

国内记载：黑龙江 (陈锡龄等，1981；Chen and Wang，2001)，吉林 (赵继鼎等，1982；Chen and Wang，2001)，辽宁，四川，云南 (赵继鼎等，1982)，山东 (赵遵田等，2002)，安徽，浙江 (吴继农和钱之广，1989)，贵州 (Zhang et al.，2006)，台湾 (Aptroot et al.，2002)。

世界分布：东亚，东南亚，东非，南非，澳大利亚，新西兰 (Elix，2011a)。可归于旧世界热带分布型，延伸至东亚。

讨论：本种主要特征是裂片边缘生有略抬升的小裂片，这些小裂片常常粉芽化，下表面无皮层，孢子无小芽孢。有粉芽的居群，曾作为本种的一个变型 *Heterodermia microphylla* f. *granulosa* 处理（Kurokawa，1959a），1962；赵继鼎等，1982；Wei，1991）。但 Kurokawa（1973）已将此变型还原为本种的异名。本种相似于白腹哑铃孢 *Heterodermia hypoleuca*，主要区别在于本种具有众多的常抬升和粉芽化的小裂片，本种的抬升小裂片相似于深裂哑铃孢 *Heterodermia dissecta* 的小裂片，但 *H. dissecta* 含有 dissectic acid，而且下表面具有皮层，而本种不含 dissectic acid，下表面没有下皮层。此外，本种少数标本除含有 atranorin、zeorin 外，还含有微量的 norstictic acid，需要进一步研究。

3.19 新芽体哑铃孢　图版 VII: 30

Heterodermia neglecta Lendemer, R. C. Haris & E. A.Tripp, Bryologist **110**: 490, 2007. — *Polyblastidium neglectum* (Lendemer, R. C. Haris & E. A.Tripp) Kalb, in Mongkolsuk et al. Phytotaxa **235** (1) : 3, 2015.

Anaptychia dendritica var. *propagulifera* auct. non Vain.: Kurok., Beih. Nova Hedwigia **6**: 55, 1962; Zhao, Xu & Sun, Prodr. Lich. Sin.: 139-140, 1982.

Heterodermia propagulifera auct. non (Vain.) Dey: Chen, Wu & Wei, in Fungi and Lichens of Shennongjia: 486, 1989.

[*Anaptychia dendritica* var. *propagulifera* Vain ≡ *Heterodermia propagulifera* (Vain.) Dey : a synonym of *Heterodermia japonica*].

地衣体叶状，略圆形或不规则形，3-8 cm 宽，较疏松平铺于基物；裂片近二叉和亚羽状分裂，中央部位常紧密相连，外周分离，0.5-2.0 mm 宽，顶端稍加宽和浅裂，有时边缘生少量小裂片；上表面灰白色、淡绿灰色，平滑，顶端生有粉芽堆，常常从下表面顶部或边缘着生，近头状至微唇形或不规则扩散；髓层白色；下表面无皮层，蛛网状，白色，顶部有黄色色素，常不连续，中央部位暗褐色至紫黑色；假根边缘生，暗色至黑色，不规则和羽状分枝，1-3 (-4) mm 长。子囊盘十分少见，表面生，无柄或具短柄，直径 2-7 mm，盘缘有粉芽，盘面褐色至黑褐色；孢子褐色，双胞，厚壁，有小芽孢，Polyblastidia 型，35-46 × 16-20 (-23) μm (Kurokawa，1962；Elix，2011a)。

化学：地衣体 K+黄色；髓层 K+黄色转红色，C-，KC-，PD+深黄色，色素 K+紫红色；含有 atranorin、zeorin、norstictic acid、± salazinic acid、未知色素。

基物：树皮。

研究标本：

吉林，汪清县，响水林场，海拔 520 m，1984 年 8 月 5 日，卢效德 848075-5 (14420)；龙和市十里坪，海拔 700 m，1983 年 9 月 12 日，赵从福、高德恩 3940 (14419)。

黑龙江，带岭映红山，1975 年 10 月 17 日，陈锡龄 5459 (14422)。

湖北，神农架，海拔 1850-3000 m，陈健斌 11424 (14409)，12004 (7764)。

湖南，桑植县天平山，海拔 1320-1400 m，1997 年 8 月 19-20 日，陈健斌等 9505 (14413)，9937-1 (14412)。

广西，花坪，海拔 900 m，1964 年 8 月 15 日，赵继鼎、徐连旺 8780 (1878)。

四川，峨眉山，海拔 1000-3160 m (金顶)，1963 年 8 月 17-20 日，赵继鼎、徐连旺 7884 (1578)，8152 (1592)；1994 年 6 月 2-3 日，陈健斌 6178 (14405)，6253 (14404)，6276 (14402)，6277 (14401)；贡嘎山东坡燕子沟，海拔 2200-2500 m，1982 年 7 月 1-7 日，王先业等 8622 (14408)，8793 (141377)；九寨沟，海拔 2200 m，1994 年 5 月 24 日，陈健斌 6066-1 (14406)。

贵州，梵净山，海拔 2250 m，魏江春、张涛 G392 (83207)。

云南，昆明西山，1994 年 6 月 30 日，陈健斌 6476-1 (14399)；1980 年 12 月 8 日，姜玉梅 708 (141378)；德钦县红杉乡，海拔 3500 m，1982 年 10 月 9 日，苏京军 5699 (14414)；维西县西岩瓦，海拔 1800 m，1981 年 7 月 10 日，王先业等 3625 (14737)；西双版纳，勐海曼稿保护区，海拔 1350 m，1981 年 1 月 3 日，姜玉梅 1096 (14416)。

国内记载：黑龙江，吉林 (Chen and Wang，2001)，安徽 (吴继农和钱之广，1989)，湖北 (陈健斌等，1989；Chen and Wang，2001)，湖南，云南 (Chen and Wang，2001)，四川 (赵继鼎等，1982；Chen and Wang，2001)，台湾 (Wang-Yang and Lai，1973；赖明洲，2000)。这些记载都是基于 Kurokawa (1962) 的概念，以 *Anaptychia dendritica* var. *propagulifera* 或 *A. propagulifera* 即 *Heterodermia propagulifera* 名称记载，实为 *Heterodermia neglecta* (见下面讨论)。

世界分布：热带至暖温带。

讨论：本种主要特征是裂片平铺于基物而不抬升，具有粉芽，下表面无皮层，具黄色色素，孢子有小芽孢 (Polyblastidia 型)，含有 atranorin、zeorin、norstictic acid、± salazinic acid、未知色素。在形态上，本种相似于阿里山哑铃孢 *H. japonica* 和暗哑铃孢 *H. obscurata*，但是阿里山哑铃孢的下表面缺乏黄色色素；暗哑铃孢缺乏 norstictic acid 和 salazinic acid。在化学上，本种相似于树哑铃孢 *H. dendritica*，但本种具粉芽，而树哑铃孢缺乏粉芽，互为“种对”。本种虽然有两个化学型，但中国大多数标本属于化学型 I，即缺乏 salazinic acid。

长期以来许多地衣学家将本属中具有粉芽，下表面无皮层，具黄色色素 (K+)，孢子有小芽孢 (Polyblastidia 型)，髓层含 norstictic acid、± salazinic acid 的标本鉴定为 *Anaptychia propagulifera* (*Heterodermia propagulifera*)。事实上 *A. propagulifera* 的模式标本的下表面无黄色色素，髓层也缺乏 norstictic acid 和 salazinic acid。于是 Moberg 和 Purvis (1997) 将 *A. propagulifera* 处理为 *H. japonica* 的异名。而误为是 *H. propagulifera* 的标本则代表了 1 个新种，即 *H. neglecta* Lendemer, R. Haris & E. Tripp, Bryologist 110: 490, 2007。我们应该这样理解：真正的 *H. propagulifera* 是 *H. japonica* 的异名，但过去鉴定为 *H. propagulifera* 的标本不能因此而归于 *H. japonica*。因为过去人们鉴定为 *H. propagulifera* 的标本不是真正的 *H. propagulifera*。那些的确具有粉芽、下表面有黄色色素 (K+)、含有 norstictic acid 和 salazinic acid 曾被视为 *A. propagulifera* (≡ *H. propagulifera*) 的居群则构成 1 个新种：*H. neglecta*。这意味着过去许多地衣学家鉴定为 *H. propagulifera* 的标本为错误鉴定，它们实际上是 *H. neglecta*，而真正的 *Heterodermia propagulifera* 是 *Heterodermia japonica* 的异名。

在中国大陆，赵继鼎等 (1982)、陈健斌等 (1989)、Chen 和 Wang (2001) 都遵循 Kurokawa (1962) 的概念，他们记载的芽体哑铃孢 *H. propagulifera* 不是真正的芽体哑铃孢，而属于新芽体哑铃孢 *H. neglecta*。

3. 20 暗哑铃孢　图版 VII: 31

Heterodermia obscurata (Nyl.) Trevis., Nuovo Giorn. Bot. Ital. **1**: 114, 1869; Wei, Enum. Lich. China: 111, 1991.

≡ *Physcia obscurata* Nyl., Ann. Sci. Nat. Bot. Ser. 4, **19**: 310, 1863; Nylander, Acta Soc. Sci. Fenn. **7:** 440, 1863. — *Anaptychia obscurata* (Nyl.) Vain., Acta Soc. Fauna Fl. Fenn. **7**: 137, 1890; Zahlbruckner, Hedwigia **74**: 213, 1934; Kurokawa, Beih. Nova Hedwigia **6**: 49, 1962; Zhao, Xu & Sun, Prodr. Lich. Sin.: 137, 1982.

= *Pseudophyscia hypoleuca* var. *colorata* Zahlbr., Sitzungsbr. Acad. Wiss. Wien. **111**: 413, 1902. — *Anaptychia hypoleuca* var. *colorata* (Zahlbr.) Zahlbr., Bot. Mag. (Tokyo) **41**: 363, 1927; Zahlbruckner, in Handel-Mazzetti, Symb. Sin. **3**: 242, 1930. — *Anaptychia dendritica* var. *colorata* (Zahlbr.) Kurok., J. Jap. Bot. **30**: 255, 1955.

= *Physica speciosa* var. *hypoleuca* f. *sorediifera* Müll.Arg. Flora **68**: 502, 1885. — *Anaptychia hypoleuca* var. *sorediifera* (Müll. Arg.) Vain., Philipp. J. Sci., sect. C, **8**: 106, 1913; Zahlbruckner, in Hendel-Mazzetti, Symb. Sin. **3**: 243, 1930. — *Anaptychia soredifera* (Müll. Arg.) Du Rietz & Lunge, in Lynge, Vidensk. I. Math.-Natur. KI. **16**: 12, 1924; Chen, Zhao & Luo, J. NE Forestry Inst. **3**: 128, 1981.

= *Anaptychia heterochroa* Vain., Bot. Mag. (Tokyo) **35**: 60, 1921; Kurokawa, J. Jap. Bot. **35**: 91, 1960; Zahlbruckner, Repert. Spec. Nov. **33**: 68, 1933.

地衣体叶状，略圆形，或不规则扩展，可达 10 cm 宽，较疏松平铺于基物；裂片二叉式和近掌状至不规则分裂，亚线形延长，0.7-2.0 mm 宽，顶端稍加宽，略圆，浅缺刻；上表面灰白色至淡灰绿色，在地衣体中央部位有时部分变暗，平坦至微凸，边缘较完整，粉芽堆头状和唇形，多着生于侧生的裂片顶端；髓层上部白色；下表面无下皮层，菌丝裸露，似蛛网状，深黄色或淡褐黄色 (K+紫红色)；假根边缘生，黑色，单一不分枝至羽状分枝，1-2 mm 长。子囊盘罕见，表面生，盘缘齿裂至小裂片并粉芽化，孢子具有小芽孢，Polyblastidia 型，30-44 × 14-24 μm。Kurokawa (1962) 记载的本种孢子较小：30-35 × 15-19 μm。

化学：上皮层 K+黄色；髓层 K+黄色，C-，KC-，PD-；含有 atranorin、zeorin 等萜类 (triterpenes) 物质、黄色色素 (K+紫红色)。

基物：树皮、岩石。

研究标本：

吉林，集安县城镇西山，海拔 400 m，1963 年 9 月 12 日，陈锡龄 2466 (84943)。

黑龙江，宁安镜泊湖，海拔 500 m，1980 年 7 月 23 日，赵从福 903 (84941)；密山县，裴德八一农大后山，海拔 200 m，1980 年 7 月 11 日，赵从福 711-2 (84940)。

浙江，天目山，海拔 1000 m，1962 年 8 月 3 日及 29 日，赵继鼎、徐连旺 6024 (1896)，6043 (2068)。

安徽，黄山，1962 年 8 月 16-17 日，赵继鼎、徐连旺 5110 (2063)，5311 (2067)；1962 年 8 月 17 日，陈锡龄 166 (84942)。

福建，武夷山桐木及半山，海拔 740-900 m，1999 年 9 月 15 日-17 日，陈健斌、王胜兰 14003 (110778)，14040-1 (110777)，14045 (14377)，14114 (14375)，14115 (14376)，14164 (14374)；先锋岭，海拔 1100 m，1999 年 9 月 22 日，陈健斌、王胜兰 14644 (14756)；三港，海拔 780 m，2004 年 3 月 26 日，张恩然 wy296 (90287)。

江西，庐山植物园，1960 年 3 月 27 日，赵继鼎 387 (1898)，515a (1897)。

湖南，衡山，海拔 960-1200 m，1964 年 9 月 1-2 日，赵继鼎、徐连旺 10159 (1892)，10178 (1893)，10308 (1894)。

广西，宛田，1964 年 8 月 14 日，赵继鼎、徐连旺 8578 (2054)；花坪林区，海拔 900-1000 m，1964 年 8 月 15-23 日，赵继鼎、徐连旺 8782 (2065)，9032 (1572)，9173 (1573)，9323 (2083)，9624 (2081)，9666 (2080)，9780 (2062)。

四川，峨眉山，海拔 1000 m，1963 年 8 月 8-9 日，赵继鼎 6693 (2066)，6766 (1901)，6772 (2070)，6965 (2056)，8328 (2060)；木里，一区沙弯，海拔 2500 m，1982 年 6 月 8 日，王先业等 7881 (84944)。

贵州，册亨县，海拔 1400 m，1958 年 9 月 5 日，王庆芝 290a (1900)；梵净山，海拔 2210 m，2004 年 8 月，魏江春、张涛 G156 (83206)。

云南，昆明西山，1960 年 10 月 23 日，赵继鼎、陈玉本 1038 (1886)；1994 年 6 月 30 日，陈健斌 6470 (84957)；昆明市路南，海拔 1780 m，1981 年 1 月 16 日，姜玉梅 1160-2 (14751)；芒市风平，海拔 925 m，1980 年 11 月 26 日，姜玉梅 523-4 (12569)；西双版纳，景洪，海拔 600 m，1991 年 11 月 28 日，陈健斌 5512 (14381)；勐养，1960 年 11 月 24 日，赵继鼎、陈玉本 3560 (1887)，3567 (1888)，3598 (1889)；勐海及勐仑植物园，海拔 680-1400 m，1980 年 12 月 24 日至 1981 年 1 月 3 日，姜玉梅 974 (84947)，1044 (84948)，1074-4 (84949)，1076 (84960)，1081-3 (14384)，1127-3 (14754)；1991 年 11 月 28 日，陈健斌 5512 (14381)；1994 年 7 月 8 日，陈健斌 6513-3 (14383)，6516-1 (14753)，6518-2 (14382)，6524 (84950)；思茅附近，1994 年 7 月 10 日，陈健斌 6591 (14755)，6594 (14378)；维西县，白岩瓦及白及汛，海拔 1800-2300 m，1981 年 7 月，王先业等 3565 (84952)，3570 (111423)，3577 (14392)，3607 (14388)，3639 (14393)，4692 (14389)；攀天阁，海拔 2500 m，1981 年 7 月 25 日，王先业等 4215 (14387)；利地坪，海拔 3200 m，1982 年 5 月 2 日，苏京军 28 (14386)；西畴县法斗，海拔 1400-1650 m，1991 年 11 月 16-18 日，陈健斌 5045 (84951)，5067 (14379)，5248 (14752)，5330 (14380)，5333 (84959)；麻栗坡老君山，海拔 1450 m，1991 年 11 月 21 日，陈健斌 5469 (84958)；丽江，黑白水林业局，海拔 2500 m，1980 年 11 月 9 日，姜玉梅 30 (84945)，50 (84946)；保山县高黎贡山，白华岭林场，海拔 1750 m，1980 年 12 月 8 日，姜玉梅 657-2 (84955)，703-1(84954)；下关洱海，海拔 2000 m，1980 年 11 月 18 日，姜玉梅 508-2 (84953)；中甸县碧鼓林场，海拔 3300 m，1981 年 8 月 13 日，王先业等 5228 (80301)，5471 (14390)；泸水，海拔 1900 m，1981 年 5 月 31 日，王先业等 2121 (14391)。

西藏，左贡县，海拔 2800 m，1982 年 10 月 7 日，苏京军 5288 (14385)，5309 (80304)。

国内记载：黑龙江，吉林 (陈锡龄等，1981)，陕西 (Jatta，1902；Zahlbruckner，1930)，云南 (Zahlbruckner，1934；赵继鼎等，1982)，安徽，浙江 (赵继鼎等，1982；吴继农和钱之广，1989)，福建 (Zahlbruckner，1930；吴继农等，1985)，江西，湖南，

广西，四川 (赵继鼎等，1982)，贵州 (赵继鼎等，1982；Zhang et al.，2006)，台湾 (Zahlbruckner，1933； Sato，1936a；Kurokawa，1955，1960a，1962；Wang-Yang and Lai，1973，1976；赖明洲，2000)。

世界分布：广泛分布于热带、亚热带至暖温带。

讨论：本种有粉芽、无下皮层、下表面有黄色色素(K+红色) 等特征相似于 *Heterodermia neglecta*，但后者的髓层中含有 norstictic acid 和 ± salazinic acid，而本种缺乏这两种地衣物质。另一个相似种 *Heterodermia flabellata* 缺乏粉芽，与本种互为“种对”。

3.21 东方哑铃孢 图版 VIII: 32

Heterodermia orientalis J.B.Chen & D.P. Wang, in Chen, Mycotaxon **77**: 102, 2001.

Type: CHINA. Yunnan, Tengchong county, alt. 2000 m, on bark, X.Y. Wang et al. 2797 (holotype in HMAS-L).

地衣体叶状，形成莲座丛状，3-4 cm 宽，较疏松贴于基物；裂片不规则分裂，半直立，较短，裂片间紧密相连，亚覆瓦状，1-2 mm 宽，趋向顶部渐宽，顶端略圆形，可达 3.5 mm 宽，顶端稍抬升，边缘有时有细裂；上表面淡灰白色，凸起，边缘微向下卷，缺乏粉芽、裂芽和白霜，边缘生缘毛型假根与地衣体同色，1-2 mm 长，单一或有分枝；髓层白色；下表面无皮层，白色夹有红色和橄榄色菌丝覆盖着髓层，色素 K-。未见子囊盘。

化学：含有 atranorin、zeorin、norstictic acid、1 个 UV+未知物质和 1 个未知的橄榄色色素(K-)。

基物：树皮。

研究标本：

云南，腾冲县，海拔 2000 m, 1981 年 6 月 15 日，王先业等 2797 (holotype)。

国内记载：云南 (Chen，2001)。

世界分布：目前只知分布于中国云南。

讨论：虽然尚未发现本种标本的子囊盘，由于裂片较短稍宽，顶部抬升，下表面缺乏皮层，显然本种属于哑铃孢属中的 *Podocarpa* 类群而不属于裂片线形延长近二叉或等二叉式分裂的 *Leucomelos* 类群。本种区别于其他种的最显著特征是含有一个未知的 UV+物质 (在 C 系统中的 Rf 值为 0.57，斑点在 6 区)。下表面缺乏皮层，但颜色是很特殊的，红色和橄榄色的菌丝覆盖绝大部分髓层下表面，红色可能不是自然的，但橄榄色是自然的，在 TLC 板上，当溶剂蒸发后其斑点的 Rf 值为 6.1，没有其他色素斑点在 TLC 板上出现。在本属地衣中，过去只知道 Aptroot 和 Sipman (1991) 描述的 *Heterodeermia papuana* 含有未知的 UV+物质，但这个种属于 *H. leucomelos* 组，而且该种含有几种 UV+物质而不只是 1 种 UV+物质。

3.22 太平洋哑铃孢 图版 VIII: 33

Heterodermia pacifica (Kurok.) Kurok., Folia Cryptog. Estonica **32**: 23, 1998; Chen & Wang, Mycotaxon **77**: 112, 2001.

≡ *Anaptychia pacifica* Kurok., J. Hattori Bot. Lob. **37**: 592, 1973; Wei, Enum. Lich. China:

24, 1991.

地衣体叶状，形成近莲座丛状或不规则扩展，2-5 cm 宽，较疏松的常常仅以中央部位贴于基物；裂片二叉式至不规则分裂，裂片间紧密相连，亚覆瓦状，1-2 mm 宽，抬升至亚直立，顶端稍加宽达 3 mm 宽，略圆形；上表面淡灰白色至淡灰绿色，平坦或微凸 (边缘稍向下卷)，缺乏粉芽、裂芽；髓层白色；下表面无皮层，似蛛网和脉纹状，白色，夹杂黄色色素，边缘下卷常呈沟槽状；边缘生假根与地衣体同色，顶部常变暗色，1-3 mm 长，不分枝和不规则分枝。子囊盘常近顶生，有柄，盘径 1-4 mm，盘缘齿裂和短的小裂片状，盘面暗褐色或近黑色，有时有白霜；孢子双胞，厚壁，褐色，有小芽孢，Polyblastidia 型，35-42.5 × 15-20 μm。

化学：上皮层 K+黄色；髓层 K+黄色，C-，KC-，PD+橙黄色；含有 atranorin、zeorin 等萜类物质、norstictic acid、± salazinic acid、未知色素 (K+紫红色)。

基物：树皮、岩石。

研究标本：

吉林，和龙市林业局许家滩，海拔 950 m，1983 年 9 月 8 日，赵从福 3755 (14427)。

黑龙江，带岭凉水，海拔 350 m，1975 年 10 月，陈锡龄 3874 (14432)，3906 (14433)，4027-1 (14431)。

浙江，天目山老殿，1962 年 8 月 31 日，陈锡龄 1011 (14430)。

福建，武夷山桐木，海拔 740 m，1999 年 9 月 16 日，陈健斌、王胜兰 14117 (14429)。

湖南，张家界至黄石寨途中，海拔 1000 m，1997 年 8 月 12 日，陈健斌等 9042 (14428)。

广西，花坪林区，海拔 900 m，1964 年 8 月 19 日，赵继鼎、徐连旺 9312 (2016)，9327 (2017)。

云南，思茅，1960 年，11 月 17 日，赵继鼎、徐连旺 3797a (2009)；贡山县独龙江，海拔 1200-1500 m，1982 年 8 月 23 日及 9 月 3 日，苏京军 3281 (14426)，3916 (14425)。

国内记载：黑龙江，吉林，福建，浙江，湖南，云南 (Chen and Wang，2001)，台湾 (Kurokawa，1973；Yoshimura，1974；Wang-Yang and Lai，1976；赖明洲，2000)。

世界分布：东亚分布型。

讨论：本种主要特征是下表面无皮层，具黄色色素 (K+紫红色)，孢子具小芽孢 (sporoblastidia)，含有 norstictic acid、± salazinic acid。本种区别于近似种 *Heterodermia podocarpa* 在于下表面具有黄色色素，与 *Heterodermia hypochraea* 的区别在于含有 norstictic acid、± salazinic acid。太平洋哑铃孢 *Heterodermia pacifica* 是 Kurokawa (1973) 描述的一个种，模式标本产于日本，副模式产于中国 (台湾)。Kurokawa 描述本种含有 norstictic acid 和 salazinic acid，但中国大陆的同种标本包括 2 个化学型。化学型 I 含有 norstictic acid 和 salazinic acid，化学型 II 含有 norstictic acid 但缺乏 salazinic acid (Chen and Wang，2001)，中国标本主要属于化学型 II。过去只知本种分布于日本、中国 (台湾)，现在已知在中国大陆东北部、东部及西南等地有分布，属于东亚分布型。

3. 23 透明哑铃孢　图版 VIII: 34

Heterodermia pellucida (D.D. Awasthi) D.D. Awasthi, Geophylogy **2**: 114, 1973; Wei, Enum. Lich. China: 112, 1991.

≡ *Anaptychia pellucida* D.D. Awasthi, Proc. Indian Acad. Sci. **45** : 136, 1957; Kurokawa, Beih. Nova Hedwigia **6**: 93, 1962; Zhao, Xu & Sun, Prodr. Lich. Sin.: 145, 1982.

地衣体叶状，形成莲座丛状，2-6 cm 宽，较疏松的常常仅以中央部位贴于基物；裂片二叉式至不规则分裂，抬升至亚直立，1.5-4 mm 宽，顶端略加宽，略圆形；上表面淡灰白色或淡绿灰白色，平坦或微凸，边缘稍向下卷使下表面呈弱沟槽状，缺乏粉芽、裂芽；髓层白色；下表面无皮层，似蛛网和脉纹状，白色，无黄色色素；边缘生假根与地衣体同色，顶部常变暗色，不分枝至不规则和近羽状分枝，1-4 mm 长。子囊盘常顶生，有柄，盘径 1-4 mm，盘缘完整至齿裂或形成小裂片，盘面暗褐色，有时披白霜；孢子较大，Polyblastidia 型，通常 50-67.5 × 22.5-32.5 μm。有少数标本的孢子为 40-50 μm 长 (需进一步研究)。

化学：上皮层 K+黄色；髓层 K+黄色，C-，KC-，PD-；含有 atranorin、zeorin。

基物：树皮。

研究标本：

安徽，黄山，1999 年 9 月 12 日，陈健斌 14713-1 (14298)，14727-2 (110790)。

福建，武夷山，海拔 2150 m，2004 年 3 月 27 日，张恩然 wy364 (90257)。

湖南，桑植县天平山，海拔 1300-1400 m，1997 年 8 月 19-20 日，陈健斌等 9678 (14278)，9879 (14277)；张家界天子山，海拔 1200 m，1997 年 8 月 3 日，陈健斌等 9089 (80305)。

广西，花坪林区红滩及粗江，海拔 800-1400 m，1964 年 8 月 17-23 日，赵继鼎、徐连旺 9000 (1921)，9177 (1659)，9236 (1922)。

云南，思茅南山及西山，1960 年 11 月 17-20 日，赵继鼎、陈玉本 3069 (1687)，3307 (1920)，3628 (1684)，3645 (1690)；腾冲县，海拔 2000 m，1981 年 6 月 15 日，王先业等 2818 (80308)；盈江县，铜壁关，海拔 600-1400 m，1981 年 6 月 19-20 日，王先业等 2887 (14297)，2898 (14293)，3028 (14295)，3054 (14296)，3144 (14294)；陇川县，海拔 1700 m，1981 年 6 月 26 日，王先业等 3185 (14790)；玉龙山扇子峰，海拔 3700 m，王先业等 6304 (14292)；景洪市普文，1994 年 7 月 9-11 日，陈健斌 6558-1 (80309)，6562 (14299)，6566 (14300)，6570 (80310)；西双版纳，勐养，1960 年 11 月 24 日，赵继鼎、陈玉本 3628 (1684)；勐仑，海拔 800 m, 1980 年 12 月 22-23 日，姜玉梅 1002 (14302)，1025 (14289)；勐海县，海拔 1100 m，1994 年 7 月 8 日，陈健斌 6513-2 (14285)，6522-1 (14286)，6527-2 (14288)，6542 (14287)；勐海曼稿保护区，海拔 1350 m，1981 年 1 月，姜玉梅 1113(14284)；西畴县法斗，海拔 1450-1650 m，1991 年 11 月 16-17 日，陈健斌 5047 (14279)，5052 (14280)，5065 (14282)，5244-1 (14283)，5265 (14281)，5308 (80307)；贡山县，独龙江，海拔 1400 m，1982 年 8 月 22 日，苏京军 3129 (14301)；瑞丽市，南京里，海拔 1400 m，1980 年 11 月 30 日，姜玉梅 586-2 (14290)；福贡县上帕，海拔 2400 m，1982 年 6 月 8 日，苏京军 1133 (14291)。

西藏，樟木，海拔 3620 m，1966 年 5 月 11 日，魏江春、陈健斌 518 (2771)；聂拉木曲乡，海拔 3700 m，1966 年 5 月 21 日，魏江春、陈健斌 1115 (2772)。

国内记载：安徽，广西 (赵继鼎等，1982)，四川，云南 (Kurokawa，1962)。

世界分布：Kurokawa (1962) 曾考虑 *H. pellucida* 是喜马拉雅特有种，分布于印度，尼泊尔，中国 (四川、云南)。现在知道该种还分布于斯里兰卡、爪哇、中国热带

(Kurokawa，1973) 和亚热带地区。可归于亚洲热带分布。

讨论：本种裂片抬升至亚直立，顶端略圆形，上表面淡灰白色，平坦或微凸 (边缘稍向下卷)，缺乏粉芽、裂芽，下表面无黄色色素。在外形上，本种相似于 *Heterodermia hypochraea*、*Heterodermia pacifica* 和 *Heterodermiapodocarpa*，但是本种下表面无黄色色素，髓层中不含 norststictic acid 和 salazinic acid，而 *H. hypochraea* 和 *H. pacifica* 下表面有黄色色素 (K+ 紫红色)；*H. podocarpa* 下表面虽然无黄色色素，但髓层含有 norstictic acid、± salazinic acid。本种孢子较大，通常超过 50 μm 长。但是我们检查的标本中有的标本的孢子较小，40-50 μm 长，需要进一步研究。

3. 24 毛果哑铃孢 图版 VIII: 35

Heterodermia podocarpa (Bél.) D.D. Awasthi, Geophytology **3**: 114, 1973; Wei, Enum. Lich. China: 112, 1991; Chen & Wang, Mycotaxon **77**: 112, 2001.

≡ *Parmelia podocarpa* Bél.,Voy. Indes Orient. Bot. II. Crypt.: 122, 1834. — *Anaptychia podocarpa* (Bél.) A. Massal., Atti .I. R. Inst. Veneto, Ser. 3, **5**: 249, 1860; Kurokawa, Beih. Nova Hedwigia **6**: 86, 1962; Zahlbruckner, in Handl-Mazzetti, Symb. Sin. **3**: 243, 1930; Chen, Zhao & Luo, J. NE Forestry Inst. **3**: 128, 1981; Zhao, Xu & Sun, Prodr. Lich. Sin.: 144, 1982.

地衣体叶状至亚枝状，常形成莲座丛状，略圆形或不规则，3-5 cm 宽，较疏松以中央部位贴于基物；裂片不规则分裂，较短，抬升亚直立，裂片间紧密相连或分离，亚覆瓦状，1-3.5 mm 宽，趋向顶部渐宽，顶端略圆形，边缘有时细裂不整齐；上表面淡灰白色，凸起，边缘微向下卷，缺乏粉芽、裂芽和白霜；髓层白色；下表面无皮层，蛛网状，白色，无黄色色素；边缘生假根与地衣体同色，1-2 mm 长，单一或有不规则分枝。子囊盘近顶生，具短柄，直径 1-5 mm，盘缘齿裂至小裂片状，盘面褐色至暗褐色，偶有白霜，孢子有小芽孢，Polyblastidia 型，35-48 × 16-22 μm。

化学：上皮层 K+黄色；髓层 K+深黄色或转淡红色，C-，KC-，PD+橙黄色；含有 atranorin、zeorin、norstictic acid。

基物：树皮。

研究标本：

黑龙江，小兴安岭，海拔 350 m，1975 年 10 月 1 日，陈锡龄 3607-6 (14603)；乌敏河，1977 年 10 月 6 日，陈锡龄 5396 (14602)。

云南，思茅，1960 年 11 月 6 日，赵继鼎、陈玉本 2510 (1689)；盈江铜壁关，海拔 1000 m，1981 年 6 月 20 日，王先业等 3031 (14601)；泸水县片马，海拔 2400-2750 m，1981 年 5 月 29 日和 6 月 1 日，王先业等 1763 (85680)，2273 (14600)；贡山独龙江，海拔 1650-2200 m，1982 年 8 月 6 日和 24 日，苏京军 2764 (14598)，2834 (14597)，3431 (14599)。

西藏，察隅日东，海拔 2700 m，1982 年 9 月 7 日，苏京军 4231 (14604)。

国内记载：黑龙江 (陈锡龄等，1981)，江西，广西 (赵继鼎等，1982)，湖南 (Zahlbruckner，1930；赵继鼎等，1982)，四川 (Zahlbruckner，1930)，云南 (赵继鼎等，1982；Chen and Wang，2001)，西藏 (Chen and Wang，2001)，台湾 (Sato，1936a；Kurokawa，

1962；Wang-Yang and Lai，1973；Ikoma，1983；赖明洲，2000)。

世界分布：热带、亚热带。泛热带分布型。

讨论：本种主要特征是裂片抬升，缺乏粉芽和裂芽，下表面无皮层，无黄色色素，子囊盘顶生或近顶生，孢子有小芽孢 (Polyblastidia 型)，髓层中含有 norstictic acid、± salazinic acid。本种相似于 *Heterodermia pacifica* 和 *Heterodermia pellucida*，但本种下表面缺乏黄色色素而区别于 *H. pacifica*。因含有 norstictic acid、± salazinic acid 而区别于 *H. pellucida*。Kurokawa (1962，1973)、Swinscow 和 Krog (1976) 以及 Awasthi (1988) 报道本种含有 norstictic acid 和 salazinic acid。但中国标本缺乏 salazinic acid，相似于产于秘鲁的同种标本 (Kashiwadani and Kurokawa，1990)。以此，从世界范围内本种具有两个化学型，化学型Ⅰ含有 norstictic acid 和 salazinic acid；化学Ⅱ缺乏 salazinic acid，而 atranorin 和 zeorin 是共同的。中国的本种标本属于化学型Ⅱ。

3. 25 拟哑铃孢　图版 VIII: 36

Heterodermia pseudospeciosa (Kurok.) W.L. Culb., Bryologist **69**: 484, 1966; Chen,Wu & Wei, in Fungi and Lichens of Shennongjia: 486, 1989; Wei, Enum. Lich. China: 112, 1991; Chen & Wang, Mycotaxon **77**: 114, 2001.

≡ *Anaptychia pseudospeciosa* Kurok.,J. Jap. Bot. **34**: 176, 1959; Kurokawa., Beih. Nova Hedwigia **6**: 25, 1962; Zhao, Xu & Sun, Prodr. Lich. Sin.: 131, 1982.

地衣体叶状，略圆形，常形成莲座状，3-10 cm 宽，稍紧密平铺于基物；裂片近二叉和亚掌状分裂，紧密相连或地衣体外周裂片分离，0.5-1.5 (-2.0) mm 宽，顶端略圆，不抬升，边缘微缺刻，微弯曲；上表面污灰色至灰白色，平滑，粉芽堆多着生于次生短的裂片顶端和边缘，头状或枕状；髓层白色；下表面有皮层，白色，常趋向中央部位变淡褐色至褐色；假根与下表面同色，顶端呈暗褐色至黑色，不分枝至不规则或灌木状分枝，0.5-2.0 mm 长。子囊盘十分少见，表面生，无柄或具短柄，直径 1-3 mm，盘缘完整或齿裂，稍向内卷，常有粉芽，盘面褐色至暗褐色；孢子褐色，双胞，厚壁，无小芽孢，Pachysporaria 型，25-34 × 12-16 μm。

化学：地衣体 K+黄色；髓层 K+深黄色或转红色，C-，KC-，PD+橙色；含有 atranorin、zeorin、norstictic acid、± salazinic acid。

基物：树皮、岩石。

研究标本：

辽宁，庄河市仙人洞，海拔 300-400 m，1981 年 10 月 9 日，陈锡龄等 5877 (14325)，5916 (14326)。

吉林，长白山，保护区三港，海拔 1100 m，1985 年 6 月 24 日，卢效德 130 (14749)。

浙江，天目山，老殿至仙人洞，海拔 1000 m，1962 年 8 月 31 日，赵继鼎、徐连旺 6176 (1926)。

安徽，黄山，1962 年 8 月，赵继鼎、徐连旺 5146(1700)，5342 (1931)，5431 (1932)，5638 (1929)，5639 (1933)，5927a (1925)；1999 年 9 月 12 日，陈健斌 14714 (14747)，14716-1 (110768)。

福建，武夷山，皮坑口及桐木半山、挂墩等地，海拔 550-1400 m，1999 年 9 月，陈健斌、王胜兰 14032 (14328)，14041 (110788)，14128 (110769)，14146 (14327)，14172 (110789)，14248 (85682)，14618 (14329)，14682 (110767)。

江西，武宁县黄龙寺，1936 年 7 月 9 日，邓祥坤 850 (1696)。

湖北，神农架，木鱼石槽河，海拔 2270 m，1984 年 8 月 10 日，魏江春 11613 (7823)。

湖南，衡山，海拔 700-1200 m，1964 年 9 月 1 日，赵继鼎、徐连旺 10180 (1699)，10356 (1698)；张家界，海拔 500-1500 m，1997 年 8 月，陈健斌等 8984 (80312)，8995 (14320)，9015 (14322)，9169 (14321)；桑植县，天平山，海拔 1400-1500 m，1997 年 8 月 19 日，陈健斌等 9322 (14324)，9393 (110770)，9430 (14323)。

广西，临桂县界头，海拔 1000 m，1964 年 8 月 14 日，赵继鼎、徐连旺 8611 (2128)，8613 (2129)；花坪林区粗江，海拔 900 m，1964 年 8 月 22 日，赵继鼎、徐连旺 9643 (85681)，9716 (2130)。

四川，贡嘎山，东坡海螺沟，海拔 1600 m，1982 年 7 月 12 日，王先业等 8892 (14319)。

贵州，梵净山，海拔 900 m，2004 年 8 月 5 日，魏江春、张涛 G512 (83209)，G513 (83208)。

云南，昆明市，西山太华寺，1960 年 11 月 3 日，赵继鼎、陈玉本 2110 (14331)；贡山县独龙江，海拔 1600 m，1982 年 8 月，苏京军 2738 (14739)，2816 (14333)；保山市，高黎贡山，海拔 1700 m，1980 年 12 月 10 日，姜玉梅 794 (14744)；泸水县片马，海拔 1900-2400 m，1981 年 5 月，王先业等 2041 (14344)，2078 (14345)，2105 (14342)，2113 (14340)，2142 (14341)，2151 (14343)；腾冲县，海拔 2000 m，1981 年 6 月 15 日，王先业等 2752 (14745)；盈江县，铜壁关，海拔 1200-1400 m，1981 年 6 月 20 日，王先业等 3076 (14746)，3079 (14339)，3099 (14338)；西畴县法斗，海拔 1460-1600 m，1991 年 11 月 17-18 日，陈健斌 5181 (14336)，5247 (14334)，5307 (14335)；陈锡龄 7555 (14337)；西双版纳，勐海，海拔 1350 m，1981 年 1 月 3 日，姜玉梅 1079 (14332)；勐仑植物园，姜玉梅 975-6 (14740)。

西藏，左贡县，海拔 2800 m，1982 年 10 月 7 日，苏京军 5311 (14748)。

国内记载：辽宁 (Chen and Wang，2001)，福建，湖南 (赵继鼎等，1982；Chen and Wang，2001)，安徽 (赵继鼎等，1982；吴继农和钱之广，1989；Chen and Wang，2001)，山东 (赵遵田等，2002)，江西 (魏江春等，1982)，湖北 (陈健斌等，1989)，广西 (Chen and Wang，2001)，贵州 (Zhang et al.，2006)，四川，云南，西藏 (Chen and Wang，2001)，香港 (Thrower，1988)，台湾 (Sato，1936a；Kurokawa，1959b，1962；Wang-Yang and Lai，1973；赖明洲，2000)。

世界分布：热带至温带。

讨论：本种主要特征是具有粉芽，下表面有皮层，孢子无小芽孢。在形态上，本种十分相似于 *Heterodermia speciosa*，主要区别在于本种含有 norstictic acid、± salazinic acid。本种有两个化学型，化学型 I 缺少 salazinic acid，化学型 II 有 salazinic acid，而 atranorin、zeorin、norstictic acid 是共有的。来自印度和尼泊尔的本种标本 (Awasthi，1988) 以及秘鲁的标本 (Kashiwadani and Kurokawa，1990) 属于化学型 II，即含有 norstictic acid 和 salazinic acid，但本种的模式以及东非标本则属于化学型 I，即缺少 salazinic acid (Swinscow and Krog，1976)。中国的本种标本绝大多数属于化学型 II，少数属于化学型Ⅰ。

3.26 红色哑铃孢　图版 IX: 37

Heterodermia rubescens (Räsänen) D.D. Awasthi, Geophytology **3**: 114, 1973; Chen & Wang, *Mycotaxon* **77**: 114, 2001.

≡ *Anaptychia hypoleuca* f. *rubescens* Räsänen , Arch. Soc. Zool. Bot. Fenn. **5**: 27, 1950. — *Anaptychia rubescens* (Räsänen) Kurok., Beih. Nova Hedwigia **6**: 31, 1962.

地衣体叶状，3-5 cm 宽 (文献记载可宽达 10 cm 或更宽)，较紧密平铺于基物；裂片二叉至不规则多次分裂，亚线形延长，狭窄，0.7-1.2 (-1.5) mm 宽，彼此分离；上表面灰色至淡灰绿色，久置标本室后有微褐色色度，无粉芽和裂芽；髓层白色；下表面有皮层，灰白色，中央部位微褐色色度；假根与地衣体同色，顶部变暗至黑色，单一不分枝至不规则分枝，通常 0.5-1.2 mm 长。子囊盘表面生，茶渍型，无柄或具短柄，直径 (0.5) 1-3.0 mm，盘缘常常齿裂，有时呈小裂片，盘面平坦或下凹，褐色至黑色；孢子双胞，褐色，椭圆形，厚壁，无小芽孢，Pachysporaria 型，25-35 × 12-16 μm。

化学：地衣体 K+黄色；髓层 K+黄色或转红色，C-，PD+橙色；含有 atranorin、zeorin、norstictic acid、± salazinic acid。

基物：树皮，偶为岩石。

研究标本：

安徽，黄山，1999 年 9 月 11 日，陈健斌 14728 (110786)。

云南，盈江县铜壁关，海拔 540-1200 m，1981 年 6 月 19-20 日，王先业等 2901 (14396)，3145 (14397)；泸水县片马，海拔 2400 m，1981 年 5 月 29 日，王先业等 1794 (14395)；西畴县法斗，海拔 1400 m，1991 年 11 月 18 日，陈健斌 5328 (14398)；麻栗坡县老君山，海拔 1400 m，1991 年 11 月 21 日，陈健斌 5437 (14394)。

国内记载：云南 (Chen and Wang，2001)。Zhang 等 (2006) 记载贵州有 *H. rubescens* 分布，但引证的标本含有 dissectic acid，实为狭叶哑铃孢 *Heterodermia angustiloba*。

世界分布：东南亚 (Kurokawa，1973)。

讨论：本种主要特征是地衣体平铺于基物，裂片不抬升，下表面具有下皮层，无粉芽和裂芽，孢子无小芽孢，髓层含有 norstictic acid、± salazinic acid。Kurokawa (1962) 和 Awasthi (1988) 记载本种髓层含有 norstictic acid 和 salazinic acid，但中国有少数标本缺乏 salazinic acid。本种与狭叶哑铃孢 *H. angustiloba* 的区别在于狭叶哑铃孢含有 dissectic acid，与大哑铃孢 *H. diademata* 的区别在于大哑铃孢不含 norstictic acid 和 salazinic acid。虽然本种种加词是“*rubescens*”，在原始描述中认为下表面变红色。正如 Kurokawa (1962) 指出，这种红色不是自然的，而是由于地衣体所含的 salazinic acid 在湿碱性条件下分解所致。在通常情况下，该种下表面是灰白色，或在中央部位呈微褐色。

3.27 中国丛毛哑铃孢　图版 IX: 38

Heterodermia sinocomosa J.B. Chen, Mycotaxon **77**: 104, 2001.

Type: CHINA. Yunnan, Lijiang, Mt.Yulongshan, alt. 2800 m, Dec. 6, 1960, J.D. Zhao and Y.B. Chen 3856 (holotype in HMAS-L !).

地衣体叶状，形成莲座状，约 5 cm 宽，或不规则扩展，抬升亚直立，较疏松的常仅以中央部位贴于基物；裂片不规则分裂，裂片间紧密相连，亚覆瓦状，0.7-1.5 mm 宽，趋向顶部渐宽，顶端略圆，可达 3.5 mm 宽，有白霜；上表面淡白灰色，微凸，边缘微向下卷，缺乏粉芽和裂芽，有众多表面生和边缘生的毛，0.7-2.0 mm 长，基部白色，趋向顶部变为暗褐色至黑色；髓层白色；下表面无皮层，微沟槽状，白色和杂有赭黄色 (K+紫红色)，边缘生缘毛型假根与地衣体同色，1-3 mm 长，单一或有分枝。子囊盘未见。

化学：含有 atranorin、zeorin、未知色素。

研究标本：

云南，模式标本，即赵继鼎、陈玉本 3856 (2008)。

世界分布：中国 (Chen，2001)。

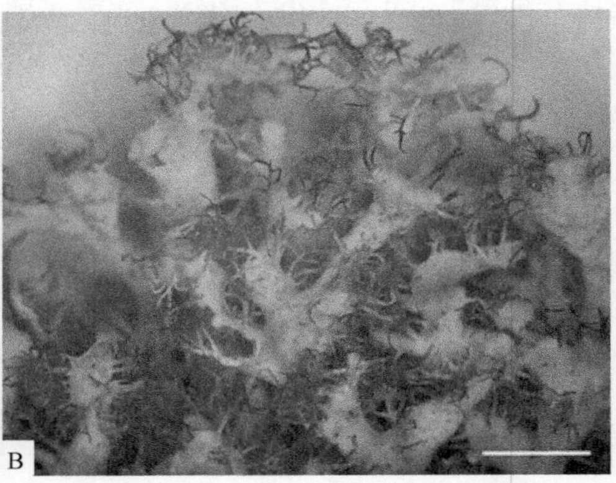

图 50　丛毛哑铃孢 *Heterodermia comosa* (A：陈健斌 5312，标尺= 2 mm) 与中国丛毛哑铃孢 *Heterodermia sinocomosa* (B：赵继鼎、陈玉本 3856，标尺= 2 mm) 的表面生"缘毛"的比较

讨论：中国丛毛哑铃孢 *Heterodermia sinocomosa* 相似于丛毛哑铃孢 *Heterodermia comosa*，因为它们具有相似的地衣体和裂片上表面有毛 (cilia)，然而本种有以下特征区别于丛毛哑铃孢：①本种色素 K+紫红色，而 *H. comosa* 的色素是 K-(Swinscow and Krog, 1976；Kashiwadani and Kurokawa，1990)；②本种裂片上表面顶部有白霜；③本种上表面的毛较短 (0.7-2 mm 长) 而且常常分枝和顶部变为暗色至黑色，而 *H. comosa* 的毛较长 (1-4 mm 长)，单一很少分枝，灰白色 (图 50)；④本种缺乏粉芽，而 *H. comosa* 的下表面顶部有粉芽。Kashiwadani 和 Kurokawa (1990) 描述的一新种 *Anaptychia peruviana* (≡*Heterodermia peruviana*)上表面有毛，没有粉芽，没有下皮层，但这个种下表面的色素 K-，含有 norstictic acid，而中国丛毛哑铃孢 *H. sinocomosa* 下表面的色素 K+紫红色，不含 norstictic acid。

3. 28 哑铃孢　图版 IX: 39

Heterodermia speciosa (Wulfen) Trevis., Atti. Soc. Ital. Sci. Nat.**11**: 614, 1868; Wei, Enum. Lich. China: 112, 1991; Aproort & Seaward, Tropical Bryology **17**: 78, 1999.

≡ *Lichen speciosa* Wulfen, in Jacquin, Coll. Bot. **3**: 119, 1789. — *Parmelia speciosa* (Wulfen) Ach., Method. Lich.: 198, 1803; Jatta, Nuov. Giorn. Bot. Italiano, Ser. 2, **9**: 471, 1902. — *Pseudophyscia speciosa* (Wulfen) Müll. Arg., Bull. Soc. Bot. Belgique **32**:

129, 1893; Hue, Nouv. Archiv. Mus. Ser. 4, **1**: 114, 1899. — *Physcia speciosa* (Wulfen) Nyl., Prodr. Lich. Gall. Act. Soc. Linn. Bord.: 307, 1857; Hue, Bull. Soc. Bot. France **36**: 167, 1889; Paulson, J. Bot. London **66**: 319, 1928; Tchou, Contr. Inst. Bot. Natl. Acad. Peiping **3**: 313, 1935. — *Anaptychia speciosa* (Wulfen) A. Massal., Mem. Lichenogr.: 36, 1853; Zahlbruckner, in Handel-Mazzetti, Symb. Sin. **3**: 241, 1930; Moreau & Moreau, Rev. Bryol. Lichenol.**20**: 195, 1951; Kurokawa, Beih. Nova Hedwigia **6**: 24, 1962; Zhao, Xu & Sun, Prodr. Lich. Sin.: 130, 1982.

= *Anaptychia speciosa* f. *foliolosa* Moreau & Moreau, Rev. Bryol. Lichenol. **20**: 195, 1951 (nom. inval. fide Wei, 1991, p. 112).Type: CHINA. Hebei, Mt. Wulingshan, 1390 m, collected by K.M. Liou (not seen).

= *Physcia speciosa* f. *sorediosa* Müll. Arg., Flora **66**: 78, 1883. — *Anaptychia speciosa* f. *sorediosa* (Müll. Arg.) Zahlbr., in Handel-Mazzetti, Symb. Sin. **3**: 242, 1930; Zahlbruckner, Cat. Lich. Univ. **7**: 741, 1931.

= *Physcia hypoleuca* var. *tremulans* Müll. Arg. Flora **63**: 277, 1880. — *Anaptychia pseudospeciosa* var. *tremulans* (Müll. Arg.) Kurok., Beih. Nova Hedwigia **6**: 26, 1962; Zhao, Xu & Sun, Prodr. Lich. Sin.: 131, 1982. — *Anaptychia tremulans* (Müll.Arg.) Kurok., J. Hattor. Bot. Lab. **37**: 597, 1973. — *Heterodermia tremulans* (Müll. Arg.) W. L. Culb., Bryologist **69**: 485, 1966; Chen, Xu & Wei, in Fungi and Lichen of Shennongjia: 487, 1989.

= *Anaptychia yunnanensis* J.D. Zhao, L.W. Xu & Z.M. Sun, Acta Phytotax. Sin. **17**: 97, 1979; Zhao, Xu & Sun, Prodr. Lich. Sin.: 129, 1982. — *Heterodermia yunnanensis* (Zhao, Xu & Sun) J.C. Wei, Enum. Lich. China: 113, 1991. Type: CHINA. Yunnan, Shiping, Zhao & Chen 2468 (holotype in HMAS-L !).

地衣体叶状，略圆形，3-8 cm 宽，较紧密平铺于基物；裂片近二叉和亚掌状分裂，紧密相连或地衣体外周裂片分离，0.5-2.0 (-2.5) mm 宽，顶端略圆，边缘微缺刻，波曲；上表面污灰色至灰白色，微蓝灰色至微褐色色度，平滑，粉芽堆多着生于次生短的裂片顶端和边缘，近唇形或头状；髓层白色；下表面有皮层，白色，趋向中央部位变淡褐色至褐色；假根与下表面同色，顶端呈暗褐色至黑色，不分枝至不规则或灌木状分枝。子囊盘少见，表面生，无柄或具短柄，直径 2-5 mm，盘缘完整或齿裂，稍向内卷，有时有粉芽，盘面褐色至黑褐色，盘托光滑；孢子褐色，双胞，厚壁，无小芽孢，Pachysporaria 型，23-34 × 12-17 μm。

化学：地衣体 K+黄色；髓层 K+黄色，C-，KC-，PD-或淡黄色；含有 atranorin、zeorin。

基物：树皮、岩石。

研究标本：

北京，百花山，海拔 970-1700 m，赵继鼎、徐连旺 6440 (1956)；徐连旺、宗毓臣 8439 (2106)，8449 (2134)，8472 (2105)；东灵山小龙门，海拔 1000-1150 m，1994 年 9 月 11 日，郭守玉 94894 (14266)；陈健斌、王胜兰 456 (85683)。

河北，兴隆县雾灵山，海拔 1900 m，1998 年 8 月 15-16 日，陈健斌、王胜兰 182 (14267)，

291 (14269)，316 (14268)。

内蒙古，昭盟，海拔 850 m，1973 年 8 月 11 日，陈锡龄 3046 (14197)；额尔古纳左旗，阿龙山，海拔 850 m，1983 年 7 月 27 日，赵从福 3019 (14196)；巴林右旗，赛罕乌拉保护区，2000 年 7 月 6 日，陈健斌 20145 (110791)。

辽宁，铁岭，海拔 280 m，1930 年 7 月 18 日，H.W. Kung K.680 (1624)；新宾县，钢山林场秃顶，海拔 1200 m，1981 年 9 月 28 日，陈锡龄 5712 (14259)；恒仁老秃顶子三道沟，1986 年 9 月 11 日，陈锡龄 6716 (14262)；汶县草河口，1963 年 6 月 1 日，高谦 705 (14260)；旅顺老铁山，海拔 250 m，陈锡龄 5779-6 (14258)。

吉林，安图县，1960 年 7 月 31 日，杨玉川 854 (1625)；集安市青石，海拔 350 m，1985 年 7 月 11 日，卢效德 496 (14690)，510 (14248)；珲春市，森林山西南坡，海拔 580-650 m，1984 年 8 月 2 日，卢效德 848024-2 (14240)，848040-8 (14239)；长白山二道河沟，海拔 740 m，1983 年 8 月 25 日，赵从福、高德恩 3184 (14238)；长白山，海拔 1100 m，1985 年 6 月年 24 日，卢效德 129 (14236)，141 (14237)；寒葱沟及马鞍山，海拔 750-1100 m，1994 年 7 月 31 日和 8 月 2 日，魏江春等 94022 (14235)，94138-1 (14687)；长白山，海拔 1800 m，1998 年 6 月 21 日，陈健斌，王胜兰 14101 (14234)，14140 (14233)；敦化市，大蒲柴林场，海拔 760 m，1983 年 9 月 10-15 日，赵从福、高德恩 4155 (14246)；蛟河市实验农场，海拔 400-580 m，1991 年 8 月 27 日至 9 月 1 日，陈健斌、姜玉梅 1064 (14342)，1070 (14689)，1372-1 (14241)，1374 (14243)；和龙市十里坪，海拔 700 m，1983 年 9 月 12 日，赵从福 3937 (14247)。

黑龙江，大兴安岭满归，1975 年 6 月 29 日，陈锡龄 3228 (14251)；大兴安岭新林铁北坡，1979 年 7 月 11 日，陈锡龄 3402 (14250)；安宁市镜泊湖，海拔 500 m，1980 年 7 月 24 日，赵从福 908 (14256)，925 (14252)；密山市，裴德八一农大，海拔 200 m，1980 年 7 月 16 日，赵从福 711 (14254)；小兴安岭五营，1977 年 9 月，陈锡龄 5270 (14249)；乌敏河，1977 年 10 月 3-5 日，陈锡龄 5311 (14261)，5352 (14253)，5362 (14257)；穆棱县三新山，海拔 600 m，1977 年 7 月 21-22 日，陈锡龄 4210 (14255)，4264-1 (14252)。

安徽，黄山，海拔 630 m，1962 年 8 月 27 日，赵继鼎、徐连旺 6000 (2125)。

江西，庐山庐林，1936 年 6 月 21 日，邓祥坤 848 (2108)；1960 年 4 月 2 日，赵继鼎等 515 (2131)。

湖北，神农架，海拔 780-2650 m，1984 年 7-9 月，陈健斌 10078 (14271)，10104 (14270)，10392 (14273)，11053 (14274)，11714 (14272)，12054 (14275)。

湖南，衡山，海拔 200-800 m，1964 年 8 月 31 日，赵继鼎、徐连旺 9869 (1701)，9978 (1704)，10048 (1705)；张家界天子山，海拔 900 m，1997 年 8 月 14 日，陈健斌等 9246 (14682)；桑植县，天平山，海拔 1300 m，1997 年 8 月 20 日，陈健斌等 9898 (14679)，9937 (14680)，9959 (14681)。

四川，马尔康县沙尔，海拔 2600 m，1983 年 7 月 2 日，王先业，肖勰 11372 (14213)；九寨沟，海拔 2000-2600 m，1983 年 6 月 7-10 日，王先业、肖勰 10126 (14206)，10254 (14205)，10491 (14204)；1994 年 5 月 23-24 日，陈健斌 6047 (14202)，10079-1 (14203)；若尔盖县铁布，海拔 2500-2800 m，1983 年 6 月 19-21 日，王先业、肖勰 10957 (14684)，10973 (14211)，10988 (14683)，11020 (14711)；二郎山，海拔 2800 m，1983 年 8 月 15

日，苏京军等 6092 (14212)；贡嘎山西坡姊妹山，海拔 3500 m，1982 年 8 月 2 日，王先业等 9359 (14198)；峨眉山，海拔 1800-3160 m，1963 年 8 月 12-18 日，赵继鼎、徐连旺 7035 (1623)，7056 (1622)，7769 (2118)，7909 (2121)；1994 年 6 月 2 日，陈健斌 6190 (14207)；汶川县卧龙，海拔 2200-2400 m，1982 年 8 月，王先业等 9656-1 (14209)，9731 (14210)；卧龙贝母坪，海拔 3300 m，王先业等 9580 (14208)；松潘县黄龙寺，海拔 3300 m，1983 年 6 月 13 日，王先业、肖勰 10742 (14199)，10753 (14201)。

云南，昆明市，黑龙潭，海拔 1900 m，1991 年 12 月 8 日，陈健斌 5585 (14231)；思茅，1957 年 4 月 5 日，巴良斯基 1025 (2122)；石屏，赵继鼎、陈玉本 2468 (*Anaptychia yunnanensis* Zhao 的模式标本)；西双版纳勐海县，海拔 1000-1350 m，1994 年 7 月 8 日，陈健斌 6521 (14670)，6539 (14327)；保山县，海拔 2100 m，1981 年 5 月 25 日，王先业等 1481 (14228)；中甸县，碧鼓林场、吉沙林场，海拔 3500-3700 m，1981 年 8 月 13-16 日，王先业等 4429 (14363)，5187 (14362)，5688 (14673)，5720 (14364)，5827 (14361)；中甸大雪山，海拔 4100 m，1981 年 9 月 7 日，王先业等 6220 (14216)，6242 (14694)，7334 (14217)，7335 (14365)，7336 (14218)，7337 (14219)；德钦县白马雪山，海拔 3700 m，1981 年 7 月 11 日，汪楣芝 7834 (14222)；泸水县下片马，海拔 1900-2000 m，1981 年 5 月 28-31 日，王先业等 1657 (14677)，2149 (14215)；海拔 3000 m，片马，王先业等 1921 (14214)；贡山县，独龙江，海拔 1200-2000 m，1982 年 8-9 月，苏京军 2838 (14369)，2936-1 (14370)，3330 (14676)，5790 (14226)；麻栗坡县老君山，海拔 1500 m，1991 年 11 月 21 日，陈健斌 5419 (14230)；腾冲县，海拔 2000 m，1981 年 6 月 15 日，王先业等 2729 (14367)，2765-3 (14227)，2783 (14229)；维西县，西岩瓦，海拔 1800 m，1981 年 7 月 10 日，王先业等 3566 (14366)，海拔 2200 m，1982 年 5 月 19 日，苏京军 578 (14225)；维西攀天阁，海拔 2500 m，1981 年 7 月 25 日，王先业等 4186 (14675)，4230 (14223)，4272 (14674)；景洪市，普文，1994 年 7 月 9 日，陈健斌 6565-1；西畴县法斗，海拔 1500 m，1991 年 11 月 16 日，陈健斌 5067-1 (14713)。

西藏，聂拉木县，海拔 3640 m，1966 年 6 月 14 日，魏江春、陈健斌 1570-2 (14265)；察隅县察瓦龙，海拔 3600 m，1982 年 9 月 27 日，苏京军 4903 (14263)；日东区帮果，海拔 3700 m，1982 年 9 月 9 日，苏京军 4343 (14264)。

陕西，太白山，海拔 1550 m，1963 年 7 月 14-18 日，马启明、宗毓臣 37 (2109)，408 (2110)；太白山北坡，明星寺等地，海拔 2850-3150 m，1992 年 7 月 27-28 日，陈健斌、贺青 5967 (17481)，6180 (17482)，6186 (17483)，6359 (17484)，6439 (17485)；太白山南坡花儿坪等地，海拔 1550-1800 m，1992 年 8 月 2-5 日，陈健斌、贺青 6210 (17488)，6227 (17491)，6607 (17486)，6613 (17487)，6633 (17490)，6652 (17489)。

国内记载：河北 (Tchou，1935；Moreau and Moreau，1951；赵继鼎等，1982)，黑龙江 (Kurokawa，1959b，1962)，东北 (作为 Manchuria: Ikoma，1983)，山东 (赵遵田等，2002)，湖北 (Zahlbruckner，1930；陈健斌等，1989)，湖南 (魏江春等，1982；赵继鼎等，1982)，安徽 (赵继鼎等，1982；吴继农和钱之广，1989)，浙江 (Moreau and Moreau，1951；赵继鼎等，1982；吴继农和钱之广，1989），福建 (吴继农等，1985)，广西 (赵继鼎等，1982)，云南 (Hue, 1889，1899；Paulson，1928；Zahlbruckner，1930；赵继鼎等，1982)，陕西 (Baroni，1894；Jatta，1902；Zahlbruckner，1930；赵继鼎等，1982；

贺青和陈健斌，1995)，香港 [Seemann，1856 (根据马骥，1981a)；Zahlbruckner，1930；Aptroot and Seaward，1999；Aptroot and Sipman，2001]。

世界分布：热带至温带。

讨论：本种主要特征是具粉芽，下表面有皮层，孢子无小芽孢 (Pachysporaria 型)，含有 atranorin 和 zeorin。本种与拟哑铃孢 *Heterodermia pseudospeciosa* 的区别在于拟哑铃孢含有 norstictic acid、± salazinic acid。*A. tremulans* (≡ *H. tremulans*) 被 Swinscow 和 Krog (1976) 处理为哑铃孢 *H. speciosa* 的异名。理由充分，符合实际，本卷采纳。赵继鼎等 (1979) 曾描述一新种：云南雪花衣 *Anaptychia yunnanensis* (≡*Heterodermia yunnanensis*)。我们对该种的模式标本重新研究后将 *H. yunnanensis* 处理为哑铃孢 *H. speciosa* 的异名。本种是哑铃孢属的模式种，广布于世界热带至温带，也是中国常见的大型地衣之一。

3. 29 翘哑铃孢 图版 IX: 40

Heterodermia subascendens (Asahina) Trass, Folia Cryptog. Estonica **29**: 20, 1992; Wei, Enum. Lich. China: 113, 1991.

≡ *Anaptychia subascendens* Asahina J. Jap. Bot. **33**: 325, 1958; Kurokawa, Beih. Nova Hedwigia **6**: 96, 1962; Zhao, Xu & Sun, Prodr. Lich. Sin.: 143, 1982.

地衣体叶状，形成莲座状或不规则形，3-5 cm 宽，较疏松的常常仅以中央部位贴于基物；裂片二叉式至不规则分裂，裂片抬升至半直立，顶部加宽，常呈匙形，顶端略圆，2.5-5 mm 宽，基部 1-2 mm 宽；上表面淡灰白色至淡灰绿色，平坦或微凸 (边缘稍向下卷)；髓层白色；下表面无皮层，似蛛网和脉纹状，白色，散布黄色色素，顶部生有粉芽；边缘生假根与地衣体同色，顶部常变暗色，0.5-1.5 mm 长，单一不分枝至不规则分枝。子囊盘未见。文献 (Kurokawa，1962) 记载子囊盘非常稀有，常近顶生，有柄，盘径 1-3 mm，盘缘有粉芽，盘面暗褐色；孢子双胞，厚壁，褐色，有小芽孢，Polyblastidia 型，34-41 × 16-20 μm。

化学：上皮层 K+黄色；髓层 K+黄色，C-，KC-，PD-或淡黄色，黄色色素 K+紫红色 (有时色素少，反应不明显)；含有 atranorin、zeorin。

基物：树皮。

研究标本：

吉林，长白县，1963 年 9 月 5 日，陈锡龄 2342 (14590)。

安徽，黄山，海拔 1800 m，1962 年 8 月 2 日，赵继鼎、徐连旺 5828 (1919)。

湖北，神农架，魏江春 11612-1 (141381)。

广西，花坪，海拔 800 m，1964 年 8 月 23 日，赵继鼎、徐连旺 9784 (2084)。

四川，汶川卧龙，海拔 2000-2200 m，1982 年 8 月，王先业等 9781 (14589)，1994 年 6 月 8 日，陈健斌 6267 (14587)；马尔康县沙尔，海拔 2600 m，1983 年 7 月 2 日，王先业、肖勰 11354 (14586)。

云南，维西县白济汛，1981 年 7 月 12 日，王先业等 3653 (14591)。

国内记载：云南 (赵继鼎等，1982；王立松等，2008)，安徽，浙江 (吴继农和钱之广，1989)，福建 (吴继农等，1985)，台湾 (Kurokawa，1962；Yoshimura，1974；Wang-Yang and Lai，1976；Ikoma，1983；赖明洲，2000)。

世界分布：西伯利亚，韩国，日本，中国（台湾)，澳大利亚 (Elix, 2011a)。基本属于东亚分布。

讨论：本种主要特征是裂片抬升半直立，具有粉芽 (常位于下表面顶部)，下表面无皮层，有黄色色素，但色素不连续，有时微弱，孢子有小芽孢 (Polyblastidia 型)，含有 atranorin、zeorin，缺乏 norstictic acid 和 alazinic acid。近似种 *Heterodermia galactophylla* 的下表面缺乏黄色色素；另一个近似种 *Heterodermia pellucida* 缺乏粉芽。

3.30 拟白腹哑铃孢 图版 IX: 41

Heterodermia togashii (Kurok.) D.D. Awasthi, Geophytology **3**: 114, 1973; Chen,Wu & Wei, in Fungi and Lichens of Shennongjia: 487, 1989; Wei, Enum. Lich. China: 113, 1991.

≡ *Anaptychia togashii* Kurok., Beih. Nova Hedwigia **6**: 68, 1962. — *Polyblastidium togashii* (Kurok.) Kalb, in Mongkolsuk et al., Phytotaxa **235** (1): 47, 2015.

= *Anaptychia szechuanensis* Zhao, Xu & Sun, Acta Phytotax.Sin.**17** (2): 96, 1979; Zhao, Xu & Sun, Prodr. Lich. Sin.:128, 1982. — *Heterodermia szechuanensis* (Zhao, Xu & Sun) Wei, Enum. Lich. China: 113, 1991. Type: CHINA. Sichuan, J.D. Zhao & L.W. Xu 7728 (holotype in HMAS-L !).

= *Anaptychia szechuanensis* f. *albo-marinata* Zhao, Xu & Sun, Acta Phytotax.Sin.**17**: 97, 1979. — *Heterodermia szechuanensis* f. *albo-marinata* (Zhao, Xu & Sun) Wei, Enum. Lich. China: 113, 1991. Type: CHINA. Sichuan, J.D. Zhao & L.W. Xu 8371 (holotype in HMAS-L !).

地衣体叶状，略圆形或不规则形，4-10 cm 宽，较疏松平铺于基物，不抬升；裂片近二叉和三叉分裂，中央部位常紧密相连，外周分离，0.5-1.5 mm 宽，顶端浅裂，边缘不整齐，常常次生小裂片；上表面灰白色，平滑，无粉芽无裂芽；髓层白色；下表面无皮层，白色，趋向中央部位变淡褐色；假根边缘生，稠密，形成垫层，与下表面同色，趋向顶端呈暗色至黑色，树杈状和灌木状分枝。子囊盘表面生，无柄或具短柄，直径 2-6 mm，盘缘齿裂和有许多小裂片，盘面褐色至黑褐色；孢子褐色，双胞，厚壁，有小芽孢，Polyblastidia 型，(30) 32-45 (-50) × 15-22 (-25) μm。

化学：地衣体 K+黄色；髓层 K+黄色，C-，KC-，PD-；含有 atranorin、zeorin。

研究标本：

湖北，神农架，海拔 2350 m，1984 年 7 月 8 日，陈健斌 10195 (7824)。

四川，峨眉山，海拔 2200-3160 m，1963 年 8 月 14-17 日，赵继鼎、徐连旺 7303 (1619)，7672 (1883)，赵继鼎、徐连旺 7728 (holotype of *Anaptychia szechuanensisin*)，8371 (holotype of *Anaptychia szechuanensis* f. *albo-marinatain*)，7782a (1618)。

云南，海拔 3700-3750 m，1981 年 8 月 6 日，王先业等 6569 (141352)，6882 (141356)，6350 (141350)；福贡县，海拔 2300 m，1982 年 6 月 9 日，苏京军 1310 (141353)；贡山独龙江，海拔 2400 m，1982 年 8 月 30 日，苏京军 3761 (141351)；1987 年，玉龙雪山 T. Ahti，陈健斌、王立松 46511 (141354)。

西藏，察隅日东，海拔 3600-3700 m，1982 年 9 月，苏京军 4682 (141355)。

国内记载：湖北 (陈健斌等，1989)，河北，安徽，四川，云南 (赵继鼎等，1979，1982 作为 *Anaptychia szechuanensis* Zhao, Xu and Sun 报道)，贵州 (Zhang et al., 2006)。

世界分布：中国—喜马拉雅分布。

讨论：本种在外形和化学上相似于白腹哑铃孢 *Heterodermia hypoleuca*，主要区别在于本种有较大的孢子 (常常 35-45 μm 长)，孢子有小芽孢，属于 Polyblastidia 型。在分布上，白腹哑铃孢属于东亚—北美间断分布型，而本种主要仅局限于亚洲喜马拉雅地区。赵继鼎等 (1979) 描述的新种 *Anaptychia szechuanensis* Zhao, Xu & Sun 经重新检查实为拟白腹哑铃孢 *H. togashii*。

4. 外蜈蚣叶属 **Hyperphyscia** Müll. Arg.

Hyperphyscia Müll. Arg., Bull. Herb. Boissier **2**, App. 1: 10, 1894.

Type species: *Hyperphyscia adglutinata* (Flörke) H. Mayrhofer & Poelt

= *Physciopsis* M. Choisy, Bull. Mens. Soc. Linn. Lyon **19**: 20, 1950.

地衣体叶状，小型，常 1-3 cm 宽，通常十分紧密着生于基物；上表面淡灰绿色、灰褐色至暗褐色，上皮层由假薄壁组织构成，下皮层缺乏，或不明显，或由假厚壁长细胞菌丝组织构成，下表面中央部位褐色至黑色，边缘部位淡色；假根短而不明显或缺乏假根。子囊盘茶渍型，盘缘完整或呈锯齿状，子实层无色，子实下层无色；子囊内含 8 孢，孢子褐色，2 胞 (通常 Pachysporaria 型) 或 4 胞。分生孢子线形，通常 15-20 μm 长。地衣体 K-，缺乏 atranorin，而且大多数种的髓层无明显地衣物质，有些种含有色素 skyrin，个别种含有 zeorin 及未知物。

本属地衣区别于狭义蜈蚣衣科其他属地衣的最显著特征是具有较长的线形分生孢子 (通常 15-20 μm 长)。此外，外蜈蚣叶属地衣常常紧密贴于基物，缺乏假根，在这方面相似于黑囊基衣属 *Dirinaria* 地衣，但后者地衣体 K+，含有 atranorin，而本属地衣的地衣体 K-，缺乏 atranorin。黑蜈蚣叶属 *Paeophyscia* 和大孢衣属 *Physconia* 地衣的皮层虽然也是 K-，缺乏 atranorin，但这两个属地衣通常较疏松贴于基物，假根明显，而且大孢衣属地衣具有丰富的羽状分枝假根。

外蜈蚣叶属地衣主要分布于热带、亚热带。世界已知本属地衣 20 余种。文献记载中国有 4 种，其中匙外蜈蚣叶 *Hyperphyscia cochlearis* Scutari 和粒外蜈蚣叶 *Hyperphyscia granulata* (Poelt) Moberg 分布于中国台湾，而中国大陆未知。本卷记载中国大陆 3 种。文献记载的 *Hyperphyscia adglutinata* 因未见其标本被列入未确定种。

分种检索表

1. 具粉芽或裂芽……………………………………………………………………2
1. 无粉芽无裂芽，髓层白色………………………………颈外蜈蚣叶 ***H. syncolla***
  2. 具粉芽，髓层红色，含有 zeorin…………………………红髓外蜈蚣叶 ***H. crocata***
  2. 具裂芽，髓层白色，缺乏 zeorin………………珊瑚芽外蜈蚣叶 ***H. pseudocoralloides***

Key to the species

1. With soredia or isidia ······ 2
1. Without soredia and isidia, medulla white ······ ***H. syncolla***
  2. With soredia, medulla red, zeorin present ······ ***H. crocata***
  2. With isidia, medulla white, zeorin absent ······ ***H. pseudocoralloides***

4.1 红髓外蜈蚣叶　图版 IX: 42

Hyperphyscia crocata Kashiw., Bull. Natn. Mus.,Tokyo, Ser. B, **11**(3): 92, 1985.

地衣体叶状，略圆形，直径 1-3 cm，紧密贴于基物；裂片二叉至不规则分裂，狭窄，0.5-1.5 mm 宽；上表面淡灰绿色至橄榄色，粉芽堆主要表面生，小圆形和半球形，粉芽颗粒状；髓层红色，至少髓层下半部位红色；下皮层不明显，下表面近黑色，顶部颜色稍浅，假根缺乏或非常稀少。子囊盘表面生，直径 0.5 -1.5 mm，盘面近黑色，盘缘完整至轻微缺刻，有时粉芽化，孢子 Pachysporaria 型，17-25 × 8-11 μm。文献 (Kashiwadani，1985) 记载分生孢子器不多见，分生孢子丝状，17-20 × 1 μm。

化学：地衣体 K-；髓层含有 skyrin、zeorin。

基物：树皮。

研究标本：

广西，临桂县宛田，1964 年 8 月 12 日，赵继鼎、徐连旺 8567 (2368)。

云南，思茅附近，1994 年 7 月，陈健斌 6587 (143791)。

国内记载：广西，云南 (陈健斌和胡光荣，2022)。

世界分布：日本 (Kashiwadani，1985)。

讨论：本种主要特征是具有表面生粉芽堆，髓层红色，含有 zeorin、skyrin。我们引证的 2 份标本中有一份标本被 Moberg 来华期间鉴定为 *Hyperphyscia pandani* (H. Magn.) Moberg。但是，*H. pandani* 的裂片十分狭窄，0.2-0.5 mm 宽 (Rogers，2011)，或最大达 1 mm 宽 (Moberg，1987)，缺乏 zeorin。我们引证的 2 份标本的裂片 0.5–1.5 mm 宽，TLC 检测的结果含有 zeorin。在外蜈蚣叶属地衣中含有 zeorin 是少见的。中国的这 2 份标本裂片 0.5-1.5 mm 宽，具粉芽、红色髓层及含有 zeorin，非常符合产于日本的 *Hyperphyscia crocata* 的鉴别特征 (Kashiwadani，1985)。与原描述相比，中国标本的下表面的颜色较暗，近黑色，顶部颜色稍浅，而日本的标本下表面淡褐色至褐色。此外，中国标本的孢子 17-25× 8-11 μm，稍大于日本标本的孢子 16-20 ×7-8 μm。

4.2 珊瑚芽外蜈蚣叶　图版 X: 43

Hyperphyscia pseudocoralloides Scutari, Mycotaxon **62**: 91, 1997.

地衣体小型叶状，略圆形，直径 1-1.5 cm，紧密贴于基物；裂片二叉至不规则分裂，非常狭窄，0.2-0.5 mm 宽；上表面淡灰绿色至淡褐色，边缘生有大量颗粒状至珊瑚状小裂芽；髓层白色；下皮层不明显，下表面黑色，顶部颜色稍浅，假根缺乏。子囊盘未见。文献 (Scutari，1997) 记载子囊盘表面生，直径可达 1.3 mm，盘面黑色，盘缘完整至轻微缺刻，孢子双胞，Pachysporaria 型，16-20 (-23) × 8-11 μm；分生孢子器未见。

化学：地衣体 K-；髓层 K-；含有微量 skyrin，文献记载本种未检测出地衣物质。

基物：树皮。

研究标本：

云南，西双版纳勐仑，海拔 580 m，1987 年 11 月 16 日，R. Moberg 7786a (125605)。

国内记载：云南 (Lichens Selecti Exsiccati Upsalienses 421. *Hyperphyscia pseudo-oralloides* Scutari)，未见论文。

世界分布：巴西，阿根廷 (Scutari，1997)。

讨论：本种主要特征是裂片边缘具有大量的颗粒状至珊瑚状小裂芽，白色髓层，与中国的其他外蜈蚣叶种比较容易区分。文献记载本种未检测出地衣物质，我们用 TLC 检测的结果显示含有微量 skyrin。

4. 3 颈外蜈蚣叶　图版 X: 44

Hyperphyscia syncolla (Tuck. ex Nyl.) Kalb, Lich. Neotrop. Fasc. **6** (nos. 201-250), Neumarct: 11, 1983; Wei, Enum. Lich. China: 114, 1991.

≡ *Physcia syncolla* Tuck. ex Nyl., Syn. Meth. Lich. **1** (1): 428, 1858. — *Physciospis syncolla* (Tuck. ex Nyl.) Poelt, Nova Hedwigia **9**: 30, 1965.

地衣体叶状，略圆形，约 1.5 cm 宽，紧密贴于基物；裂片狭窄，小于 1 mm 宽，顶端稍加宽；上表面淡灰绿色至淡褐色，无粉芽和裂芽；髓层白色；下皮层不明显，边缘淡色，中央暗色，缺乏假根。子囊盘未见。文献 (Moberg，1987) 记载子囊盘不常见，孢子双胞，Pachysporaria 型至 Physcia 型，18-23 × 8-11 μm；分生孢子 15-20 ×1 μm。

化学：地衣体 K-；髓层 K-；未检测出地衣物质。

基物：树皮。

研究标本：

云南，云南丽江，海拔 2400 m，1981 年 7 月 30 日，王先业等 7184-1 (143789)。

国内记载：陕西 (Hue，1889，1900；赵继鼎等，1982)，云南 (Zahlbruckner，1930)。

世界分布：北美洲，东非，澳大利亚 (Nash et al.，2002；Moberg，1987；Rogers，2011)。

讨论：本种主要特征是无粉芽和裂芽、髓层白色，与中国外蜈蚣叶属其他种地衣容易区分。

5. 黑蜈蚣叶属 Phaeophyscia Moberg

Phaeophyscia Moberg , Symb. Bot. Upsal. **22** (1): 29, 1977.

Type species: *Phaeophyscia orbicularis* (Neck.) Moberg.

= *Physciella* Essl., Mycologia **78**: 93, 1986.

地衣体叶状，稀为亚枝状，通常较疏松地着生于基物，裂片多相互分离，或重叠呈覆瓦状；上表面淡灰绿色、灰褐色至褐色，无粉霜；上皮层由假薄壁组织构成，下皮层多为假薄壁组织，少数由假厚壁长细胞组织构成；髓层通常白色，少数种髓层黄色或橙红色；下表面多为褐色至黑色，少数种为白色或灰白色。假根通常稠密，单一不分枝或稀有分枝，多与下表面同色。子囊盘茶渍型，盘缘完整或呈锯齿状，有时有刺毛，盘面褐色至黑色，子囊盘基部常具有黑色假根；子实层无色或淡黄色色度，子实下层无色；子囊内含 8 孢，孢子褐色，双胞，厚壁，Physcia 型或 Pachysporaria 型。分生孢子器烧瓶状，通常埋生于地衣体中，孔口开于地衣体上表面，暗褐色至黑色，圆点状。分生孢子椭圆形至近卵形，长度小于 4 μm。地衣体 K-，不含 atranorin，绝大多数种的髓层中无明显的地衣物质，只有少数某些种含有色素 skyrin、zeorin 或未知物。

黑蜈蚣叶属 *Phaeophyscia* 是 Moberg (1977) 基于皮层结构、分生孢子与地衣化学等特征从广义蜈蚣衣属 *Physcia* s. lat.中分出的一个属。两者的主要区别在于本属地衣的皮层中不含 atranorin，下皮层多为假薄壁组织，下表面多呈黑色，分生孢子近椭圆形，小于 4 μm 长。而蜈蚣衣属地衣的皮层中含有 atranorin，下表面多为白色至灰白色，下皮层多为假厚壁长细胞组织，分生孢子近柱状，大于 4 μm 长。大孢衣属 *Physconia* 地衣虽然皮层中不含 atranorin (K-)，但大孢衣属地衣的上表面及子囊盘通常披有明显白霜，假根羽状分枝，孢子薄壁，Physconia 型。Esslinger (1986) 对黑蜈蚣叶属的界定与 Moberg 稍有差异，将 *Physcia chloantha*、*Physcia denigrata*、*Physcia melanchra* 和 *Physcia nepalensis* 等几个下皮层为假厚壁长细胞组织、下表面灰白色的种组建为新属 *Physciella*。但我们仍然采纳 Moberg (1977)关于黑蜈蚣叶属的概念，将 *Physciella* 视为 *Phaeophyscia* 的异名。

黑蜈蚣叶属地衣主要分布于北温带和北方植被带。东亚和北美洲是黑蜈蚣叶属地衣两个最重要的分布地域，主要分化中心在东亚 (Moberg，1994，1995)。目前，世界已知本属地衣约 48 种。本卷记载中国大陆 21 种，并根据有关文献和中国标本实际情况，将 *Phaeophyscia endococcinodes* (≡*Phaeohyscia endococcina* var. *endococinodes*) 处理为 *P. endococcina* 的异名，承认 *Phaeophyscia nepalensis* 和 *Physcia nipponica* 是 *P. denigrata* 的异名。有文献记载未见标本的种 4 个：密集黑蜈蚣叶 *P. constipata*、红心黑蜈蚣叶 *P. erythrocardia*、黑蜈蚣叶 *P. nigricans*、圆叶黑蜈蚣叶 *P. orbicularis* (详见本卷未研究和未确定种)。

分种检索表

1. 髓层白色……2
1. 髓层橙黄色或橙红色……17
  2. 下表面灰白色至淡褐色……3
  2. 下表面暗褐色至黑色……6
3. 无粉芽、裂芽……4
3. 具粉芽……5
  4. 子囊盘基部无毛或罕见有毛，下皮层由假厚壁长细胞组织构成……**白腹黑蜈蚣叶 *P. denigrata***
  4. 子囊盘基部有毛，下皮层由假薄壁组织构成……**载毛黑蜈蚣叶 *P. trichophora***
5. 粉芽堆主要生于裂片末端，常唇形……**粉小黑蜈蚣叶 *P. chloantha***
5. 粉芽堆表面生，近圆形……**弹坑黑蜈蚣叶 *P. melanchra***
  6. 无粉芽、裂芽……7
  6. 具营养繁殖体……11
7. 子囊盘盘缘及附近生白色刺毛……8
7. 盘缘及附近无白色刺毛……9

8. 裂片末端或边缘上生浅色皮层毛…………………………………………………皮层毛黑蜈蚣叶 ***P. hirtella***
8. 裂片末端或边缘上无皮层毛……………………………………………………白刺毛黑蜈蚣叶 ***P. hirtuosa***
9. 裂片较宽，通常 1.5-3.5 mm 宽……………………………………………………………刺黑蜈蚣叶 ***P. primaria***
9. 裂片较窄，极少超过 1.5 mm，常放射状排列……………………………………………………………………10
10. 裂片 0.3-0.6 mm 宽，孢子 Pachysporaria 型……………………………………………狭黑蜈蚣叶 ***P. confusa***
10. 裂片 0.5-1.5 mm 宽，孢子 Physcia 型……………………………………………………睫毛黑蜈蚣叶 ***P. ciliata***
11. 具有粉芽………12
11. 具有裂芽和 (或) 小裂片……………………………………………………………………………………………14
12. 粉芽堆常常表面生，头状，裂片 1.5-3.5 mm 宽………………………………毛边黑蜈蚣叶 ***P. hispidula***
12. 粉芽常常边缘生，颗粒状似裂芽…………………………………………………………………………………13
13. 裂片 1-3.5 mm 宽……………………………………………………………………裂芽黑蜈蚣叶 ***P. exornatula***
13. 裂片 0.4-1.5 mm 宽………………………………………………………………颗粉芽黑蜈蚣叶 ***P. adiastola***
14. 无裂芽，小裂片常抬升半直立，地衣体含 zeorin……………………………覆瓦黑蜈蚣叶 ***P. imbricata***
14. 有裂芽，并伴随有小裂片…………………………………………………………………………………………15
15. 裂芽多边缘生，裂芽上有皮层毛………………………………………………毛裂芽黑蜈蚣叶 ***P. kairamoi***
15. 裂芽上无皮层毛……………………………………………………………………………………………………16
16. 裂片 1-3 mm 宽，裂芽常发育成小裂片………………………………………裂芽黑蜈蚣叶 ***P. exornatula***
16. 裂片不超过 1.0 mm 宽，裂芽暗色，有时粉芽化…………………………暗裂芽黑蜈蚣叶 ***P. sciastra***
17. 地衣体含 zeorin，石生…………………………………………………………红髓黑蜈蚣叶 ***P. endococcina***
17. 地衣体缺乏 zeorin…………………………………………………………………………………………………18
18. 无粉芽、裂芽和小裂片……………………………………………………………………………………………19
18. 具粉芽或小裂片……………………………………………………………………………………………………20
19. 裂片较宽，通常 1-2.5 mm 宽……………………………………………………火红黑蜈蚣叶 ***P. pyrrhophora***
19. 裂片狭窄，0.3-1.0 mm 宽……………………………………………………狭叶红髓黑蜈蚣叶 ***P. fumosa***
20. 具粉芽…………………………………………………………………………美丽黑蜈蚣叶 ***P. rubropulchra***
20. 具小裂片………21
21. 裂片 0.4-0.7 mm 宽，裂片末端具白色皮层毛…………………………………湖南黑蜈蚣叶 ***P. hunana***
21. 通常裂片 1-2 mm 宽，裂片末端无皮层毛…………………………………小裂片红髓黑蜈蚣叶 ***P. laciniata***

Key to the species

1. Medulla white ………………………………………………………………………………………………………2
1. Medulla orange to orange red ……………………………………………………………………………………17
2. Lower surface white to brownish …………………………………………………………………………………3
2. Lower surface dark brown to black ………………………………………………………………………………6
3. Without soredia and isidia …………………………………………………………………………………………4
3. With soredia ………5
4. Lower cortex prosoplectenchymatous, hair at base of apothecia absent or very rare ……… ***P. denigrata***
4. Lower cortex paraplectenchymatous, hair at base of apothecia present……………………… ***P. trichophora***
5. Soralia mainly terminal, labiate …………………………………………………………………… ***P. chloantha***
5. Soralia mainly lamnal, orbicular ………………………………………………………………… ***P. melanchra***
6. Without soredia, isidia ………………………………………………………………………………………………7
6. With soredia, isidia or lobules ……………………………………………………………………………………11
7. With white to black hairs on apothecial margin …………………………………………………………………8
7. Without hairs on apothecial margin ………………………………………………………………………………9
8. Pale cortex hairs on lobes present …………………………………………………………………… ***P. hirtella***

8. Pale cortex hairs on lobes absent ········· *P. hirtuosa*
9. Lobes broad, 1.5-3.5 mm wide ········· *P. primaria*
9. Lobes narrow, up to 1.5 mm wide, radiating ········· 10
10. Lobes 0.3-0.6 mm wide, spores of Pachysporaria-type ········· *P. confusa*
10. Lobes 0.5-1.5 mm wide, spores of Physcia-type ········· *P. ciliata*
11. With soredia ········· 12
11. With isidia and /or lobules ········· 14
12. Soralia usually laminal and capitate, Lobes 1.5-3.5 mm wide ········· *P. hispidula*
12. Soredia marginal and granular, isidioid ········· 13
13. Lobes 1-3.5 mm wide ········· *P. exornatula*
13. Lobes 0.4-1.5 mm wide ········· *P. adiastola*
14. Lobules suberect, lacking isidia, zeorin present ········· *P. imbricata*
14. Isidia marginal and often developing into lobules ········· 15
15. Isidia with cortex hair ········· *P. kairamoi*
15. Isidia without cortex hairs ········· 16
16. Lobes 1-3 mm wide, isidia often developing into lobules ········· *P. exornatula*
16. Lobes up to 1.0 mm wide, isidia dark, sometimes sorediate ········· *P. sciastra*
17. Zeorin present ········· *P. endococcina*
17. Zeorin absent ········· 18
18. Without soredia, isidia or lobules ········· 19
18.With soredia or lobules ········· 20
19. Lobes 1-2.5 mm wide ········· *P. pyrrhophora*
19. Lobes 0.3-1.0 mm wide ········· *P. fumosa*
20. With soredia ········· *P. rubropulchra*
20. With lobules ········· 21
21. Lobes 0.4-0.7 mm wide, With pale cortex hairs at tips ········· *P. hunana*
21. Lobes 1-2 mm wide, Without cortex hairs ········· *P. laciniata*

5.1 颗粉芽黑蜈蚣叶　图版 X: 45

Phaeophyscia adiastola (Essl.) Essl., Mycotaxon **7**: 293, 1978.

≡ *Physcia adiastola* Essl., Mycotaxon **5**: 299, 1977.

地衣体叶状，圆形或不规则状，直径通常小于 3.0 cm，稍疏松着生于基物上；裂片常二叉至不规则分裂，分离或有时部分重叠，狭窄，0.4-1.5 mm 宽，裂片末端多数稍加宽和钝圆，稍翘起，有时末端和边缘齿裂；上表面灰色、淡灰绿色至微褐色，平坦或稍凹，粉芽颗粒状，甚至近似裂芽状，多生于裂片近顶端和边缘，也有时表面生，粉芽堆多数无明显固定形态，或聚集成近似头状粉芽堆；髓层白色；下表面黑色，近裂片末端处浅色，假根稀疏至稠密，黑色，单一不分枝。子囊盘及分生孢子器未见。文献 (Moberg, 1983a) 记载本种子囊盘稀有，孢子 Physcia 型，20-26 × 8.5-12 μm。

化学：地衣体 K-；髓层 K-，C-，KC-；未检测出地衣物质。

基物：岩石或石表藓层、树皮。

研究标本：

吉林，蛟河林场，海拔 500 m，1991 年 8 月 29 日，陈健斌、姜玉梅 A-1288 (24892)。

云南，昆明市路南，海拔 1780 m，1981 年 1 月 16 日，姜玉梅 1159-3 (23500)；西

畴，海拔 1400 m，1991 年 11 月 18 日，陈健斌 5315 (23503)。

陕西，太白山嵩坪寺，海拔 1170 m，1992 年 7 月 24 日，陈健斌、贺青 5658 (23502)。

国内记载：陕西 (李莹洁和赵遵田，2006)。

世界分布：北美洲 (Esslinger，1977，1978a)，东非 (Moberg，1983a)，韩国 (Wei and Hur，2007)，澳大利亚 (McCarthy，2018)。其分布型较难归类。

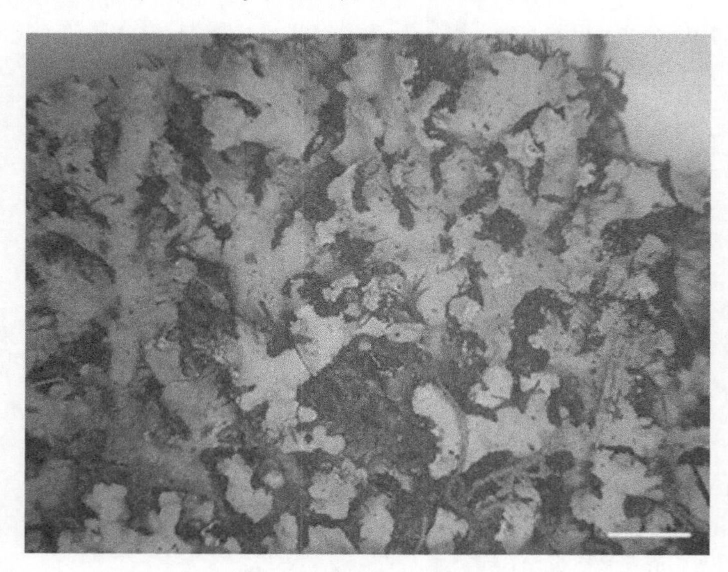

图 51　颗粉芽黑蜈蚣叶 *Phaeophyscia adiastola*
(陈健斌 5315)，标尺= 2 mm

讨论：本种粉芽颗粒状，有时呈裂芽状，多生于裂片顶端和边缘，与 *Phaeophyscia exornatula* 相近，但后者边缘生的粉芽状裂芽常发育成小裂片，裂片较大 (1-3 mm 宽)。而本种粉芽有时表面生，多数无明显固定形态，或聚集成近似头状粉芽堆 (图 51)，但某些小型的 *P. exornatula* 标本与 *P. adiastola* 比较容易混淆。圆叶黑蜈蚣叶 *P. orbicularis* 也具有颗粒状的粉芽，但它的粉芽堆为表面生，且常呈灰色、淡灰绿色或淡黄色色度，粉芽不裂芽化。

5. 2 粉小黑蜈蚣叶　图版 X: 46

Phaeophyscia chloantha (Ach.) Moberg, Bot. Notiser **131**: 259, 1978; Chen, Liu & Huang, Acta Ecol. Sin.**19**: 77, 1999.

≡ *Parmelia chloantha* Ach., Syn. Meth. Lich.: 217, 1814. — *Parmelia obscura* var. *chloantha* (Ach.) Fr., Lichenogr. Eur. Reform.: 85, 1831; Jata, Nuov. Giorn. Bot. Italiano, Ser. 2, **9**: 472, 1902. — *Physcia obscura* var. *chloantha* (Ach.) Rabenh., Kryptog. Fl. Sachsen **2**: 263, 1870; Zahlbruckner, in Handel-Mazzetti, Symb. Sin.**3**: 239, 1930. — *Physciella chloantha* (Ach.) Essl., Mycologia **78**: 94, 1986; Wei, Enum. Lich. China.: 203, 1991.

地衣体叶状，小型，圆形或不规则形，通常 2-3 cm 宽，较疏松着生于基物上；裂片稍短，狭窄，0.3-1.0 (-1.2) mm 宽，顶端多数近钝圆，常微抬升；上表面淡绿灰色或淡褐色，平坦或稍凸，粉芽堆多生于裂片顶端和边缘，偶有表面生，多为唇形，有时近头状，粉芽精细至颗粒状，有时呈淡绿色色度；髓层白色；下表面灰白色，中央部位淡褐色；假根稀疏，单一不分枝，多与下表面同色。子囊盘和分生孢子器未见。文献记载 (Esslinger，1986) 本种子囊盘稀有，孢子 Physcia 型，17-22.5 × 8-11 μm。

化学：地衣体 K-；髓层 K-，C-，KC-，PD-；未检测出地衣物质。

基物：树皮，文献记载也可石生。

研究标本：

北京，小龙门森林生态站，海拔 1250 m，1996 年 8 月，陈健斌 8583 (23507)；2013 年 7 月，陈健斌、刘晓迪无号标本 1 份 (129294)。

河北，兴隆县雾灵山，海拔 1400 m，1998 年 8 月 15 日，陈健斌、王胜兰 170 (80390)。

黑龙江，呼中，海拔 850 m，2002 年 7 月 27 日，陈健斌、胡光荣 21665 (23504)。

西藏，察隅，海拔 3700 m，1982 年 9 月 27 日，苏京军 4941 (23506)。

新疆，天山，海拔 2200 m，1978 年 7 月 15 日，王先业 860 (23505)；天山板房沟照壁山，1999 年，阿不都拉 • 阿巴斯 99624 (83380)。

国内记载：北京 (陈健斌等，1999)，陕西 (Jatta，1902；Zahlbruckner，1930)。

世界分布：欧洲中部和南部，日本，东非，北美洲，南美洲 (Esslinger，1978a，1986；Kashiwadani，1975；Moberg，1993，1994，1995)。分布型难以归类。

讨论：本种主要特征是裂片狭窄，通常小于 1.0 mm 宽，顶端常微抬升，粉芽堆主要生于裂片末端，唇形，下表面灰白色。本种相似于弹坑黑蜈蚣叶 *Phaeophyscia melanchra*，但后者粉芽堆表面生，弹坑状或近圆形。

5. 3 睫毛黑蜈蚣叶　图版 X: 47

Phaeophyscia ciliata (Hoffm.) Moberg, Symb. Bot. Upsal. **22** (1): 30, 1977; Wei, Enum. China: 195, 1991; Moberg, Nord. J. Bot. **15**: 321, 1995; Abbas & Wu, Lich. Xinjiang: 110, 1998.

≡ *Lichen ciliatus* Hoffm., Enum. Lich.: 69, 1784. — *Physcia ciliata* (Hoffm.) Du Rietz, Svensk. Bot. Tidskr. **15**: 168, 1921; Zhao, Xu & Sun, Prodr. Lich. Sin.: 113, 1982. — *Physcia pulverulenta* var. *ciliata* (Hoffm.) Tuck., Proc. Amer. Acad Arts Sci. **4**: 298, 1860; Zahlbruckner, in Handl-Mazzetti. Symb. Sin. **3**: 240, 1930.

= *Lichen ulothrix* Ach., Lich. Suec. Prodr. (Linköping): 113, 1798. nom. illeg. (superfluous name for *Lichen ciliatus* Hoffm.). — *Parmelia ulothrix* (Ach.) Ach., Method. Lich.: 200, 1803; Jatta, Nuov. Gion. Bot. Italiano Ser. 2, **9**: 472, 1902. — *Physcia obscura* var. *ulothrix* (Ach.) Nyl., Act. Soc. Linn. Bordeaux **21**: 309, 1856; Hue, Nouv. Arch. Mus, Hist. Nat. (Paris) Ser.4, **2**: 70, 1900. — *Physcia ulothrix* (Ach.) Nyl., Mém. Soc. Imp. Sci. Nat. Cherbourg **5**: 107, 1857; Hue, Bull. Soc. Bot. France **36**: 168, 1889.

地衣体叶状，圆形或近圆形，直径 2.5-7.0 cm，常常稍紧密铺于基物；裂片多为不规则亚羽状分裂，亚线形延长，常辐射状排列，0.5-1.5 mm 宽，裂片间相互分离或中央部位部分重叠；上表面淡灰绿色至淡褐色和褐色，平坦或稍凸起，无粉芽、裂芽和小裂片，有时中央部位可能有小的节瘤似微小小裂片；髓层白色；下表面黑色，假根单一不分枝或顶端稍分叉，黑色，通常稠密，常伸出裂片边缘。子囊盘常见，圆形，直径 0.5-1.5 (-2) mm，盘面黑色，无粉霜，盘缘完整，子囊盘基部常具黑色假根；子实层透明或微显黄色，73-85 μm 厚，子实下层淡黄色，61-68 μm 厚；子囊棍棒状，内含 8 孢；孢子双胞，褐色，Physcia 型，18-25 × 8.5-12.0 μm。分生孢子器烧瓶状，埋生于地衣体内，孔口凸起于地衣体上表面，褐色至黑色，圆点状；分生孢子小于 4 μm 长。

化学：地衣体 K-；髓层 K-，C-，KC-；未检测出地衣物质。

基物：树皮、岩石。

研究标本：

内蒙古，克什克腾旗，海拔 1300 m，1988 年 8 月 1 日，高向群 1161 (25352)；巴林右旗赛罕乌拉保护区，海拔 1000-1700 m，2000 年 7 月，陈健斌 20725 (25296)；周启明 3 (25289)；2001 年 8 月，陈健斌、胡光荣 21228-1 (25291)。

江西，庐山植物园，1960 年 3 月 30 日，赵继鼎等 431 (2411)。

四川，贡嘎山，海拔 2200 m，1982 年 7 月 7 日，王先业等 8791 (25254)。

陕西，太白山，1938 年 8 月 6 日，刘慎谔 4362 (25348)；1988 年 7 月 10 日，高向群 2973 (25506)，2996 (25335)，3001 (25504)；1992 年 8 月，陈健斌、贺青 6013-1 (25334)。

新疆，阿尔泰山富蕴，海拔 1400-1550 m，2002 年 5 月 4 日，王玉良 2002018 (83381)；富蕴大桥林场，2002 年 7 月，杨勇 20021042 (83387)，2002935 (83445)；阿尔泰山，青河昆哥特，海拔 2000 m，2002 年 6 月 22 日，杨勇 2002798 (83416)。

国内记载：河北，内蒙古 (Moberg，1995)，湖北 (陈健斌等，1989)，安徽，浙江 (吴继农和钱之广，1989)，四川 (赵继鼎等，1982)，云南 (Hue，1889，1900；Zahlbruckner，1930；赵继鼎等，1982；Moberg，1995)，陕西 (Jatta，1902；Zahlbruckner，1930；贺青和陈健斌，1995；李莹洁和赵遵田，2006)，新疆 (赵继鼎等，1982；阿不都拉 • 阿巴斯和吴继农，1998)。

世界分布：环北方一温带。欧洲，亚洲及北美洲 (Moberg，1995)。但最近报道澳大利亚有本种分布 (McCarthy，2018)。

讨论：本种主要特征是地衣体近圆形，裂片辐射状排列，亚线性延长，0.4-1.5 mm 宽，无粉芽、裂芽，下表面黑色，子囊盘常见，子囊盘基部常生有黑色假根，盘缘上无皮层毛或极少，未检测出地衣化学物质。因而本种相似于刺黑蜈蚣叶 *Phaeophyscia primaria*，但后者较疏松着生于基物上，裂片较宽 (1.5-3.5 mm 宽)，多下凹，很少辐射状排列。本种也相似于狭叶黑蜈蚣叶 *Phaeophyscia confusa*，但后者的裂片十分狭窄，约 0.5 mm 宽，常有边缘生小裂片，子囊孢子 Pachysporaria 型。

5. 4 狭黑蜈蚣叶　图版 XI: 48

Phaeophyscia confusa Moberg, Nord. J. Bot. **3**: 512, 1983; Moberg, Nordic J. Bot. **15**: 322, 1995.

地衣体叶状，圆形或亚圆形，较紧密平铺于基物；裂片多为二叉分裂，常呈辐射状排列，相互间常常紧密连接，或部分重叠，狭窄，通常 0.3-0.6 mm 宽，最大不超过 1.0 mm

宽，末端多平截，有时上翘；上表面褐色至暗褐色，平坦或稍凹；无粉芽、裂芽，常存在边缘生小裂片；髓层白色；下表面黑色，裂片末端处淡褐色或浅白色，假根中等密度，黑色，单一不分枝。子囊盘常见，圆盘状，直径可达 1.5 mm，盘面黑色，无粉霜，盘缘完整，无皮层毛，基部常具黑色假根；子囊棍棒状，内含 8 孢；孢子褐色，双胞，厚壁，Pachysporaria 型，19 -25 × 9.5-13 μm。分生孢子器埋生于地衣体内，孔口开于地衣体上表面，褐色至黑色，圆点状；分生孢子椭圆形至梨形，2-3 × 1 μm。

化学：地衣体 K-；髓层 K-；未检测出地衣物质。

基物：树皮、石表藓层。

研究标本：

四川，峨眉山，海拔 2200 m，1963 年 8 月 3 日，赵继鼎、徐连旺 7152 (2394)。

云南，泸水，海拔 2000 m，王先业、肖勰、苏京军 1685-1(25513)。

国内记载：云南 (Moberg，1995)，陕西 (李莹洁和赵遵田，2006)。

世界分布：东非 (Moberg，1983a)。

讨论：本种的主要特征为地衣体紧密着生在基物上，裂片狭窄，通常约 0.5 mm 宽，最宽不超过 1.0 mm，无粉芽、裂芽，常有边缘生次生小裂片，未检测出地衣物质。本种相似于 *Phaeophyscia ciliata*，但后者裂片可达 1.5 mm 宽，孢子 Physcia 型，而本种的裂片十分狭窄，通常 0.3-0.6 mm 宽，有时有边缘生小裂片，孢子 Pachysporaria 型 (图 52B)。但有些标本没有子囊盘，较难区分这两个种。Moberg (1995) 在报道中国云南的 *P. confusa* 时，并未描述边缘生小裂片这一性状，但他发表这个新种时，描述东非的标本常有某些边缘生小裂片(Moberg，1983a)。

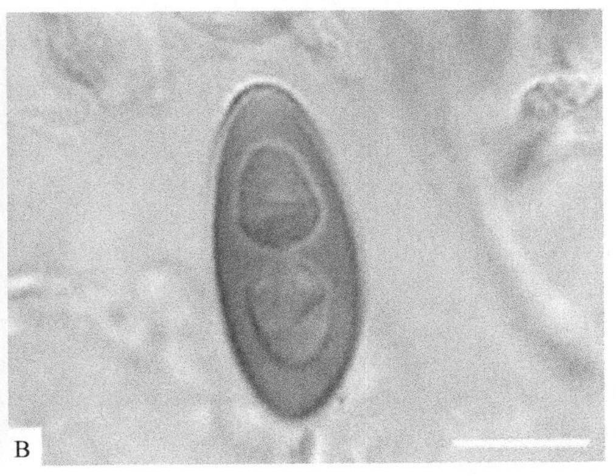

图 52 狭黑蜈蚣叶 *Phaeophyscia confusa* (赵继鼎、徐连旺 7152)

A：地衣体，标尺= 2 mm；B：孢子 Pachysporaria 型，标尺= 10 μm

5.5 白腹黑蜈蚣叶 图版 XI: 49

Phaeophyscia denigrata (Hue) Moberg, Acta Bot. Fenn. **150**: 124, 1994; Moberg, Nord. J. Bot. **15**: 322, 1995.

≡ *Physcia denigrata* Hue, Nouv. Arch. Mus. Hist. Nat., Paris, Ser. 4, **2**: 76, 1900. — *Physciella denigrata* (Hue) Essl., Mycologia **78**: 95, 1986.

= *Physcia nepalensis* Poelt, Khumbu Himal. **6**: 83, 1974. — *Physciella nepalensis* (Poelt)

Essl., Mycologia **78**: 96, 1986. — *Phaeophyscia nepalensis* (Poelt) D.D. Awasthi, J. Hattori Bot. Lab. **65**: 208, 1988.

= *Physcia nipponica* Asahina, J. Jap. Bot. **21**: 6, 1947; Wei, Enum. Lich. China: 201, 1991.

地衣体叶状，圆形或略不规则状，直径可达 6.0 cm，常常较紧密着生于基物；裂片分离或有时部分重叠，0.5-1.8 (-2.5) mm 宽，末端多为钝圆或平截；上表面灰色、灰绿色至淡褐色，平坦，或稍凹凸不平；无粉芽、裂芽，偶有小裂片；髓层白色；下表面灰白色，中央部位有时浅棕色，假根稀疏，与下表面同色，单一不分枝，通常不超过 1 mm 长。子囊盘常见，圆盘状，直径 0.5-1.5 (-2.0) mm，盘面褐色或黑色，无粉霜，无柄或具短柄，边缘多完整，盘基部未见假根，盘缘上无皮层毛；子实层透明、无色；子实下层透明，有时呈淡黄色；子囊孢子双胞、褐色，Pachysporaria 型或 Physcia 型；16.5-22.5 (-25) × 7.5-11 (-12.5) μm。分生孢子器埋生于地衣体中，孔口开于地衣体上表面，暗褐色至黑色，圆点状；分生孢子椭圆形，2-3 × 1 μm。

化学：地衣体 K-；髓层 K-；未检测出地衣物质。

基物：树皮。

研究标本：

北京，百花山，海拔 1200-1500 m，1964 年 7 月 6-18 日，徐连旺、宗毓臣 8390 (2496)，8435 (2495)，8440 (2494)，8454 (1792)；小龙门森林生态站，海拔 1200 m，1996 年 8 月 26 日，陈健斌 8579-1 (80384)，8613-1 (25407)；东灵山，海拔 1800 m，1996 年 9 月和 1997 年 6 月，陈健斌 8660 (25405)，8677 (80383)，8679 (80389)，8883 (80385)，8886 (80386)。

河北，雾灵山，海拔 1900-2100 m，1998 年 8 月 13-14 日，陈健斌、王胜兰 18 (25427)，19 (80391)，55 (80394)，112 (25428)，119 (25404)，129 (80395)，184-1 (82444)，270 (25403)，285-2 (80398)；胡光荣 h18 (25402)。

内蒙古，巴林右旗赛罕乌拉，海拔 980-1900 m，2000 年 7 月，陈健斌 20078-1 (110263)，20156-1 (82827)，20223-3 (82825)，20254 (25394)，20268 (80396)；2001 年 8 月，陈健斌、胡光荣 21121 (25362)，21145-1 (25370)，21175 (25428)，21181-1 (25385)，21193 (25391)，21197-1 (25383)，21202-1 (25380)，21209-2 (25388)，21220 (25417)，21221 (25365)，21224 (25366)，21228 (25371)，21232 (25362)，21233 (25389)，21242 (25367)，21256 (25368)，21263 (25364)，21272 (25382)，21277 (25360)，21278 (25359)，21279 (25377)，21280 (25374)，21308 (25372)，21313 (25420)，21315- 1(25369)，21331-1 (25384)，21430 (25419)，21451-1 (25381)，21426 (25378)；兴安盟阿尔山，陈健斌、姜玉梅 A-706 (25401)，无号标本 1 份 (80382)；阿尔山白狼岗，1991 年 8 月 19-20 日，陈健斌、姜玉梅 A-13 (25400)，A-666 (25426)，A-701-1 (80397)；克什克腾旗，海拔 1300-1950 m，1985 年 7 月 30 日至 8 月 1 日，高向群 1066-2 (80393)，1088 (110265)，1162 (25395)；科尔沁右翼前旗，陈锡龄 2621 (25424)；海拔 900 m，1985 年 6 月 25 日，高向群 522 (25396)。

辽宁：昭盟克旗，黄梁岗，1973 年 7 月 30 日，陈锡龄 2927 (中科院沈阳生态研究所)。

吉林，长白山，海拔 1750 m，1977 年 8 月 16 日，陈锡龄 4902 (25410)；1988 年 6 月 27 日，卢效德 0347 (25409)；海拔 750-1100 m，魏江春、姜玉梅、郭守玉 94171 (25425)；

陈健斌、王胜兰 14028 (83388)，14108 (110264)；蛟河，海拔 450 m，1991 年 8 月 27 日，陈健斌、姜玉梅 A-1052 (25411)；长春市净月潭，1998 年 6 月 17 日，陈健斌、王胜 13010 (82463)。

河南，信阳鸡公山，海拔 270 m，2001 年 9 月 20 日，黄满荣 851-1 (25413)。

湖北，神农架红坪林场，海拔 1620 m，1984 年 8 月 19 日，11845-1 (137938)。

湖南，张家界，海拔 900-1200 m，1997 年 8 月 13-14 日，陈健斌、王胜兰、王大鹏 9025 (80399)，9094 (25414)，9225 (25430，25431，25432，25433，25434)，9274-1 (80400)。

四川，九寨沟，海拔 2500 m，1994 年 5 月 23 日，陈健斌 6048-4 (25399)；卧龙，海拔 2000 m，1994 年 6 月 8 日，陈健斌 6293-1a (25397)，6294 (253980)。

云南，泸水，王先业、肖勰、苏京军 2213 (25412)；丽江玉龙雪山，海拔 2500 m，1987 年 9 月 23 日，R. Moberg 7953 (14025)。

西藏，米林县，海拔 3050 m，2004 年 7 月 20 日，胡光荣 h477 (82586)。

陕西，眉县，海拔 550 m，1988 年 7 月 5 日，高向群 2901 (80387)；太白山，海拔 1170 m，1992 年 7 月 24 日，陈健斌、贺青 5648 (25429)。

国内记载：北京，河北，黑龙江，内蒙古，山西，云南 (Moberg，1995)，辽宁及中国中部 (Asahina，1947, as *Physcia nipponica*)，陕西 (李莹洁和赵遵田，2006)。

世界分布：北美洲 (Esslinger，1986)，日本 (Kashiwadani，1975)，俄罗斯远东地区 (Moberg，1995)，韩国 (Wei and Hur，2007)，中国。属于东亚—北美间断分布型。

讨论：本种的主要特征为下表面灰白色至浅棕色，下皮层为假厚壁长细胞组织，无营养繁殖体(偶有少数小裂片)，使用 TLC 方法未检测出地衣物质。本种与 *Phaeophyscia nepalensis* 在形态及化学上极其相似，区别仅在于子囊孢子的形态有一点差异。本种的孢子为 Pachysporaria 型，而 *P. nepalensis* 的孢子为 Physcia 型。Moberg (1995) 将 *P. nepalensis* 处理为 *P. denigrata* 的异名。我们对中国标本的观察中，发现在同一份标本中，两种类型的子囊孢子几乎总是同时存在，虽然某一类型的子囊孢子会占有一定的优势。因此，我们支持 Moberg 的观点，将两者合并为一个种。在众多的标本中，有一份标本孢子的长度达到 30 μm，这是很少见的。《中国地衣综览》 (Wei，1991) 将 *Physcia nipponica* Asahina 视为一个独立种。但 Kashiwadani (1975) 研究其模式标本后将 *Physcia nipponica* Asahina 处理为 *Physcia denigrata* (≡ *Phaeophyscia denigrata*) 的异名。

5. 6 红髓黑蜈蚣叶 图版 XI: 50

Phaeophyscia endococcina (Körb.) Moberg, Symb. Bot. Upsal. **22**: 35, 1977; Wei, Enum. Lich. China: 195, 1991.

≡ *Parmelia endococcina* Körb., Parerga Lichenol.: 36, 1859. — *Physcia endococcina* (Körb.) Th. Fr., Bot. Not.: 150, 1866; Zhao, Xu & Sun, Prodr. Lich. Sin.: 109, 1982.

=*Physcia endococcinodes* Poelt, Khumbu Himal **6** (2): 77, 1974. — *Phaeophyscia endococcinodes* (Poelt) Essl., Mycotaxon **7**: 301, 1978; Wei, Enum. Lich. China: 196, 1991. — *Phaeophyscia endococcina* var. *endococcinodes* (Poelt) Moberg, Nord. J. Bot. **15**: 324, 1995.

= *Physcia obscura* f. *lithotodes* Vain., Meddn Soc. Fauna Flora Fenn. **6**: 133, 1881. —

Physcia endococcina f. *lithotodes* (Vain.) J.W. Thomson, Beih. Nova Hewigia **7**:117, 1963; Zhao, Xu & Sun, Prodr. Lich. Sin.: 109, 1982; Wei, Enum. Lich. China: 200, 1991.

地衣体叶状，圆形或呈不规则状，紧贴基物生长；裂片二叉或不规则分裂，狭窄，0.5-1.0 mm 宽，常辐射状排列；上表面褐色至深褐色，平坦，无裂芽、粉芽和小裂片；髓层红色；下表面黑色，假根稀疏，黑色，单一不分枝。子囊盘常见，圆盘状，直径约 1.0 mm，盘面多呈黑色，盘缘完整或偶尔具小裂片，基部具黑色假根；子实层无色透明，子实下层无色或淡黄色；子囊棍棒状，内含 8 孢；子囊孢子褐色，双胞，Pachysporaria 型或近 Physcia 型，20-28× 10-13 (-15) μm。

基物：岩石。

化学：地衣体 K-；髓层 K+紫色；含有 skyrin、zeorin。

研究标本：

北京：百花山，海拔 1600-1700 m，1964 年 7 月 18 日，赵继鼎、徐连旺 8453 (2239)，8481 (2238)。

湖北，武昌，海拔 80 m，1964 年 9 月 6 日，赵继鼎、徐连旺 10418 (10418)。

湖南，衡山上封寺，海拔 1200 m，1964 年 9 月 1 日，赵继鼎、徐连旺 10094 (137868)，10097 (2251)。

广西，花坪，海拔 800 m，1964 年 8 月 22 日及 9 月 1 日，赵继鼎、徐连旺 9749 (2245)，9782 (2246)。

四川，卧龙，海拔 2000 m，1994 年 6 月 8 日，陈健斌 6292 (23509)；贡嘎山，海拔 3300 m，1982 年 7 月 26 日，王先业、肖勰、李滨 8985 (23510)。

云南，高黎贡山，海拔 1720 m，姜玉梅 805 (11493)；贡山县独龙江，海拔 1500 m，1982 年 8 月 23 日，苏京军 3275 (23508)。

国内记载：北京，湖北，湖南，广西 (赵继鼎等，1982)，福建 (吴继农等，1985)，安徽，浙江 (吴继农和钱之广，1989)，河北，云南 (Moberg，1995)，台湾 (Zahlbruckner，1933；Sato，1936b；Wang-Yang and Lai，1973；Kashiwadani，1984a)。

世界分布：欧洲，北美洲，东亚，东非 (Moberg，1994)，澳大利亚 (McCarthy，2018)。

讨论：*Phaeophyscia endococcina* 与 *Phaeophyscia endococcinodes* 在外部形态与化学上极为相似，并常常石生，两者的主要区别在于孢子的类型不同。前者为 Physcia 型，后者为 Pachysporaria 型。Moberg (1995) 认为这两个种也许具有相同的起源，因此将第二个种处理为第一个种的变种 *P. endococcina* var. *endococcinodes*。实际上，本属地衣中同一个种同时具有 Physcia 型和 Pachysporaria 型的孢子并不少见，虽然某一种孢子类型会占优势，但另一类型以及中间类型的孢子也时常同时存在，如 *P. denigrata*。因此，我们将这两个分类单位合并为一个种。根据优先律，将 *P. endococinodes* 处理为 *P. endococcina* 的异名。*P. endoccocina* 相似于 *P. fumosa*，它们都具有狭窄的裂片 (不超过 1.0 mm 宽) 和红色髓层，但是，前者含有 zeorin，石生；而 *P. fumosa* 缺乏 zeorin，树生。

5.7 裂芽黑蜈蚣叶　图版 XI: 51

Phaeophyscia exornatula (Zahlbr.) Kashiw., Bull. Natn. Sci. Mus., Tokyo, Ser. B, **10** (3): 127, 1984; Wei, Enum. Lich. China: 196, 1991.

Type: CHINA. Prov. Fujian, Namputo, H. H. Chung no.B3 (holotype in W.) (not seen).

≡ *Physcia setosa* var. *exornatula* Zahlbr., in Handel-Mazzetti, Symb. Sin. **3**: 240, 1930; Zhao, Xu & Sun, Prodr. Lich. Sin.: 112, 1982. — *Physcia hispidula* subsp. *exornatula* (Zahlbr.) Poelt, Khumbu Himal **6**: 80, 1974. — *Phaeophyscia hispidula* var. *exornatula* (Zahlbr.) Moberg, Nord. J. Bot. **15**: 327, 1995.

= *Physcia hispidula* subsp. *limbata* Poelt, Khumbu Himal. 6: 81, 1974. — *Phaeophyscia limbata* (Poelt) Kashiw., Bull. Natn. Sci. Mus., Tokyo, Ser. B, **10** (3): 129, 1984; Chen, Wu & Wei , in Fungi and Lichens of Shennonggia: 481, 1989; Wei, Enum. Lich. China: 197, 1991; Abbas & Wu, Lich. Xinjiang: 111, 1998.

地衣体叶状，圆形或不规则形，直径可达 10 cm，疏松着生于基物；裂片 1.5-3 mm 宽，顶端有时上翘；上表面灰绿色、灰色至淡褐色；平坦或稍凹，边缘不整齐，裂芽边缘生，初期颗粒状，似粉芽，有些逐渐发展成小裂片，颗粒状粉芽有时在上表面扩散，覆盖地衣体上一定区域；髓层白色，下表面黑色，近裂片末端处白色或浅色，假根黑色、稠密，末端有时呈白色，常伸出裂片边缘。子囊盘少见，子囊盘直径 0.5-2 mm，盘缘完整，基部常常具黑色假根，子囊孢子褐色，双胞，厚壁，Physcia 型或兼备 Pachysporia 型，孢子大小的幅度较大，18-30 × 8.5-15 μm。分生孢子器埋生于地衣体中，孔口开于地衣体上表面，暗褐色至黑色，圆点状。分生孢子椭圆形至卵形，2-3 × 1 μm。

基物：树皮、石表藓层。

化学：地衣体 K-；髓层 K-；未检测出地衣物质。

研究标本：

北京，百花山，1963 年 6 月 27 日，赵继鼎、徐连旺 6628 (2449)；海拔 870 m，1978 年 9 月 4 日，魏江春、姜玉梅 3482 (11496)；小龙门森林生态站，海拔 1100-1200 m，1996 年 8-9 月，陈健斌 8670 (24948)，8702 (82773)；1998 年 8 月 23 日，陈健斌、王胜兰 484 (24951)。

河北，兴隆县雾灵山，海拔 1300-1400 m，1998 年 8 月 15 日，陈健斌、王胜兰 160 (24905)，161 (83392)，178 (24901)，1071(24898)；2001 年 6 月 22 日，李学东 1071 (24898)；2004 年 5 月 18 日，胡光荣 h0037(84774)。

内蒙古，克什克腾旗黄岗梁，海拔 1500 m，1985 年 7 月 29 日，高向群 1054 (24930)；科尔沁右翼前旗兴安林场，海拔 1200 m，1985 年 7 月 6 日，高向群 908 (24972)；巴林右旗赛罕乌拉保护区，海拔 1100-1700m，陈健斌 20257 (24883)；陈健斌、胡光荣 21174 (24884)。

吉林，舒兰市上营东山，海拔 600 m，1984 年 8 月 14 日，卢效德 848191-3 (24882)，848189-5 (24943)；蛟河，海拔 450-1100 m，1991 年 8 月 27 日至 9 月 2 日，陈健斌、姜玉梅 A-995 (25200)，A-1033 (25195)，A-1134 (82306)，A-1234 (25194)，A-1240 (82373)，A-1242 (25193)，A-1262 (24984)，A-1355 (24986)，A-1463 (24985)；长白山，海拔 700-1000 m，1978 年 8 月 3 日，侯家龙 78009 (24891)；1997 年 9 月 7 日，郭守玉 1060

(24887)；1985 年 6 月 20 日，卢效德 81-1 (24977)；集安市，海拔 350 m，卢效德 509 (24893)；舒兰市上营东山，海拔 600 m，1984 年 8 月 14 日，卢效德 848191-3 (24882)。

黑龙江，带岭凉水林场，海拔 450 m，陈健斌、胡光荣 21958-1 (82395)，22013 (24959)，22019 (24910)，22020 (24912)；五大连池，海拔 400-500 m，2002 年 7 月，陈健斌、胡光荣 21801 (24907)；呼中，海拔 900 m，陈健斌、胡光荣 22042 (24962)，22078 (24963)。

上海，金山县大金山岛，海拔 100 m，2001 年 9 月 20 日，徐蕾 9546 (24958)。

安徽，黄山，海拔 1500-1600 m，1988 年 5 月 2 日，高向群 2860 (24957)；1999 年 9 月 11 日，陈健斌 14720-3 (137869)。

山东，烟台昆嵛山，海拔 850 m，2002 年 9 月 18 日，陈健斌 22242 (83394)。

湖北，神农架，海拔 2250 m，1984 年 7 月，陈健斌 10075 (25190)。

湖南，张家界，海拔 600 m，1997 年 8 月 9 日，陈健斌等 8933 (24978)；桑植县天平山，海拔 1000-1500 m，陈健斌 9062 (82741)，9064 (82744)，9320 (82753)，9427 (82754)，9456 (82751)，9587 (24922)，9599 (82743)，9605 (82746)，9606 (82742)，9627 (82740，82752)，9782 (82787)；宜章县莽山，海拔 1250 m，2001 年 7 月 8 日，陈健斌、胡光荣、徐蕾 20686 (24927)。

广西，那坡县，海拔 650-1100 m，1998 年 4 月 12-14 日，陈林海 980315 (24933)，980328 (24989)；上思县十万大山，海拔 370 m，2001 年 6 月 20 日，陈健斌等 20461 (24886)。

四川，峨眉山，海拔 1800 m，1963 年 8 月 12 日，赵继鼎、徐连旺 7066 (2448)；小金县巴朗山，海拔 2800-2950 m，王先业等 9929 (24956)，9943-1 (24946)；贡嘎山，海拔 3300 m，1982 年 7 月 26 日，王先业等 8933 (82777)，8943 (82785)，9139 (82782)；九寨沟，海拔 2150-2950 m，1983 年 6 月 8-10 日，王先业等 10181-1 (84762)，10304 (137870)，10607 (82768)；1994 年 5 月 24 日，陈健斌 6088 (24980)；马尔康县，海拔 2600 m，1983 年 6 月 2 日，王先业、肖勰 11365 (82769)；松潘县黄龙寺，海拔 3250 m，1994 年 5 月 25 日，陈健斌 6128 (83391)。

云南，大理市下关温泉，1980 年 11 月 19 日，姜玉梅 472-2 (11498)；中甸县大雪山，海拔 4100 m，1981 年 9 月 7 日，王先业等 7409 (83390)；贡山县，海拔 3200 m，1982 年 6 月 25 日，苏京军 1647 (24976)，1669 (82406)；贡山县独龙江，海拔 1700 m，1982 年 8 月 27 日，苏京军 3572 (82788)；中甸，海拔 3500-4100 m，1981 年 8 月 20 日及 9 月 7 日，王先业等 7846 (82772)，5737 (82767)；丽江县，海拔 2800 m，1960 年 12 月 6 日，赵继鼎、陈玉本 3842 (82766)；丽江玉龙雪山，海拔 3000 m，1960 年 12 月 1 日，赵继鼎、陈玉本 4580 (2445)；白水云杉坪，海拔 3100-3200 m，1981 年 5 月 26 日，刘增基 6402 (82756)；1980 年 11 月 12 日，姜玉梅 397 (83389)；王先业等 4827 (82770)；丽江纳西族县，海拔 2800 m，1960 年 12 月 6 日，赵继鼎、陈玉本 3842 (91444，91449，91451)；维西县，海拔 1800-1900 m，1981 年 7 月 10 日，王先业等 3629 (25192)，1982 年 5 月 5 日，苏京军 73 (82789)；西畴县法斗，海拔 1400 m，1991 年 11 月 8 日，陈健斌 5316 (137871)，5334 (24936)；麻栗坡县老君山，海拔 1400 m，1991 年 11 月 21 日，陈健斌 5407 (82784)。

西藏，察隅县日东，海拔 3400-3500 m，1982 年 9 月 12-13 日，苏京军 4638 (24881)，4727 (25196，25198)，4731 (24988)；察隅县察瓦龙，海拔 3200 m，苏京军 5087 (24955)，

5107 (24954)；林芝县，海拔 3400 m，2004 年 7 月 9 日，胡光荣 h234 (82386)，h423 (82485)，h665 (82382)，h666 (82384)；米林县，海拔 3050 m，2004 年 7 月 20-22 日，胡光荣 h491 (82423)，h637 (82380)。

陕西，太白山，海拔 1550-2750 m，1992 年 7 月 26 日至 8 月 5 日，陈健斌、贺青 5903 (82759)，5958 (24944)，6033 (82764)，6027 (82765)，6637 (82760)。

新疆，天山夏塔，北木扎尔河谷，海拔 2400 m，1978 年 8 月 6 日，王先业 1149 (82774)，1169 (82762)。

国内记载：河北 (李学东等，2006)，福建 (Zahlbruckner，1930)，湖北 (陈健斌等，1989)，四川 (赵继鼎等，1982)，云南 (赵继鼎等，1982；Moberg，1995)，陕西 (贺青和陈健斌，1995；李莹洁和赵遵田，2006)，新疆 (阿不都拉・阿巴斯和吴继农，1998)，台湾 (Kashiwadani，1984c)。

世界分布：东亚分布型。日本 (Kashiwadani，1984c)，俄罗斯远东 (Moberg，1995)，韩国 (Wei and Hur，2007)，尼泊尔 (Baniya et al.，2010)，中国。

讨论：本种裂芽边缘生，颗粒状，有的似粉芽，有的逐渐发展成小裂片，颗粒状粉芽有时在上表面扩散，但不形成明显的球形粉芽堆，而 *Phaeophyscia hispidula* 具有表面生和近边缘的粉芽，有明显的头状粉芽堆。Poelt (1974) 曾经将 *Physcia hispidula*、*Physcia exornatula*、*Physcia limbata* 和 *Physcia primaria* 处理为 *Physcia hispidula* 的 4 个亚种。Moberg (1995) 承认 *P. primaria* 和 *P. hispidula* 这两个种，而将 *P. limbata* 和 *P. exornatula* 合并，作为 *Phaeophyscia hispidula* 下的 1 个变种处理，即 *Phaeophyscia hispidula* var. *exornatula*。我们将 *P. exornatula* 和 *P. limbata* 合并为 1 个种。有关这几个种的关系详见毛边黑蜈蚣叶 *P. hispidula* 的讨论。本种某些标本由于有较多的边缘生小裂片而相似于 *P. imbricata*，但后者含有 zeorin，而且小裂片较多较大并常常半直立。

5.8 狭叶红髓黑蜈蚣叶 图版 XII: 52

Phaeophyscia fumosa Moberg, Nord. J. Bot. **3**: 514, 1983.

地衣体叶状，近圆形，2-4 cm 宽，裂片近放射状排列，分离至中央部位紧密相连或稍微重叠，十分狭窄，0.3-0.6 mm 宽，最大者不超过 1 mm 宽，平坦至稍稍下凹，上表面淡灰褐色至褐色，无粉芽和裂芽，髓层红色 (色素 skyrin)，下表面黑色，顶部淡色；假根黑色。子囊盘直径 0.5-1.5 mm，盘缘常常完整或缺刻，基部常常有假根，子囊棍棒状，内含 8 孢；子囊孢子褐色，双胞，厚壁，Pachysporaria 型或主要是 Pachysporaria 型，(20) 23-27 (-31) × 8.5-12 μm，略小于 Moberg (1983a) 记载的本种的孢子 (24-32 × 12-14 μm)。

化学：地衣体 K-；髓层含有色素 skyrin。

基物：树皮。

研究标本：

福建，武夷山自然保护区专家楼附近，海拔 800 m，2004 年 3 月 25 日，黄满荣 924 (29138)。

湖南，桑植天平山，海拔 1350-1400 m，1997 年 8 月 19 日，陈健斌等 9490 (23801)，9564-1 (23578)，9636 (23577)；湖南宜章县莽山，海拔 1300 m，2001 年 7 月 8 日，陈

健斌等 21013 (23595)。

四川，峨眉山万年寺，海拔 1000 m，1963 年 8 月 20 日，赵继鼎、徐连旺 8320 (2293)。

云南，贡山县，海拔 2300 m，1982 年 7 月 21 日，苏京军 2323 (83446)；独龙江，海拔 2000 m，1982 年 9 月 3 日，苏京军 3923-1 (23584)；保山市高黎贡山白华岭林场，海拔 1700 m，1980 年 7 月 8 日，姜玉梅 697 (11492)；泸水县片马，海拔 2400 m，1981 年 5 月 29 日，王先业等 2147 (23581)。

国内记载：福建，湖南，四川，云南 (陈健斌和胡光荣，2022)。

世界分布：东非 (Moberg，1983a)，澳大利亚 (McCarthy，2018)。分布型难以归类。

讨论：本种的主要特征是裂片十分狭窄，通常 0.3-0.6 mm 宽，最宽不超过 1 mm，无粉芽和裂芽，髓层橙红色，不含 zeorin，树生。与 *Phaeophyscia pyrrophora* 的主要区别在于裂片狭窄，最大者不超过 1 mm 宽，而 *Phaeophyscia pyrrophora* 的裂片 1-2.5 mm 宽，日本的标本可达 4 mm 宽。本种与 *Phaeophyscia endococcina* 的区别在于后者是一个石生种，而且髓层含有 zeorin。

5.9 皮层毛黑蜈蚣叶　图版 XII: 53

Phaeophyscia hirtella Essl., Mycotaxon **7**: 303, 1978.

地衣体叶状，近圆形或不规则形，直径 1-3 (-4) cm，较疏松着生于基物；裂片二叉或不规则分裂，末端常钝圆，通常 0.5-1.5 mm 宽；上表面灰绿色、深灰色至淡褐色，平坦或稍凹，有时具白斑，末端或边缘处具稀疏的皮层毛，浅色或透明，无粉芽、裂芽和小裂片；髓层白色；下表面黑色，裂片末端浅色，假根单一不分枝，黑色，末端常为白色，约 0.5 mm 长。子囊盘常见，直径通常 0.8-3.0 mm，盘面黑色或红褐色，无粉霜，盘缘完整或呈锯齿状，盘缘和果托上部具浅色或暗色的皮层毛，子囊盘基部常具黑色的假根 (刺毛)；子囊孢子 Physcia 型，(15-) 18-22.5 × 8-10 μm。分生孢子器埋生于地衣体中，孔口开于地衣体上表面，暗褐色至黑色，圆点状；分生孢子椭圆形、卵形或梨形，2-3 × 1 μm。

化学：地衣体 K-；髓层 K-；未检测出地衣物质。

基物：树皮。

研究标本：

北京，小龙门，海拔 1100-1200 m，1996 年 8-9 月，陈健斌 8515 (25442)，8653 (80409)，8663 (25441)，样方标本 (111619)；东灵山，1998 年 8 月，陈健斌、王胜兰 500 (25443)；2013 年 7 月 14 日，陈健斌、刘晓迪 25020 (128460)。

内蒙古，克什克腾旗，1973 年 7 月 31 日，陈锡龄 2882 (25448)；巴林右旗赛罕乌拉保护区，海拔 1000-1400 m，2000 年 7 月，陈健斌 20229 (80416)，20238-1 (110276)，20240 (110278)，20244 (25480)，20245 (110279)；周启明 196-1 (17591)；孙立彦 9 (17595)，205 (17582)，208 (17584)；2001 年 8 月，陈健斌、胡光荣 21197 (25468)，21202 (25478)，21209 (25483)，21215 (25469)，21223 (25482)，21239 (25475)，21255 (25474)，21397 (25465)，21399 (25466)，21424 (25471)，21425 (25474)。

吉林，珲春县，1984 年 7 月 31 日，卢效德 847117-1 (110277)；集安，海拔 350 m，1985 年 7 月 11 日，卢效德 516 (25447)。

图 53　皮层毛黑蜈蚣叶 *Phaeophyscia hirtella* 的末端皮层毛
(陈健斌、胡光荣 21425)，标尺= 1 mm

国内记载：陕西 (李莹洁和赵遵田，2006)。

世界分布：北美洲 (Esslinger，1978a；Moberg，1994)，韩国 (Wei and Hur，2007)，中国。可归于东亚—北美间断分布型。

讨论：本种在形态与化学上十分相似于 *Phaeophyscia hirtuosa*，主要区别在于本种的裂片末端具有浅色至透明的皮层毛 (图 53)，而 *P. hirtuosa* 的裂片没有皮层毛；另外，虽然两者的子囊盘盘缘上均生有刺毛，但本种的刺毛多稀疏，较细，而 *P. hirtuosa* 的刺毛常常较稠密和粗壮。但是，这些不是绝对的，而且顶部的皮层毛微小，有时并不容易识别，鉴定时易产生主观判断。

5. 10 白刺毛黑蜈蚣叶　图版 XII: 54

Phaeophyscia hirtuosa (Kremp.) Essl., Mycotaxon **7**: 304, 1978; Chen, Wu & Wei, in Fungi and Lichens of Shennongjia: 480, 1989; Wei, Enum. Lich. China: 196, 1991; Abbas & Wu, Lich. Xinjiang: 111, 1998.

≡ *Physcia hirtuosa* Kremp., Flora **56**: 470, 1873; Zahlbruckner, in Handel-Mazzetti. Symb. Sin. **3**: 24, 1930; Asahina, J. Jap. Bot.**21**: 6, 1947; Zhao, Xu & Sun, Prodr. Lich. Sin.: 110, 1982.

Type: CHINA. Guangdong, Wampoa (Huangpu), R. Rabenhorst 1871 (isotype in FH) (not seen).

地衣体叶状，略圆形或不规则状，直径 2-7 cm，较紧密的贴生于基物；裂片二叉至不规则分裂，分离，或有时重叠，0.7-2.0 (-2.5) mm 宽，末端常钝圆；上表面灰绿色至褐色，平坦或常常稍凹，无粉芽、裂芽和小裂片；有时局部存在微弱白斑，髓层白色；下表面黑色，近裂片末端处呈白色或浅色，假根稠密，黑色，末端常白色，常伸出裂片边缘，0.5-2.0 mm 长。子囊盘常见，圆盘状，盘面黑色或褐色，边缘完整或有缺刻，果托上部和盘缘生有众多的白色和偶有黑色的皮层毛（刺毛），常常较稠密和粗壮，有时较稀疏，盘的基部有时生黑色假根；子实层透明，稍带黄色，63.4-71 μm，子实下层透明；12-13.4 μm；子囊棍棒状，内含 8 孢；子囊孢子褐色，双胞，厚壁，Physcia 型，18-22 (-25) × 8-11.5 μm。分生孢子器常见，埋生于地衣体中，孔口开于地衣体上表面，暗褐色至黑色，圆点状；分生孢子椭圆形、卵形，2-3 × 1 μm。

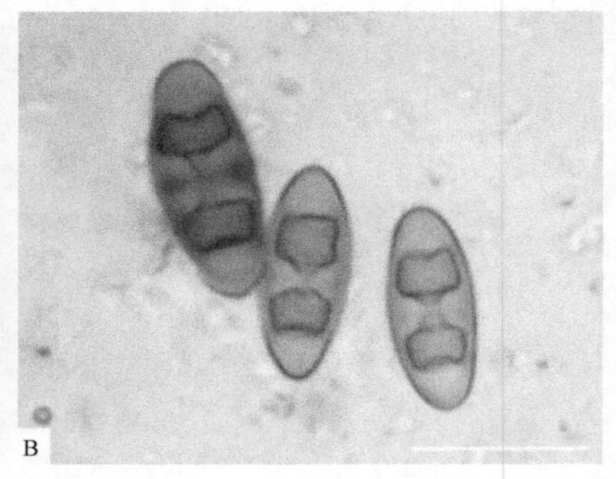

图 54　白刺毛黑蜈蚣叶 *Phaeophyscia hirtuosa*　A：盘托上部白色刺毛、盘基部的黑色假根（陈健斌、姜玉梅 A-105），标尺= 1 mm；B：孢子 Physcia 型（陈健斌、姜玉梅 A-710），标尺= 20 μm

化学：地衣体 K-；髓层 K-；未检测出地衣物质。

基物：树皮、石表藓层。

研究标本：

北京，潭柘寺，1959 年 8 月 25 日，陈玉本 69 (11121，11122)；1961 年 5 月 10 日和 6 月 22 日，陈超英、陈玉本 96 (2313)，4959 (2324)；百花山，海拔 950-1700 m，1963 年 6 月 25 日，赵继鼎、徐连旺 6441 (2307)；1964 年 7 月 18-19 日，徐连旺、宗毓臣 8455 (2297)，8475 (2296)，8508 (2295)，8520 (2321)；妙峰山，海拔 800 m，1996 年 9 月 18 日，陈健斌 8712 (25057)；小龙门森林生态站至东灵山，海拔 1100-1800 m，1996 年 8 月、9 月和 1997 年 6 月，陈健斌 8562 (25124)，8593 (25031)，8604 (25038)，8626 (25002)，8636 (25033)，8642 (25003)，8650 (25025)，8654 (25040)，8661 (25034)，8678 (25052)，8680 (25051)，8689 (25054)，8691 (25032)，8809 (80349)，8815 (80315)，8817 (25047)，8849 (80334)，8879 (80348)；1998 年，陈健斌、王胜兰 489 (25045)。

河北，雾灵山，1957 年 8 月 31 日，赵继鼎 817 (2303)，826 (2320)；海拔 900-1900 m，1998 年 8 月 15-16 日，陈健斌、王胜兰 39-1 (110290)，173(25059)，174 (80333)，190 (25060)；王海英等 why269 (83626)；2004 年 5 月 18 日，胡光荣 h34 (84770)，h35 (25152，25153，25154)，h38 (84771)，h45 (84769)。

山西，恒山，1959 年 9 月，王维兴 829 (2316)，830 (2315)，831 (2317)，833 (2319)，无号标本 1 份 (2318)。

内蒙古，宁城县黑里河林场，1973 年 8 月 11 日，陈锡龄 3055-1 (25109)；科尔沁右翼后旗大青沟，海拔 250 m，1982 年 7 月 24 日，赵从福等 2141 (25074)；白狼林场，海拔 1100-1300 m，1991 年 8 月 19 日，陈健斌、姜玉梅 A-702 (25122)，A-704 (25579)，A-708-1 (82352)，A-710 (25578)，A-711 (25580)；巴林右旗，赛罕乌拉保护区，海拔 500-1700 m，2000 年 7 月，陈健斌 20025 (82316)，20205 (82319)，20246 (110285)，20256 (25590)；周启明 4 (83406)；孙立彦 173 (17516)；2001 年 8 月 25 日，陈健斌、胡光荣 21201 (111229)。

辽宁，庄河县城西山，1961 年 6 月，高谦 6099 (110751)；西丰，1982 年 9 月 17 日，陈锡龄、高德恩 5966 (25107)，5977 (25108，110288)；恒仁县，海拔 1250 m，1964 年 8 月 23 日，陈锡龄 2642 (25110)；老秃顶子，1986 年 9 月 11 日，陈锡龄 6718 (85635)；海拔 407 m，2000 年 7 月 19 日，魏江春、黄满荣 F003 (25134，25136)，F016 (25137)，F027 (25138)。

吉林，长春净月潭，1998 年 6 月 17-18 日，陈健斌、王胜兰 13031 (25589)，1303 (80342)，13050 (80327)，14023 (80328)，14024 (80331)；蛟河林场，海拔 400-800 m，1991 年 8 月 27 日至 9 月 3 日，陈健斌、姜玉梅 A-1012-1 (82331)，A-1016 (25078)，A-1083 (25077)，A-1254 (25075)，A-1267 (25076)，A-1031-1 (80317)，A-1328 (82324)，A-1358-1 (25487)，A-1495-1 (25581)；长白县，海拔 950 m，1985 年 7 月，卢效德 821 (83405)，823 (13869)，833 (13867)，834 (25083)，840 (25081)，916-1 (80316)；汪清县，1984 年 8 月 5 日，卢效德 8480552 (25090)；长白山，二道河、奶头河，1984 年 7 月 20-21 日，卢效德 847010-4 (80318)，847012 (25086)；舒兰市，卢效德 848274 (13868)；抚松县，海拔 500 m，1998 年 6 月 20 日，陈健斌、王胜兰 14056 (25094)；长白山马鞍山附近，海拔 1100 m，1994 年 8 月 2 日，魏江春等 94178 (85638)。

黑龙江，横道河子，海拔 900 m，1959 年 8 月，周瑛 377 (2285)；尚志市帽儿山，海拔 760 m，1964 年 9 月，周瑛 693 (2286)，696 (2287)；漠河，海拔 550 m，1984 年 8 月 19 日，高向群 197-2 (82302)；呼中，大白山，海拔 850 m，2002 年 7 月 27 日，陈健斌、胡光荣 21773 (111228)；五大连池，海拔 350-500 m，1980 年 8 月 19 日，赵从福 1565 (中科院沈阳生态研究所)；2002 年 7 月 29 日，陈健斌、胡光荣 21773 (111228)，21871 (25104)，21875 (25099)，21881 (25100)，21883 (25096)，21886 (25103)，21898 (25106)，21904 (110286)，21905 (25105)。

浙江，杭州西湖，1962 年 8 月 11 日，赵继鼎、徐连旺 064 (2292)；天目山，赵继鼎、徐连旺 6042 (1796)。

江西，庐山牯岭，1936 年 7 月 20 日，邓祥坤无号标本 1 份 (2310)。

山东，泰山，海拔 1400 m，1999 年 5 月 28 日，陈健斌 14220 (110287)，14221 (25116)。

湖北，武汉市珞珈山和磨山，1964 年 9 月 6-7 日，赵继鼎、徐连旺 104 (2289)，10474 (2489)，10480 (2290)，10498 (2291)，10487 (2327)；神农架，海拔 1300-2850 m，1984 年 7-9 月，陈健斌 11773 (80321)，12120 (25123)，12153 (80330)。

湖南，衡山，海拔 300-1200 m，1964 年 8 月 31 日至 9 月 2 日，赵继鼎、徐连旺 9817 (2282)，9839 (2270)，9853 (2271)，9882 (2284)，9909 (2328)，9936 (2281)，9976 (2283)，10193 (2278)，10208 (2276)，10213 (2277)；张家界，海拔 900 m，1997 年 8 月 14-15 日，陈健斌、王胜兰、王大鹏 9225-1 (25121)，9287-2 (82858)。

四川，九寨沟，海拔 2500 m，1994 年 5 月 23 日，陈健斌 6048 (25114)；卧龙，海

拔 2000 m，1994 年 6 月 8-9 日，陈健斌 6272 (83448)，6293-1 (82315)，6339 (8033)；下阿坝，海拔 3100 m，1983 年 6 月 28 日，王先业、肖勰 11187-1 (25113)，11188 (25112)。

贵州，册亨县，海拔 1400 m，1958 年 9 月 5 日，王庆之 284 (2326)；梵净山，海拔 1300-2200 m，2004 年 8 月 4 日，魏江春、张涛 G437 (83195)，G605 (83194)。

云南，丽江，海拔 2400 m，1981 年 7 月 30 日，王先业等 6980 (25145)；玉龙山，海拔 3650-3750 m，1981 年 8 月 6 日，王先业等 6295 (110750)，6554 (110745)，6568 (110749)；海拔 3420 m，1980 年 11 月 12 日，姜玉梅 366-1 (110752)；海拔 2200 m，1987 年 9 月 21 日，R. Moberg 7844 (14023)；维西，1982 年 5 月 4 日，苏京军 800 (83403)。

陕西，太白山，海拔 1170-3150 m，1992 年 7-8 月，陈健斌、贺青 5606 (82808)，5608 (82854)，5610 (82814)，5654 (82853)，5689 (82855)，6217 (110746)，6616 (82804)；宁陕县，海拔 2100 m，2005 年 7 月 28 日，徐蕾 50359 (83447)。

宁夏，贺兰山，海拔 2300 m，1961 年 6 月 5 日，韩树金、马启明 2090 (2493)。

国内记载：北京 (陈健斌等，1999)，河北 (赵继鼎等，1982；李学东等，2006)，黑龙江，四川，贵州，湖南 (赵继鼎等，1982)，山东 (赵遵田等，2002)，湖北 (赵继鼎等，1982；陈健斌等，1989)，江西 (Asahina，1947；赵继鼎等，1982)，上海 (Asahina，1947)，安徽 (吴继农和钱之广，1989)，浙江 (赵继鼎等，1982；吴继农和钱之广，1989)，江苏 (吴继农和吴剑锋，1991)，广东 (Rabenhorst，1873；Krempelhuber，1873，1874；Zahlbruckner，1930，1931)，陕西 (赵继鼎等，1982；贺青和陈健斌，1995；李莹洁和赵遵田，2006)，新疆 (阿不都拉 • 阿巴斯和吴继农，1998)。

世界分布：东亚分布型。分布于日本，中国，俄罗斯远东地区 (Kashiwadani，1975；Moberg，1995)，韩国 (Wei and Hur，2007)。

讨论：本种主要特征是缺乏粉芽、裂芽和小裂片，盘缘附近生有白色和偶有黑色的皮层毛 (刺毛)，盘的基部也有时存在黑色刺毛或称假根 (图 54A)，孢子 Physcia 型 (图 54B)。Kashiwadani (1984b) 描述的一新种 *Phaeophyscia spinellosa* Kashiw.与本种在形态及化学上很相似，两者的区别主要在于孢子形态不同。虽然两者的孢子均为 Physcia 型，但 *P. hirtuosa* 的孢子较大，呈长椭圆形，长与宽之比大于 2∶1；而 *P. spinellosa* 的孢子较小，呈卵圆形，长与宽之比小于 2∶1。但仅根据孢子长与宽的比例来划分两个不同的种也似乎有待商榷。本种与 *P. hirtella* 在形态上相似，但后者的裂片末端具有浅色的皮层毛，果托上部和盘缘生的皮层毛 (刺毛) 常常稀少和苗条，但某些标本不容易区分。本种是一个东亚种，在中国有比较广泛的分布。

5. 11 毛边黑蜈蚣叶　图版 XII: 55

Phaeophyscia hispidula (Ach.) Essl., Mycotaxon **7**: 305, 1978; Chen, Wu & Wei, in Fungi and Lichens of Shennongjia: 480, 1989; Wei, Enum. Lich. China: 196, 1991.

≡ *Parmelia hispidula* Ach., Lich. Univ.: 468, 1810. — *Physcia hispidula* (Ach.) Frey, Ber. Schweiz. Bot. Ges. **73**: 474, 1963.

= *Parmelia setosa* Ach., Syn. Meth. Lich.: 203, 1814; Jatta, Nuov. Giron. Bot. Italiano Ser. 2, **9**: 473, 1902. — *Physcia setosa* (Ach.) Nyl., Syn. Meth. Lich. (Paris) I (2): 429, 1860; Nylander & Crombie, J. Linn. Soc. London Bot. **20**: 62, 1883; Zahlbruckner, in

Handel-Mazzetti, Symb. Sin. **3**: 240, 1930; Moreau & Moreau, Rev. Bryol. Lichenol. **20**: 195, 1951; J.L. Wu, Acta Phytotax. Sin. **23**: 77, 1985.

= *Physcia setosa* f. *japonica* Hue, Nouv. Arch. Mus. Hist. Nat. Ser. 4, **2**: 13, 1900; Moreau & Moreau, Rev. Bryol. Lichenol. **20**: 195, 1951.

[= *Physcia setosa* f. *sulphurascens* Zahlbr., in Handl-Mazzetti, Symb. Sin. **3**: 240, 1930; Wei, Enum. Lich. China: 197, 1991. Type: CHINA. Sichuan, Handel-Mazzetti 10067 (not seen).]— *Phaeophyscia sulphurascens* (Zahlbr.) Trass, Folia Cryptog. Estonica **15**: 2, 1981.

= *Physcia setosa* f. *virella* Bouly de Lesd., Annal. Crypt. Exot. **2**: 232, 1929; Zhao, Xu & Sun, Prodr. Lich. Sin. : 112, 1982; Wei & Jiang, Lich. Xizang: 113, 1986.

地衣体叶状，圆形或不规则状，直径 3-10 (-14) cm，较疏松着生于基物；裂片多为不规则二叉分裂，分离，有时少数重叠，较宽，但幅度变化较大，1-3.5 (-4) mm 宽，末端多钝圆，常上翘；上表面灰褐色至褐色，平坦至常常下凹；粉芽堆近头状或球形，生于裂片上表面和近边缘，粉芽有时由疱状突体 (pustules) 发育而来，较粗糙，白色，稀有黄色或橙色；髓层白色，稀有局部淡黄色；下表面黑色，边缘处有时呈浅色；假根稠密，常明显伸出裂片边缘，单一不分枝和稀有简单分枝，黑色，末端有时呈灰白色。子囊盘稀有，子囊盘直径 0.5-2.0 mm，通常盘缘完整，基部有黑色假根，孢子褐色，双胞，厚壁，Physcia 型，22-26 × 9.5-13.5 μm。

化学：地衣体 K-；髓层 K-；未检测出地衣物质。

基物：石表藓层或树皮。

研究标本：

北京，百花山，海拔 970-1500 m，徐连旺、宗毓臣 8459 (2338)，8501 (2337)；1963 年 6 月 27 日，赵继鼎、徐连旺 6592 (2457)，6601 (2453)；门头沟妙峰山，海拔 800 m，1996 年 9 月 18 日，陈健斌 8715 (23525)；小龙门森林生态站，海拔 1100-1150 m，1996 年 8 月 24 日，陈健斌 8560 (24995)，陈健斌无采集号标本一份 (80353)；1998 年 8 月 23 日，陈健斌、王胜兰 473 (80355)，474 (24949)，480 (80352)；东灵山，海拔 2100 m，1997 年 9 月 21 日，无采集人及采集号 (82375)。

河北，兴隆县雾灵山，海拔 1400-2100 m，1998 年 8 月 15 日，陈健斌、王胜兰 114 (24899)，150 (80354)；魏江春等 98073 (25061)。

内蒙古，阿尔山兴安摩天岭，海拔 1600 m，1991 年 8 月 9 日，陈健斌、姜玉梅 A-497 (110267)；巴林右旗赛罕乌拉自然保护区，海拔 1300-1850 m，2000 年 7 月 6-8 日，陈健斌 20114-2 (110269)，20178-1 (137911)，20178 (110268)。

吉林，蛟河林场，海拔 700-1100 m，1984 年 8 月 10 日，卢效德 848132 (110272)；1991 年 8 月 28 日及 9 月 2 日，陈健斌、姜玉梅 A-1244 (83409)，A-1383 (25177)，A-1409 (25180)，A-1467-1 (25176)；长白山，海拔 1000 m，2007 年 7 月 12 日，Kashiwadani 48263 (122830)。

黑龙江，漠河县古莲林业局附近，1977 年 9 月 3 日，魏江春 3209 (43512)；呼中，海拔 8800-900 m，2002 年 7 月 27 日，陈健斌、胡光荣 22061 (25181)，22072 (83407)；五大连池，2000 年 7 月 13 日，刘华杰 243 (110942)；2002 年 7 月 30 日，陈健斌、胡

光荣 21916 (24909)，22096 (24966)；带岭凉水林场，海拔 1000 m，2002 年 7 月 31 日，陈健斌、胡光荣 21951 (24906)。

浙江，天目山老殿，海拔 1000 m，1962 年 9 月 1-2 日，赵继鼎、徐连旺 6310 (1767)，6370 (2341)；杭州西湖，1962 年 8 月 11 日，赵继鼎、徐连旺 5064a (2342)。

山东，昆嵛山，海拔 900 m，2002 年 9 月 18 日，陈健斌 22120 (24916)，22132 (24997)；崂山，海拔 850-1000 m，2002 年 9 月 19 日，陈健斌 22174 (24918)，22251 (2497)。

湖北，神农架小龙潭，海拔 2300 m，1984 年 7 月 22 日，陈健斌 10643 (25191)；木鱼坪，海拔 1270 m，1984 年 8 月 8 日，魏江春 11593 (25189)。

湖南，桑植县天平山，海拔 1400 m，1997 年 8 月 19 日，陈健斌等 9567 (24926)。

广西，那坡，海拔 680-1000 m，1998 年 4 月，陈林海 980151 (110275)，980167 (25169)，980218 (25170)，980306 (25167)，980360 (25168)，980363 (25188)，980368 (25165)；靖西县，海拔 900 m，1998 年 4 月 21 日，陈林海 980246 (25166)，980265 (110273)。

四川，峨眉山伏虎寺，海拔 500 m，1963 年 8 月 26 日，赵继鼎、徐连旺 8364 (2340)；小金县巴朗山，海拔 2950 m，1982 年 9 月 4 日，王先业等 9943 (25186)；平川磨盘山，海拔 2200 m，1982 年 6 月 15 日，王先业等 8030 (82956)；贡嘎山，海拔 3750-3900 m，1982 年 7 月 30 日，王先业等 9192 (82954)；1999 年 10 月 22 日，陈林海 990001 (80351)；马尔康，海拔 2600 m，1983 年 7 月 2 日，王先业、肖勰 11405 (110266)。

贵州，贵阳观音洞，海拔 1300 m，1958 年 8 月 6 日，王庆之 125 (2343)。

云南，昆明西山，1960 年 10 月 23 日及 11 月 4 日，赵继鼎、陈玉本 1003 (2444)，2249 (2440)；中甸碧鼓林场，海拔 3700 m，1981 年 8 月 14 日，王先业、肖勰、苏京军 5340 (25175)，5768 (110271)；玉龙山扇子峰，海拔 3600 m，1981 年 8 月 5 日，王先业、肖勰、苏京军 7418 (25174)；思茅，1994 年 7 月 10 日，陈健斌 6595-1 (82953)；贡山县，海拔 1700-2200 m，苏京军，4026 (25184)；维西碧罗雪山，海拔 2550 m，1981 年 7 月 11 日，王先业等 4703 (25120)；西畴县，海拔 1500 m，1959 年 5 月 20 日，王庆之 283 (1769)；西畴县法斗，海拔 1370-1400 m，1991 年 11 月 8 日，陈健斌 5303 (25163)。

西藏，察隅，海拔 1750-3800 m，1982 年 9 月，苏京军 4976 (25173)；林芝县永久沟，海拔 3000-3300 m，2004 年 7 月 14 日，胡光荣 h224-1 (140246)，h247 (82412)；米林县扎绕乡，海拔 3100 m，2004 年 7 月 22 日，胡光荣 h501 (82388)，h638 (82392)；林芝县鲁朗兵站，海拔 3185 m，2004 年 7 月 19 日，胡光荣 h440 (80992)，h596 (80993)，h599 (80994)。

陕西，太白山梯子崖，海拔 1550 m，1963 年 7 月 14 日，马启明、宗毓臣 410 (2339)，太白山蒿坪寺，海拔 1200 m，1988 年 7 月 7 日，高向群 2942 (82372)；1992 年 7 月 24 日，陈健斌、贺青 5649 (82371)；太白山南坡花儿坪，海拔 1500 m，1992 年 8 月 2 日，陈健斌、贺青 6619 (82952)。

新疆，富蕴温泉，海拔 1400 m，2002 年 7 月 11 日，杨勇 20021037 (83410，91381)。

国内记载：北京 (Moreau and Moreau，1951)，河北 (赵继鼎等，1982；李学东等，2006)，黑龙江 (陈锡龄等，1981；罗光浴，1984；赵继鼎等，1982)，山东 (赵遵田等，2002)，四川 (Zahlbruckner，1930)，云南 (Hue，1887，1889，1900；Zahlbruckner，1930；Paulson，1928；赵继鼎等，1982)，湖北 (陈健斌等，1989)，湖南 (Zahlbruckner，1930；

赵继鼎等，1982)，上海 (Nylander and Crombie，1883；Zahlbruckner，1930)，陕西 (Jatta，1902；Zahlbruckner，1930；贺青和陈健斌，1995；李莹洁和赵遵田，2006)，西藏 (魏江春和姜玉梅，1986)，新疆 (吴金陵，1985)。

世界分布：广布种 (热带、亚热带至温带)，除南极外的各个大洲均有分布。

讨论：本种主要特征是裂片较宽，1-3.5 (-4) mm 宽，上表面常常下凹，粉芽堆头状，生于裂片上表面和近末端处，粉芽有时由疱状突体 (pustules) 发育而来，较粗糙，假根稠密，常伸出裂片边缘。不过，这个种的裂片大小、粉芽等变异较大。极少数标本的粉芽呈暗黄色，曾经为本种的变种：*Physcia setosa* f. *sulphurascens* Zahlbr.，现被视为 *P. hispidula* 的异名。

对于 *P. hispidula*、*P. exornatula*、*P. limbata* 和 *P. primaria* 4 个种的划分，目前意见并不一致。Poelt (1974) 将这一类群作为 *Physcia hispidula* 的 4 个亚种处理：*Physcia hispidula* subsp. *hispidula* (表面生有头状粉芽堆)；*Physcia hispidula* subsp. *exornatula* (Zahlbr.) Poelt (边缘生有裂芽伴随小裂片)；*Physcia hispidula* subsp. *limbata* Poelt (边缘生有颗粒状粉芽)；*Physcia hispidula* subsp. *primaria* Poelt (无裂芽无粉芽)。而 Esslinger (1978a) 虽然也认为在 *Physcia hispidula* (s. lat.) 中至少存在两个不同的种，但并未作出明确的划分。Kashiwadani (1984c) 将 *Physcia hispidula* subsp. *exornatula* 和 *Physcia hispidula* subsp. *limbata* 分别作为种级水平处理。Moberg (1995) 承认 *P. primaria* 和 *P. hispidula* 这两个种，而将 *P. limbata* 和 *P. exornatula* 合并，作为 *P. hispidula* 下的 1 个变种处理，即 *Phaeophyscia hispidula* var. *exornatula*。我们对中国标本的观察中也确认，*P. hispidula* 和 *P. primaria* 明显是两个独立的种。前者的典型特征为在上表面尤其裂片近末端处具有头状的界限分明的粉芽堆，其粉芽小颗粒状，但不会裂芽化；而后者没有粉芽、裂芽和小裂片。但 *P. exornatula* 和 *P. limbata* 的界限则比较模糊。*P. exornatula* 的裂芽状小裂片主要生于裂片边缘，许多是背腹分明；而 *P. limbata* 的粉芽堆起始于裂片上表面或边缘的开裂处，粉芽颗粒状，有的逐渐裂芽化。但是，在许多标本中上述三种结构很难加以绝对的区分。虽然 Moberg (1995) 将 *P. limbata* 和 *P. exornatula* 合并，作为 *Phaeophyscia hispidula* 下的 1 个变种处理，而我们将它们合并作为一个种处理，由于 *Physcia exornatula* 发表在先，因此将 *Phaeophyscia limbata* 处理为 *Phaeophyscia exornatula* 的异名。由于 *P. hispidula* 目前至少包括 3 个种，作为它的异名的 *Physcia setosa* 所指的分类单位则不一致。一些作者认为 *Physcia setosa* f. *setosa* 无粉芽，而 *Physcia setosa* f. *virella* 有粉芽，如 Thomson (1963)、赵继鼎等(1982)。

5. 12 湖南黑蝶蚧叶　图版 XIII: 56

Phaeophyscia hunana G.R. Hu & J.B. Chen, Mycosystema **22**: 534, 2003.

Type: CHINA. Hunan, Sanzhi county, alt. 1350 m, on bark, Aug.20, 1997, J.B. Chen et al. 9876 (holotype in HMAS-L).

地衣体叶状，近圆形，直径 2 cm，紧贴在基物上；裂片狭窄，0.4-0.7 mm 宽，上表面凸起，呈灰绿色，末端钝圆，有少数白色皮层毛，乳状突体稠密，然后发育成小裂片，小裂片多表面生，背腹分明；髓层红色；下表面黑色，假根稀疏，黑色，单一不分枝。上表面、下表面均为假薄壁组织。子囊多聚生在一起，直径 0.5-2.0 mm，盘面红褐色，无粉霜；边缘完整或缺刻，盘基部假根稀少，未见成熟子囊孢子。分生孢子器未见。

化学：地衣体K-；髓层K+紫色；TLC：skyrin 以及在 C 系统 6 区有一未知物质，其 Rf 值为 0.61。

基物：树皮。

研究标本：

湖南，桑植，海拔 1350 m，陈健斌、王胜兰 9876 (holotype)。

国内记载：湖南 (Hu and Chen，2003a)，陕西 (李莹洁和赵遵田，2006)。

世界分布：韩国 (Liu and Hur，2019)。可归于东亚分布型。

讨论：本种与 *Phaeophyscia laciniata* Essl.均具有小裂片和红色的髓层。但本种的裂片短而窄，小于 1.0 mm 宽，凸起，末端具白色皮层毛，小裂片多表面生，由乳状突体发育而成 (图 55A)；而 *P. laciniata* 的裂片较宽，1-2 mm 宽，平坦，末端无皮层毛，小裂片多边缘生 (图 55B)；两者虽然均含有 skyrin，但本种在 C 系统 6 区有一未知物质，其 Rf 值为 0.61。而 *P. laciniata* 在 1-2 区 (C 系统) 含有一未知脂肪酸 (Esslinger，1978b)。

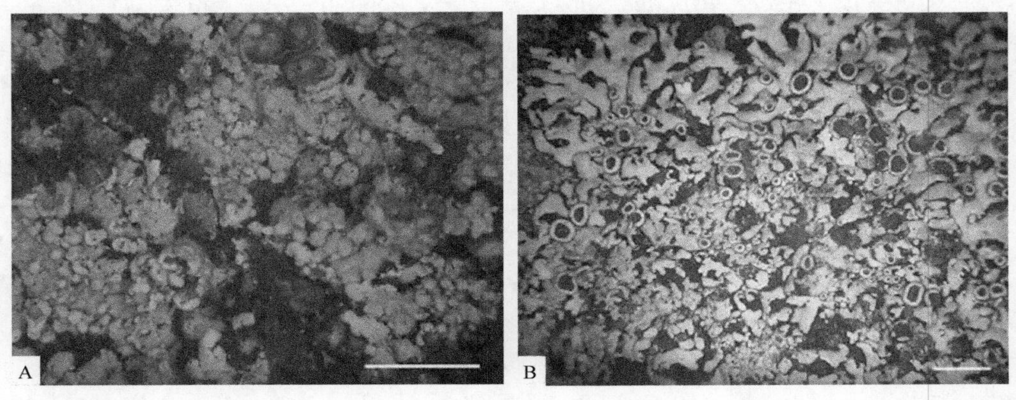

图 55　湖南黑蜈蚣叶 *Phaeophyscia hunana* (A：陈健斌、王胜兰 9876，标尺= 2 mm) 与小裂片红髓黑蜈蚣蚣叶 *Phaeophyscia laciniata* (B：陈健斌等 20174，标尺= 2 mm) 的小裂片的比较

5. 13　覆瓦黑蜈蚣叶　图版 XIII: 57

Phaeophyscia imbricata (Vain.) Essl., Mycotaxon **7**: 308, 1978; Wei, Enum. Lich. China: 197, 1991; Abbas & Wu, Lich. Xinjiang: 111, 1998.

≡ *Physcia imbricata* Vain., Bot. Mag. Tokyo **35**: 60, 1921.

地衣体叶状，略圆形或不规则，直径可达 7.5 cm，疏松着生于基物上；裂片通常 1-2.5 mm 宽，边缘多翘起；上表面灰色至淡褐色，平坦或下凹；无粉芽和裂芽，小裂片边缘或近边缘生，常常半直立，有时亦见表面生，有的小裂片很小似裂芽；髓层白色；下表面褐色至黑色，在裂片近末端处浅色；假根稠密、黑色，单一不分枝；地衣体 100-130 μm 厚；上皮层为假薄壁组织，厚 35-50 μm；髓层 40-60 μm；下皮层为假薄壁组织，18-25 μm。子囊盘圆盘状，直径 0.5-2.0 mm，盘缘完整或呈锯齿状，有时着生小裂片，基部具假根，白色或黑色；子实层透明，79.3-85.4 μm；子实下层透明，无色，14.6-18.0 μm；子囊孢子双胞，褐色，Physcia 型，18-25.5 × 9.5-12 μm。分生孢子器埋生于地衣体中，孔口开于地衣体上表面，暗褐色至黑色，圆点状。分生孢子椭圆形、卵形，2-3 × 1 μm。

化学：地衣体 K-；髓层 K-；含有 zeorin。

基物：树皮，偶为岩石。

研究标本：

河北，雾灵山，海拔 1400-1500 m，陈健斌、王胜兰 139 (25540)，162 (25541)。

吉林，长白山，海拔 750-1100 m，1994 年 8 月 2 日，魏江春等 94037 (24902)，94044 (23513)，94136 (25538)，94167 (25549)，94170 (24903)；1983 年 7 月 25 日，魏江春、陈健斌 6148 (25539)；海拔 1450 m，1998 年 6 月 21 日，陈健斌、王胜兰 13090 (25550)；1997 年 9 月 7 日，郭守玉 1073-1 (25537)；蛟河，海拔 400-1100 m，1991 年 8 月 27 日至 9 月 2 日，陈健斌、姜玉梅 A-1026 (25544)，A-1066 (25524)，A-1068 (25543)，A-1093 (25523)，A-1100 (25545)，A-1168 (25559)，A-1251 (25532)，A-1334 (23517)，A-1337 (25528)，A-1359 (25548)，A-1388 (25534)，A-1456-1 (25529)，A-1467 (25531)，A-1470 (25530)；卢效德 848158 (25547)，848162 (25526)；汪清县，1984 年 8 月 5 日，卢效德 848057-1 (25536)，848063-2 (25535)。

黑龙江，带岭凉水林场，海拔 450 m，陈健斌、胡光荣 21924 (25591)。

湖北，神农架，1984 年 9 月 4-5 日，陈健斌 12041 (25551)，12043 (25542)。

重庆，金佛山，海拔 900 m，2001 年 10 月 3 日，魏江春、姜玉梅 C197 (25552)。

国内记载：新疆 (阿不都拉・阿巴斯和吴继农，1998)，陕西 (李莹洁和赵遵田，2006)，台湾 (Zahlbruckner，1933；Sato，1936b；Wang-Yang and Lai，1973；赖明洲，2000)。

世界分布：东亚及北美洲 (Esslinger，1978a)。

讨论：Esslinger (1978a) 首次将本种从蜈蚣衣属 *Physcia* 转至黑蜈蚣叶属 *Phaeophyscia*，并报道其模式标本含有 zeorin。Moberg (1995) 在检查了本种的模式标本之后认为模式标本中缺乏 zeorin，又因其裂片边缘着生小裂片，他认为 *P. imbricata* 应包括在 *P. exornatula* 的概念之内。而那些髓层含 zeorin，并同时具边缘生小裂片的标本则应被置于 *P. squarrosa* Kashiw.之中。虽然我们没有机会观察 *P.imbricata* 的模式标本，但根据我们对来自中国的髓层含 zeorin 的标本的观察，这些标本均具有边缘生或表面生的半直立小裂片，而 *P. exornatula* 存在边缘生的似颗粒状粉芽的裂芽以及非直立小裂片，将它们置于 *P. exornatula* 下并不合适。另外，Kashiwadani (1984b) 发表 *Phaeophyscia squorrosa* 时没有记载有边缘生或表面生的小裂片。我们对 *P. squarrosa* 模式标本的观察，虽然某些裂片边缘呈锯齿状，趋于小裂片，但未见到半直立或直立的小裂片。而且 *P. squarrosa* 有羽状分枝的假根，基于上述理由，我们仍然认为 *P. imbricata* 是一个独立的种，其主要特征是小裂片多边缘生，常常半直立，髓层含 zeorin。如果 *Phaeophyscia imbricata* 的模式标本缺乏 zeorin，含有 zeorin 的标本则代表了一个新种。这一问题有待于进一步研究。

5. 14 毛裂芽黑蜈蚣叶　图版 XIII: 58

Phaeophyscia kairamoi (Vain.) Moberg, Symb. Bot. Upsal. **22**(1): 40, 1977.

≡ *Physcia kairamoi* Vain., Acta Soc. Fl. Fenn **7**: 3, 1921.

地衣体叶状，不规则状至略圆形，疏松着生于基物；裂片不规则分裂，1-2 (-3.5) mm

宽；上表面灰褐色至暗褐色，平坦或稍凹，末端多向上翘起；上表面末端有时有稀疏无色皮层毛，裂芽多边缘生，偶有表面生，常发展成背腹分明的小裂片，这些裂芽和小裂片有时密集呈簇，裂芽或小裂片生有白色或暗色的皮层毛；髓层白色；下表面黑色，末端常为灰白色；假根通常稠密，黑色，单一不分枝或有简单分枝，常伸出裂片边缘。子囊盘少见，圆盘状，直径可达 2 mm，盘面黑色，无粉霜，盘缘完整或缺刻，基部常常具黑色假根。子囊孢子双胞，褐色，Physcia 型，22-27 × 9-11 μm。分生孢子器埋生于地衣体中，孔口开于地衣体上表面，暗褐色至黑色，圆点状。分生孢子长椭圆形、卵形，2-3 × 1-1.5 μm。

化学：地衣体 K-；髓层 K-；未检测出地衣物质。

基物：岩石、石表藓层、树皮。

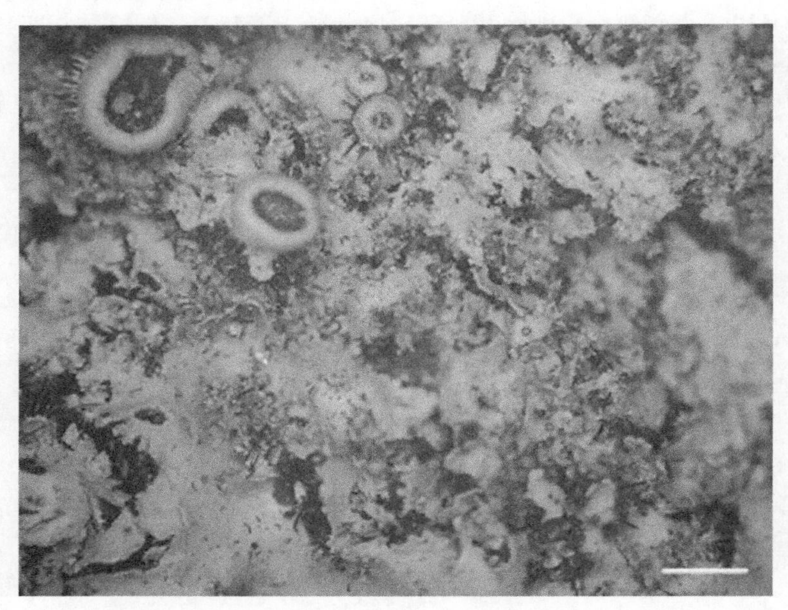

图 56　毛裂芽黑蜈蚣叶 *Phaeophyscia kairamoi* 的裂芽和小裂片上有毛
(王先业 1261)，标尺= 2 mm

研究标本：

湖北，神农架千家坪，海拔 2000 m，1984 年 8 月 10 日，陈健斌 11719-1a (23526)。

四川，若尔盖县铁布，海拔 2800 m，1983 年 6 月 21 日，王先业、肖勰 11091 (83413)；卧龙，海拔 2750 m，1994 年 6 月 9 日，陈健斌 6339-1 (23523)。

云南，中甸小中甸林场，海拔 3600 m，1981 年 8 月 22 日，王先业等 5529 (82778)；西畴县法斗，海拔 1400 m，1991 年 11 月 18 日，陈健斌 5313 (23541)。

西藏，林芝县，海拔 3200 m，2004 年 7 月 14 日，胡光荣 h217 (82409)，h247 (82412)。

新疆，天山夏塔，海拔 2300-2900 m，1978 年 7 月，王先业 920 (23532，23533，23536)，1068 (23527)；北木扎尔台河谷，海拔 2500-2600 m，1978 年 8 月，王先业 1068 (23527)，1167 (23537)，1191 (23530)，1199-1 (83412)，1218 (23528)，1257 (110291)，1261 (80415)，1349-1 (23529)；天山昭苏县林场和巩留林场，海拔 1950-2000 m，1982 年 9 月 27-28 日，赵从福 2555 (110292)，2594-1 (23522)。

国内记载：湖北，四川，云南，西藏，新疆 (陈健斌和胡光荣，2022)。

世界分布：主要分布于北方植被带。欧洲，北美洲，格陵兰岛，东亚 (Moberg，1994，1995)。

讨论：本种由于具有边缘生裂芽和小裂片而相似于 *Phaeophyscia exornatula*，但本种的小裂片和裂芽上有白色的或暗色的皮层毛 (图 56)，而且裂片上表面顶部区域常存在无色皮层毛。某些标本裂片上表面无皮层毛，可能与 *P. exornatula* 混淆。在我们检查的标本中，新疆、四川的标本比较容易识别，这些皮层毛比较微小，需仔细观察。

5.15 小裂片红髓黑蜈蚣叶 图版 XIV: 59

Phaeophyscia laciniata Essl., Mycologia **70**: 1247, 1978.

地衣体叶状，不规则，疏松着生在基物上；裂片不规则状分裂，0.5-1.5 (-2) mm 宽，末端钝圆，稍翘起；上表面灰白色至淡褐色，稍凹，无皮层毛，小裂片多边缘生，通常平伏，有时向地衣体中央部位发展；髓层橙色至红色；下表面黑色，裂片末端处呈浅色或白色，假根稠密，黑色，单一不分枝。子囊盘直径 0.5-1.2 mm，盘面黑色，盘缘完整，少数盘缘齿裂或有小裂片，基部有时有假根；子囊孢子双胞，褐色，Pachysporaria 型或 Physcia 型，20-27.5 × 8.5-12.5 μm。

化学：地衣体 K-；髓层 K+紫色；含有 skyrin，有时还有一未知物。

基物：树皮、石表藓层。

研究标本：

湖北，神农架，1984 年 8 月，陈健斌采集无号标本一份 (23543)。

广西，龙胜县花坪，海拔 920 m，2001 年 6 月 9 日，陈健斌等 20174 (23574)。

四川，南坪县九寨沟，海拔 2150 m，1983 年 6 月 10 日，王先业、肖勰 10607-1 (23544)。

贵州，梵净山，海拔 1330 m，2004 年 8 月 2 日，魏江春、张涛 G110 (83420)。

国内记载：作为中国新记录种待发表。

世界分布：夏威夷 (Esslinger，1978b)，日本(Esslinger and Harada，2010)。

讨论：本种的主要特征是裂片边缘着生小裂片，髓层红色 (含 skyrin)。本种相似于湖南黑蜈蚣叶 *Phaeophyscia hunana*。但湖南黑蜈蚣叶的裂片上表面有皮层毛，具稠密的乳状突体，逐步发育成小裂片，而 *P. laciniata* 无皮层毛，小裂片边缘生。与 Esslinger (1978b) 的报道相比，本种的中国标本的裂片相对狭窄，0.5-1.5 (-2) mm，原描述的裂片为 1-2 (-3) mm 宽。

5.16 弹坑黑蜈蚣叶 图版 XIV: 60

Phaeophyscia melanchra (Hue) Hale., Lichenologist **15**: 158, 1983; Moberg, Nord. J. Bot. **15**: 328, 1995.

≡ *Physcia melanchra* Hue, Nouv. Arch. Mus. Hist. Nat. Paris, Ser. 4, **2**: 75, 1900. — *Physciella melanchra* (Hue) Essl., Mycologia **78**: 95, 1986.

地衣体叶状，圆形或不规则状，稍疏松至或多或少紧密着生于基物；裂片多为二叉状分裂，狭窄，通常 0.3-0.8 mm 宽，最大者可达 1.2 mm 宽，顶端略钝圆或平截，有时微翘起；上表面淡绿灰色至淡褐灰色，平坦至微凹；粉芽堆表面生，圆形或近圆形，常下凹近弹坑状，其大小常与裂片宽度相近，粉芽颗粒状；髓层白色；下表面白色、灰白色至中央部位淡褐色色度，假根稀疏，单一，与下表面同色。子囊盘少见，盘径0.5-1 mm；盘缘完整，基部无刺毛假根；子实层透明，无色，61-68 μm，侧丝透明，顶部膨大，褐色；子实下层透明，无色或稍带黄色，12-18 μm；子囊棍棒状，内含 8 孢；子囊孢子褐色，双胞，Physcia 型，17-22 × 6-8.5 μm。分生孢子器埋生于地衣体中，孔口开于地衣体上表面，暗褐色至黑色，圆点状；分生孢子长椭圆形、卵形，2-3 × 1 μm。

图 57　弹坑黑蜈蚣叶 *Phaeophyscia melanchra* 的粉芽堆近圆形弹坑状
(魏鑫丽、郭威 LS2014022)，标尺=1 mm

化学：地衣体 K-；髓层 K-；未检测出地衣物质。

基物：树皮，少有岩石。

研究标本：

北京，房山，1989 年 10 月 20 日，陈健斌等 II-6 (23555)；延庆，1990 年，陈健斌，无采集号 (23554)；门头沟，海拔 550 m，1988 年 5 月 18 日，高向群 2890 (82467)，2891 (82457)，2893 (82468)；小龙门森林生态站，海拔 1100-1160 m，1996 年 9 月 6 日，陈健斌 8671 (23553)；2013 年 7 月 15 日，陈健斌、刘晓迪 25043 (128448)，25050-1 (128447)。

内蒙古，科尔沁右翼前旗，1963 年 7 月 12 日，陈锡龄 1942 (110298)；巴林右旗赛罕乌拉保护区，海拔 1000-1150 m，2000 年 7 月 5-10 日，陈健斌 20022 (80359)，20201 (80358)，20227 (110299)，20230 (25565)，20264 (80357)；2001 年 8 月 26-28 日，陈健斌、胡光荣 21212 (23560)，21247 (23561)，21324 (25563)，21315 (137881)，21436 (23559)，21437 (25564)。

吉林，长春市净月潭，1998 年 6 月 17-18 日，陈健斌、王胜兰 13030-1 (23550)，13011 (110843)，13024-1 (110845)，13053 (110294)；集安市榆林，海拔 370 m，1985 年 7 月 7 日，卢效德 0474-1 (23549)。

黑龙江，牡丹江市，1977 年 7 月 17 日，魏江春 2490-2 (110295)。

上海，金山县大金山岛，海拔 100 m，2001 年 9 月 20 日，徐蕾 9546-1 (23557)，9547 (25562)。

江西，庐山，海拔 1147 m，2014 年 4 月 17 日，魏鑫丽、郭威 LS2014022 (129140)。

山东，泰安市孔林，海拔 200-300 m，陈健斌 14203 (23545)，14207 (23547)。

四川，汶川县，海拔 860 m，2001 年 9 月 21 日，赵遵田等 S2 (23558)。

云南，维西，海拔 2300 m，1981 年 7 月 20 日，王先业、肖勰、苏京军 6474 (23564)；丽江县，海拔 2400 m，1981 年 7 月 30 日，王先业、肖勰、苏京军 6979 (23565)。

陕西，眉县，海拔 550 m，1988 年 7 月，高向群 2902 (110837)。

国内记载：云南 (Moberg，1995)，台湾 (Aptroot et al.，2002)。

世界分布：东亚—北美间断分布型。北美洲 (Esslinger，1978a)，日本 (Kashiwadani，1975)，韩国 (Wei and Hur，2007)，东亚 (Moberg, 1994，1995)。

讨论：本种的主要特征是表面生圆形粉芽堆，常常下凹似弹坑状 (图 57)，裂片下表面白灰色，中央部位有时淡褐色。粉小黑蜈蚣叶 *Phaeophyscia chloantha* 也具粉芽，下表面呈灰白色，但该种的粉芽位于裂片末端和边缘，呈唇形。

5. 17 刺黑蜈蚣叶　图版 XIV: 61

Phaeophyscia primaria (Poelt) Trass, Folia Crypt. Estonica **15**: 2, 1981; Wei, Enum. Lich. China: 197, 1991; Chen, Wu & Wei, in Fungi and Lichens of Shennongjia: 481, 1989; Moberg, Nord. J. Bot. **15**: 329, 1995.

≡ *Physcia hispidula* subsp. *primaria* Poelt, Khumbu Himal **6**: 80, 1974.

地衣体叶状，圆形或不规则形，较疏松着生在基物上；裂片多为二叉或不规则分裂，1.5-3.5 (-4.0) mm 宽，顶端钝圆，向上微翘；上表面淡灰绿色至微褐色，常常下凹，顶端多向上翘；无粉芽、裂芽和小裂片；髓层白色；下表面黑色，裂片末端有时呈淡色；假根黑色，稠密，单一不分枝，0.5-2.5 mm 长，多伸出裂片边缘。子囊盘常见，直径多 2-4 mm，盘缘完整或呈锯齿状，基部有黑色假根 (黑刺)；子实层透明，无色或淡黄色；子实下层透明，无色或稍带黄色；子囊棍棒状，内含 8 孢；子囊孢子 Physcia 型，17-25 (-28) × 9-12 (-15) μm。分生孢子器常见，埋生于地衣体中，孔口开于地衣体上表面，暗褐色至黑色，圆点状；分生孢子椭圆形、卵形，2-3 × 1-1.5 μm。

化学：地衣体 K-；髓层 K-；未检测出地衣物质。

基物：树皮。

研究标本：

河北，蔚县小五台山，海拔 1500 m，1931 年 7 月 2 日，T.P. Wang W497 (2414)；兴隆县雾灵山，海拔 1400-1900 m，1998 年 8 月 15-16 日，陈健斌、王胜兰 155(25314)，167 (25310)，185 (25312)，186 (25313)，218 (82430)，286 (25353)；魏江春等 98065 (25315)。

内蒙古，阿尔山兴安林场摩天岭，海拔 1550-1600 m，1991 年 8 月 9 日，陈健斌、姜玉梅 A-294 (25247，25249)，A-298-2 (25232)，A-339-1 (25231)，A-426 (25248)，433 (25233)，A-457 (25246)，484-1 (80372)；呼盟科尔沁右翼前旗，海拔 1500 m，1985 年 7 月，高向群 931 (25245)，939 (80374)，940 (25244)；伊尔施，海拔 1700 m，1963 年 6

月 27 日，陈锡龄 1655 (82426)，1671 (82425)；巴林右旗赛罕乌拉保护区，海拔 1150-1600 m，2000 年 7 月 5 日，陈健斌 20040 (82420)；孙立艳 188-1 (25351)；2001 年 8 月 24 日，陈健斌、胡光荣 21162 (25350)。

吉林，舒兰市，海拔 590 m，卢效德 848179(25358)，848191 (25241)；长白山，高向群 3315 (25237)。

黑龙江，横道河子，海拔 900 m，1959 年 8 月，周瑛 369 (2416)；乌敏河林业局，陈锡龄 5299 (25238)。

浙江，天目山老殿，海拔 1000 m，1962 年 9 月 2 日，赵继鼎、徐连旺 6374 (1781)。

安徽，黄山狮子林，海拔 1610 m，1962 年 8 月 21 日，赵继鼎、徐连旺 5593 (2439)；岳西县，海拔 1650 m，2001 年 9 月 5 日，黄满荣 636 (25269)，450 (25268)，660 (25267)。

江西，庐山植物园，1960 年 3 月 30 日至 4 月，赵继鼎等 440 (2412)，580 (2413)。

山东，昆嵛山，海拔 800-900 m，2002 年 9 月 18 日，陈健斌 22133 (25354)。

湖北，神农架，海拔 1300-2670 m，1984 年 7-8 月，陈健斌 10036-1 (80362)，10423 (25259)，11772 (80363)，11773-1 (25240)，12102 (25258)，12152 (25257)。

湖南，衡山南天门、上寺封，海拔 960-1260 m，1964 年 8 月 31 日至 9 月 2 日，赵继鼎、徐连旺 9914 (2402)，10209 (2400)，10295 (2401)，10325 (2423)；桑植天平山，海拔 1300-1400 m，1997 年 8 月 19-20 日，陈健斌等 9319 (25235)，9422 (82842)，9565 (25236)，9618 (82863)，9903 (25242)，9903-1 (82865)，9990 (25271)，9998 (82864)。

四川，峨眉山九老洞、遇仙寺、金鼎，海拔 1780-2200 m，1963 年 8 月 11-13 日，赵继鼎、徐连旺 6903 (2393)，7017 (2397)；九寨沟，海拔 2500-2600 m，1983 年 6 月 9 日，王先业、肖勰 10314 (80364)，10456 (80367)；马尔康梦笔山，海拔 3200 m，1983 年 7 月 4 日，王先业、肖勰 11422 (25225)；泸定，海拔 2800 m，1999 年 10 月 18 日，陈林海 990118 (80369)；贡嘎山，海拔 1600-3600 m，1982 年 7-8 月，王先业等 8103 (82882)，8896 (82870)，8905 (82878)，9334 (82880)，9347 (80365)，9453 (82881)；卧龙，海拔 2150-3300 m，1982 年 8 月 19 日，王先业等 9725 (25223)，9586 (25270)，9590 (25221)，10010 (80371)；1994 年 6 月 9 日，陈健斌 6268 (80373)，6349 (8243)；康定，海拔 3200 m，1999 年 10 月 9 日，陈林海 990012 (80377)；木里县一区沙湾，海拔 2500 m，1982 年 6 月 8 日，王先业等 7889 (82847)，7912 (80379)；木里宁朗山东坡，海拔 4100 m，1982 年 6 月 3 日，王先业等 8006 (82877)。

云南，丽江玉龙雪山，海拔 2050-3600 m，1960 年 12 月，赵继鼎、陈玉本 3877 (2379)，4469 (2424)，4675 (2428)；1964 年 12 月 15 日，魏江春 2525-1 (11506)；1891 年 8 月，王先业、肖勰、苏京军 4942 (25210)，5022 (25278)，5074 (82800)，6178 (80368)，6378 (25220)，6498 (25209)，6782 (82427)；1980 年 11 月，姜玉梅 97-1 (11505)，366 (11499)，427 (11501)，427-1 (11500)，433 (11503)；1987 年，Ahti、陈健斌、王立松 46323 (25279)；中甸，海拔 2700-3500 m，1981 年 8 月 13-19 日，王先业等 4355 (82797)，5523-1 (82429)，5645 (82796)；贡山，海拔 1800-2100 m，苏京军 1980 (25280，25286)；维西，海拔 2100-2500 m，1981 年 7 月 26 日，王先业等 4265 (82792)；1982 年 5 月 7-8 日，苏京军 177 (82844)，277 (82846)；德钦，海拔 3200-3300 m，1982 年 10 月，苏京军 5662 (25216)，5678 (25261)；1981 年 9 月 3 日，王先业等 3470 (25262)。

西藏，察隅，海拔2500-3100 m，1982年9-10月，苏京军4482 (25227)，4866 (25251)，4988 (25229)，5771 (82793)；左贡县，海拔3600 m，1982年10月5日，苏京军5136 (82850)；波密县，海拔3200-3500 m，2004年7月17日，胡光荣h329 (82441)，h336 (80998)；工布江达县，海拔3500 m，2004年7月25日，胡光荣h542 (82439)。

陕西，太白山，海拔1600-2750 m，高向群 3013 (80366)；1992年7月24-27日，陈健斌、贺青5667 (25205)，5731 (25202)，5747 (25204)，5924 (25201)，5981 (25274)；南坡刘家湾、花儿坪，海拔1350 m，1992年8月2日，陈健斌、贺青6624 (25207)。

国内记载：河北 (赵继鼎等，1982；李学东等，2006)，山东 (赵遵田等，2002)，湖北 (陈健斌等，1989)，安徽，浙江 (吴继农和钱之广，1989)，陕西 (赵继鼎等，1982；李莹洁和赵遵田，2006)，台湾 (Kashiwadani，1984b；Aptroot et al.，2002)。

世界分布：东亚分布型 (Moberg，1994，1995)。

讨论：在*Phaeophyscia hispidula*类群中，*P. primaria*因缺乏营养繁殖体而易于识别。本种相似于*P. ciliata*，区别在于后者较紧密贴于基物，裂片多辐射状排列，狭窄 (通常1 mm宽)；而*P. primaria*较疏松的着生于基物上，裂片1.5-4.0 mm宽，常下凹。虽然*Physcia setosa*是*P. hispidula*的异名，但由于广义的*P. hispidula*至少包括3个种，中国地衣学文献中一些作者记载的*Physcia setosa*中的多数标本实际为*P. primaria*而不是*P. hispidula*。详见前面毛边黑蜈蚣叶*P. hispidula*的讨论。

5.18 火红黑蜈蚣叶　图版 XIV: 62

Phaeophyscia pyrrhophora (Poelt) D.D. Awasthi & M. Joshi, Indian J. Mycol. Res. **16**: 278, 1978; Moberg, Nord. J. Bot. **15**: 329, 1995.

≡ *Physcia pyrrhophora* Poelt, Khumbu Himal **6**: 84, 1974.

地衣体叶状，圆形或近圆形，直径可达5.0 cm，稍疏松着生于基物；裂片多为二叉分裂，通常辐射状排列，通常1-2.5 mm宽，裂片间常相互重叠，呈覆瓦状；上表面灰绿色至淡褐色，平坦至微凹；无粉芽、裂芽；髓层疏松，红色；下表面黑色，顶端浅色；假根稠密，黑色，单一不分枝，常伸出裂片边缘。子囊盘常见，圆形，直径1-2 mm，无粉霜，盘缘完整，有时缺刻或具小裂片，盘的基部生有黑色假根；子囊孢子双胞，褐色，兼备Pachysporaria型和Physcia型，(18-) 20-30 × 9-12 μm。分生孢子器不常见，埋生于地衣体中，孔口开于地衣体上表面，暗褐色至黑色，圆点状。

化学：地衣体K-；髓层K+紫色；含有skyrin。

基物：树皮、石表藓层。

研究标本：

吉林，长白山，海拔1740 m，1985年6月28日，卢效德398 (23568)；长白山电站附近，海拔750 m，1997年9月7日，郭守玉1073 (23596)；蛟河大顶子，海拔1100 m，1991年9月2日，陈健斌、姜玉梅A-1405 (23567)。

浙江，天目山，海拔1000 m，1962年9月30日，赵继鼎、徐连旺6056 (1770)。

安徽，黄山，1999年9月12日，陈健斌14711 (23569)，14742 (25574)。

福建，武夷山，海拔200-740 m，1999年9月6日，陈健斌、王胜兰14075 (23571)；2004年3月24日，张恩然Wy84 (29135)。

湖南，衡山，海拔 1000-1200 m，1964 年 8 月，赵继鼎、徐连旺 9988 (2254)；桑植县天平山，海拔 1400 m，1997 年 8 月 19-20 日，陈健斌等 9593 (23586)，9602 (23591)，9654 (23592)，9694 (23587)，9994 (23579)；张家界天子山，海拔 1200 m，1997 年 8 月 13 日，陈健斌等 9055 (23589)。

广西，龙胜县花坪，海拔 920 m，2001 年 4 月 9 日，陈健斌等 20153 (23576)。

云南，泸水下片马，海拔 2000 m，1981 年 5 月 28 日，王先业等 1687 (23582)；保山市高黎贡山，海拔 1660 m，1980 年 12 月 11 日，姜玉梅 868-5 (23585)；丽江白水河沿岸，海拔 2900 m，1980 年 11 月 3 日，姜玉梅 413-3 (11508)，427-10 (11509)。

国内记载：云南 (Moberg，1995)，陕西 (李莹洁和赵遵田，2006)，贵州 (Zhang et al.，2006)。

世界分布：东亚分布型。分布于喜马拉雅，中国，日本，俄罗斯最东部 (Poelt，1974；Kashiwadani，1984a；Moberg，1995)，韩国 (Wei and Hur，2007)。

讨论：本种无粉芽、裂芽和小裂片，髓层红色，不含 zeorin，比较容易识别。与 Kashiwadani (1984a) 报道的同种日本标本相比，来自中国的该种标本的裂片较小，大多数的裂片为 1-2 mm 宽，极个别标本裂片达 3.5 mm 宽，而日本标本的裂片为 1.5-4 (-5) mm 宽。本种与 *Phaeophyscia endococcina* 均具有红色的髓层，缺乏营养繁殖体，但 *P. endococcina* 髓层中含 zeorin，裂片狭窄，小于 1 mm 宽，通常石生；而本种裂片 1-2.5 mm 或更宽，髓层中无 zeorin，树生。*Phaeophyscia fumosa* 虽然髓层红色、不含 zeorin，但是裂片十分狭窄，通常约 0.5 mm 宽。*Phaeophyscia erythrocardia* 裂片狭窄，髓层含有 zeorin，中国其他的髓层红色的种中，或者有小裂片 (*P. laciniata*)，或有小裂片和皮层毛 (*P. hunana*)，或者有粉芽 (*P. rubropulchra*)。

5.19 美丽黑蝾蚣叶　图版 XV: 63

Phaeophyscia rubropulchra (Degel.) Essl., Mycotaxon **7**: 313, 1978; Wei, Enum. Lich. China: 197, 1991; Moberg, Nord. J. Bot.**15**: 330, 1995; Abbas & Wu, Lich. Xinjiang: 112, 1999.

≡ *Physcia orbicularis* f. *rubropulchra* Degel., Ark. f. Bot. **30A** (1): 58, 1940; Zhao, Xu & Sun, Prodr. Lich. Sin.: 114, 1982.

地衣体叶状，略圆形或不规则状，稍紧密的着生于基物；裂片二叉或不规则分裂，亚线形延长，分离至较紧密相连，狭窄，0.2-1.0 mm 宽，通常约 0.5 mm 宽，末端常常略圆，有时翘起，上表面淡灰绿色至褐色；粉芽堆常着生于裂片边缘和顶端，或表面生，近球形和唇形，粉芽多为颗粒状，有的似小裂芽；髓层橙红色；下表面黑色，裂片末端处呈灰白色；假根中等密度，黑色，顶端有时灰白色，单一不分枝，有的伸出裂片边缘外。子囊盘及分生孢子器未见。文献 (Moberg，1995) 记载子囊盘不常见，孢子 Physcia 型至 Pachysporaria 型，22-29 × 10-14 μm。

化学：地衣体 K-；髓层 K+暗红色或紫色；含有 skyrin。

基物：树皮 (文献记载也可生于岩石)。

研究标本：

河北，兴隆县雾灵山，海拔 1400-1900 m，1998 年 8 月 15-16 日，陈健斌、王胜兰 192-1 (23605)，285 (110874)。

内蒙古，阿尔山兴安摩天岭、桑都尔等地，海拔 1050-1400 m，陈健斌、姜玉梅 A- 278-3 (23611)，A-621-3 (23608)，A-623 (16863)，A-1400 (23601)，无采集号标本一份 (23610)；科尔沁右翼前旗明水林场，海拔 900 m，1985 年 7 月 16 日，高向群 1186 (110875)。

吉林，长白山小天池，海拔 1800 m，赵从福、高德恩 3642-1 (23602)；蛟河市蛟河林场大顶子，1991 年 9 月 2 日，陈健斌、姜玉梅 1456-2 (23603)。

黑龙江，五大连池，海拔 520 m，2002 年 7 月 30 日，陈健斌、胡光荣 22110 (23597，23598，23599)。

上海，金山县大金山岛，2001 年 9 月 9 日，徐蕾 9544 (23604)。

湖南，桑植县公平山，海拔 1320-1400 m，1997 年 8 月，陈健斌、王胜兰、王大鹏 9564 (23608)，9829-1 (137875)，9966 (110842)；宜章县莽山，海拔 1250 m，陈健斌、胡光荣、徐蕾 20678 (23606)。

广西，上思县十万大山，海拔 370 m，陈健斌、胡光荣、徐蕾 20461-1 (25575)。

重庆，海拔 1380 m，魏江春等 C10 (23600)。

国内记载：浙江 (赵继鼎等，1982)，黑龙江，云南 (Moberg 1995)，陕西 (李莹洁和赵遵田，2006)，新疆 (阿不都拉 • 阿巴斯和吴继农，1998)。

世界分布：东亚—北美东部间断分布型。分布于日本 (Kashiwadani，1975)，北美洲东部(Eslinger，1978a)，中国 (云南、黑龙江)，俄罗斯远东 (Moberg，1995)。

讨论：本种的主要特征是具有边缘生或表面生的粉芽堆，髓层红色，含 skyrin。这是中国黑蜈蚣叶属地衣中唯一一个髓层红色并具有粉芽的种，比较容易与其他种区别。

5. 20 暗裂芽黑蜈蚣叶　图版 XV: 64

Phaeophyscia sciastra (Ach.) Moberg, Symb. Bot. Upsal. **22**(1): 47, 1977; Wei, Enum. Lich. China: 197, 1991; Moberg, Nord. J. Bot.**15**: 331, 1995; Abbas & Wu, Lich. Xinjiang: 112, 1998.

≡ *Parmelia sciastra* Ach., Method. Lich.: 49, 1803. — *Parmelia lithotea* var. *sciastra* (Ach.) Arn., Flora **67**: 228, 1884; Jatta, Nuov. Giorn. Bot. Italiano, Ser.2, **9**: 472, 1902. — *Physcia lithotea* var. *sciastra* (Ach.) Nyl., Flora **67**: 354, 1877; Zahlbruckner, in Hander-Mazzeii, Symb. Sin. **3**: 239, 1930. — *Physcia sciastra* (Ach.) Du Rietz., Svensk. Bot. Tidskr. **15**: 168, 1921; Zhao, Xu & Sun, Prodr. Lich. Sin.114, 1982.

地衣体叶状，多为不规则形，紧密着生于基物；裂片多数为二叉分裂，裂片间相互分离，亚线形延长，狭窄，通常 0.3-0.6 mm 宽，最大者不超过 1.0 mm 宽；上表面灰褐色至褐色或暗褐色，平坦或微凸，裂芽边缘生至表面生，常暗褐色 (比地衣体上表面的颜色暗)，颗粒状或近柱状，顶部有时开裂呈粉芽状；髓层白色；下表面黑色；假根稀疏，黑色，单一不分枝。子囊盘圆形，直径 1-2 mm，盘面黑色，无粉霜，盘缘完整，偶有齿裂状或有小裂片；子囊孢子褐色，双胞，厚壁，Physcia 型，15-22 × 6-10 μm。分生孢子器不常见，埋生于地衣体中，孔口开于地衣体上表面，暗褐色至黑色，圆点状。

化学：地衣体 K-；髓层 K-；未检测出地衣物质。

基物：岩石及石表藓层，偶有树生。

研究标本：

北京，百花山，海拔 950-1200 m，1964 年 7 月 17 日，徐连旺、宗毓臣 8445 (1780)；八大处，1959 年 7 月 9 日，陈玉本 33 (82209)；小龙门森林生态站，海拔 1100 m，1996 年 9 月 6 日，陈健斌 8672 (23614)。

内蒙古，巴林右旗赛罕乌拉保护区，海拔 1000-1200 m，2001 年 8 月 26 日，陈健斌、胡光荣 21107-1 (23615)，21227 (23616)，21294-1 (137876)。

国内记载：北京 (赵继鼎等，1982；Moberg，1995)，黑龙江，内蒙古 (Moberg，1995)，四川 (Zahlbruckner，1930)，江苏 (吴继农和钱之广，1989)，陕西 (Jatta，1902；Zahlbruckner，1930；李莹洁和赵遵田，2006)，新疆 (阿不都拉·阿巴斯和吴继农，1998)。

世界分布：欧洲，非洲，亚洲，南美洲及北美洲，主要分布于温带至北方，也分布于热带、亚热带的高山 (Moberg，1995)。

讨论：本种和 *Phaeophyscia nigricans* 的裂片狭窄，约 0.5 mm 宽，均具有边缘生裂芽，裂芽顶部有裂开成粉芽的趋势，但后者的下表面为灰色，而本种的下表面为黑色。*Phaeophyscia kairamoi* 也具有边缘生裂芽，但其裂芽趋向于形成背腹分明的小裂片，而且裂芽上具皮层毛。

5.21 载毛黑蜈蚣叶　图版 XV: 65

Phaeophyscia trichophora (Hue) Essl., Mycotaxon **7**: 311, 1978; Wei, Enum. Lich. China: 198, 1991.

≡ *Physcia trichophora* Hue, Nouv. Arch. Mus. Hist. Nat. Ser.4, **2**: 74, 1900; Zahlbruckner, in Handel-Mazzetti, Symb Sin. **3**: 241, 1930; Zhao, Xu & Sun, Prodr. Lich. Sin.: 102, 1982. Type: CHINA. Yunnan, near Da-Ping-Zi, Delavay, in 1887 & 1890 (syntypes) (not seen).

地衣体叶状，不规则，较紧密着生于基物；裂片不规则分裂，狭窄，0.5-2 mm 宽，末端钝圆，裂片间相互重叠，周边裂片分离；上表面淡绿灰色，微黄褐色色度，平坦；无粉芽和裂芽，边缘稍缺刻或有少数小裂片；髓层白色；下表面灰白色，或有微褐色色度，假根单一不分枝，多与下表面同色。子囊盘无柄，圆形，直径 0.5-1.0 mm，盘面黑色，无粉霜，盘缘完整，无皮层毛，果托基部具淡色假根 (淡色刺毛)；子囊孢子褐色，双胞，厚壁，Physcia 型，23-27× 8.5-11 μm。分生孢子器埋生于地衣体中，孔口开于地衣体上表面，暗褐色至黑色，圆点状；分生孢子纺锤形，3 × 1 μm。

化学：地衣体 K-；髓层 K-；未检测出地衣物质。

基物：树皮。

研究标本：

云南：大理苍山，1935 年 12 月 8 日，王启无 21159 (1800)。

国内记载：云南 (Hue，1900；Zahlbruckner，1930；赵继鼎等，1982)，陕西 (李莹洁和赵遵田，2006)，台湾 (Aptroot et al., 2002)。

世界分布：东亚 (Moberg，1994)。

讨论：本种由于下表面淡色，无粉芽和裂芽，未检测出地衣物质，相似于

Phaeophyscia denigrata，但本种子囊盘基部具淡白色假根（刺毛），下表面为假薄壁组织，而 *P. denigrata* 的下表面为假厚壁长细胞组织，子囊盘基部未见假根。Esslinger (1978a) 曾经指出，该种的子囊孢子为 Pachysporaria 型，而我们只见到一份中国的本种标本，其子囊孢子为 Physcia 型。在黑蜈蚣叶属地衣中，有些种的子囊孢子同时存在这两种类型的孢子。

6. 蜈蚣衣属 **Physcia** (Schreb.) Michaux

Physcia (Schreb.) Michaux, Fl. Bor.-Amer. **2**: 326, 1803.

≡ *Lichen* sect. *Physcia* Schreb., in Linnaeus, Gen. Pl. **2**: 768, 1791.

Type species: *Physcia tenella* (Scop.) DC.

地衣体叶状，不规则至莲座状，通常 2-8 cm 宽，较疏松或紧密的贴于基物；裂片亚线形，多近二叉至不规则分裂，少数种有缘毛；上表面淡灰白色、淡绿灰色至暗灰色，有的种披白色粉霜和具白斑，粉芽、裂芽、疱状突体和小裂片存在或缺乏；上皮层为假薄壁组织；髓层白色，偶有部分区域为黄色；下表面多为白色、白灰色至淡褐色或黑褐色，下皮层多为假厚壁长细胞组织，少数为假薄壁组织；假根灰白色、淡褐色至黑褐色，单一不分枝或少有分枝。子囊盘表面生，茶渍型，通常无柄，盘面褐色至黑色，常披白色粉霜，盘缘通常较完整；子实层和子实下层无色至淡黄色，侧丝单一不分枝和少数近顶部有分枝，常分隔，顶部膨大，褐色；子囊棍棒状，茶渍型 (Lecanora 型)，内含 8 孢；子囊孢子双胞，褐色，厚壁，Physcia 型，某些种为 Pachysporaria 型。分生孢子器埋生于地衣体中，其孔口在地衣体表面，呈褐色至黑色的点状突起；分生孢子杆状，4-7 μm 长。在化学上，皮层 K+黄色、含有 atranorin 是区别于 *Phaeophyscia* 和 *Physconia* 两个属地衣的重要特征之一。许多种的髓层中含有 zeorin，有些种常伴随 zeorin 有其他三萜类 (triterpenes) 物质。有些种缺乏 zeorin 等萜类物质。

蜈蚣衣属是一个世界性的属，该属地衣在世界范围内有比较广泛的分布，从热带直至北方植被带和北极地区，有些种是广布种。Moberg (1994) 指出，蜈蚣衣属地衣的分化中心在南美洲，东亚没有该属地衣特有种。世界已知本属地衣 70 余种，本卷记载中国大陆蜈蚣衣属 17 种。*Physcia hupenhensis* 被处理为 *Physcia stellaris* 的异名。中国地衣学文献中有记载的 6 个种未见有关标本而列入未研究和未确定种。Kashiwadani 曾报道中国台湾分布有东方蜈蚣衣 (*Physcia orientalis* Kashiw，Mem. Natn Sci. Mus, Tokyo **18**: 101，1985)，但中国大陆未知。Kondratyuk 等 (2014a) 基于该种建立新属 *Kashiwadia*。

分种检索表

1. 裂片边缘具缘毛 ······································ 2
1. 裂片边缘无缘毛 ······································ 4
   2. 地衣体无粉芽 ······································ **半羽蜈蚣衣 *Ph. leptalea***
   2. 地衣体具粉芽 ······································ 3
3. 粉芽堆生于裂片下表面末端，盔状 ······································ **翘叶蜈蚣衣 *Ph. adscendens***
3. 粉芽堆生于裂片末端，唇形 ······································ **长毛蜈蚣衣 *Ph. tenella***

4. 地衣体无粉芽……5
4. 地衣体具粉芽……10
5. 髓层 K+黄色，含有 zeorin……6
5. 髓层 K-，缺乏 zeorin……9
6. 地衣体上表面具明显白斑……7
6. 地衣体上表面无白斑或白斑极微弱……8
7. 地衣体树生……**斑面蜈蚣衣 *Ph. aipolia***
7. 地衣体石生……**异白点蜈蚣衣 *Ph. phaea***
8. 裂片宽大，2.0-5.0 mm 宽……**膨大蜈蚣衣 *Ph. dilatata***
8. 裂片宽度小于 1.5 mm，常披白色粉霜……**多疣蜈蚣衣 *Ph. verrucosa***
9. 裂片狭窄，约 0.5 mm 宽，地衣体下皮层为假薄壁组织……**小白蜈蚣衣 *Ph. albinea***
9. 裂片 0.5-2.0 mm 宽，地衣体下皮层为假厚壁长细胞组织……**蜈蚣衣 *Ph. stellaris***
10. 髓层 K+黄色, 含有 zeorin……11
10. 髓层 K-，缺乏 zeorin……15
11. 裂片末端缺乏下皮层，白色，似条纹状……**黑纹蜈蚣衣 *Ph. atrostriata***
11. 裂片末端下皮层完整……12
12. 裂片下表面暗褐色至黑色……**粉芽蜈蚣衣 *Ph. sorediosa***
12. 裂片下表面淡白色至淡褐色……13
13. 裂片上表面具明显白斑……**兰灰蜈蚣衣 *Ph. caesia***
13. 裂片上表面无白斑或极弱……14
14. 裂片宽可达 4.0 mm……**变白蜈蚣衣 *Ph. albata***
14. 裂片 0.5-2.0 mm 宽……**粉唇蜈蚣衣 *Ph. tribacoides***
15. 地衣体下皮层为假薄壁组织……**糙蜈蚣衣 *Ph. tribacia***
15. 地衣体下皮层为假厚壁长细胞组织……16
16. 通常无粉霜，粉芽堆多顶生和唇形……**疑蜈蚣衣 *Ph. dubia***
16. 常披粉霜，粉芽堆多边缘生，粉芽颗粒状……**半开蜈蚣衣 *Ph. dimidiata***

Key to species

1. Lobes with marginal cilia……2
1. Lobes without marginal cilia……4
2. Without soredia……***Ph. leptalea***
2. With soredia……3
3. Soralia helmet-shaped……***Ph. adscendens***
3. Soralia lip-shaped……***Ph. tenella***
4. Without soredia……5
4. With soredia……10
5. Medulla K+ yellow, zeorin present……6
5. Medulla K-, zeorin absent……9
6. Upper surface with obvious white maculae……7
6. Upper surface without white maculae or very weak……8
7. Thallus corticolous……***Ph. aipolia***
7. Thallus saxicolous……***Ph. phaea***
8. Lobes 2-5 mm wide……***Ph. dilatata***
8. Lobes less than 1.5 mm wide, often with pruina……***Ph. verrucosa***
9. Lobes 0.5 mm wide, lower cortex paraplectenchymatous……***Ph. albinea***

9. Lobes 0.5-2.0 mm wide, lower cortex prosoplectenchymatous ········· ***Ph. stellaris***
  10. Medulla K+ yellow ········· 11
  10. Medulla K- ········· 15
11. Lobe tips of lower surface without cortex ········· ***Ph. atrostriata***
11. Lower surface with intact cortex ········· 12
  12. Lower surface dark brown to black ········· ***Ph. sorediosa***
  12. Lower surface grey white to pale brown ········· 13
13. Upper surface with obvious white maculae ········· ***Ph. caesia***
13. Upper surface without white maculae or very weak ········· 14
  14. Lobes up to 4 mm wide ········· ***Ph. albata***
  14. Lobes 0.5-2.0 mm wide, soralia capitate ········· ***Ph. tribacoides***
15. Lower cortex paraplectenchymatous ········· ***Ph. tribacia***
15. Lower cortex prosoplectenchymatous ········· 16
  16. Thallus without pruina, soralia often terminal and lip-shaped ········· ***Ph. dubia***
  16. Thallus often with pruina, soralia marginal, soredia granular ········· ***Ph. dimidiata***

6.1 翘叶蜈蚣衣 图版 XV: 66

Physcia adscendens (E. Fr.) Olivier, Fl. Lich. Orne **1**: 79, 1882; Magnusson, Lich. Centr. Asia **1**: 159, 1940; Zhao, Xu & Sun, Prodr. Lich. Sin.: 97, 1982; Wei, Enum. Lich. China: 198, 1991. Abbas & Wu, Lich. Xingjiang: 113, 1998.

≡ *Parmelia stellaris* var. *adscendens* Fr., Summa Veg. Scand. sect. 1 : 105, 1845.

地衣体叶状，略圆形，1-2 (-3) cm 宽，但多呈不规则状扩展，无固定大小，较疏松着生于基物；裂片常分离，较短或狭长，通常约 1.0 mm 宽，顶端膨大，可达 1.5-2 mm 宽，末端稍向下卷，边缘生有缘毛，0.5-2.0 (-2.5) mm 长，浅色，末端多为暗灰色至黑色；上表面灰白色至深灰色，平坦至稍凸，有时披白霜，粉芽堆生于裂片末端的下表面，膨胀，使上表面末端鼓起，呈近杯状或盔帽状，粉芽被包裹于其中，粉芽颗粒状，白色或淡绿色；髓层白色；下表面白色至淡棕色，下皮层为假厚壁长细胞组织；假根稀疏，单一不分枝，与下表面同色或有时为暗色。子囊盘和分生孢子器未见。文献记载子囊盘不常见，孢子 15-18 ×7-9 μm (Thomson，1963) 或 16-23 ×7-10 μm (Moberg，1977)。

化学：地衣体 K+黄色；髓层 K-；含有 atranorin。

基物：树皮，偶为岩石。

研究标本：

内蒙古，克什克腾旗，海拔 1300 m，1985 年 8 月 1 日，高向群 1165 (111003)；锡林郭勒盟白音锡勒牧场，海拔 1317 m，刘晓迪 1103 (129385)。

四川，九寨沟，海拔 2500 m，1994 年 5 月 23 日，陈健斌 6048-1 (110968)；下阿坝，海拔 3100 m，1983 年 6 月 28 日，王先业、苏京军 11239 (110960)。

云南，丽江林业局后山，海拔 2600 m，1981 年 8 月 11 日，王先业、肖勰、苏京军 7125 (110961)。

新疆，天山昭苏县特鲁金，海拔 1700 m，1978 年 8 月 16 日，王先业 1374 (110962，110963，110964，110965)，1378 (82951)，1379-1 (82946)，1381 (82944)，1386 (82945)，1386-3 (82943)；天山天池，海拔 1900 m，1978 年 9 月 12 日，王先业 1421；天山巩留

林场，海拔 1950 m，1982 年 9 月 28 日，赵从福 2603 (25849，25850)；巩留县漠合尔，海拔 1630 m，1999 年 8 月 6 日，杨勇 990085 (110966)；天山阜康林场，海拔 1500 m，1982 年 9 月，赵从福 2266 (25848)，2313 (25847)，2314 (28547)；天山北木扎尔河岸，海拔 2300 m，1978 年 7 月 16 日，王先业 877 (82949)，天山夏塔，海拔 2400 m，1978 年 7 月 16 日，王先业 890 (110998，110999，111000，111001，111002)；青河林场，海拔 2050 m，2002 年 6 月 23 日，杨勇 2002837 (110967)。

国内记载：新疆 (Magnusson，1940；赵继鼎等，1982；阿不都拉·阿巴斯和吴继农，1998)。

世界分布：广布种。从热带高山至温带、北方植被带或北极植被带 (Moberg，1990，1994)。

讨论：本种与 *Physcia leptalea* 和 *Physcia tenella* 均具有生于裂片边缘的缘毛，地衣体中只含 atranorin。三者之间的区别在于：*Ph. leptalea* 无粉芽、裂芽；*Ph. tenella* 具有生于裂片末端的唇形粉芽堆，裂片顶端常抬升；而本种的粉芽生于裂片末端的下表面，上表面末端鼓起，粉芽被包裹于其中，使粉芽堆呈盔帽状，裂片顶端常下卷。在我们所检查的标本中，这三个种有时生长在一起，需仔细区分。Moberg (1977) 指出，Bitter (1901，见本种异名文献引证) 已认识到本种与 *Ph. tenella* 的区别，将其中具盔状粉芽堆的种命名为 *Ph. ascendens*。但 *Ph. ascendens* 是较早出现的 *Ph.adscendens* (Fr.) Olivier 的拼写异形，根据《国际植物命名法规》，*Physcia ascendens* 为晚出同名，是一个不合法名称。

6. 2 斑面蜈蚣衣　图版 XV: 67

Physcia aipolia (Ehrh. ex Humb.) Fürnr., Naturh. Topogr. Regensburg **2**: 249, 1839; Zahlbruckner, in Handel-Mazzetti, Symb. Sin. **3**: 238, 1930; Moreau et Moreau, Rev. Bryol. Lichenol. **20**: 194, 1951; Zhao, Xu & Sun, Prodr. Lich. Sin.: 99, 1982; Wei, Enum. Lich. China: 199, 1991; Abbas & Wu, Lich. Xingjiang: 114, 1998.

≡ *Lichen aipolius* Ehrh. ex Humb., Fl. Friberg. Specim.: 19, 1793. — *Parmelia aipolia* (Ehrh. ex Humb.) Ach., Method. Lich.: 209, 1803; Jatta, Nuov. Giorn. Bot. Italiano, Ser.2, **9**: 471, 1902. — *Physcia stellaris* var. *aipolia* (Ehrh. ex Humb.) Tuck., Proc. Amer. Acad. Arts Sci. **4**: 395, 1860 ; Tchou, Contr. Inst. Bot. Natl. Acad. Peiping **3**: 314, 1935.

= *Physcia stellaris* var. *angustata* Nyl., Lich. Scand.: 426, 1861. — *Physcia aipolia* f. *angustata* (Nyl.) Vain., Meddn Soc. Fauna Fl. Fenn. **6**: 136, 1881; Zhao, Xu & Sun, Prodr. Lich. Sin.: 100, 1982.

= *Parmelia aipolia* var. *cercida* Ach., Lich. Univ.: 478, 1810. — *Physcia stellaris* var. *cercida* (Ach.) Th. Fr., Lich. Scand. (Uppsala) **1**: 139, 1871; Tchou, Contr. Inst. Bot. Natl. Acad. Peiping **3**: 315, 1935. — *Physcia aipolia* f. *cercida* (Ach.) Mig., Krypt. Fl. Deutschl.: 51, 1929; Zhao, Xu & Sun, Prodr. Lich. Sin.: 99, 1982.

地衣体叶状，圆形或近圆形，直径通常 2-6 cm，较紧密着生于基物；裂片不规则或多为近二叉分裂，呈辐射状排列，裂片间相互分离或稍紧密相连，顶端略圆形，0.5-2.0 mm 宽；上表面灰白色至深灰色或有微褐色色度，平坦至稍凸，具明显白斑，无粉芽、裂芽和小裂片；髓层白色；下表面灰白色至淡褐色，下皮层为假厚壁长细胞组织；

假根单一不分枝，灰白色至褐色。子囊盘常见，圆形，直径 0.7-2.0 mm，盘面黑色或暗褐色，常披白色粉霜，盘缘完整或呈锯齿状；子囊孢子双胞，褐色，Physcia 型，16-24 (-26) × 8-11 μm。分生孢子器埋生于地衣体内，孔口开于地衣体上表面，黑色，圆点状；分生孢子杆状，4-6 × 1 μm。

化学：地衣体 K+黄色；髓层 K+黄色；含有 atranorin、zeorin。

基物：树皮。

研究标本：

北京，东灵山，海拔 1800 m，1996 年 9 月 6-7 日，陈健斌 865 (24482)，8660-1 (84371)，8683 (24581)；1997 年 6 月 7 日，陈健斌 8880 (80605)；小龙门森林生态站，海拔 1100-1200 m，1996 年 8 月 26 日，陈健斌 8649 (24470)；1997 年 6 月 5 日，陈健斌 8842 (80604)。

河北，雾灵山，百草哇，海拔 900 m，1998 年 8 月 16 日，陈健斌、王胜兰 319 (110406)；2002 年 9 月 28 日，王海英等，why262 (84370)；2004 年 5 月 18 日，胡光荣 h44 (84764)。

山西，宁武，海拔 2000 m，1982 年 8 月 21 日，刘顺 145 (24617)。

内蒙古，巴林右旗赛罕乌拉保护区，海拔 1100-1800 m，2000 年 7 月 6-8 日，陈健斌 20078 (24644)，20083-1 (80592)，20114 (80596)，20124 (24645)，20135 (110401)，20136 (80593)，20155 (80598)，20179 (80592)，20204 (80594)，20223-4 (24657)，20225 (110399)，20233-1 (80595)；孙立彦 73 (17567)，94-2 (17563)，161 (17561)，170 (17562)，205 (27507)；2001 年 8 月 24-27 日，陈健斌、胡光荣 21050 (82538)，21072 (24654)，21077 (110953)，21087 (111208)，21089 (24669)，21120 (82515)，21168 (82512)，21170 (82525)，21211 (82511)，21231 (82516)，21305 (24656)，21333 (24642)，21361 (110405)，21394 (82508)，21413-1 (82513)，21427 (82524)；阿尔山兴安林场，海拔 1200-1400 m，1991 年 8 月 4-8 日，陈健斌、姜玉梅 A-232 (14634)，A-278-2 (24627)；兴安盟白狼林场，海拔 1150-1350 m，1991 年 8 月 18-20 日，陈健斌、姜玉梅 A-662 (82726)，666-1 (24630)，A-703-1 (24629)，A-711-2 (24632)，A-734-3 (24635，24638)，A-755 (82727)，A-794 (24641)，A-808 (24640)，A-849 (82549)；阿尔山桑都尔，海拔 1250 m，陈健斌、姜玉梅 A-585 (24631)；科尔沁右翼前旗，达尔滨湖，海拔 950-1500 m，1985 年 6 月 30 日，高向群 563 (24621)，676 (110404)；伊尔施天池，1963 年 6 月 19 日，陈锡龄 1297 (24673)，陈锡龄采集无号标本 2 份 (标本馆号：24674，24675)；克什克腾旗黄岗梁，海拔 1500-1950 m，1985 年 7 月 30 日，高向群 1081 (24625)，1090 (83441)，1093 (24626)，1103 (24623)，1106 (24624)；哲里木盟扎鲁特旗，1982 年 7 月 14 日，赵从福、高德恩 2072 (111518)；呼伦贝尔盟阿里河，1983 年 8 月 7 日，高德恩 0211 (中科院沈阳生态研究所)。

辽宁，新宾，钢山林场，海拔 1100 m，1981 年 9 月 28 日，陈锡龄 5751 (中科院沈阳生态研究所)。

吉林，长白山，海拔 1900 m，1983 年 8 月 3 日，魏江春、陈健斌 6525 (84552)；1985 年 7 月 21 日，卢效德 910-3 (22359)；1998 年 6 月 21 日，陈健斌、王胜兰 14013 (24607)，14143 (24557)；蛟河，海拔 450 m，1991 年 8 月 27 日，陈健斌、姜玉梅 A-1063 (83423)。

黑龙江，尚志，1951 年 7 月 15 日，李清涛 126-1 (24596)；塔河蒙克山林场，1984 年 8 月 7 日，高向群 100-2 (110396)；呼中，海拔 900-1200 m，2002 年 7 月 25-27 日，陈健斌、胡光荣 21580 (82539)；五大连池，海拔 350-600 m，2002 年 7 月 30 日，陈健

斌、胡光荣 21808 (24600)，21829 (24599)，21905-1 (24598)，21911 (24597)，22095 (24601)，22097 (24605)，22116 (24602)，22119 (24604)，22225 (24603)。

广西，那坡县，海拔 1100 m，1998 年 4 月 12 日，陈林海 980175-1 (110390)。

四川，黄龙寺，海拔 3200-3400 m，1983 年 6 月 3 日，王先业、肖勰 10725-1 (24593)；1994 年 5 月 25 日，陈健斌 6119 (24595)，6143 (24594)；若尔盖铁布，海拔 2500 m，1983 年 6 月，王先业、肖勰 10725-1 (24593)，10952 (24589)；九寨沟，海拔 2500-2620 m，1994 年 5 月 3 日，陈健斌 6048-3 (24592)，6065-3 (24584)；2001 年 9 月 22 日，姜玉梅、赵遵田 S73 (82725)，S115 (82723)。

西藏，波密县，海拔 3100 m，2004 年 7 月 16 日，胡光荣 h302 (82489)。

陕西，太白山，海拔 1400-3250 m，1992 年 7 月，陈健斌、贺青 5698 (82712)，5718-1 (82724)，5722 (82715)，5792 (110393)，5868 (82729)，6093 (24613)，5696 (24615)，5725 (24616)，6084 (82720)；1988 年 7 月 9 日，高向群无号标本 (110834)；2005 年 8 月 2-4 日，徐蕾 50241 (83427)，50527 (83431)。

甘肃，麦积山，海拔 1400 m，2002 年 5 月 13 日，刘刚 1 (110392)。

新疆，Sarakazin，1957 年 8 月 28 日，关克俭 4728 (82714)；天山特克斯林场，海拔 2300 m，1982 年 9 月 24 日，赵从福 2542 (IFP)；天山巩留林场，海拔 1950 m，1982 年 9 月 28 日，赵从福 2593 (82721)；天山夏塔北木扎尔台河谷，海拔 2000-2600 m，1978 年 7-8 月，王先业 892 (80611，91389，91390，91391)，1018 (82735)，1114 (82734)，1114-3 (82731)，1144 (82732)，1148 (80609)，1207 (82708)，1258 (82722)，1302 (24662)；天山天池，海拔 1900 m，1978 年 9 月 12 日，王先业 1416 (82711)。

国内记载：北京 (Tchou，1935；赵继鼎等，1982；陈健斌等，1999)，河北 (Tchou，1935；赵继鼎等，1982)，陕西 (Jatta，1902；Zahlbruckner，1930；Moreau and Moreau，1951；赵继鼎等，1982)，江苏 (吴继农和钱之广，1989)，黑龙江，青海，四川，湖南，广西 (赵继鼎等，1982)，云南 (王立松等，2008)，新疆 (赵继鼎等，1982；王先业，1985；阿不都拉・阿巴斯和吴继农，1998)。

世界分布：广布种。特别是在温带、北方植被带或北极植被带。

讨论：本种主要特征是裂片具明显白斑，无粉芽、裂芽和小裂片，髓层含 zeorin，树生，相对而言容易识别。虽然异白点蜈蚣衣 *Physcia phaea* 也具白斑，无粉芽和裂芽，但它是一个石生种。本种分布范围广泛，所处生态环境多样，变异情况常见。因此，曾有许多对本种种下分类单位的描述 (Thomson，1963)。Moberg (1977) 将许多种的种下分类单位处理为本种的异名，但承认变种 *Physcia aipolia* var. *alnophila*。有关分子生物学的研究表明，*Physcia aipolia* var. *aipolia* 和 *Physcia aipolia* var. *alnophila* 构成了两个分别独立的单系群。因此，两者应当被视为两个不同的种 (Lohtander et al., 2000)。在形态上，这两个变种或两个种的区别在于 var. *alnophila* 的裂片和孢子比 var. *aipolia* 的小。但在观察中国的标本时，我们发现这些标本中大致有两种类型，绝大多数对应于 *Physcia aipolia* var. *aipolia*，而少数标本对应于 *Physcia aipolia* var. *alnophila*。前者具有相对较大的裂片 (宽可达 2.0 mm)，子囊孢子亦较大(19.0-24.4 × 8-11 μm)；后者裂片较小 (通常小于 1.0 mm 宽)，裂片多凸起，末端多呈平截状，子囊孢子亦较小 (16-21 × 7-10 μm)。同时，也有许多中间类型的标本存在，如裂片较大者，子囊孢子却较小，而裂片较小者却具有较大的子囊孢子。显然，这些形态上的变异是在环境影响下的连续的、渐变的结果而很难截然区分。而且我们对中国的 *Physcia aipolia* 标本的ITS区段数据的分析表明，形态上完全与 *Physcia aipolia* var. *aipolia* 一致的1份标本在系统发育树上位于 *Physcia aipolia* var. *alnophila* 分支内。因此，本卷将这些标本统一置于 *Physcia aipolia* 的范畴之内，在没有更充分的综合证据之前，暂不承认 *Physcia alnophila*。

在形态和化学特征相似的两个种中，其中一个种无营养繁殖体，另一个种具有粉芽或裂芽而子囊盘缺乏或少见，这样的两个亲缘关系密切的种彼此被称为"种对"(species pair)，并常在地衣分类中被使用。据此，*Physcia aipolia* 与 *Physcia caesia* 被视为"种对"，前者地衣体上生有众多子囊盘，无粉芽，后者地衣体表面生头状粉芽堆，子囊盘少见。但"种对"概念并未被完全接受而受到质疑 (Tehler，1982；Mattsson and Lumbsch，1989；Lohtander et al.，1998)。近来随着分子生物学的发展，"种对"概念受到了极大的挑战。通过对ITS区段、I型内含子区域以及β-微管蛋白基因的研究表明，*Physcia aipolia* 和 *Physcia caesia* 组成一个单系群。因此这两个种应被视为同一个种 (Lohtander et al.，2000；Myllys et al.，2001)。类似的情况也出现在其他类群，如松萝属 *Usnea* 中的有关种 (Articus et al.，2002)。我们对中国的 *Physcia aipolia* 和 *Physcia caesia* 标本的ITS区段的分析也得到了同样的结果。尽管有分子生物学的研究结果支持，但目前绝大多数地衣学家仍然将 *Physcia aipolia* 和 *Physcia caesia* 视为两个不同的种，互为"种对"。本卷也遵循这一传统概念。

6.3 变白蜈蚣衣　图版 XV: 68

Physcia albata (F. Wilson) Hale, Bryologist **66**: 73, 1963.

≡ *Parmelia albata* F.Wilson, Pap. Proc. Roy. Soc. Tasmania 1892: 173, 1893.

地衣体叶状，近圆形或不规则，直径可达 9 cm，疏松地着生于基物上；裂片不规则分裂，相对较宽，1.5-4.0 mm 宽，顶端钝圆，时有缺刻；上表面灰白色至淡灰绿色，顶端部位常为暗灰色，无白斑，有时具微弱粉霜，粉芽堆表面生，开始小型，多呈白色，然后粉芽堆发育成大型或连成一片，粉芽颗粒状，有时粉芽消失后，上表面留有疤痕，露出髓层；髓层白色；下表面灰白色至淡褐色，下皮层为假薄壁组织；假根与下表面同色或有时变暗色，中等稠密，单一不分枝。子囊盘及分生孢子器未见。文献记载本种子囊盘稀少，孢子双胞，Pachysporaria 型，17-25 × 8-12 μm (Moberg，1986)；分生孢子杆状，4-6 × 1 μm (Elix，2011a)。

化学：地衣体 K+黄色；髓层 K+黄色；含有 atranorin、zeorin。

基物：树皮 (文献记载也可生于岩石)。

研究标本：

四川，西昌市泸山，海拔1500 m，1982年6月16日，王先业、肖勰、李滨 8069 (82957)；贡嘎山，海拔1900-3450 m，1982年7月，王先业、肖勰、李滨 8860 (110946)，9023 (110948)。

云南，昆明西山，1994年6月30日，陈健斌 6470-1 (110945)。

国内记载：四川，云南 (陈健斌和胡光荣，2022)。

世界分布：东非，南非 (Moberg，1986，2004)，南美洲(Moberg，1990)，澳大利亚，新西兰 (Moberg，2001；Galloway and Moberg，2005；Elix，2011b)。散布于热带、

亚热带。

讨论：本种的主要特征为裂片较宽阔 (1.5-4.0 mm 宽)，粉芽堆表面生，含有 atranorin 和 zeorin。*Ph. albata* 和 *Ph. dilatata* 是中国蜈蚣衣属地衣中裂片最宽阔的两个种。但 *Ph. dilatata* 无粉芽，两者互为“种对” (Moberg，1986，1990)。

6.4 小白蜈蚣衣　图版 XVI: 69

Physcia albinea (Ach.) Nyl., Bull. Soc. Amis Sci. Nat. Rouen **3**: 482, 1867; Zahlbruckner, in Handel-Mazzetti, Symb. Sin. **3**: 239, 1930; Zhao, Xu & Sun, Prodr. Lich. Sin.: 104, 1982; Wei, Enum. Lich. China: 199, 1991.

≡ *Parmelia albinea* Ach., Lich. Univ.: 491, 1810; Jatta, Nuov. Giorn. Bot. Italiano, Ser. 2, **9**: 472, 1902.

地衣体叶状，略圆形或不规则形，直径 1.5-3.0 cm，疏松附着于基物；裂片长而窄，约 0.5 mm 宽，裂片间相互稍分离，呈辐射状排列；上表面灰白色，微凸，无粉霜，局部有时有微弱白斑；无粉芽、裂芽和小裂片；髓层白色；下表面淡白色至淡褐色，假根中等密度，单一不分枝，多与下表面同色。子囊盘无柄，直径小于 1.0 mm，盘面黑色，常披白色粉霜，盘缘完整；子实层透明，无色或淡黄色；子囊孢子双胞，厚壁，褐色，Physcia 型，11-14 × 7-8.5 μm。分生孢子器埋生于地衣体内，孔口开于地衣体上表面，褐色至黑色，圆点状。分生孢子杆状，4-6 × 1 μm。

化学：地衣体 K+黄色；髓层 K-；含有 atranorin。

基物：岩石、树皮。文献记载石生。

研究标本：

吉林，长白山小天池，海拔 1700 m，魏江春 2930 (11510)。

四川，峨眉山太子坪，海拔 2800 m，1963 年 8 月 18 日，赵继鼎、徐连旺 8111 (75050)。

国内记载：陕西 (Jatta，1902；Zahlbruckner，1930)，四川 (赵继鼎等，1982)，山东 (侯亚男等，2008)，香港 (Aptroot and Seaward，1999)。

世界分布：北美洲，欧洲和东亚 (Moberg，1994)。基本属于北温带分布型。

讨论：研究的 2 份标本中只有 1 份标本有子囊盘，其孢子 11-14 × 7-8.5 μm。Thomson (1963) 报道北美洲 *Ph. albinea* 标本的子囊孢子为 14-21 × 7-11 μm，比中国标本的孢子大。本种在形态及化学上相似于 *Ph. stellaris*，但本种的裂片十分狭窄，约 0.5 mm 宽，下皮层由假薄壁组织构成，而 *Ph. stellaris* 的裂片 0.5-2.0 mm 宽，下皮层由假厚壁长细胞组织构成。

6.5 黑纹蜈蚣衣　图版 XVI: 70

Physcia atrostriata Moberg, Nordic J. Bot. **6** (6): 853, 1986; Aptroot & Seaward, Trop. Bryol. **17**: 87, 1999.

地衣体叶状，近圆形或不规则状，疏松至较紧密地着生在基物上；裂片不规则分裂，0.5-1.5 (-2) mm 宽，裂片末端钝圆，有时浅裂，顶端常微抬升；上表面灰白色至淡灰绿色，无白斑，有时披白色粉霜或霜状白色物质；粉芽堆多生于裂腋边缘和近末端处，裂片边缘翻卷，使粉芽堆呈近似唇形，有时扩展到上表面并覆盖一定区域，或有时生于近末端处，呈头状，粉芽颗粒状或粉末状；髓层白色；下表面中央部分为深褐色至黑色，边缘颜色趋淡，末端无下皮层，呈淡白色，似条纹状，下皮层为假厚壁长细胞组织；假根稀疏，单一不分枝，浅色至黑色。子囊盘未见。文献 (Moberg，1986) 记载：子囊盘稀有，直径可达 2 mm，盘缘齿裂和粉芽化，子囊孢子为 Pachsporaria 型，21-31 × 8.5-12 μm。分生孢子器未见。

图 58　黑纹蜈蚣衣 *Physcia atrostriata* 的下表面末端无下皮层，淡白色 (郭英兰、刘锡进 62-1)，标尺=1 mm

化学：地衣体 K+黄色；髓层 K+黄色；含有 atranorin、zeorin 和其他三萜类物质。

基物：树皮。

研究标本：

广西，那坡，海拔 750 m，1998 年 4 月 15 日，陈林海 980352 (110971)。

海南，陵水吊罗山，海拔 900 m，2001 年 6 月 26 日，陈健斌等 20510 (110973)；20554 (110970)，20541 (137994)。

云南，西双版纳勐养，1960 年 11 月 24 日，赵继鼎、陈玉本 3611 (1761)；景洪，1982 年 3 月 29 日，郭英兰、刘锡琎 62-1 (110972)；勐仑，1987 年 9 月 16 日，高向群 2305 (110969)。

国内记载：山东 (侯亚男等，2008)，海南 (魏江春等，2013)，香港 (Aptroot and Seaward，1999；Aptroot and Sipman，2001)，台湾 (Aptroot et al.，2002)。

世界分布：基本属于热带分布型。东非，南非，菲律宾，美国 (佛罗里达州)，南美洲，澳大利亚，新西兰，中国 (香港) (Galloway and Moberg，2005)。

讨论：本种具有粉芽，多生于裂腋边缘和近末端处，下表面中央部分为深褐色至黑色，末端无下皮层，呈淡白色，似条纹状 (图 58)，但某些裂片末端的条纹状不那么清晰。本种在形态和化学上相似于 *Physcia krogiae*，但后者的裂片较宽大 (可达 3.0 mm 宽)，粉芽堆常表面生，圆点状，裂片下表面虽然也为黑色但末端不露出白色髓层，非条纹状。

6.6 兰灰蜈蚣衣 图版 XVI: 71

Physcia caesia (Hoffm.) Fürnr., Naturh. Topogr. Regensburg **2**: 250, 1839; Baroni, Bull. Soc. Bot. Ital. **31**: 48, 1894; Zahlbruckner, in Handel-Mazzetti, Symb. Sin. **3**: 239,1930; Zhao, Xu & Sun, Prodr. Lich. Sin.: 105, 1982; Wei, Enum. Lich. China: 199, 1991; Abbas & Wu, Lich. Xingjiang: 114, 1998.

≡ *Lichen caesius* Hoffm., Enum. Lich.: 65, 1784. — *Parmelia caesia* (Hoffm.) Ach., Method. Lich.: 197, 1803; Jatta, Nuov. Giorn. Bot. Italiano, Ser. 2, **9**: 473, 1902.

= *Physcia subalbinea* Nyl., Flora **57**: 306, 1874; Zahlbruckner, in Handel-Manzzeti, Symb. Sin. **3**: 238, 1930; Zhao, Xu & Sun, Prodr. Lich. Sin.: 101, 1982.

地衣体叶状，多为圆形或近圆形，直径可达 7.0 cm，较紧密地着生于基物；裂片常辐射排列，多为二叉分裂，裂片分离或紧密相连，0.5-1.5 mm 宽，末端钝圆；上表面灰白色至深蓝灰色或暗灰色，具白斑；粉芽堆表面生，或局限于近边缘和近末端处，常常呈头状，有时为弹坑状或唇形，粉芽颗粒状，白色至蓝灰色；髓层白色；下表面白色至淡褐色，假根稀疏，单一，灰白色至暗褐色。子囊盘不常见，圆盘状，盘面黑色，有时披白霜，盘缘完整；子囊孢子双胞，褐色，Physcia 型，15-19 × 7-10 μm (文献记载孢子可达 24 × 11 μm)。分生孢子器埋生于地衣体内，孔口开于地衣体上表面，黑色，圆点状。分生孢子杆状，4-6 × 1-1.5 μm。

化学：地衣体 K+黄色；髓层 K+黄色；含有 atranorin、zeorin。

基物：岩石、树皮。

研究标本：

北京，小龙门，海拔 1100-1200 m，1997 年 6 月 4-7 日，陈健斌 8829 (82906)，8891 (82910)；1998 年 8 月 23 日，陈健斌、王胜兰 461 (24469)，467 (24467)。

河北，雾灵山，海拔 1800-1900 m，1998 年 8 月 15-16 日，陈健斌、王胜兰 196 (24464)，227 (24466)，247 (24465)；2004 年 5 月 18 日，胡光荣 h0012 (84766)，h0025 (84767)；雾灵山夏令营基地，海拔 1125 m，2001 年 8 月 18 日，王海英等 189 (83456)。

内蒙古，科尔沁右翼前旗，伊尔施，海拔 900 m，1985 年 6 月 25 日，高向群 524 (28414)；额尔古纳左旗阿乌尼林场，1985 年 8 月 10 日，高向群 1472 (24512)；阿尔山兴安石塘林，海拔 1100-1200 m，1991 年 8 月 10-11 日，陈健斌、姜玉梅 A-504 (28550)，A-878-1 (24514)；阿尔山兴安盟白狼林场，海拔 1300-1500 m，1991 年 8 月 20 日，陈健斌、姜玉梅 A-751 (24499)，786 (24500，24501，24502)；巴林右旗赛罕乌拉保护区，海拔 1000-1700 m，2000 年 7 月 5-10 日，陈健斌 20039-1 (80549)，20233 (24492)，20260 (83454)；2001 年 8 月 24-28 日，陈健斌、胡光荣 21086 (82583)，21107 (82581)，21124 (82582)，21281 (111010)，21382 (24491)，21449 (24516)。

吉林，长白山天池边，海拔 2100 m，1977 年 8 月 12-13 日，魏江春 2929-4 (11512)，2969 (24587)；长白山黑风口，海拔 2900 m，1994 年 8 月 6 日，魏江春等 94432 (12859)；长白山温泉，海拔 1800-1900 m，1983 年 8 月 31 日，赵从福 4283-2 (111516)；2003 年 8 月 24 日，李红梅 CBS303 (24505)，王海英 CBS337 (24473)；长白山，海拔 1700-2200 m，1998 年 6 月 21 日，陈健斌、王胜兰 13112 (24480，24481)，14029 (24476)，14183 (24475)；1985 年 6 月 27 日，卢效德 346 (110400)；汪清县秃老婆顶子，海拔 1030 m，1984 年 8

月 6 日，卢效德 848104 (13863)。

黑龙江，穆棱，1977 年 7 月 26 日，魏江春 2688 (24515)；呼中，海拔 800-900 m，2002 年 7 月 7 日，陈健斌、胡光荣 22031 (111441)，22074 (24504)，22078 (24477)；五大连池，海拔 400 m，2002 年 7 月 29 日，陈健斌、胡光荣 21806 (82557)，21850 (24479)，21853 (24478)，21869 (24468)。

江西，庐山，海拔 1191 m，2014 年 4 月 7 日，魏鑫丽、郭威 LS2014025 (129139)。

四川，峨眉山，海拔 2500-2800 m，1963 年 8 月 16-19 日，赵继鼎、徐连旺 7620 (75048)，8243 (82911)，8361 (24484)；贡嘎山，海拔 3200-4500 m，1982 年 6-7 月，王先业等 8344 (24513)，8988 (24509，24510)，9118 (24588)，9231 (82909)，9243 (24487)，9399 (24486)。

云南，泸水，海拔 2000 m，1981 年 6 月 6 日，王先业、肖勰、苏京军 2488 (24490)；德钦美丽雪山，海拔 3000 m，1981 年 9 月 3 日，王先业等 7536 (83457)。

西藏，聂拉木，海拔 3950 m，1966 年 6 月 12 日，魏江春、陈健斌 1489-1 (83379)；拉萨市米拉山口，海拔 4400 m，2004 年 7 月 26 日，胡光荣 h563 (82588)。

陕西，太白山，1988 年 7 月 9 日，高向群 3018 (83452)；海拔 2300 m，1992 年 7 月 25-27 日，陈健斌、贺青 5726 (82908)，6012 (82907)；眉县，2005 年 8 月 2 日，徐蕾 50089 (83455)。

青海，果洛州，2011 年 4 月 16 日，周启明、曹叔楠 Q11460 (137995)。

新疆，乌鲁木齐南山，海拔 2740 m，1977 年 5 月 24 日，王先业采集无号标本 1 份 (82905)；天山阜康天池，海拔 2200 m，1982 年 9 月 5 日，赵从福 2350 (IFP)；阿尔泰喀纳斯湖，海拔 2000 m，1986 年 8 月 4 日，高向群 1936 (83451)；新疆 1 号冰川，无采集人，采集号 970068-1 (17001)。

国内记载：北京，山西，四川，浙江 (赵继鼎等，1982)，陕西 (Baroni，1894；Jatta，1902；Zahlbruckner，1930)，新疆 (Magnusson，1940；王先业，1985；阿不都拉 • 阿巴斯和吴继农，1998)，云南 (Paulson，1928；Zahlbruckner，1930)。

世界分布：广布种。

讨论：本种的主要特征是具白斑和粉芽，髓层 K+黄色，含有 zeorin。与无粉芽的 *Physcia aipolia* 互为“种对”。*Ph. caesia* 与 *Ph. wainioi* 和 *Ph. subalbinea* 的形态与化学特征相似，它们的区别仅在于粉芽堆的形态不同。*Ph. wainioi* 的粉芽堆为唇形或弹坑状，*Ph. subalbinea* 的粉芽堆为唇形，而 *Ph. caesia* 的粉芽堆常为头状。Moberg (1977) 认为 *Ph. wainioi* 和 *Ph. subalbinea* 的粉芽堆形态虽然与 *Physcia caesia* 不一致，但从发育过程来看，这 3 个种的粉芽堆具有相同的起源，最终形成的不同形状是外界环境因素影响的结果。因此，Moberg 将 *Ph. wainioi* 和 *Ph. subalbinea* 处理为 *Ph. caesia* 的异名。关于 *Ph. caesia* 与 *Ph. aipolia* 之间的关系已在 *Ph. aipolia* 的讨论部分详述。

6. 7 膨大蜈蚣衣　图版 XVI: 72

Physcia dilatata Nyl., Syn. Meth. Lich.**1** (2): 423, 1860.

地衣体叶状，圆形或近圆形，直径可达 8.0 cm，疏松附着于基物；裂片较宽阔，2.0-5.0 mm 宽，末端钝圆；上表面呈灰白色，常轻微皱褶，有时呈波纹状，有时披轻微粉霜；无粉芽、裂芽和小裂片，地衣体中部裂片上有时可见疣状突起；髓层白色；下表面暗灰色至中央淡棕色，假根中等密度，棕色，单一不分枝。子囊盘常见，圆盘状，直径 0.5-2 mm，盘面黑色，披轻微粉霜，盘缘完整或呈锯齿状；子囊孢子双胞，褐色，厚壁，多为 Physcia 型，24-29 × 10-12 μm。分生孢子器埋生于地衣体内，孔口开于地衣体上表面，黑色，圆点状；分生孢子杆状，4-6 × 1-1.5 μm。

化学：地衣体 K+黄色；髓层 K+黄色；含有 atranorin、zeorin。

基物：树皮、石表藓层。

研究标本：

云南，泸水，海拔 2000-2250 m，1981 年 5 月 27 日至 6 月 6 日，王先业、肖勰、苏京军 1647 (111009)，2191 (111214)，2446 (111115)，2452 (111114)。

国内记载：山东 (侯亚男等，2008)。

世界分布：东非 (Moberg，1986，1994)，尼泊尔 (Baniya et al.，2010)，中国 (云南)。散布于旧世界热带、亚热带。

讨论：本种的主要特征为具有较宽的裂片，2-5 mm 宽，比中国蜈蚣衣属中的其他种的裂片宽阔，无粉芽、裂芽和小裂片，含 atranorin 和 zeorin。变白蜈蚣衣 *Physcia albata* 也具有较宽的裂片 (1.5-4 mm 宽)，含 atranorin 和 zeorin，但它是一个粉芽种，两者互为"种对"。

6.8 半开蜈蚣衣　图版 XVI: 73

Physcia dimidiata (Arnold) Nyl., Flora **64**: 537, 1881; Abbas & Wu, Lich. Xingjiang: 115, 1998.

≡ *Parmelia pulverulenta* var. *dimidiata* Arnold, Flora **47**: 594, 1864.

地衣体叶状，不规则形，1-3 cm 宽，比较疏松附着在基物上；裂片狭窄，0.5-1.2 mm 宽，末端稍圆至近似于平截，末端和边缘常锯齿状，裂片间相互分离；上表面白色至灰白色，顶部有时变深灰色，近顶端常披粉霜 (这种晶体物质有时不连续似小白班)，粉芽堆主要边缘生，不规则形或少数近唇形，粉芽颗粒状，白色至灰褐色；髓层白色；下表面白色至灰白色；假根单一，中等密度，灰白色至暗褐色。子囊盘未见。

化学：地衣体 K+黄色；髓层 K-；含有 atranorin。

基物：石表藓层 (文献记载石生、树生)。

研究标本：

新疆，天山天池，海拔 1900 m，1978 年 9 月 2 日，王先业 1418 (71)。

国内记载：新疆 (阿不都拉 • 阿巴斯和吴继农，1998)。

世界分布：欧洲，东亚，东非及南美洲 (Moberg，1990，1994)，北美洲西南地区 (Nash et al.，2002)。

讨论：本种的主要特征为裂片狭窄 (0.5-1.2 mm 宽)，粉芽堆多生于裂片边缘开裂处，常常不规则形，近顶端有时形成不连续似小白班的粉霜，髓层不含 zeorin。相似种 *Physcia dubia* 通常无粉霜，粉芽堆多顶生和唇形。文献记载欧洲的标本裂片最宽可达 3 mm (Moberg，1977)，东非和南美洲的标本裂片只有 0.5 mm 宽，最宽不超过 1 mm (Moberg，1986，1990)。中国的本种标本裂片 0.5-1.2 mm 宽，可见本种裂片的宽度变异较大。

6. 9 疑蜈蚣衣　图版 XVII: 74

Physcia dubia (Hoffm.) Lettau, Hedwigia **52**: 254, 1912; Zhao, Xu & Sun, Prodr. Lich. Sin.: 108, 1982; Wei, Enum. Lich. China: 200, 1991. Abbas & Wu, Lich. Xingjiang: 115, 1998.

≡ *Lobaria dubia* Hoffm., Deutschl. Fl. 156, 1796.

= *Parmelia caesia* β *teretiuscula* Ach., Lich. Univ.: 479, 1810. — *Physcia teretiuscula* (Ach.) Lynge, Vidensk.-Selsk. Skr. I. Math.-Naturv. Kl. **8**: 96, 1916; Zhao, Xu & Sun, Prodr. Lich. Sin.: 106, 1982.

= *Physcia intermedia* Vain., Medd. Soc. Fauna. Fl. Fenn. **2**: 51, 1878; Zhao, Xu & Sun, Prodr. Lich. Sin.: 106, 1982.

地衣体叶状，近圆形，直径可达 6.0 cm，通常 2-3 cm 宽，较疏松着生在基物上；裂片多二叉分裂，亚线形延长，相互分离，多辐射状排列，0.5-1.0 (-1.5) mm 宽，顶端常常上翘，时有缺刻；上表面灰白色至深灰色，无白斑和粉霜，或偶有轻微粉霜，粉芽堆主要顶生和边缘生，多数顶生呈唇形，有时亦可见粉芽堆表面生，粉芽颗粒状；髓层白色；下表面灰白色至淡褐色；假根与下表面同色和有时暗色，单一不分枝。子囊盘未见。文献记载本种子囊盘少见，孢子 16-24 × 6-10 μm (Moberg，1977)。东非的同种标本也未见子囊盘和分生孢子器 (Moberg，1986)。

化学：地衣体 K+黄色；髓层 K-；含有 atranorin。

基物：树皮。

研究标本：

吉林，长白山，海拔 1900 m，　2003 年 8 月 20 日，李红梅等 CBS54 (137914)；海拔 1800-2200 m，1998 年 6 月 26 日，陈健斌、王胜兰 13103 (110995)，13108 (110996)。

黑龙江，林海，海拔 100 m，胡光荣 21466 (137913)。

国内记载：北京，西藏，湖南 (赵继鼎等，1982)，新疆 (阿不都拉 • 阿巴斯和吴继农，1998)。

世界分布：广布种。

讨论：本种在形态及化学上与 *Ph. tribacia* 相似，两者都具粉芽，下表面灰白色，只含 atranorin，缺乏 zeorin。它们的区别主要在于粉芽堆形态和下皮层的结构不同。*Ph. dubia* 的粉芽堆多生于顶端，唇形，下皮层为假厚壁长细胞组织，而 *Ph. tribacia* 的粉芽堆虽然生于裂片边缘和末端或末端下表面，但不形成唇形粉芽堆，下皮层是假薄壁组织。相似种 *Physcia dimidiata* 的裂片上披白霜，粉芽虽然边缘生但不形成唇形粉芽堆。《中国地衣综览》(Wei，1991) 记载陕西 (Jatta，1902；Zahlbruckner，1930) 有本种分布。但 Jatta 和 Zahlbruckner 的原文中没有记载这个种。

6. 10 半羽蜈蚣衣　图版 XVII: 75

Physcia leptalea (Ach.) DC., in Lamarck & de Candolle, Fl. Franc., edn 3 (Paris) **2**: 395, 1805; Zhao, Xu & Sun, Prodr. Lich. Sin.: 97, 1982. — *Physcia stellaris* var. *leptalea* Nyl., Syn. Meth. Lich.**1** (2): 425, 1860; Tchou, Contr. Inst. Bot. Natl. Acad. Peiping **3**: 314, 1935.

≡ *Lichen leptaleus* Ach., Lich. Suec. Prodr. (Linköping): 108, 1798.

= *Lichen semipinnatus* J.F. Gmelin, Syst. Nat. **2** (2): 1372, 1792 (Nom. Rejic. Art., 56.1). — *Physcia semipinnata* (J.F. Gmelin) Moberg, Symb. Bot. Upsal. **22** (1): 56, 1977; Wei, Enum. Lich. China: 202, 1991; Abbas & Wu, Lich. Xinjiang: 116, 1998.

地衣体叶状，圆形或不规则形，疏松着生于基物上；裂片通常狭长，0.3-1.2 mm 宽，边缘具缘毛，0.5-1.5 mm 长，白色，顶端常常变暗；上表面灰白色至淡棕色，稍凸起，有时具白斑；无粉芽、裂芽和小裂片；髓层白色；下表面白色、灰白色至淡棕色，假根稀疏，灰白色至棕色，单一不分枝，1.0-2.0 mm 长。子囊盘常见，圆盘状，直径 0.5-1.5 mm，盘面黑色，常披白色粉霜，边缘完整；子囊孢子褐色、双胞，Physcia 型，18-20.7 × 7.3-9.8 μm。分生孢子器未见。Moberg (1977) 记载本种子囊孢子 17-24 ×7.5-10 μm。分生孢子 4-6 × 1 μm。

化学：地衣体 K+黄色；髓层 K-；含有 atranorin。

基物：树皮。

研究标本：

四川，九寨沟，海拔 2500 m，1994 年 5 月 23 日，陈健斌 6048-2 (110975)。

宁夏，贺兰山，海拔 2600 m，1961 年 6 月 23 日，韩树金等 2189a (1763)。

新疆，乌鲁木齐南山，海拔 2300-2400 m，1977 年 5 月 24-25 日，王先业 108 (82892，91433)，177 (110981)；天山夏塔，海拔 2300-2700 m，1978 年 7 月 6 日和 8 月 1 日、5 日，王先业 1088 (110980)，1112 (82555)，1158 (82893)；天山巩昌林场，海拔 1900 m，1982 年 9 月 8 日，赵从福 2578 (110978)；天山八一林场，海拔 2260 m，1982 年 8 月 31 日，赵从福 2255 (24586)；天山阜康天池，赵从福 2325-1 (IFP)。

国内记载：河北，浙江 (朱彦承，1935)，山东 (朱彦承，1935；赵遵田等，2002；侯亚男等，2008)，宁夏 (赵继鼎等，1982)，新疆 (阿不都拉 • 阿巴斯和吴继农，1998)。

世界分布：欧洲 (Moberg，1977，1994) 和北美洲 (Thomson，1963)。

讨论：本种具缘毛，缺乏粉芽而容易区别于本属地衣中其他具缘毛的种。Tchou (1935) 曾基于河北、山东和浙江的 4 份标本以异名 *Physcia stellaris* var. *leptalea* Nyl.报道过本种，但他所依据的 4 份标本实际上均属于 *Heterodermia* 属的有关种。

6. 11 异白点蜈蚣衣　图版 XVII: 76

Physcia phaea (Tuck.) J.W. Thomson, Beih. Nova Hedwigia **7**: 54, 1963; Zhao, Xu & Sun, Prodr. Lich. Sin.: 100, 1982; Wei, Enum. Lich. China: 201, 1991; Abbas & Wu, Lich. Xinjiang: 115, 1998.

≡ *Parmelia phaea* Tuck., in Darlington, Fl. Cestrica, edn 3: 440, 1853.

= *Physcia melops* Duf. ex Nyl., Flora **57**: 16, 1867; Asahina, J. Jap. Bot. **27**: 375, 1952.

地衣体叶状，略圆形至不规则形，直径可达 5.0-7.0 cm，较紧密地着生于基物上；裂片多为二叉分裂，裂片间常相互紧密相连，约 1.0 mm 宽，最宽可达 1.5 mm，末端平截至稍圆，常缺刻；上表面呈淡灰色至暗灰色，裂片顶部颜色通常较深，有时微皱，具明显白斑，无粉芽、裂芽和小裂片；髓层白色；下表面淡褐色至褐色，假根常稠密，淡褐色至黑色，单一不分枝。子囊盘常见，圆盘状，盘面多为黑色，有时披粉霜，直径可达 1.5 mm，盘缘完整或有次生裂片，呈锯齿状。子囊孢子褐色，双胞，Physcia 型，15-22 × 7-8.5 μm。分生孢子器埋生于地衣体内，孔口开于地衣体上表面，黑色，圆点状；分生孢子杆状，4-6 × 1-1.5 μm。

化学：地衣体 K+黄色；髓层 K+黄色；含有 atranorin、zeorin。

基物：岩石。

研究标本：

河北，雾灵山，海拔 1400-2100 m，1998 年 8 月 15 日，陈健斌、王胜兰 184 (110950)；2001 年 8 月 19 日，王海英等 291 (83426)。

内蒙古，科尔沁右翼前旗，海拔 900 m，1985 年 6 月 25 日，高向群 517 (82738)；巴林右旗赛罕乌拉，海拔 1400-1900 m，周启明 111 (11097)，172 (110975)；2001 年 8 月 24 日，陈健斌、胡光荣 21133 (83432)，21185-1 (82546)，21340 (82545)；阿尔山伊敏河林场，海拔 1250 m，1991 年 8 月 15 日，陈健斌、姜玉梅 A-604 (80608)；阿尔山鸡冠山，海拔 1300 m，2002 年 8 月 5 日，魏江春等 Aer323 (111444，111445)。

黑龙江，呼中，海拔 850-900 m，2002 年 7 月 27 日，陈健斌、胡光荣 21778 (110976)，21781 (111202)，21791 (111200)，22037 (24661)，22040 (111442)，22083 (111201)。

云南，中甸大雪山，海拔 4000 m，1981 年 9 月 7 日，王先业等 7174 (24489)。

西藏，工布江达县，巴松措湖边，海拔 3500 m，2004 年 7 月 25 日，胡光荣 h561 (82541)。

陕西，太白山，海拔 2300-2800 m，1988 年 7 月 9 日，高向群 3017 (83422)；2005 年 8 月 3 日，徐蕾 50316 (83430)。

国内记载：北京 (赵继鼎等，1982)，黑龙江 (Asahina，1952)，安徽，浙江 (吴继农和钱之广，1989)，西藏 (Paulson，1925)，陕西 (Ren et al.，2009)，新疆 (阿不都拉·阿巴斯和吴继农，1998)。

世界分布：欧洲，东亚和北美洲 (Moberg，1994)。北温带分布型。

讨论：本种具明显白斑，无粉芽、裂芽和小裂片，下表面淡褐色至褐色，髓层 K+黄色，含有 zeorin。因此本种的形态和化学特征与 *Ph. aipolia* 很相似。两者的主要区别在于生境不同，本种生长于开阔地带的岩石上，而 *Ph. aipolia* 则生长于树皮。此外，本种孢子稍小，15-22 × 7-8.5 (-10) μm，而 *Ph. aipolia* 的孢子为 16-26 × 7-11 μm。

6. 12 粉芽蜈蚣衣　图版 XVII: 77

Physcia sorediosa (Vain.) Lynge, Vidensk.-Selsk. Skr. I. Math.-Natur. Kl., **16**: 27, 1924.

≡ *Physcia integrata* var. *sorediosa* Vain., Acta Soc. Fauna Fl. Fenn. **7**: 142, 1890; Zahlbruckner, in Handel-Mazzetti, Symb. Sin. **3**: 238, 1930; Hue, Nouv. Archiv. Mus. Ser. 4, **2**: 63, 1900; Zhao, Xu & Sun, Prodr. Lich. Sin.: 107, 1982; Wei, Enum. Lich. China: 201, 1991.

地衣体叶状，略圆形，较紧密地附着在基物上；裂片小于 1.2 mm 宽，不规则分裂，相互重叠或分离；上表面呈灰白色，平坦，末端有时具微弱的白斑；粉芽堆边缘生至表面生，多位于裂片近顶端处或开裂部位，多头状，粉芽白色、颗粒状；髓层白色；下表面暗褐色至黑色，近末端处颜色淡褐色，假根中等密度，与下表面同色，单一不分枝。子囊盘与分生孢子器未见。

化学：地衣体 K+黄色；髓层 K+黄色；含有 atranorin、zeorin。

基物：树皮。

研究标本：

云南，西双版纳小勐养，1960 年 11 月 4 日，赵继鼎、陈玉本 847 (2331)。

国内记载：云南 (Hue，1900；Zahlbruckner，1930；赵继鼎等，1982)，香港 (Aptroot and Seaward，1999；Aptroot and Sipman，2001)，台湾 (Aptroot et al.，2002)。

世界分布：泛热带分布。爪哇，东非，南美洲 (Moberg，1990)，美洲，东南亚，澳大利亚 (Elix，2011a)。

讨论：本种以其具有粉芽和暗褐色至黑色的下表面而容易区别于中国蜈蚣衣属中的其他粉芽种。在中国地衣学文献中 (Zahlbruckner, 1930；赵继鼎等，1982；Wei，1991) 均以本种的基原异名 *Physcia integrata* var. *sorediosa* 报道。本种与条纹蜈蚣衣 *Physcia atrostriata* 相似，两者均具有粉芽和黑色下表面，但条纹蜈蚣衣下表面顶端部位无皮层，白色，似条纹状。

6. 13 蜈蚣衣　图版 XVIII: 78

Physcia stellaris (L.) Nyl., Act. Soc. Linn. Bordeaux **21**: 307, 1856; Nylander & Crombie, J. Linn. Soc. London Bot.**20**: 62, 1883; Zahlbruckner, in Handel-Mazzetti, Symb. Sin. **3**: 238, 1930; Hue, Nouv. Archiv. Museum Ser. 4, **2**: 63, 1900; Tchou, Contr. Inst .Bot. Natl. Acad. Peiping **3**: 313, 1935; Moreau & Moreau, Rev. Bryol. Lichenol. **20**: 194, 1951; Zhao, Xu & Sun, Prodr. Lich. Sin.: 103, 1982; Chen,Wu & Wei, in Fungi and Lichens of Shennongjia: 479, 1989; Wei, Enum. Lich. China: 202, 1991; Abbas & Wu, Lich. Xinjiang: 116, 1998.

≡ *Lichen stellaris* L., Sp. Pl.: 1144, 1753.

= *Physcia hupehensis* Zhao, Xu et Sun, Acta Phytotax. Sin. **17**(2): 99, 1979; Zhao, Xu & Sun, Prodr. Lich. Sin.: 101, 1982; Wei, Enum. Lich. China: 200, 1991.

Type: CHINA. Hubei province, Wuhan city, Mt. Luojiashan, on rock, alt. 80 m, Zhao & Xu 10416 (holotype in HMAS-L).

= *Physcia stellaris* f. *radiata* (Ach.) Nyl., Not.Sallsk. Fauna et Fl. Fenn. Forh. **5**: 111, 1861; Zhao, Xu & Sun, Prodr. Lich. Sin.: 103, 1982; Wei, Enum. Lich. China: 202, 1991.

[*Physcia stellaris* f. *tuberculata* (Kernst.) Dalla Torre & Samth., Die Flecht. Tirol: 160, 1902; Zhao, Xu & Sun, Prodr. Lich. Sin.: 103, 1982; Wei, Enum. Lich. China: 202, 1991.]

地衣体叶状，圆形或近圆形，直径 3-8 (-10) cm，疏松至稍紧密着生于基物，裂片不规则分裂，有时辐射状排列，通常 0.5-2 mm 宽，顶端有时加宽和微齿裂，裂片间紧密相连或分离；上表面灰白色、灰色，有时淡灰绿黄色色度，平坦或微凸，有时微皱，或在老的地衣体中央形成隆起的疣状突起，无白斑或白斑微弱；无粉芽和裂芽；髓层白色；下表面灰白色至淡褐色，假根较稠密，与下表面同色，单一，少数顶端分叉，有的伸出地衣体边缘。子囊盘无柄或具短柄，圆形，直径 1-2 (-3) mm，盘面褐色至黑色，盘面常披白色粉霜，盘缘完整；子实层透明，子囊棍棒状，内含 8 孢，子囊孢子双胞，褐色，Physcia 型，(16-) 18-22 × (7.3-) 8.5-9.7 (-11) μm。分生孢子器埋生于地衣体中，孔口露于地衣体上表面，暗褐色至黑色，圆点状；分生孢子杆状，4-5 × 1.0-1.5 μm。

化学：地衣体 K+黄色；髓层 K-；含有 atranorin。

基物：树皮，偶见于岩石。

研究标本：

北京，百花山，海拔 1200 m，1964 年 7 月 16 日，徐连旺、宗毓臣 6679 (2476)，8403 (2490)；东灵山，海拔 2100 m，1998 年 8 月 22 日，陈健斌、王胜兰 418 (11108)。

河北，兴隆县雾灵山，海拔 1900-2100 m，1998 年 8 月 14 日，陈健斌、王胜兰 67 (24532)，71 (24533)，239 (24531)。

内蒙古，巴林右旗赛罕乌拉，海拔 1200-1700 m，2000 年 7 月 6-7 日，陈健斌 20076 (110408)，20129 (110873)，20180 (110412)；2001 年 8 月，陈健斌、胡光荣 20169 (24543)，20180 (110412)，21073-1 (82566)，21119 (24546)，21145 (82560)，221181 (24539)，21238 (82564)，21254 (82561)，21264 (24572)，21271 (82553)，21307 (24545)，21311-2 (111211)，21315-2 (82565)；克什克腾旗，海拔 650-2000 m，1985 年 7 月 27 日，高向群 958 (24574)，965 (24575)，970 (24538)，1149 (24537)，1150 (24578)；兴安盟白狼林场，海拔 1300-1500 m，1991 年 8 月 19-20 日，陈健斌、姜玉梅 A-734 (24534)，A-786-1 (24535)。

辽宁，庄河仙人洞，海拔 250 m，1981 年 10 月 9 日，陈锡龄、赵从福、高德恩 5819 (24552)；长海县大花岛，1981 年 10 月 11 日，陈锡龄、赵从福、高德恩 5852 (24551)。

吉林，长白山，海拔 2000 m，1960 年 8 月 5 日，朱彦承等 44 (1786)；海拔 1380 m，1980 年 6 月 14 日，赵从福 157 (24560)；海拔 1750-2200 m，1998 年 6 月 21 日，陈健斌、王胜兰 13107 (24562)，13111 (82898)，13114 (24558)，14116 (24566)，14124 (24563)，14128 (24556)，14147 (110407)；2003 年 8 月 20 日，李红梅 CBS232 (24567；24569)；蛟河，海拔 1100 m，1991 年 9 月，陈健斌、姜玉梅，A-1393 (82896)，A-1407 (24555)，A-1437-1 (24554)，A-1461 (83462)。

黑龙江，东京城，1977 年 7 月 30 日，陈锡龄 4402 (24529)，4402-2 (24530)；宁安镜泊湖，海拔 540 m，1980 年 7 月 24 日，赵从福 979 (中科院沈阳生态研究所)；五大连池，海拔 530 m，2002 年 7 月 30 日，陈健斌、胡光荣 22117 (24553)。

山东，无具体地址，海拔 100 m，1934 年 5 月 27 日，朱彦承 110 (2492)；烟台昆嵛山，海拔 200 m，陈健斌 22142 (24550)；1999 年，赵遵田 99024-2 (24549)。

湖北，武昌珞珈山，海拔 80 m，1964 年 9 月 6-7 日，赵继鼎、徐连旺 10410 (2478)，10472 (2488)，10475 (2485)，10485 (2479)，10488 (2487)，10493 (2480)，10495 (2481)，10497 (2482)；神农架，海拔 1700 m，1984 年 9 月，陈健斌 12101 (24527)，12120-1 (24528)；武昌俞家山，1978 年 10 月 11 日，赖奕琪、郑儒永 14 (24524)。

湖南，张家界森林公园袁家寨，海拔 900 m，1997 年 8 月 14 日，陈健斌等 9230 (110409)。

四川，木里县，海拔 2800 m，1982 年 6 月 14 日，王先业等 8028 (111006)。

云南，丽江，海拔 2400 m，1981 年 7 月 30 日，王先业、肖勰、苏京军 7184 (24526)。

陕西，太白山，海拔 1540-3250 m，1992 年 8 月，陈健斌、贺青 5878 (24585)，6230 (24517)；2005 年 8 月 2 日，徐蕾 50212 (83535)。

新疆，阿勒泰市哈巴河林场，赵从福 2451-1 (111005)；天山巩留林场，海拔 1950 m，

1982 年 9 月 28 日，赵从福 2592 (24532)；天山夏塔、北木扎尔台冰川等地，海拔 2400-3000 m，王先业 887 (24518)，951 (111119)，1142 (110411)，1148-1 (82900)；乌鲁木齐南山，海拔 2000-2370 m，1977 年 5 月 24-25 日及 1978 年 7 月，王先业 101 (77)，178 (82902)，187 (82903)，195 (82901)；天山巩昌林场，海拔 1950 m，1982 年 9 月 28 日，赵从福 2592 (24523)。

国内记载：上海 (Nylander and Crombie, 1883；吴继农和钱之广，1989)，云南 (Zahlbruckner，1930；吴继农和钱之广，1989)，山东 (Tchou，1935；Moreau and Moreau，1951)，江苏 (Chien，1932；吴继农和项汀，1981；吴继农和钱之广，1989)，安徽 (赵继鼎等，1982；吴继农和钱之广，1989)，福建 (吴继农等，1985)，浙江 (吴继农和钱之广，1989；Hawksworth and Weng，1990)，北京，河北，山西，吉林，西藏 (赵继鼎等，1982)，湖北 (赵继鼎等，1982；陈健斌等，1989)，湖南 (赵继鼎等，1982)，陕西 (贺青和陈健斌，1995)，新疆 (王先业，1985；阿不都拉·阿巴斯和吴继农，1998)。

世界分布：广布种。

讨论：本种的主要特征是无粉芽无裂芽，无白斑或白斑极微弱，髓层中缺乏 zeorin，常树生。*Ph. stellaris* 相似于 *Ph. aipolia*，但后者具明显白斑，髓层含 zeorin，本种还十分相似于 *Ph. convexella*，但后者是一个石生种，有白斑。赵继鼎等 (1979) 曾经发表新种：湖北蜈蚣衣 *Physcia hupehensis*，但对该种的模式标本 (赵继鼎、徐连旺 10416) 重新检查后发现，该标本在形态及化学上都与 *Ph. stellaris* 一致。因此，我们将 *Ph. hupenhensis* 处理为 *Ph. stellaris* 的异名。

关于 *Physcia stellaris* f. *radiata* (Ach.) Nyl.和 *Physcia stellaris* f. *tuberculata* (Kernst.) Dalla Torre & Samth.，在中国仅赵继鼎等 (1982) 记载过这两个分类单位。根据他们以及 Thomson (1963) 的描述，*Ph. stellaris* f. *radiata* 这个变型与原变型的区别仅在于裂片宽窄的差异。Moberg (1977) 已将 *Ph. stellaris* f. *radiata* 处理为 *Ph. stellaris* 的异名。关于 *Physcia stellaris* f. *tuberculata* 以及 Hue (1900) 记载的 *Physcia stellaris* f. *melanophthalma*，我们没有考证。

6. 14 长毛蜈蚣衣 图版 XVIII: 79

Physcia tenella (Scop.) DC., in Lamarck & de Candolle, Fl. Franc., edn 3, **2**: 396, 1805; Zhao, Xu & Sun, Prodr. Lich. Sin.: 98, 1982; Wei, Enum. Lich. China: 203, 1991; Abbas & Wu, Lich. Xinjiang: 116, 1998.

≡ *Lichen tenellus* Scop., Fl. Carniol., edn 2, **2**: 394, 1772. — *Parmelia tenella* (Scop.) Ach. Method. Lich.: 250, 1803; Jatta, Nuov. Giorn. Bot. Italiano, Ser.2, **9**: 473, 1902. — *Physcia hispida* var. *tenella* (Scop.) Watson, Lich. Somerset: 28, 1930.

地衣体叶状，外形不规则，疏松附着于基物；裂片狭长，约 0.5 mm 宽，稍凸起，边缘具浅色的长缘毛，1.0-1.5 mm 长，上表面呈淡黄褐色，有时有微弱白斑；唇形粉芽堆多生于裂片末端，粉芽颗粒状；髓层白色；下表面浅色至淡棕色，假根稀疏，与下表面同色，单一不分枝。子囊盘少见，盘面黑色，直径 1.0-1.5 mm，常披白色粉霜，盘缘完整。子囊孢子厚壁，双胞，褐色，Physcia 型，17-23 × 8.5-10 μm。

化学：地衣体 K+黄色；髓层 K-；含有 atranorin。

基物：树皮。

研究标本：

新疆，Sarakagin，1957年8月8日，关克简4731 (110988)；天山夏塔温泉，海拔2600 m，1978年7月26日，王先业1008 (110982，110983，110985，110986)；天山巩留林场，海拔2000 m，1982年9月28日，赵从福2842 (110987)；阿勒泰山哈巴河林场，海拔1650 m，1982年9月13日，赵从福2451 (137915)。

国内记载：陕西 (Jatta，1902；Zahlbruckner，1930)，四川 (赵继鼎等，1982)，新疆 (阿不都拉·阿巴斯和吴继农，1998)。

世界分布：欧洲，北美洲及东亚 (Moberg，1994)。环北方北温带分布 (Thomson，1963)。

讨论：本种的主要特征为裂片边缘生缘毛，粉芽堆唇形，髓层中缺乏zeorin。本种与*Ph. adscendens*和*Ph. leptalea*的亲缘关系较近，三者在裂片边缘均生有缘毛，髓层中缺乏zeorin。三者之间的区别在于*Ph. leptalea*地衣体上无粉芽和裂芽，*Ph. adscendense*则具有生于裂片末端的盔帽状粉芽堆，而本种的粉芽堆为唇形。Zahlbruckner (1930) 在记载陕西分布有*Physcia hispida* (Schreb.) Frege时，指出该种即为*Parmelia tenella* Ach. (≡ *Physcia tenella*)，因此，*Physcia hispida* var. *tenella*是*Physcia tenella*的异名。

6.15 糙蜈蚣衣　图版XVIII: 80

Physcia tribacia (Ach.) Nyl., Flora **57**: 307, 1874; Zahlbruckner, in Handel -Mazzetti, Symb. Sin. **3**: 238, 1930; Zhao, Xu & Sun, Prodr. Lich. Sin.: 108, 1982; Wei, Enum. Lich. China: 203, 1991; Abbas & Wu, Lich. Xinjiang: 116, 1998.

≡ *Lecanora tribacia* Ach., Lich. Univ.: 415, 1810. — *Parmelia tribacia* (Ach.) Somrft., Suppl. Fl. Lappon: 109, 1826; Jatta, Nuov. Giorn. Bot. Italiano, Ser. 2, **9**: 472, 1902.

地衣体叶状，圆形、略圆形或呈不规则形，直径可达6.0 cm，较紧密地附着于基物；裂片多为二叉分裂，0.5-1.5 mm宽，平伏，末端钝圆，无粉芽的裂片末端和边缘常缺刻状 (齿裂)；上表面呈灰白色至淡褐色，末端有时色深，较平坦，光泽，无白斑，无白霜；粉芽堆生于裂片末端和边缘，自下表面向上表面发展，有时使裂片末端卷起，但很少发育成唇形粉芽堆，粉芽颗粒状，白色或淡绿色；髓层白色；下表面灰白色至淡褐色，假根稀疏，多与下表面同色，单一不分枝。子囊盘不常见，圆形，直径1.0-1.5 mm，盘面黑色，有时披白色粉霜，盘缘完整；子囊孢子多为Physcia型，亦见Pachysporaria型孢子，17-22 × 7.3- 8.5 μm。

化学：地衣体K+黄色；髓层K-；含有atranorin。

基物：岩石、树皮。

研究标本：

河北，兴隆县雾灵山，海拔1900-2100 m，1998年8月14-16日，陈健斌、王胜兰97 (83465)，270-1 (83467)，285-1 (83469)。

内蒙古，克什克腾旗，海拔1300 m，1985年8月1日，高向群1155 (83468)；巴林右旗赛罕乌拉保护区，海拔1000 m，2001年8月27日，陈健斌、胡光荣21456 (83466)；2000年7月5日，孙立艳5 (83473)。

四川，下阿坝，海拔 3100 m，1983 年 6 月 8 日，王先业、肖勰 11187 (110997)。

云南，昆明黑龙潭，海拔 1900 m，1991 年 7 月 8 日，陈健斌 5593 (83474)。

新疆，阿尔泰山青河林场，海拔 1600 m，杨勇无号标本 1 份 (83471)；富蕴温泉，海拔 1400 m，2002 年 7 月 11 日，杨勇 20021043 (83472)。

国内记载：北京 (赵继鼎等，1982；吴金陵，1987)，陕西 (Zahlbruckner，1930；Jatta，1902；吴金陵，1987)，江苏 (吴金陵，1987)，新疆 (阿不都拉·阿巴斯和吴继农，1998)。

世界分布：广布种。

讨论：本种在形态和化学上相似于 *Physcia dubia*，具有末端生的粉芽，只含 atranorin 而无 zeorin。但 *Ph. dubia* 的粉芽堆为唇形，而 *Ph. tribacia* 的粉芽虽生自下表面，使裂片稍向上翻卷，但并不会形成真正的唇形粉芽堆；另外两者的下皮层结构不同，*Ph. tribacia* 的下皮层为假薄壁组织，*Ph. dubia* 的下皮层为假厚壁长细胞组织。赵继鼎等 (1982)曾报道过本种在北京的分布，但他们所依据的 2 份标本实际上为唇粉大孢衣 *Physconia leucoleiptes*。

6. 16 粉唇蜈蚣衣 图版 XVIII: 81

Physcia tribacoides Nyl., Flora **57**: 307, 1874; Zhao, Xu & Sun, Prodr. Lich. Sin.: 105, 1982; Wei, Enum. Lich. China: 203, 1991; Abbas & Wu, Lich. Xinjiang: 117, 1998.

地衣体叶状，圆形或略圆形，直径可达 8.0 cm，稍疏松附着于基物；裂片 0.5-1.5 (-2.0) mm 宽，末端呈扇状，常齿裂；上表面灰色至淡褐灰色，平坦或稍凹，无白斑和粉霜；粉芽颗粒状，近边缘至表面生，有时形成近唇形至近头状粉芽堆；髓层白色；下表面灰白色至棕色；假根稠密，白色至黑色，单一不分枝。子囊盘不常见，圆形，直径 0.5-1.2 mm，盘面黑色，常披白色粉霜，盘缘完整；子实层无色透明至淡黄色；子囊孢子双胞，褐色，厚壁，多数为 Pachysporaria 型，也有 Physcia 型，17-29 × 7.5-11.0 μm。分生孢子器未见。

化学：地衣体 K+黄色；髓层 K+黄色；含有 atranorin、zeorin。

基物：树皮。

研究标本：

吉林，长白山温泉，1994 年 8 月 6 日，魏江春等 94429 (115935)。

福建，武夷山，2004 年 3 月 24 日，魏鑫丽 9 (19143，91458)。

湖南，长沙，1963 年 6 月 11 日，陈贞 54 (2257)；衡山，海拔 400 m，1964 年 8 月 31 日，赵继鼎、徐连旺 9980 (2255)；张家界，海拔 1000 m，1997 年 8 月，陈健斌等 8934 (110992)；桑植天平山，海拔 1300 m，陈健斌、王胜兰、王大鹏 9900 (110993)。

广西，临桂县宛田，1964 年 8 月 12 日，赵继鼎、徐连旺 8571 (2258)；那坡，海拔 800-960 m，1998 年 4 月 8 日，陈林海 980217 (111206)，980226-1 (111204)；上思县十万大山，海拔 370 m，2001 年 6 月，陈健斌等 20464-1 (110990)。

四川，峨眉山，海拔 1000 m，1963 年 8 月 20 日，赵继鼎、徐连旺 8366-1 (91395)。

贵州，贵阳观音洞，海拔 1300 m，1958 年 8 月 6 日，王庆之 126 (2256)。

云南，泸水，海拔 2000 m，1981 年 6 月 6 日，王先业等 2449 (111208)，2458 (111209)，

2464 (110991)；思茅市附近，1994 年 7 月 10 日，陈健斌 6581 (111207)，6595 (111205)；景洪至普文途中，1994 年 7 月 9 日，陈健斌 6554 (111210)；元江县，海拔 950 m，1999 年 9 月 18 日，王瑜 9520 (110994)。

国内记载：四川，贵州，湖北，湖南，广西 (赵继鼎等，1982)，江苏，上海，浙江 (吴继农和钱之广，1989)，云南 (王立松等，2008)，山东 (赵遵田等，2002；侯亚男等，2008)，新疆 (阿不都拉·阿巴斯和吴继农，1998)。

世界分布：欧洲，东亚和东非 (Moberg，1994)，澳大利亚和新西兰 (Elix，2011b)。

讨论：*Ph. tribacoides* 与 *Ph. caesia* 和 *Ph. tribacia* 形态相似，但 *Ph. caesia* 上表面具有明显白斑，而本种无白斑。*Ph. tribacia* 的粉芽主要局限于裂片边缘，髓层 K-，不含 zeorin；而 *Ph. tribacoides* 的裂片较薄而平坦，粉芽堆有时会覆盖地衣体上较大的区域或形成近头状粉芽堆；髓层 K+，含有 zeorin。

6. 17 多疣蜈蚣衣　图版 XVIII: 82

Physcia verrucosa Moberg, Nord. J. Bot. **6**: 862, 1986.

地衣体叶状，较疏松地附着在基物上，略圆形，直径可达 4.0 cm；裂片多为二叉分裂，小于 1.5 mm 宽，末端钝圆或平截，裂片间相互分离或重叠，地衣体中央的裂片常颜色较深、疣状，稍肿胀有皱纹；上表面白色至灰白色，常披白色粉霜，末端有时具微弱白斑；无粉芽、裂芽或小裂片；髓层白色；下表面白色至淡褐色，具同色稀疏的假根。子囊盘直径小于 1.5 mm，盘面黑色，披白色粉霜，盘缘完整。子囊孢子厚壁，双胞，褐色，Pachysporaria 型，(24-) 26-31 (-34) × 10-13 μm。

化学：地衣体 K+黄色；髓层 K+黄色；含有 atranorin、zeorin 和其他 triterpenes。

基物：树皮。

研究标本：

福建，武夷山，1999 年 9 月 14-15 日，陈健斌、王胜兰 14009 (137918)，14025 (137919)。

广西，那坡，海拔 750 m，1990 年 4 月 2 日，陈林海 980156 (137920)。

国内记载：山东 (侯亚男等，2008)。

世界分布：东非 (Moberg，1986)，澳大利亚 (Elix，2011b)。

讨论：本种的主要特征是缺乏营养繁殖体 (无粉芽、裂芽和小裂片)，裂片上表面肿胀皱褶，常具白色粉霜，髓层 K+黄色，含有 zeorin。*Ph. biziana* 虽然具有白霜，无粉芽和裂芽，但它的髓层 K-，不含 zeorin 和其他萜类物质。

7. 大孢衣属 **Physconia** Poelt

Physconia Poelt, Nova Hedwigia **9**: 30 , 1965.

Type species: *Physconia distorta* (With.) J.R. Laundon

地衣体叶状，通常较疏松地着生于基物；上表面淡灰褐色至暗褐色，常披白色粉霜，有时粉霜十分浓厚，上皮层多为假薄壁组织，少数种为假厚壁粘合密丝组织；髓层多为白色，少数种为淡黄色；下皮层为假厚壁长细胞组织，个别种的下表面顶部缺乏皮层；下表面黑色，顶部常常淡色，假根稠密，常为羽状分枝。子囊盘茶渍型，盘面暗褐色至黑色，常披稠密白色粉霜，盘缘上常有小裂片；子实层透明或淡黄色，侧丝分隔或不分隔，顶端膨大；子实下层无色至淡黄色；子囊棍棒状，内含 8 孢；孢子褐色，双胞，薄壁，Physconia 型。皮层 K-，缺乏 atranorin，大多数种的髓层未检测出地衣物质，只有少数种含有 gyrophoric acd 或 secalonic acid A 或未知物质。

过去，*Physconia* 的汉名被称为大孢蜈蚣衣属，为避免与蜈蚣衣属 *Physcia* 的种相混，将 *Physconia* 的汉名改称为大孢衣属。大孢衣属地衣区别于蜈蚣衣属 *Physcia* 和黑蜈蚣叶属 *Phaeophyscia* 地衣的最显著特征是孢子为薄壁型，即 Physconia 型，孢子相对较大 (通常长于 25 μm，宽于 12 μm)。在形态上也较容易识别，如裂片的上表面和子囊盘盘面常有明显白色粉霜，下表面黑色，假根稠密，羽状分枝 (仅 1 个种 *Physconia grisea* 的下表面淡色，假根不分枝)。

Poelt (1965) 建立大孢衣属时以 *Physconia pulverulenta* (Schreb.) Poelt 为模式种。Gunnerbeck 和 Moberg (1979) 指出，*Physconia pulverulenta* (Schreb.) Poelt 的基原异名是一个多余名 (superfluous name)，由于缺乏合法名称，建立了新种 *Physconia pulverulacea* Moberg 作为大孢衣属 *Physconia* 的选模式 (lectotype)。后来 Gunnerbeck 等 (1987) 提议保留 *Physconia* 属名，以 *Physconia pulverulacea* Moberg 为模式种。但 *Physconia pulverulacea* 是 *Physconia distorta* 的异名。因此大孢衣属的模式种是 *Physconia distorta* (With.) J.R. Laundon。

大孢衣属地衣主要分布于北温带。Moberg (1994) 基于不同地区的种数、初生种 (原始种) 与次生种的比例、地区的特有种等诸多参数分析，认为大孢衣属地衣的主要分化中心在东亚，其次是欧洲。但是，Esslinger (1994，2000) 描述了来自北美洲的大孢衣属 7 个新种，并作出 2 个新组合。从目前而论，东亚、北美洲和欧洲是大孢衣属地衣 3 个主要分布区和分化地。Otte 等 (2002) 对欧洲大孢衣属地衣 10 个分类单位进行生物地理学研究和分析，他们认为欧洲大孢衣属的这 10 个分类单位中，只有 *P. muscigena* 和 *P. perisidiosa* 属于两极分布型，其余都属于泛北极型。

世界已知本属地衣近 30 种。本卷记载中国大陆 9 种，未确定种 4 个：美洲大孢衣 *P. americana*、黄髓大孢衣 *P. enteroxantha*、灰色大孢衣 *P. grisea*、亚灰色大孢衣 *P. perisidiosa*。中国地衣学文献中记载的 *Physcia pulverulenta* (Hoffm.) Hampe ex Fürnr.[≡*Physconia pulverulenta* (Hoffm.) Poelt] 是本属地衣的模式种 *Physconia distorta* 的异名。此外，触丝大孢衣 *P. tentaculata* 在中国台湾有分布，中国大陆未知。Tchou (1935) 基于陕西 1 份标本报道的 *P. pulverulenta* var. *venusta* 即雅致大孢衣 (*P. venusta*) 被重新鉴定为 *Physconia distorta*。*P. venusta* 是欧洲地中海地区的一个种 (Otte et al.，2002)。

分种检索表

1. 地衣体具粉芽 ·· 2
1. 地衣体无粉芽 ·· 4
  2. 含有 gyrophoric acid ·· **黑氏大孢衣 *P. kurokawae***
  2. 缺乏 gyrophoric acid ·· 3
3. 粉芽堆唇形，K+淡黄色 ·· **唇粉大孢衣 *P. leucoleiptes***
3. 粉芽堆边缘生，线形，K- ·· **变色大孢衣 *P. detersa***
  4. 具裂芽和小裂片 ·· 5

4. 无裂芽和小裂片 ··· 8
5. 具裂芽，颗粒状 ······································ 颗粒大孢衣 ***P. grumosa***
5. 具小裂片，无裂芽 ·· 6
6. 含有 gyrophoric acid ································ 小裂片大孢衣 ***P. lobulifera***
6. 缺乏 gyrophoric acid ·· 7
7. 髓层黄色 ·· 中华大孢衣 ***P. chinensis***
7. 髓层白色 ·· 东亚大孢衣 ***P. hokkaidensis***
8. 地表或石表藓层生，裂片常或多或少抬升 ··················· 伴藓大孢衣 ***P. muscigena***
8. 树生，裂片不抬升 ··· 大孢衣 ***P. distorta***

Key to species

1. Thallus with soredia ··· 2
1. Thallus without soredia ·· 4
2. Gyrophoric acid present ··· ***P. kurokawae***
2. Gyrophoric acid absent ·· 3
3. Soralia labiates, K+ yellowish ··· ***P. leucoleiptes***
3. Soralia marginal, linear, K- ··· ***P. detersa***
4. Thallus with isidia or lobules ··· 5
4. Thallus without isidia and lobules ··· 8
5. With isidia, granulate ··· ***P. grumosa***
5. With lobules, without isidia ·· 6
6. Gyrophoric acid present ··· ***P. lobulifera***
6. Gyrophoric acid absent ·· 7
7. Medulla yellow ··· ***P. chinensis***
7. Medulla white ··· ***P. hokkaidensis***
8. Growing among mosses on ground or rocks , lobes often ascending ··········· ***P. muscigena***
8. Corticolous, lobes not ascending ··· ***P. distorta***

7.1 中华大孢衣　图版 XIX: 83

Physconia chinensis J.B. Chen & G.R. Hu, Mycotaxon **86**: 186, 2003.

Type: CHINA. Jilin, Jiaohe county, alt. 1000 m, on bark, Sept. 2, 1991, J.B. Chen & Y.M. Jiang 1448 (holotype in HMAS-L).

地衣体叶状，外形略圆或不规则，直径 4-6 cm，较紧密贴生于基物；裂片 0.5-1.5 mm 宽，不规则分裂，相互重叠或分离；上表面灰褐色，披白色粉霜；小裂片边缘生和表面生，平伏；髓层淡黄色至黄色；下表面黑色，边缘处灰白色至淡褐色，假根稠密，黑色，具羽状分枝，1-2.5 mm 长；裂片 160-205 μm 厚，上皮层为假厚壁粘合密丝组织，40-50 μm 厚，藻层连续，35-40 μm 厚，绿藻直径 6-9.5 μm，髓层 60-75 μm 厚，下皮层为假厚壁长细胞组织 (菌丝走向多少与裂片表面平行)，25-35 μm 厚。子囊盘直径 1-4 mm，盘面黑色，披浓密的白色粉霜，盘缘完整或具小裂片；子实层透明，115-132 μm 厚，子实下层 46-73 μm 厚；子囊棍棒状，76-88 × 22-27 μm；孢子双胞，褐色至暗褐色，Physconia 型，22-32 × 12-17 μm。

化学：地衣体 K-；髓层 K+黄色，C+黄色，KC+黄色至深黄色；含有 secalonic acid A。

基物：树皮。

研究标本：

北京，香山，1996 年 8 月 12 日，王有智等 355-2 (25754)。

吉林，蛟河，海拔 850-1000 m，1991 年 8 月 28 日至 9 月 2 日，陈健斌、姜玉梅 A-1122 (25755)，A-1264 (25845)，A-1265(84787)，A-1448 (holotype)，1449 (84785)。

云南，维西碧罗雪山东坡，海拔 2600 m，1982 年 6 月 21 日，苏京军 638 (25759)。

国内记载：吉林，辽宁，湖北，云南 (Chen and Hu，2003)。

世界分布：中国 (Chen and Hu，2003)。

讨论：中华大孢衣 *P. chinensis* 与黄髓大孢衣 *P. enteroxanth* 的髓层均为黄色，但中华大孢衣的上皮层为假厚壁粘合密丝组织，上表面有小裂片而无粉芽，而黄髓大孢衣是一个粉芽种，上皮层为假薄壁组织。本种还相似于东亚大孢衣 *P. hokkaidensis*，两者均具有小裂片，无粉芽，但东亚大孢衣的髓层为白色，而本种髓层为淡黄色。

7.2 变色大孢衣　图版 XIX: 84

Physconia detersa (Nyl.) Poelt, Nova Hedwigia **9**: 30, 1965; Wei, Enum. Lich. China: 203, 1991; Chen & Hu, Mycotaxon **86**: 188, 2003.

≡ *Parmelia pulverulenta* var. *detersa* Nyl., Syn. Meth. Lich. **1**: 420, 1860. — *Physcia detersa* (Nyl.) Nyl., Flora **61**: 344, 1878. — *Parmelia detersa* (Nyl.) Jatta, Syll. Lich. Ital.: 143, 1900; Jatta, Nuov. Giorn. Bot. Italiano Ser. 2. **9**: 472, 1902.

地衣体叶状，略圆形或不规则形，直径可达 5-6 cm，较疏松地附着在基物上；裂片二叉或不规则分裂，相互分离，少数重叠，(0.5) 1-2 mm 宽；上表面淡灰褐色至褐色，平坦至有时微凹，披白色粉霜，常集中于裂片顶端附近；粉芽堆生于裂片边缘，线形或枕状，不呈唇形，粉芽颗粒状；髓层白色；下表面暗褐色至黑色，近末端处褐色；假根黑色，中等密度，具羽状分枝，长 0.5-3.0 mm。子囊盘未见。文献记载本种子囊盘稀有，盘缘上有小裂片或粉芽，孢子 27-32 (-35) × 13-20 μm (Moberg，1977)。Kashiwadani (1975) 记载本种日本标本的子囊孢子为 26-32 × 11-15 μm。

化学：地衣体 K-；髓层 K-，C-，KC-；未检测出地衣物质。

基物：树皮、岩石。

研究标本：

北京，怀柔黄土梁，魏江春采集无号标本 1 份 (82500)；小龙门中科院生态站，海拔 1200 m，1996 年 8 月 3 日，陈健斌 8535 (82501)。

内蒙古，阿尔山，海拔 1650 m，1991 年 8 月 10 日，陈健斌、姜玉梅 A-887-5 (12157)，A-1094 (12162)；科尔沁右翼前旗，兴安林场石塘林，海拔 1250 m，1985 年 7 月 5 日，高向群 869 (84747)。

吉林，长白山天池边，1977 年 8 月 12 日，魏江春 2929-2 (12861)；蛟河市东大坡，海拔 400 m，1984 年 8 月 2 日，卢效德 848168-4 (83483)；集安市榆林，海拔 350 m，1985 年 7 月 7 日，卢效德 456 (14852)，479 (16862)。

黑龙江，呼中，海拔 900 m，2002 年 7 月 27 日，陈健斌、胡光荣 21770 (25762)，22033 (25775)，22041 (25761)，22051 (25763)，22056 (25774)，22063 (111212)，22080 (25765)，22227 (25760)；林海，海拔 100 m，2002 年 7 月 25 日，胡光荣 21471-1 (25766)。

湖北，神农架长岩屋，海拔 2390 m，1984 年 8 月 4 日，陈健斌 11504-11 (25767)。

四川，贡嘎山，海拔 3500 m，1982 年 7 月 30 日，王先业等 9172 (84749)；松潘县黄龙，陈健斌 6130-1 (84750)。

云南，丽江玉龙山，海拔 3420 m，1980 年 11 月 12 日，姜玉梅 365 (11513)。

新疆，哈巴河林场，1982 年 9 月 11 日，赵从福 2428 (111213)。

国内记载：北京 (陈健斌等，1999)，内蒙古，吉林 (Chen and Hu，2003)，陕西 (Jatta，1902；贺青和陈健斌，1995；Zhao et al.，2008)，湖北 (陈健斌等，1989)。

世界分布：北温带 (多在北方植被带)。欧洲，东亚及北美洲 (Moberg，1994)。

讨论：过去一些作者将 *Physconia leucoleiptes* 处理为变色大孢衣 *Physconia detersa* 的异名。但 Esslinger (1994) 指出，*P. detersa* 和 *P. leucoleiptes* 是两个不同的种。本种主要特征为粉芽堆边缘生，线形、枕形，粉芽 K-，而唇粉大孢衣 *P. leucoleiptes* 的粉芽堆呈唇形，粉芽 K+黄色或淡黄色，含有 secalonic acid A。这两个种的粉芽堆的差异与比较如图 59 所示。

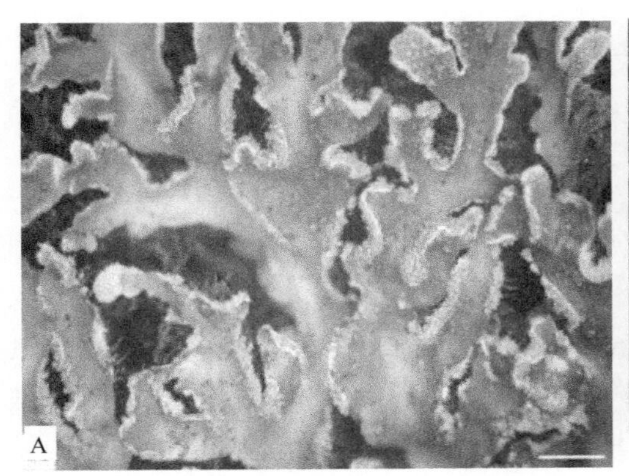

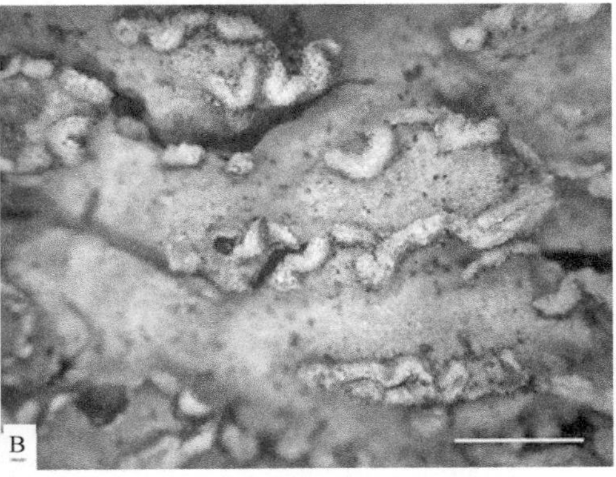

图 59　变色大孢衣 *Physconia detersa* 线形粉芽堆 (A) 与唇粉大孢衣 *Physconia leucoleiptes* 唇形粉芽堆 (B) 的比较　A: 陈健斌、胡光荣 22033，标尺= 1 mm；B: 高向群 1206，标尺= 2 mm

7.3 大孢衣　图版 XIX: 85

Physconia distorta (With.) J.R. Laundon, Lichenologist **16**: 218, 1984; Wei, Enum. Lich. China: 203, 1991; Abbas & Wu, Lich. Xinjiang: 118, 1998; Chen & Hu, Mycotaxon **86**: 189, 2003.

≡ *Lichen distortus* With., Bot. Arr. Veg. Gr. Brit. (London) **2**: 711, 1776.

= *Physconia pulverulacea* Moberg, Mycotaxon **8**: 310, 1979.

= *Squamaria pulverulenta* Hoffm., Descr. Adumbr. Pl. 1. Lips: 39. 1790. — *Physcia pulverulenta* (Hoffm.) Hampe ex Fürnr., Naturh. Topogr. Regensburg **2**: 249, 1839; Zahlbruckner, in Handel- Mazzetti, Symb. Sin. **3**: 240, 1930; Tchou, Contr, Inst. Natl. Acad. Peiping **3**: 312, 1935; Zhao, Xu & Sun, Prodr. Lich. Sin.: 118, 1982. — *Physconia pulverulenta* (Hoffm.) Poelt, Nova Hedwigia **9**: 30, 1965.

[= *Parmelia pulverulenta* f. *epigaea* Jatta, Syll. Lich. Ital.: 143, 1900. — *Physcia pulverulenta* f. *epigaea* (Jatta) Jatta, Fl. Ital. Cryptog. **3**: 240, 1909.]

[= *Parmelia pulverulenta* var. *frediantha* Jatta, Nuov. Giorn. Bot. Italiano, Ser. 2, **9**: 472, 1902. — *Physcia pulverulenta* var. *frediantha* (Jatta) Zahlbr., in Handel-Mazzetti, Symb. Sin. **3**: 240, 1930.Type: CHINA. Shaanxi, Mt. Guangtou shan, on ground, collected by G. Giraldi (not seen).]

Physcia pulverulenta var. *venusta* auct. no Nyl.: Tchou, Contr, Inst. Natl. Acad. Peiping **3**: 313, 1935.

地衣体叶状，略圆形或不规则形，直径通常 3.0-6.0 cm，个别可达 10 cm，稍疏松地着生于基物；裂片二叉或不规则分裂，近辐射状排列，裂片间相互重叠或分离，0.5-2.0 mm 宽；上表面多呈淡褐色，常披浓密的白色粉霜，无粉芽、裂芽和小裂片，有时有少数不定小裂片；髓层白色；下表面黑色，末端常为灰白色或淡褐色；具黑色羽状假根，中等密度或稠密，有时形成黑色的毡层。子囊盘常见，直径 0.5-3 mm，盘面黑色，常披白色粉霜，盘缘完整或具小裂片；子囊孢子褐色，双胞，薄壁，Physconia 型，(20-) 25-32.5 (-39) × 12.5-18 μm。分生孢子器常见，埋生于地衣体内，孔口露于地衣体表面，黑色，圆点状；分生孢子近杆状，5-7 × 1-1.5 μm。

化学：地衣体 K-；髓层 K-，C-，KC-，PD-；未检测出地衣物质。

基物：树皮。

研究标本：

北京，百花山，1964 年 7 月 9 日，徐连旺 8513 (2375)；小龙门中科院生态站，海拔 1200 m，1996 年 8 月 23 日，陈健斌 8544 (25777)。

内蒙古，科尔沁右翼前旗，海拔 730 m，1963 年 6 月 12 日，陈锡龄 1263 (25779)；巴林右旗赛罕乌拉保护区，海拔 1000-1650 m，2000 年 7 月，陈健斌 20013 (80401)，20014 (80402)，20019 (80422)，20024 (80407)，20199 (80406)，20200 (80405)，20224 (80403)，20238 (80421)，20243 (80404)；周启明 9 (83491)，19 (17572)；孙立彦 196 (17570)，204 (17573)，205-2 (17568)；2001 年 8 月，陈健斌、胡光荣 21425-1 (25780)，21429-1 (83497)，21431 (25812)，21432 (25813，Esslinger 鉴定为 *Physconia thorstenii*)；兴安盟白狼岗，海拔 1100-1300 m，1991 年 8 月 19 日，陈健斌、姜玉 A-701 (25810)，A-704-2 (25785)，A-706-1 (25807)；阿尔山兴安盟五岔沟，海拔 900 m，1991 年 8 月 22 日，陈健斌、姜玉梅 A-845 (25786)，A-849-2 (82498)。

吉林，蛟河林场，海拔 450-900 m，1991 年 8 月 27-28 日，陈健斌、姜玉梅 A-987 (84729)，A-1058-1 (25788)，A-1250 (84718)，A-1259 (84719)；蛟河，海拔 840 m，1984 年 8 月 10 日，卢效德 848131 (25290)；长白山维东站，海拔 1000 m，1988 年 8 月 10 日，高向群 3311-1 (25787)；长白山八道沟，海拔 950 m，1985 年 7 月 20 日，卢效德 837-1 (82469)；长白山，海拔 1750 m，1998 年 6 月 21 日，陈健斌、王胜兰 14010 (84727)；抚松，陈健斌、王胜兰 14035-1 (25789)。

黑龙江，尚志县，大锅盔山，1951 年 7 月 5 日，朱有昌等 120 (25793)，126 (25794)；五大连池，海拔 600 m，2002 年 7 月 30 日，陈健斌、胡光荣 22222 (83490)，22226 (83489)。

四川，南坪九寨沟，海拔 2000-2950 m，1983 年 6 月 7-10 日，王先业、肖勰 10095-1 (25784)，10493 (84721)，10203-1 (25782)；若尔盖县铁布，海拔 2500 m，1983 年 6 月 19 日，王先业、肖勰 10958 (84720)。

云南，维西攀天阁，海拔 2500 m，1981 年 7 月 25 日，王先业等 4131 (84717)，4194 (84731)；维西维登，海拔 3200 m，1982 年 5 月 4 日，苏京军 769 (83502)。

西藏，米林县，海拔 3050 m，2004 年 7 月 22 日，胡光荣 h512 (82491)。

陕西，华山，海拔 1800 m，1932 年 8 月 7 日，K.S. Hao 3960 (1779)；黄龙山，1939 年 8 月 18 日，K.T. Fu 3487 (2374)；太白山，海拔 1170-2340 m，1992 年 7 月，陈健斌、贺青 5641 (84722)，5675 (25803)，5711 (83495)，5735 (83488)，5803 (25791)，5806 (25796，25798)，5814 (82930)，6609 (82929)，6616-1 (82927)，6649 (83509)；1963 年 7 月 18 日，马启明、宗毓臣 36 (91461，91465)。

甘肃，麦积山，海拔 1500 m，2002 年 5 月 13 日，刘刚 30 (110414)。

新疆，天山阜康天池，海拔 2000 m，1982 年 9 月 5 日，赵从福 2293-2 (84734)。

国内记载：北京，陕西 (Jatta，1902；Zahlbruckner，1930；赵继鼎等，1982；Chen and Hu，2003；Zhao et al.，2008)，吉林，内蒙古，四川 (Chen and Hu，2003)，新疆 (Tchou，1935；阿不都拉·阿巴斯和吴继农，1998)，云南 (Paulson，1928；Zahlbruckner，1930)，西藏 (Paulson，1925)。

世界分布：欧洲，北美洲，东非及东亚，基本属于北温带分布型。

讨论：在中国的大孢衣属中只有大孢衣 *Physconia distorta* 和伴藓大孢衣 *Physconia muscigena* 这两个种缺乏粉芽、裂芽和小裂片(盘缘具小裂片除外)，但伴藓大孢衣的生长基物是土壤和石表藓层，裂片常抬升；而本种树生，裂片不抬升。另一个近似种美洲大孢衣 *Physconia americana* 缺乏粉芽、裂芽，有时有某些次生小裂片，但美洲大孢衣的上皮层为假厚壁长细胞组织而本种的上皮层为假薄壁组织。*Physconia distorta* 相似于近期 Divakar 等 (2007) 描述的 *Physconia thorstenii* A. Crespo & Divakar。他们根据皮层结构差异与分子数据建立这个新种。中国内蒙古巴林右旗赛罕乌拉保护区的某些 *Physconia distorta* 的标本中，可能存在 *Physconia thorstenii*，如陈健斌、胡光荣 21432 被 Esslinger 鉴定为 *Physconia thorstenii*，对此值得进一步研究。朱彦丞 (Tchou, 1935) 基于陕西 1 份标本报道 *Physcia pulverulenta* var. *venusta*，即雅致大孢衣 *Physconia venusta*，但这份标本实为大孢衣 *P. distorta*。雅致大孢衣是欧洲地中海地区的一个种 (Otte et al.，2002)。

7.4 颗粒大孢衣　图版 XX: 86

Physconia grumosa Kashiw. & Poelt, in Kashiwadani, Ginkgoana **3**: 56, 1975; Wei, Enum. Lich. China: 204, 1991; Chen & Hu, Mycotaxon **86**: 189, 2003.

≡ *Physcia pulverulenta* var. *subvenusta* (non Nyl., 1872) Räsänen J. Jap. Bot. **16**: 140, 1940.

地衣体叶状，略圆形或不规则，疏松着生于基物；裂片二叉或不规则分裂，0.5-2.5 mm 宽，平坦或略下凹；上表面淡灰褐色至褐色，常披白色粉霜，多集中在顶端附近；边缘生有裂芽，颗粒状至亚柱状，并时常介于小裂片和小裂芽之间，常聚集，它们有时也表面生，这种颗粒状或亚柱状裂芽还出现在次生小裂片末端或边缘；髓层白色；下表面褐色至黑色，近顶端处淡褐色；假根稠密，黑色或褐色，具羽状分枝，可长达 2 mm。子囊盘少见，杯状，直径 2-3 mm，盘面红褐色，披白色粉霜，盘缘上生小裂片，颗粒状或背腹分明；子囊孢子双胞，褐色，Physconia 型，24-37 (-39) × 13-18 μm。分生孢子器常见，埋生于地衣体内，孔口露于地衣体表面，黑色，圆点状。

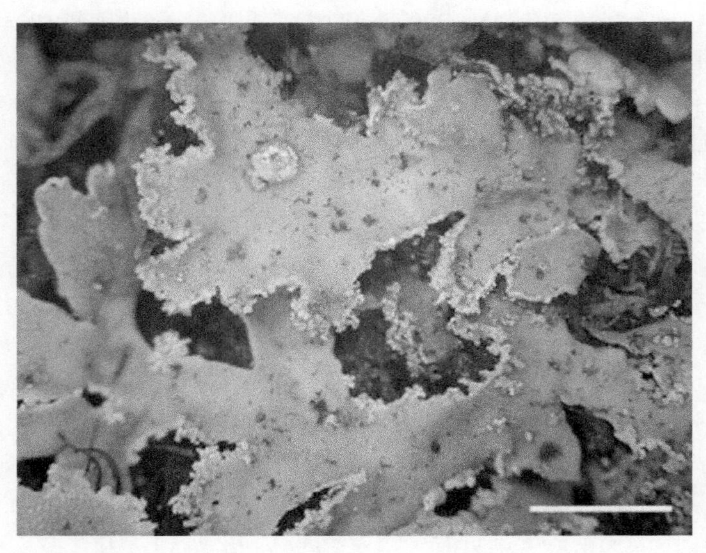

图 60 颗粒大孢衣 *Physconia grumosa* 边缘生颗粒状至亚柱状裂芽
(陈健斌，标本馆藏号 25675)，标尺= 2 mm

化学：地衣体 K-；髓层 K-，C-，KC-，PD-；未检测出地衣物质。

基物：树皮、岩石。

研究标本：

河北，兴隆雾灵山，海拔 1840 m，2002 年 10 月 10 日，王海英、李红梅 why320 (83534)；海拔 1850-2100 m，1998 年 8 月 14 日，陈健斌、王胜兰 115 (25636，25637)；2004 年 5 月 18 日，胡光荣 h21 (84791)。

内蒙古，科尔沁右翼前旗，兴安林场，海拔 1200 m，1985 年 7 月 3-6 日，高向群 718 (25635)，769 (25651)，825 (25654)，895 (84746)；巴林右旗赛罕乌拉自然保护区，海拔 1100-1800 m，2000 年 7 月 6-7 日，陈健斌 20102 (25633，110415)，20107 (25631)，20165 (111221)。

吉林，长白山，海拔 1800 m，1977 年 8 月 16 日，魏江春 3005 (25659)，3041-2 (84742)，3042-1 (25601)；海拔 1000 m，1985 年 6 月，卢效德 151 (25701)，368 (25594)，372 (25702)，388 (25595)；海拔 1600 m，1985 年 8 月 1 日，卢效德 1096 (82572)；海拔 1750 m，1977 年 8 月 20 日，陈锡龄 4746 (25599)；1983 年 8 月 31 日，赵从福、高德恩 4267 (25602)；维东站，海拔 1500 m，1988 年 8 月，高向群 3307-3 (25600)；海拔 1700 m，1994 年 8 月 4 日，魏江春等 94333 (25656，25658)；海拔 1800-2200 m，1998 年 6 月 21 日，陈健斌、王胜兰 13105 (83503)，14078 (25597)，14102 (25685)，14138 (25592)，14167 (25596)，14176 (25593)；蛟河大顶子，海拔 850 m，1991 年 8 月，陈健斌、姜玉梅 A-1111 (25677)，A-1112 (25678)，A-1113 (84725)；汪清县秃老婆顶子，姜玉梅、郭守玉 94555 (25667)；海拔 720 m，1996 年 6 月 8 日，魏江春等 59 (25680)；安图县，海拔 1500 m，2007 年 7 月 12 日，Kashiwadani 48365 (122832)，48389 (122833)。

黑龙江，呼中，海拔 900 m，2002 年 7 月 27 日，陈健斌、胡光荣 21779 (25741)。

安徽，黄山狮子峰，海拔 1600 m，1988 年 5 月 2 日，高向群 2854 (25698)；岳西，海拔 1650 m，2001 年 9 月 5 日，黄满荣 639 (25639)。

湖北，神农架，海拔 1450-2550 m，1984 年 7-8 月，陈健斌 10134 (25609)，10232 (25615)，10527 (26514)，10539 (25671)，10654-1 (25616)，11445 (25674)，11475-4 (25610)，11481 (25611)，11532 (25663)，11659 (25612)，11714-2 (25613)，11719-1 (25673)，11799 (25768)，12029-2 (26538)，无号标本 1 份 (25675)；魏江春 10957 (84375)，11756 (110420)。

湖南，桑植县天平山，海拔 1400 m，1997 年 8 月 19-20 日，陈健斌等 9487 (82916)，9648 (82915)，9881 (82913)；张家界森林公园，海拔 1000-1200 m，1997 年 8 月 13-14 日，陈健斌等 9052 (52241)，9069 (25693)，9081-1 (82965)，9219 (52242)。

重庆，金佛山，海拔 900-1380 m，2001 年 9 月 30 日至 10 月 3 日，魏江春等 C7 (25713)，197-1 (25697)。

四川，卧龙，海拔 2600 m，1982 年 9 月 3 日，王先业等 10072 (25690)；海拔 3300 m，1982 年 8 月 17 日，王先业等 9590 (84739)；贡嘎山，海拔 3500 m，1982 年 7 月 30 日至 8 月 2 日，王先业、肖勰 9141 (25648)，9155 (25642)，9159 (25644)，9164 (84748)，9324 (84736)，9348 (25629)，9348-1 (110876)，9367 (84745)，9387 (25630)；贡嘎山，海拔 3900 m，1999 年 10 月 22 日，陈林海 990139 (25641)；若尔盖铁布，海拔 2800 m，1983 年 6 月 21 日，王先业、肖勰 11006 (25628)；下阿坝，海拔 2800-3100 m，1983 年 6 月，王先业、肖勰 11100 (84753)，11198 (25626)；九寨沟，海拔 2600-2950 m，1983 年 6 月 8-10 日，王先业、肖勰 10181 (84741)，10334 (84755)，10335 (84743)，10488 (25627)；松潘县黄龙寺，海拔 3100 m，1983 年 6 月 13 日，王先业、肖勰 10878 (25625)；海拔 3250 m，陈健斌 6131 (84737)。

云南，中甸天宝山林场，海拔 3800 m，王先业、肖勰、苏京军 5526 (25620)；中甸大雪山，海拔 4100 m，1981 年 9 月 7 日，王先业等 7299 (137917)。

西藏，波密县松宗镇，海拔 3000-3200 m，2004 年 7 月 16 日，胡光荣 h272 (82569)，h285 (82570)，h295 (82571)，h297 (82575)，h327 (82574)，h328 (82573)。

陕西，太白山，海拔 155-2360 m，1963 年 7 月 14 月，马启明、宗毓臣 18 (1765)，402a (2335)；1988 年 7 月 9-11 日，高向群 3014 (84738)，3036 (25617)；海拔 2650 m，1988 年 7 月 10 日，马承华 105-1 (83505)；海拔 2350-3200 m，1992 年 7 月，陈健斌、贺青 5834 (82699)，5856 (12155)，5933 (84621)，5936 (82700)，6167 (25686)，6697-2 (25619)；海拔 2300 m，2005 年 8 月 2 日，徐蕾 50163 (80612)；海拔 2900 m，2004 年 8 月 4 日，徐蕾 50410 (83513)；宁陕县，海拔 2100 m，2005 年 7 月 28 日，徐蕾 50360 (83512)。

国内记载：湖北 (陈健斌等，1989；Chen and Hu，2003)，河北，内蒙古，吉林，安徽，四川，云南 (Chen and Hu，2003)，陕西 (贺青和陈健斌，1995；Chen and Hu，2003；Zhao et al.，2008)。

世界分布：东亚 (Kashiwadani，1975；Moberg，1994)，北美洲 (Esslinger and Dillman，2010)。

讨论：Räsänen 于 1940 年将一份日本标本命名为 *Physcia pulverulenta* var. *subvenusta*，

然而这个名称是 *Physcia pulverulenta* var. *subvenusta* Nyl.(= *Physconia pulverulenta*) 的晚出同名，是一个不合法名称。因此 Kashiwadani (1975) 将 Räsänen 的这个分类单位提升为种级水平并转入 *Physconia* 时提出了新名称 *Physconia grumosa* Kashiw. & Poelt。本种裂片边缘或次生小裂片边缘和顶端有颗粒状至亚柱状的裂芽 (图 60)，有的似小裂片，容易与东亚大孢衣 *Physconia hokkaidensis* 相混，但东亚大孢衣边缘具有明显背腹分明的小裂片而不是颗粒状至亚圆柱状。某些标本裂片边缘有次生小裂片，非常相似于东亚大孢衣，但是这些小裂片的顶端或边缘有颗粒状小裂芽，仍然是颗粒大孢衣而不是东亚大孢衣。

7. 5 东亚大孢衣　图版 XX: 87

Physconia hokkaidensis Kashiw., Ginkgoana **3**: 57, 1975; Chen & Hu, Mycotaxon **86**: 189, 2003.

地衣体叶状，略圆形或不规则形，直径可达 6 cm，疏松着生于基物；裂片二叉或不规则分裂，1.0-2.0 mm 宽；上表面多呈淡褐色，平坦，稍下凹，披白色粉霜，多分布于裂片近末端区域，小裂片多边缘生，背腹分明；髓层白色；下表面暗褐色至黑色，近末端处灰白色或浅褐色，假根稠密，黑色，羽状分枝。子囊盘及分生孢子器未见。文献记载子囊盘直径 1-3 mm，盘缘时有小裂片，盘面披白色粉霜，孢子褐色，双胞，25-36 × 12-15 μm (Kashiwadani，1975)。

化学：地衣体 K-；髓层 K-，C-，KC-，PD-；未检测出地衣物质。

基物：树皮、岩石。

研究标本：

山西，山西中部无具体地区，1920 年 8 月 16 日，余志华 296 (91403，91407)。

吉林，长白山，海拔 2200 m，1998 年 6 月 21 日，陈健斌、王胜兰 14178 (25684)。

黑龙江，饶河完达山，海拔 250 m，1980 年 7 月 19 日，赵从福 749-2 (25683)。

湖南，桑植县天平山，海拔 1400 m，1997 年 8 月 19-20 日，陈健斌等 9990-1 (82914)。

云南，维西攀天阁，海拔 2500 m，1981 年 7 月 24 日，王先业等 4129 (84754)；维西碧罗雪山东坡，海拔 2650 m，1982 年 5 月 20 日，苏京军 612 (25705，25706，25707)。

西藏，察隅，海拔 3900 m，1982 年 9 月 27 月，苏京军 4951 (2569)。

陕西，太白山南坡花儿坪，海拔 1700 m，1992 年 8 月 5 日，陈健斌、贺青 6212 (25756)；宁陕县平河梁，海拔 2100 m，2005 年 7 月 28 日，徐蕾 50360 (83512)。

国内记载：内蒙古，辽宁，吉林，黑龙江，湖北，四川，云南，西藏 (Chen and Hu，2003)，陕西 (Chen and Hu，2003；Zhao et al.，2008)。

世界分布：东亚分布型。日本 (Kashiwadani，1975)，中国 (大陆) (Chen and Hu，2003)。近期 Hauck 等(2013)指出，蒙古国、西伯利亚东南部、俄罗斯南部有 *Physconia hokkaidensis* 分布。

讨论：本种小裂片多边缘生，背腹分明。颗粒大孢衣 *Physconia grumosa* 的裂芽颗粒状至短的扁平状，而本种没有裂芽。有时小裂片末端形成颗粒状小裂芽，则属于颗粒大孢衣，在此情况下这两个种可能混淆，须仔细观察。近似种小裂片大孢衣 *Physconia lobulifera* 也具有背腹分明的小裂片，但它含 gyrophoric acid，而本种未检测出地衣物质。另一个近似种 *Physconia elegantula* 具有真正的柱状裂芽。

7.6 黑氏大孢衣　图版 XX: 88

Physconia kurokawae Kashiw., Ginkgoana **3**: 58, 1975; Chen & Hu, Mycotaxon **86**: 191, 2003.

地衣体叶状，略圆形或不规则形，直径可达 7 cm，疏松着生于基物上；裂片二叉或不规则分裂，0.5-1.5 mm 宽；上表面灰褐色，平坦，略微下凹，披白色粉霜，多在裂片顶端部位；唇形粉芽堆生于裂片边缘和顶端；髓层白色；下表面黑色，近顶端处浅褐色；假根稠密，黑色，羽状分枝。子囊盘少见，直径约 1.0 mm，盘面黑色，披白色粉霜，盘缘完整或粉芽化；子囊孢子双胞，褐色，Physconia 型，25-32 × 12-15 μm。分生孢子器未见。

化学：地衣体 K-；髓层 K-，C+红色，PD-；含有 gyrophoric acid。

基物：树皮。

研究标本：

吉林，长白山峰岭，海拔 920 m，1983 年 7 月 24 日，魏江春、陈健斌 6024 (84714)；长白县宝泉山，海拔 1000 m，1985 年 7 月 21 日，卢效德 855 (84674)，910 (84678)，922 (84711)；长白山小沙河，海拔 610 m，1984 年 8 月 12 日，21 日，卢效德 847003-4 (84702)，848158-4 (82707)；长白山八道沟，海拔 950 m，1985 年 7 月 20 日，卢效德 837-1 (84790)；集安市榆林，海拔 370 m，1985 年 7 月 7 日，卢效德 456-1 (25814)，479-1 (25816)，486 (25815)；蛟河东大坡，1984 年 8 月 12 日，卢效德 848158-4 (82707)；蛟河林场，1991 年 8 月 27-31 日，陈健斌、姜玉梅 A-998 (12158)，A-1014 (12161)，A-1058 (25818)，A-1092 (111224)，1329-2 (25817)。

黑龙江，带岭凉水林场，海拔 440 m，2002 年 8 月 1 日，陈健斌、胡光荣 22221 (111222)；五大连池，海拔 440-600 m，2002 年 7 月 29-30 日，陈健斌、胡光荣 21870 (25728)，22224 (111223)。

国内记载：吉林 (Chen and Hu，2003)。

世界分布：日本 (Kashiwadani，1975)，北美洲 (Moberg，1994)。属于东亚一北美间断分布型。

讨论：本种的主要特征是具有唇形粉芽堆，髓层 C+红色，含有 gyrophoric acid。另外两个粉芽种，变色大孢衣 *Physconia detersa* 和唇粉大孢衣 *Physconia leucoleiptes* 均不含 gyrophoric acid。

7.7 唇粉大孢衣　图版 XX: 89

Physconia leucoleiptes (Tuck.) Essl., Mycotaxon 51: 94, 1994; Chen & Hu, Mycotaxon **86**: 191, 2003.

≡ *Parmelia pulverulenta* var. *leocoleiptes* Tuck., Proc. Amer. Acad. Arts & Sci.**1**: 224, 1848. — *Physcia leucoleiptes* (Tuck.) Lettau, Hedwigia **52**: 254, 1912; Zhao, Xu & Sun, Prodr. Lich. Sin. 115, 1982.

地衣体叶状，略圆形或不规则形，较紧密地着生于基物；裂片二叉或不规则分裂，1.0-2.0 mm 宽，相互分离，少数重叠；上表面多呈褐色，平坦至微凹，披白色粉霜；粉芽堆生于裂片边缘和侧生的次生裂片顶端，多为唇形，粉芽粗糙颗粒状；髓层白色；下表面中央部分黑色，周边呈白色至淡褐色；假根黑色，中等密度，具羽状分枝，0.5-3.0 mm长。子囊盘圆形，盘面黑色，被白色粉霜，盘缘完整或具小裂片，小裂片末端粉芽化；子实层透明或淡黄色，子囊孢子褐色，双胞，中间无缢缩，Physconia 型，22-27 × 11-14.5 μm。分生孢子器未见。

化学：地衣体 K-，粉芽堆 K+黄色或淡黄色；髓层 K-，C-，KC-；含有 secalonic acid A。

基物：树皮、岩石。

研究标本：

北京，西山，1934 年 8 月 26 日，朱彦承无号标本 2 份 (01777，01778)；百花山，海拔 1100 -1200 m，1963 年 6 月 25-27 日，赵继鼎、徐连旺 6442 (2265)，6455 (2261)，6460 (2262)，6461 (1758)，6504 (2260)，6610 (2263)，6670 (2266)；1964 年 7 月 16 日，徐连旺、宗毓臣 8395 (2267)；1978 年 9 月 12 日，魏江春、姜玉梅 3419 (11514)；潭柘寺，1959 年 8 月 25 日，陈玉本 70 (2497)，72 (1798)；1965 年 12 月，魏江春 2 份无采集号标本 (00069，00070)；小龙门中科院生态站，海拔 1100-1200 m，1997 年 6 月和 8 月，陈健斌 8572 (84695)，8618 (84693)，8806 (84663)，8844 (84687)，8851 (25734)；1998 年 8 月 23 日，陈健斌、王胜兰 449 (84713)，464 (84710)，499 (84709)。

河北，雾灵山，胡光荣 h5 (84793)，27 (84792)。

内蒙古，科尔沁右翼前旗蛤蟆沟林场、明水林场，海拔 900-950 m，1985 年 7 月，高向群 1189 (25739)，1206 (111225)；科尔沁右翼前旗达尔滨湖，海拔 1300 m，1985 年 6 月 30 日，高向群 593 (25738)；呼伦贝尔额尔古纳右旗，1986 年 8 月，卯晓岚 1731 (84375)。

辽宁，宽甸县白石砬子保护区，2000 年 7 月 19 日，魏江春、黄满荣 F026 (25749，25750)，F027-1 (25733)。

吉林，集安市及集安榆林，海拔 300-370 m，1985 年 7 月 2-7 日，卢效德 416 (84661)，458 (84571)，460 (84550)，468 (84707)，480-1 (84677)，484 (84712)；汪清县秃老婆顶子，海拔 1020 m，1984 年 8 月 6 日，卢效德 848087-9 (25720)；长白县宝泉，1985 年 7 月 21 日，卢效德 915-1 (84665)；长白山八道沟，海拔 950-1000 m，1985 年 7 月 20 日，卢效德 0837 (25743，25740)；长白山，海拔 1450 m，1998 年 6 月 21 日，陈健斌、王胜兰 13092 (84704)；抚松县，1998 年 6 月 20 日，陈健斌、王胜兰 14049 (84705)，14057 (84688)；蛟河市三河及实验林场，海拔 400-500 m，1991 年 8 月 27-31 日，陈健斌、姜玉梅 A-980 (83522)，A-1010 (83523)，A-1043 (82590)，A-1058-2 (82592)，A-1067 (25715)，A-1094 (12162)，A-1329 (12160)，A-1496-1 (25718)。

黑龙江，大兴安岭甘河二道沟，1975 年 7 月 4 日，陈锡龄 3322 (25732)；五大连池，海拔 400-630 m，2002 年 7 月 29-30 日，陈健斌、胡光荣 21807 (25726)，21809 (25730)，21865 (25724)，21912 (25722)，22089 (25746)，22118 (25727)；2000 年 7 月 13 日，刘华杰 270 (85230)。

江西，庐山植物园，1960 年 3 月 30 日，赵继鼎等 422 (2269)。

河南，卢氏县，海拔 950 m，1935 年 6 月 2 日，K. M. Liou (刘继孟) L4564 (2264)。

四川，卧龙，海拔 2000 m，1994 年 6 月 8 日，陈健斌 6293 (25737)。

陕西，太白山，1963 年 6 月 10 日，魏江春等 2647-1 (83526)；海拔 1550 m，1963 年 7 月 14 日，马启明、宗毓臣 402 (2268)；1992 年 7 月，陈健斌、贺青 5602 (110426)，5604 (82693)，5624 (82697)，5638 (82705)，5669 (82702)，5705 (82703)，5718 (82701)，6647 (25736)，6652-1 (84680)，6657 (12156)。

国内记载：陕西 (Jatta，1902；Chen and Hu，2003)，云南 (赵继鼎等，1982；Chen and Hu，2003)，北京，黑龙江，辽宁，河南，江西，四川，新疆 (Chen and Hu，2003)。

世界分布：北温带 (欧洲，北美洲，亚洲)。

讨论：*Physconia leucoleiptes* 曾被处理为变色大孢衣 *Physconia detersa* 的异名，但 Esslinger (1994) 指出，*P. detersa* 和 *P. leucoleiptes* 是两个不同的种。*P. detersa* 的粉芽堆边缘生，线形，粉芽 K-，而 *P. leucoleiptes* 的粉芽堆呈唇形，粉芽 K+黄色或淡黄色。黑氏大孢衣 *P. kurakawae* 也具有生于裂片末端的唇形粉芽堆，但黑氏大孢衣的髓层 C+红色，含 gyrophoric acid，而 *P. leucoleiptes* 缺乏 gyrophoric acid，含有 secalonic acid A。

7.8 小裂片大孢衣　图版 XX: 90

Physconia lobulifera Kashiw., Ginkgoana **3**: 60, 1975; Chen & Hu, Mycotaxon **86**: 192, 2003.

地衣体叶状，略圆形或不规则形，直径 5-6 cm，较疏松着生在基物上；裂片二叉或不规则分裂，0.5-1.5 mm 宽，上表面平坦，略微下凹，顶端披白色粉霜；小裂片生于裂片边缘，背腹分明；髓层白色，略带黄色色度；下表面黑色，假根稠密，黑色，羽状分枝。子囊盘常见，圆形，盘面黑色，披白色粉霜，边缘完整或具小裂片；子实层透明或淡黄色，子囊孢子褐色，双胞，中间无缢缩，Physconia 型，24-27 × 13-16 μm。分生孢子器未见。

化学：地衣体 K-；髓层 K-，C+红色，PD-；含有 gyrophoric acid。

基物：树皮。

研究标本：

吉林，长白山维东站，海拔 1000 m，1988 年 8 月 10 日，高向群 3311 (111118)；敦化大浦柴河，海拔 760 m，1983 年 9 月 16 日，赵从福、高德恩 4129 (111117)，4156 (25844)。

国内记载：吉林 (Chen and Hu，2003)，陕西 (Zhao et al.，2008)。

世界分布：东亚分布型。日本 (Kashiwadani，1975)，中国 (Chen and Hu，2003)。

讨论：本种的主要特征是小裂片边缘生，髓层 C+红色，含 gyrophoric acid，因而容易区别于具有小裂片而不含 gyrophoric acid 的东亚大孢衣 *P. hokkaidensis*。黑氏大孢衣 *P. kurokawae* 虽然也含有 gyrophoric acid，但它是一个粉芽种。

7.9 伴藓大孢衣　图版 XX: 91

Physconia muscigena (Ach.) Poelt, Nova Hedwigia **9**: 30, 1965; Wei, Enum. Lich. China: 203, 1991; Chen & Hu, Mycotaxon **86**: 192, 2003.

≡ *Parmelia muscigena* Ach., Lich. Univ.: 472, 1810; Jatta, Nuov. Giorn. Bot. Italiano, Ser. 2, **9**: 472, 1902. — *Physcia muscigena* (Ach.) Nyl., Mem. Soc. Imp. Sci. Nat.

Cherbourg **5**: 107, 1857; Zahlbruckner, in Handel-Mazzetti, Symb. Sin. **3**: 240, 1930; Zhao, Xu & Sun, Prodr. Lich. Sin.: 118, 1982; Wu, Acta Phytotax. Sin. **23**: 77, 1985.

= *Physcia muscigena* f. *aipina* Nadv., Studia Bot. Czech. **8**: 110, 1947. — *Physconia muscigena* f. *aipina* (Nadv.) Wei & Jiang, Lich. Xizang: 113, 1982; Wei, Enum. Lich. China: 204, 1991.

= *Parmelia muscigena* f. *squarrosa* Ach., Lich. Univ.: 473, 1810. — *Physcia muscigena* f. *squarrosa* (Ach.) Lynger, Vid. Selsk. Skr. **8**: 59, 1916; Zhao, Xu & Sun, Prodr. Lich. Sin.: 119, 1982. — *Physconia muscigena* f. *squarrosa* (Ach.) Wei & Jiang, Lich. Xizang: 112, 1986; Wei, Enum. Lich. China: 204, 1991; Abbas & Wu, Lich. Xinjiang: 119.1998.

地衣体叶状，略圆形或不规则状，直径可达 7.0 (-12) cm，疏松着生于基物上；裂片 0.5-2.5 (-3) mm 宽，顶端多抬升甚至半直立；上表面淡棕色至暗褐色，平坦或常常下凹，披白色浓厚粉霜，无粉芽、裂芽，有时存在不定小裂片；髓层白色；下表面黑色，顶端灰白色或棕色；假根稠密，黑色，具羽状分枝。上皮层为假薄壁组织，24.4-34.2 μm 厚，髓层由疏松的菌丝构成，下皮层为假厚壁长细胞组织，23-26 μm 厚。子囊盘不常见，直径可达 2.5 mm，盘面黑色，披白色粉霜，盘缘常生小裂片；子囊孢子褐色，双胞，中间无缢缩，Physconia 型，24-33 × 12-16 μm。分生孢子器常见，埋生于地衣体内，孔口露于地衣体表面，黑色，圆点状；分生孢子 4-6 × 1 μm。

化学：地衣体 K-；髓层 K-，C-，KC-，PD-；未检测出地衣物质。

基物：地面和石表藓层。

研究标本：

内蒙古，阿尔山，兴安摩天岭，海拔 1650 m，1991 年 8 月 9 日，陈健斌、姜玉梅 A-452-1 (25708，25710)。

吉林，长白山天池，海拔 2100 m，1977 年 8 月 13 日，魏江春 2968 (25837，25838，25839，25840)。

四川，小金县、汶川县巴朗山垭口，海拔 4050-4450 m，1982 年 8 月 18 日，王先业、肖勰、李滨 9493 (84758)，9553 (25841，25842)；甘孜贡嘎山，海拔 3600-4200 m，1982 年 6-8 月，王先业等 8288 (82834)，9239 (82835)，9416 (82936)，9450 (82836)。

西藏，聂拉木，海拔 3830 m，1966 年 6 月 22 日，魏江春、陈健斌 1895-3 (2674)；珠峰绒布寺、西绒布、中绒布，海拔 4905-5630 m，1966 年 5 月 28 日至 6 月 4 日，魏江春、陈健斌 1173 (2678)，1181 (2680)，1252 (2681)，1254 (2675)，1301 (2677)，1344 (2678)，1396 (2682)，1425 (2676)。

陕西，太白山明星寺、放羊寺至南坡玉皇池，海拔 3000-3500 m，1992 年 7 月 27-30 日，陈健斌、贺青 6013 (25829)，6079 (25828)，6533 (25825)；海拔 3000-3200 m，1988 年 7 月 12-14 日，马承华 185 (84789)，221 (84759)，405 (25826)；1988 年 7 月 2 日，高向群 3088 (84788)；2005 年 8 月 4 日，徐蕾 50386 (83500)，50387 (83499)，50490 (83485)，50500 (83487)，50521 (83530)。

青海，贵南县居布日山，海拔 4000-4200 m，1983 年 6 月，许维帮 2 (25835)，4 (25833)，6-1 (25832)。

新疆，博格达山涧江沟至马牙山，海拔 2700-2900 m，1931 年 8 月 19 日和 22 日，

刘慎谔 (T.N. Liou) L3460 (1774)，L3519 (1775)；乌鲁木齐南山，海拔 2760-2860 m，1977 年 5 月 24 日，王先业 88-2 (82919)，121-1 (82918)，128；天山阜康天池，海拔 2000-2200 m，1982 年 9 月 5 日，赵从福 2293 (25821)，2308 (25822，25823)，2340 (25819，25820)；天山夏塔温泉，海拔 2700 m，1978 年 8 月 1 日，王先业 1079 (82925)，1079-1 (82924)，1079-2 (82923)；天山北木扎尔台河谷，海拔 2100-2600 m，王先业 947-2 (82839)，983 (74)，1285 (72)，1404 (82838)；北木扎尔台冰川，海拔 3200 m，1978 年 6 月 20 日，王先业 947-2 (82839)；铁米尔峰，海拔 2830-3950 m，1977 年 7 月，王先业 410 (82830)，410-1 (82829)，434-1 (82831)，526 (91467)。

国内记载：山西 (赵继鼎等，1982)，吉林，四川 (Chen and Hu，2003)，湖南 (赵继鼎等，1982)，西藏 (魏江春和陈健斌，1974；魏江春和姜玉梅，1986；Chen and Hu，2003)，陕西 (Jatta，1902；Zahlbruckner，1930；赵继鼎等，1982；贺青和陈健斌，1995；Chen and Hu，2003；Zhao et al.，2008)，新疆 (赵继鼎等，1982；吴金陵，1985；王先业，1985；阿不都拉 • 阿巴斯和吴继农，1998；Chen and Hu，2003)，台湾 (Aptroot et al.，2002)。

世界分布：欧洲，东非，北美洲，南美洲 (Moberg，1994)，以及南极地区、亚南极岛屿。

讨论：本种的主要鉴别特征是缺乏粉芽和裂芽，裂片常常抬升，以及生长在石表藓层或地生。在形态上本种相似于大孢衣 *Physconia distorta*，两者均无粉芽和裂芽，但 *P. distorta* 主要树生，裂片平伏，上皮层为假厚壁粘合密丝组织；而本种主要生于石表藓层或地表，裂片顶端常抬升甚至半直立状，上皮层为假薄壁组织 (paraplectenchyma)。中国地衣学文献中承认本种下的两个变型：*Physconia muscigena* f. *aipina* (Nadv.) J.C. Wei & Y.M. Jiang 和 *Physconia muscigena* f. *squarrosa* (Ach.) J.C. Wei & Y.M. Jiang。但是，Moberg (1977) 指出，*P. muscigena* 的变异很大，他认为这些变异不能给予任何分类等级。于是 Moberg (1977) 将 *Parmelia muscigena* f. *squarrosa* Ach 等几个种下单位处理为 *Physonia muscigena* 的异名。我们在鉴定西藏的有关 *P. muscigena* f. *aipina* 和 *P. muscigena* f. *squarrosa* 标本时发现它们仍属于 *P. muscigena* 的变异范围之内。

8. 黑盘衣属 **Pyxine** Fr.

Pyxine Fr.,Syst. Orb. Veg. **1**: 267, 1825.

Type species: *Pyxine sorediata* (Ach.) Mont.

地衣体叶状，较紧密地着生于基物；裂片通常二叉至不规则分裂，呈辐射状排列，通常 0.5-2 mm 宽，无缘毛；上表面灰白色、淡灰色、灰绿色至灰黄色或灰褐色，平坦或凸起，近边缘常披粉霜，许多种存在假杯点，白色线条状或网纹状；上皮层为假薄壁组织；髓层白色或黄色至橙色；下皮层由假厚壁长细胞组织构成；下表面黑褐色至黑色，顶部颜色常淡色，假根黑色，不分枝或末梢处通常分叉呈簇；子囊盘表面生，黑色，发育初期具地衣体果托内含藻细胞，后期多消失并常常碳化，外表似网衣型。子实层无色至淡黄色，侧丝分隔，顶端常膨大；子实上层 K+紫色；子实下层暗褐色，扁平或透镜状，子实下层下面有一个由垂直走向菌丝构成的内柄

(internal stipe)；子囊 Bacidia 型，棍棒形，子囊中 8 孢；孢子褐色，厚壁，通常 2 胞，稀少 4 胞，Dirinaria 型，或近似 Physcia 型和 Pachysporaria 型，10-24 × 5-10 μm。分生孢子杆状，4 × 1 μm。

黑盘衣属地衣以其成熟的子囊盘外表似网衣型以及子实上层 K+紫色而区别于狭义蜈蚣衣科地衣的其他属。当标本不存在子囊盘时，可用黑盘衣属地衣的某些其他性状帮助识别。黑盘衣属许多种的裂片边缘或上表面存在假杯点，白色线条状或网纹状；髓层白色或黄色至橙色；几乎所有种都含有萜类物质，许多种常伴随有 norstictic acid。黑囊基衣属 *Dirinaria* 地衣也产生类似的萜类物质，但它们伴随 divaricatic acid 或 sekikaic acid，而且黑囊基衣属地衣缺乏假杯点和假根。

黑盘衣属地衣的分布具有明显的热带性质，主要分布在热带、亚热带地区。世界已知本属地衣约 75 种，本卷记述中国黑盘衣属地衣 17 种。中国大陆有文献记载而未确定的种 2 个 (*Pyxine microspora* 和 *Pyxine petricola*)，详见本卷未确定的种。另有 1 个种 *Pyxine cylindrica* Kashiw. 分布于中国台湾而中国大陆未知。

分种检索表

1. 地衣体无营养繁殖体 ······ 2
1. 地衣体具营养繁殖体 ······ 9
　2. 地衣体 UV+黄色，含有 lichexanthone ······ 3
　2. 地衣体 UV-，缺乏 lichexanthone ······ 6
3. 髓层白色，无内柄或不清晰 ······ 狭叶黑盘衣 **P. minuta**
3. 髓层非白色，有内柄 ······ 4
　4. 髓层黄色至橙色 ······ 近缘黑盘衣 **P. cognata**
　4. 髓层黄色 ······ 5
5. 地衣体石生 ······ 云南黑盘衣 **P. yunnanensis**
5. 地衣体树生 ······ 光面黑盘衣 **P. berteriana**
　6. 髓层白色，局部微黄色，含有 norstictic acid ······ 菲律宾黑盘衣 **P. philippina**
　6. 髓层黄色，缺乏 norstictic acid ······ 7
7. 无假杯点，内柄黄色 ······ 黄色内柄黑盘衣 **P. flavicans**
7. 有假杯点，内柄非黄色 ······ 8
　8. 内柄白色 ······ 喜马拉雅黑盘衣 **P. himalayensis**
　8. 内柄淡褐色 ······ 亚橄榄黑盘衣 **P. limbulata**
9. 地衣体具有粉芽 ······ 10
9. 地衣体具有裂芽 ······ 15
　10. 地衣体 UV+，含有 lichexanthone ······ 11
　10. 地衣体 UV-，缺乏 lichexanthone ······ 12
11. 髓层白色 ······ 椰子黑盘衣 **P. cocoes**
11. 髓层黄色 ······ 淡灰黑盘衣 **P. subcinerea**
　12. 粉芽堆表面生，含有 norstictic acid ······ 柯普兰氏黑盘衣 **P. copelandii**
　12. 粉芽堆边缘生或主要边缘生，缺乏 norstictic acid ······ 13
13. 假杯点不明显或缺乏，atranorin 明显存在 ······ 墨氏黑盘衣 **P. meissnerina**
13. 边缘生假杯点明显，atranorin 常常痕量或缺乏 ······ 14
　14. 粉芽堆边缘生，呈唇形 ······ 横断山黑盘衣 **P. hengduanensis**

14. 粉芽堆边缘生扩散至上表面，球形 ······ 粉芽黑盘衣 *P. sorediata*
15. 髓层白色，含有 norstictic acid ······ 群聚黑盘衣 *P. consocians*
15. 髓层黄色，缺乏 norstictic acid ······ 16
16. 假杯点表面生，裂芽常呈疱状突体 ······ 珊瑚黑盘衣 *P. coralligera*
16. 假杯点边缘生，裂芽常为柱状 ······ 黄髓黑盘衣 *P. endochrysina*

Key to species

1. Thallus lacking vegetative propagules ······ 2
1. Thallus with vegetative propagules ······ 9
2. Thallus UV+ yellow, lichexanthone present ······ 3
2. Thallus UV-, lichexanthone absent ······ 6
3. Medulla white, internal stipe of apothecia absent or indistinct ······ *P. minuta*
3. Medulla not white, internal stipe of apothecia present ······ 4
4. Medulla orange ······ *P. cognata*
4. Medulla yellow ······ 5
5. Thallus saxicolous ······ *P. yunnanensis*
5. Thallus corticolous ······ *P. berrteriana*
6. Medulla white to pale yellow, norstictic acid present ······ *P. philippina*
6. Medulla yellow, lacking norstictic acid ······ 7
7. Pseudocyphellae absent, internal stipe of apothecia yellow ······ *P. flavicans*
7. Pseudocyphellae present, internal stipe of apothecia not yellow ······ 8
8. Internal stipe of apothecia white ······ *P. himalayensis*
8. Internal stipe of apothecia brownish ······ *P. limbulata*
9. Thallus with soredia ······ 10
9. Thallus with isidia ······ 15
10. Thallus UV+, lichexanthone present ······ 11
10. Thallus UV-, lichexanthone absent ······ 12
11. Medulla white ······ *P. cocoes*
11. Medulla yellow ······ *P. subcinerea*
12. Soralia laminal, norstictic acid present ······ *P. copelandii*
12. Soralia marginal, norstictic acid absent ······ 13
13. Pseudocyphellae not clear or absent , atranorin obviously present ······ *P. meissnerina*
13. Pseudocyphellae marginal and clear, atranorin trace amount or absent ······ 14
14. Soralia marginal, labriform ······ *P. hengduanensis*
14. Soralia marginal and laminal, orbicular ······ *P. sorediata*
15. Medulla white, norstictic acid present ······ *P. consocians*
15. Medulla yellow, norstictic acid absent ······ 16
16. Pseudocyphellae laminal, isidia often postulate ······ *P. coralligera*
16. Pseudocyphellae marginal, isidia often cylindrical ······ *P. endochrysina*

8.1 光面黑盘衣　图版 XXI: 92

Pyxine berteriana (Fée) Imshaug, Trans. Amer. Microsc. Soc. **76**: 254, 1957; Wei & Jiang, Lich. Xizang: 114, 1986; Wei, Enum. Lich. China: 216, 1991; Hu & Chen, Mycotaxon **86**: 446, 2003.

≡ *Circinaria berteriana* Fée, Essai. Crypt. Ecorc. Exot. Offic: 128, 1824.

= *Pyxine meissneri* Tuck. ex Nyl., Ann. Sci. Nat. Bot. Ser. 4, **11**: 255, 1859; Zahlbruckner, in Handel-Mazzetti, Symb. Sin. **3**: 234, 1930; Zahlbruckner, Hedwigia **74**: 213, 1934.

地衣体叶状，略圆形，直径 2-3 cm，紧贴基物；裂片多为亚二叉分裂，近放射状排列，较紧密相连，0.5-1.5 mm 宽，顶端亚圆，边缘有时浅裂；上表面灰色、淡灰绿色至灰黄色，平坦，顶端处常稍凹，常披白色粉霜，多分布于近边缘，边缘生线形假杯点，常常不十分明显 (有文献记载，该种常常有清楚的假杯点，而粉霜有时缺乏)，无粉芽和裂芽；髓层淡黄色至橙黄色；下表面黑色，近顶端处深褐色，假根黑色，单一不分枝或少有分枝。子囊盘黑色，无柄，直径 1-1.5 mm，外表呈网衣型，但初生的子囊盘具有完整的地衣体果托，内含藻细胞；子囊孢子 Physcia 型，双胞，褐色，18-22 × 6-9 μm。分生孢子器未见。

化学：地衣体 UV+黄色荧光，K-；髓层 K-，PD-；含有 lichexanthone、未知萜类 (triterpenes) 物质。

基物：树皮。

研究标本：

海南，乐东尖峰岭，1993 年 4 月 3 日，姜玉梅、郭守玉 H-0716-1 (23692)。

云南，中甸，海拔 3500 m，1981 年 8 月 13 日，王先业、肖勰、苏京军 5403 (23693)。

西藏，樟木，海拔 2450 m，1966 年 5 月 14 日，魏江春、陈健斌 676 (2686)。

国内记载：云南 (Hue，1900；Zahlbruckner，1930，1934；Hu and Chen，2003b)，西藏 (魏江春和姜玉梅，1986)，四川 (Hu and Chen，2003b)，山东 (赵遵田等，2002)，海南 (Hu and Chen，2003b；魏江春等，2013)，台湾 (Aptroot et al.，2002)。

世界分布：泛热带分布型。东非，印度，泰国，巴布亚新几内亚，北美洲，中美洲，南美洲，澳大利亚，新喀里多尼亚 (Imshaug，1957；Swinscow and Krog，1975；Kashiwadani，1977c；Awasthi，1982；Rogers，1986；Elix，2009b；Buaruang et al.，2017)。

讨论：本种的主要特征是无粉芽、裂芽，髓层通常为淡黄色或橙黄色 (有的标本的髓层并不全部为黄色)，地衣体 UV+黄色荧光，含 lichexanthone 和几种萜类化合物，易与中国其他无粉芽无裂芽的种区别。但是姜玉梅、郭守玉 H-0716-1 号标本经 TLC 检测只含有 lichexanthone，未见萜类化合物。文献记载本种含有未知色素但有时很微量 (Elix，2009b；Kashiwadani，1977c)。

8. 2 椰子黑盘衣　图版 XXI: 93

Pyxine cocoes (Sw.) Nyl., Mém. Soc. Imp. Sci. Nat. Cherbourg **5**: 108, 1857; Zahlbruckner, in Handel- Mazzetti, Symb. Sin. **3**: 234, 1930; Hue, Bull. Soc. Bot. France 36: 169, 1889; Hue, Nouv. Arch. Mus. Ser. 4, **2**: 84, 1900; Zahlbruckner, Repert. Sp. Nov. **33**: 65, 1933; Thrower, Hong Kong Lichens: 157, 1988; Wei, Enum. Lich. China: 217, 1991; Hu & Chen, Mycotaxon **86**: 447, 2003.

≡ *Lichen cocoes* Sw., Nov. Gen. Sp. Pl.: 146, 1788.

[= *Pyxine connectens* Vain., Acta Soc. Fauna Fl. Fenn. **7** (1): 154, 1890; Hue, Nouv. Arch. Mus. Ser. 4, **2**: 84, 1900; Zahlbruckner, in Handel- Mazzetti, Symb. Sin. **3**: 234, 1930.]

地衣体叶状，紧贴基物，圆形或近圆形，直径 3-6 cm；裂片近二叉式分裂，近放射状排列，0.5-1.5 mm 宽，顶端稍加宽，钝圆；上表面多为淡灰色至淡黄灰色，平坦或稍凹，常披白色粉霜，假杯点较明显，边缘生假杯点多呈线形，表面生假杯点较短，粉芽堆边缘生至表面生，小型，略圆形至不规则延长，粉芽颗粒状；髓层白色；下表面黑色，近末端处褐色，假根中等密度，黑色，短而粗，单一不分枝。子囊盘黑色，无柄，直径约 1.0 mm，外表呈网衣型，但初生的子囊盘具有完整的地衣体果托，内含藻细胞；子囊孢子双胞，褐色，Physcia 型，16-21 × 6-7.5 μm。分生孢子器未见。

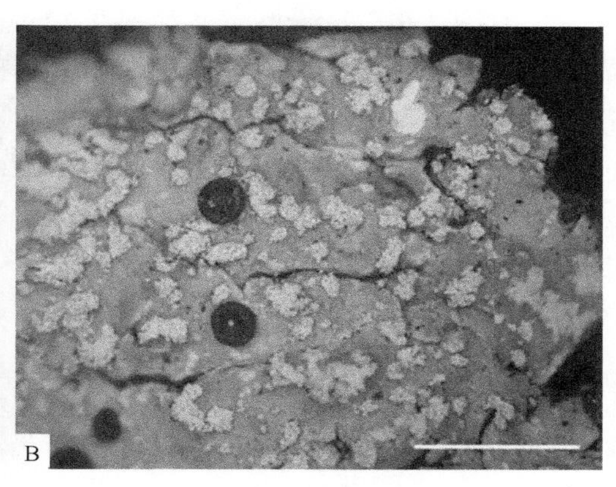

图 61　椰子黑盘衣 *Pyxine cocoes*　A：地衣体有假杯点 (S. L. Thrower 2531)，标尺= 2 mm；B：粉芽堆略圆形至不规则延长 (陈健斌等 20800)，标尺= 2 mm

化学：地衣体 UV+黄色，K-；髓层 K-，C-，KC-，PD-；含有 lichexanthone。

基物：树皮 (文献记载树生、石生)。

研究标本：

海南，乐东尖峰岭，2001 年 6 月 30 日，陈健斌、胡光荣、徐蕾 20800 (111182)，20801-1 (23696)；陵水吊罗山，海拔 170 m，2001 年 6 月 25 日，陈健斌、胡光荣、徐蕾 20485 (23694)。

香港，1976 年 5 月 7 日，S. L. Thrower 2531 (3495)。

国内记载：四川 (Zahlbruckner，1930)，云南 (Hue，1889，1900；Zahlbruckner，1930；Hu and Chen，2003b)，福建 (吴继农等，1985)，广东 (Krempelhuber，1873，1874；Rabenhorst，1873)，海南 (Hu and Chen，2003b；魏江春等，2013)，宁夏 (Liu and Wei，2013)，香港 (Thrower，1988；Aptroot and Seaward，1999；Aptroot and Sipman，2001；Hu and Chen，2003b)，台湾 (Zahlbruckner，1933；Sato，1936b；Wang-Yang and Lai，1973；赖明洲，2000)。

世界分布：泛热带分布型。东非，日本，菲律宾，泰国，印度，巴布亚新几内亚，北美洲，中美洲，南美洲，澳大利亚，某些太平洋岛屿 (Imshaug，1957；Swinscow and Krog，1975；Kashiwadani，1977a，1977c；Awasthi 1982；Rogers，1986；Kalb，1994；Elix，2009b；Mongkolsuk et al.，2012；Buaruang et al.，2017)。

讨论：本种主要特征是具有粉芽和明显假杯点 (图 61)，上皮层淡灰黄色，UV+，含有 lichexanthone，髓层白色，未检测出髓层地衣物质 (有的文献记载髓层有时含有低浓度的未知萜类物质)。本种的变异比较大，尤其是粉芽堆的着生部位。粉芽堆通常为边缘生，多见于裂片开裂处，某些标本地衣体的粉芽堆扩展到上表面，甚至覆盖较大的区域。*Pyxine subcinerea* 也具有粉芽并含 lichexanthone，但假杯点不十分明显，髓层为黄色，而本种髓层为白色，上表面具明显假杯点。

8.3 近缘黑盘衣 图版 XXI: 94

Pyxine cognata Stirt., Proc. Roy. Phil. Soc. Glasgow **11**: 311, 1879.

地衣体叶状，1-5 cm 宽，紧密着生于基物；裂片 0.3-1.2 mm 宽，平坦至微凹；上表面白灰色至灰褐色，裂片顶部披稀薄粉霜，无粉芽和裂芽；髓层黄色至橙色；下表面中央部位褐色至黑色，趋向边缘淡褐色，假根不明显，稀少。子囊盘众多，直径 0.3-1.0 (-1.6) mm，内柄 (internal stipe) 的上部橙色，K+紫色，P-，下部黄色或比上部颜色淡得多；孢子二胞，褐色，8-22.5 × 4-8 μm。

化学：上皮层 K-，UV+黄色；髓层 K-或 K+淡红色，C-，P-或橙色；含有 lichexanthone、未知三萜类 (triterpenes) 化合物、未知色素。

基物：树皮。

研究标本 (保存在中国科学院昆明植物研究所标本馆-地衣部：KUN-L)：

四川，米易县，麻龙北坡山，海拔 2100 m, 1983 年 7 月 5 日，王立松 83-698；渡口市，大宝鼎，海拔 1900 m，1983 年 6 月 21 日，王立松 83-212。

云南，元谋县，浪巴铺，土林，海拔 1612 m，2014 年 4 月 21 日，王立松等 14-43569，14-43571，14-43542；永仁县，猛虎至万马途中，海拔 1543 m， 2013 年 12 月 3 日，王立松等 13-40767。

国内记载：四川，云南 (Yang et al.，2019)。

世界分布：印度 (Awasthi，1982)，巴西 (Aptroot et al.，2014)，泰国 (Mongkolsuk et al.，2012)，澳大利亚 (Elix，2009b)。

讨论：本种主要特征是缺乏粉芽和裂芽，皮层 UV+黄色，含有 lichexanthone，髓层上部位橙色，子囊盘中的内柄主要是橙色，与 K 反应呈紫色。本种相似于 *Pyxine berteriana* var. *himalaica* Awasthi (1982)，它们都缺乏粉芽、裂芽，皮层 UV+黄色，含有 lichexanthone 以及有色的髓层。两者的差异在于髓层颜色的深浅不一以及分布范围的不同。*P. berteriana* var. *himalaica* 仅分布于印度中部和喜马拉雅地区 (Awasthi，1982)，而 *Pyxine cognata* 较广泛分布于热带地区。Yang 等 (2019) 认为，这两个分类单位在表型特征方面差异不大，并根据有关分子试验和系统发育分析，将 *Pyxine berteriana* var. *himalaica* 处理为 *Pyxine cognata* 的异名。

8.4 群聚黑盘衣 图版 XXI: 95

Pyxine consocians Vain., Philipp. J. Sci. Sect. C, **8**: 109, 1913; Hu & Chen, Mycotaxon **86**: 448, 2003.

地衣体叶状，略圆形或不规则状，直径可达 5 cm，较紧密地贴生于基物；裂片狭窄，小于 1.0 mm 宽；上表面多为淡黄灰色，平坦或稍凹，无粉霜或在裂片顶部区域有少量粉霜，假杯点主要表面生，白色，不规则线形，有时形成微弱网状，在近裂片末端处尤为明显，裂芽表面生，短柱状至珊瑚状，丛生，或较粗壮，有时呈庖状突体 (pustules)，顶端多开裂，但未形成粉芽；髓层白色，有时局部淡黄色；下表面黑色，边缘处暗褐色，假根与下表面同色，单一不分叉或顶端呈簇状。子囊盘黑色，圆盘状，直径约 1.0 mm，外表呈网衣型，子囊孢子双胞，褐色，近似 Physcia 型，17-20 × 6-7 μm。

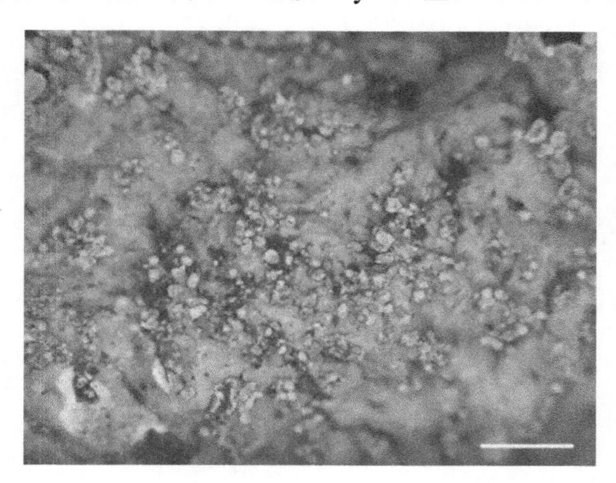

图 62　群聚黑盘衣 *Pyxine consocians* 庖状突体裂芽
(陈健斌 6533)，标尺=1 mm

化学：地衣体 UV-，K+黄色；髓层 K+污黄色至淡红色，C-，PD+橙红色；含有 atranorin、norstictic acid、triterpenes、testacein。

基物：树皮、岩石。

研究标本：

海南，乐东尖峰岭，1993 年 4 月 3 日，姜玉梅、郭守玉 H-0716-2 (23698)；陵水吊罗山，海拔 900 m，2001 年 6 月 21 日，陈健斌等 20531-3 (143792)。

四川，木里县一区沙湾，海拔 2500 m，1982 年 6 月 8 日，王先业等 7897 (84794)。

云南，西双版纳勐海，海拔 1100 m，1994 年 7 月 8 日，陈健斌 6533 (23699，23700，23701)；盈江，海拔 1400 m，1981 年 6 月 20 日，王先业、肖勰、苏京军 3128 (23697)。

国内记载：云南 (Hu and Chen，2003b)，海南 (Hu and Chen，2003b；魏江春等，2013)，台湾 (Aptroot et al.，2002)。

世界分布：旧世界热带分布型。东非，日本，印度，澳大利亚 (Swinsow and Krog，1975；Awasthi，1982；Rogers，1986)，韩国 (Wei and Hur，2007)。

讨论：本种重要特征是具有裂芽或庖状突体裂芽，有明显假杯点，髓层含有 norstictic acid。本种相似于 *Pyxine coralligera*，但后者缺乏 norstictic acid。Awasthi (1982) 曾描述印度的 *Pyxine consocians* 的裂芽顶端开裂时会形成颗粒状的粉芽，但在我们所观察的中国标本中，裂芽顶端只是开裂或呈庖状，但未形成粉芽 (图 62)。此外，有的标本的髓层基本是黄色或橙色，髓层下部白色，而有的标本髓层基本是白色，很少见到橙色，但地衣物质相似。

8.5 柯普兰氏黑盘衣　图版 XXI: 96

Pyxine copelandii Vain., Philipp. J. Sci. Sect. C, **8**: 110, 1913; Kashiwadani, J. Jap. Bot. **52**:

143, 1977; Hu & Chen, Mycotaxon **86**: 449, 2003.

= *Pyxine patellaris* Kurok., Bull. Nat. Sci. Mus., Tokyo **12**: 689, 1969.

地衣体叶状，近圆形，较紧密地着生于基物；裂片多为二叉分裂，亚线形，辐射状排列，裂片狭窄，0.5-1.2 mm 宽，顶端多数钝圆；上表面呈淡灰色至淡灰黄褐色，顶部区域披轻微白色粉霜或无粉霜，假杯点边缘生或表面生，线形或不规则状，粉芽堆表面生，近小球形或圆盘状，粉芽颗粒状或粉末状；髓层白色；下表面黑色；假根稀疏，单一不分枝，黑色。子囊盘及分生孢子器未见。文献 (Swinsow and Krog，1975) 记载子囊孢子双胞，厚壁，16-22 × 6-8 μm。

化学：地衣体 UV-，K+黄色；髓层 K+黄色至红色，C-，PD+橙红色；含有 atranorin、norstictic acid、terpenes、testacein。

基物：树皮。

研究标本：

云南，西双版纳小勐仑，海拔 550-600 m，1991 年 11 月 29 日，陈健斌 5505 (111216)。

台湾，屏东，Y. Asahina 3678 (TNS)。

国内记载：云南 (Hu and Chen，2003b)，海南 (魏江春等，2013)，台湾 (Kashiwadani，1977a；Wang-Yang and Lai，1973；赖明洲，2000；Hu and Chen，2003b)。

世界分布：东非 (Swinsow and Krog，1975)，东亚，巴布亚新几内亚 (Kashiwadani，1977a，1977c)，澳大利亚 (Rogers，1986；Elix，2009b)。

讨论：本种主要特征是裂片狭窄，0.5-1.2 mm 宽，具有假杯点和表面生的粉芽堆，髓层白色，含有 norstictic acid。两个近似种粉面黑盘衣 *Pyxine meissnerina* 和粉芽黑盘衣 *Pyxine sorediata* 具有边缘生的线形或圆形粉芽堆，髓层黄色，不含 norstictic acid。

8. 6 珊瑚黑盘衣　图版 XXII: 97

Pyxine coralligera Malme, Bih. Kongl. Svenska Vetensk.-Akad. Handl.**23**: 40, 1897; Hu & Chen, Mycotaxon **86**: 449, 2003.

地衣体叶状，略圆形或不规则状，直径小于 2.5 cm；裂片多二叉分裂，0.5-1.0 mm 宽，顶端多数钝圆；上表面呈灰黄色至黄褐色，平坦，假杯点表面生，白色，不规则线形至亚网状，裂芽多表面生，柱状，有时分枝，并常常发展成疱状突体 (pustules)，有的顶端破裂失去皮层，颗粒状；髓层淡黄色至淡橙色；下表面黑色，近末端处为褐色，假根中等密度，黑色，多为单一不分枝。子囊盘及分生孢子器未见。

化学：地衣体 UV-，K+黄色；髓层 K-，C-，PD+黄色至淡橙色；含有 atranorin、terpenes、testacein。

基物：树皮 (文献记载石生和树生)。

研究标本：

云南，西双版纳小勐仑，海拔 550-600 m，1991 年 11 月 28-29 日，陈健斌 5482 (23704)，5485 (23702)，5515 (111183)；勐腊，陈健斌 6506 (23703)；西双版纳，1991 年 11 月 8 日，C. Wetmore 69684 (23705)。

国内记载：云南 (Hu and Chen，2003b)。

世界分布：泛热带分布。东非 (Swinscow and Krog，1975)，巴布亚新几内亚

(Kashiwadani，1977c)，印度 (Awasthi，1982)，泰国 (Mongkolsuk et al.，2012)：巴西 (Kalb，1987)，澳大利亚 (Elix，2009b)。

讨论：本种的重要特征是具有裂芽，常发育成疱状突体 (pustules)，髓层黄色至橙色。有裂芽的近似种 *Pyxine consocians* 其髓层白色或局部淡黄色，含有 norstictic acid；*Pyxine kibweziensis* 和 *Pyxine maculata* 的假杯点显著网状，缺乏 teatatacein。Kashiwadani (1977c) 记载本种含有未知色素但有时很微量。

8. 7 黄髓黑盘衣 图版 XXII: 98

Pyxine endochrysina Nyl., Lich. Jap.: 34, 1890; Hue, Nouv. Archiv. Mus. Ser. 4, **11**: 49, 1900; Zahlbruckner, in Handel-Mazzetti, Symb. Sin. **3**: 235, 1930; Kashiwadani, J. Jap. Bot. **52**: 144, 1977; Chen, Zhao & Luo, J. NE Forestry Inst. **4**: 157, 1981; Wu & Xiang, J. Nanjing Normal University (Nat. Sci. Edn.) **3**: 67,1981; Hu & Chen, Mycotaxon **86**: 450, 2003.

地衣体叶状，圆形或近圆形，直径约 5 cm，较疏松着生于基物上；裂片 0.5-2 mm 宽，多数近二叉分裂，平坦或稍凹，顶端似扇状，钝圆，上表面淡灰黄色至淡褐色，有时披白色粉霜，假杯点边缘生，线状，白色；裂芽多边缘生，也可扩散至表面，蓝黑色，颗粒瘤状或近柱状，少数具分枝，有时发育呈近疱状突体或扁平状，顶端开裂后可见其黄色髓层但不形成粉芽；髓层黄色；下表面黑色，近边缘处逐渐变浅至淡褐色。假根中等密度，黑色，单一不分枝或末端呈簇状，1-2 mm 长。子囊盘及分生孢子器未见。

化学：地衣体 UV-；K+黄色；髓层 K-，C-，KC-，PD-；含有± atranorin、zeorin 及其他萜类化合物。

基物：岩石。

研究标本：

北京，金山，海拔 170 m，1977 年 4 月 21 日，魏江春、王先业 25 (23710，23716)。

浙江，杭州西湖，1962 年 8 月 10 日，赵继鼎、徐连旺 5010 (1747)；天目山，海拔 1000 m，1962 年 9 月 2 日，赵继鼎、徐连旺 6379 (1748)；普陀山，海拔 200 m，钱之广 3701 (上海自然博物馆)。

安徽，黄山温泉，赵继鼎、徐连旺 5996 (1737)。

山东，青岛市灵山岛，海拔 1000 m，1991 年 8 月 14 日，赵遵田 91258 (12866)；昆嵛山，海拔 285 m，2002 年 9 月 17 日，陈健斌 22202 (23717，23718)；崂山，海拔 260 m，2002 年 9 月 19 日，陈健斌 22157 (111007)，22158 (25852)，22160 (23709)，22162 (25855，25860)，22163 (23706)，22165 (25853)，22167 (25854)。

湖北，武昌珞珈山，1964 年 9 月 6 日，赵继鼎、徐连旺 10409 (1742)，10417(1752)，10424(1750)，10427(1751)。

湖南，衡山，赵继鼎、徐连旺 9846 (1738)，10016 (1753)。

广西，靖西，海拔 900 m，1998 年 4 月 23 月，陈林海 980433 (23707)。

云南，贡山县，海拔 1900 m，1982 年 7 月 2 日，苏京军 1943 (23715)；维西县，叶枝公社，海拔 2400 m，1982 年 5 月 8 日，苏京军 240 (23753)。

台湾，台中，Asahina F-103 (TNS)。

国内记载：北京，山东，湖北，湖南 (Hu and Chen，2003b)，吉林 (陈锡龄等，1981)，黑龙江 (罗光裕，1984)，江苏 (吴继农和项汀，1981)，浙江，安徽 (吴继农和钱之广，1989; Hu and Chen，2003b)，四川 (Hue，1900; Zahlbruckner，1930)，台湾 (Zahlbruckner，1933；Kashiwadani，1977a；Hu and Chen，2003b)，香港 (Aptroot and Seaward，1999)。

世界分布：东非 (Swinscow and Krog，1975)，日本 (Kashiwadani，1977a)，韩国 (Wei and Hur，2007)，澳大利亚 (Kalb，1994；Elix，2009b)。

讨论：本种的主要特征是地衣体 UV-，具有边缘生线形假杯点，裂芽主要边缘生，黄色髓层，石生。虽然本种与 *Pyxine sorediata* 具有黄色髓层和相似的地衣化学，但 *P. sorediata* 是一个粉芽种，而 *P. endochrysina* 具裂芽 (有的学者称其为边缘的指状突起) 以及近似疱状突体，有时会开裂，但不形成真正粉芽。珊瑚芽黑盘衣 *Pyxine coralligera* 也有疱状突体裂芽，髓层黄色，但 *P. coralligera* 的假杯点、裂芽和疱状突体主要表面生。我们在进行 TLC 试验时，有几个萜类物质斑点，其中有一个斑点与 zeorin 的位置、颜色极为相似。但在有关文献中只报道该种有几种萜类物质，而没有明确指出含有 zeorin。此外，文献记载本种含有未知色素但有时很微量 (Elix，2009b)。

8.8 黄色内柄黑盘衣　图版 XXII: 99

Pyxine flavicans M.X. Yang & L.S. Wang, in Yang, Wang, Liu, Zhang, Li, Yin, Scheidegger & Wang, MycoKeys **45**: 96, 2019.

Type: CHINA. Yunnan Province, Nujiang Perf., Chide Vil., alt. 1916 m , on *Juglans*, 4 Aug. 2015, L.S. Wang et al.15-48196 (holotype in KUN-L).

地衣体叶状，5-9 cm 宽，稍紧密着生于基物上；裂片近放射状排列，0.5-3 (-4) mm 宽，平坦至微凸，但顶部常微凹，顶端钝圆；上表面淡灰色至青瓷色，披稀薄白色粉霜或无粉霜；髓层上部位黄色，下部位白色；下表面黑色，近边缘呈淡褐色。假根较稠密，黑色，单一至杈状分枝。子囊盘常见，直径 (0.5-) 0.8 -1.5 (-2) mm，基部缢缩，盘面平坦至凸起，盘缘黑色，子实层 80-120 μm 厚，子实下层淡褐色至褐色，内柄 (internal stipe) 淡黄色至黄色，K-，孢子二胞，褐色，18-20 × 6-8 μm。

化学：地衣体 K+淡黄色，UV-；髓层 K-，C-；含有 atranorin、chloroatranorin、zeorin 及其他未知萜类 (terpenes) 化合物。

基物：树皮、岩石。

研究标本 (保存在中国科学院昆明植物研究所标本馆-地衣部：KUN-L)：

四川，木里县，丫拉九一三工段，海拔 2850 m，1983 年 8 月 23 日，王立松 83-1869A。

云南，怒江州，贡山县吃得村，海拔 1916 m，2015 年 8 月 4 日，王立松等 15-48196；剑川县，石宝山，海拔 2620 m, 2014-06-24, 王立松等 14-43995。

西藏，察隅县, 目若村至丙中洛途中, 海拔 3833 m, 2014 年 9 月 26 日，王立松等 14-46763。

国内记载：四川，云南，西藏 (Yang et al.，2019)。

世界分布：中国特有种。

讨论：本种在形态上相似于 *Pyxine berteriana*，但后者地衣体 UV+，含有 lichexanthone。

本种在子囊盘以及缺乏 lichexanthone 方面相似于 *Pyxine himalayensis*，但后者子囊盘中的内柄无色，而本种的内柄黄色。

8. 9 横断山黑盘衣 图版 XXIII: 100

Pyxine hengduanensis M.X. Yang & L.S. Wang, in Yang, Wang, Liu, Zhang, Li, Yin, Scheidegger & Wang, MycoKeys **45**: 100, 2019.

Type: CHINA. Yunnan Province, Nujiang Pref., Dizhengdang Vil., alt. 1858 m, on bark, 2 Aug. 2015, L.S. Wang et al. 15-48082 (holotype in KUN-L).

地衣体叶状，4-9 cm 宽，较紧密至疏松着生于基物上；裂片亚线形延长，部分重叠呈覆瓦状，0.5-2.5 mm 宽，平坦至顶部微凹；上表面灰色至淡灰绿色，假杯点边缘生，线形，粉芽堆边缘生，唇形，粉芽粉末状至颗粒状，灰色至淡蓝灰色；髓层淡黄色；下表面黑色，假根较稠密，黑色，单一至羽状分枝。子囊盘未见。

化学：地衣体 K+淡黄色，UV-；髓层 K-，C-；含有 chloroatranorin (?)、未知萜类 (terpenes) 化合物。

基物：树皮及苔藓。

研究标本 (保存在中国科学院昆明植物研究所标本馆-地衣部：KUN-L)：

四川，渡口市，盐边岩口公社石宝山，海拔 2900 m，1983 年 6 月 29 日，王立松 83-635；南坪县，九寨沟树正海，海拔 2000 m，1986 年 9 月 23 日，王立松 86-2591。

云南，禄劝县，撒营盘至则黑 30 km 处，海拔 2540 m，2014 年 4 月 19 日，王立松等 14-43258；禄丰县，黑井镇，海拔 1800 m，2009 年 5 月 1 日，王立松 09-30247；怒江州，迪政当村，海拔 1858 m，2015 年 8 月 2 日，王立松等 15-48082。

西藏，林芝县，海拔 3060 m，2007 年 8 月 20 日，王立松等 07-28389。

国内记载：四川，云南，西藏 (Yang et al.，2019)。

世界分布：中国特有种。

讨论：本种的主要特征是具有边缘生的线形假杯点，边缘生唇形粉芽堆，淡黄色髓层，皮层缺乏 atranorin 和 lichexanthone。本种非常相似于粉芽黑盘衣 *Pyxine sorediata*，但是粉芽黑盘衣的粉芽堆从边缘生扩散至表面，球形，髓层黄色或橙黄色，而本种的边缘生粉芽堆呈唇形，髓层淡黄色。

8. 10 喜马拉雅黑盘衣 图版 XXIII: 101

Pyxine himalayensis D.D. Awasthi, Phytomorphology **30** (4): 371, 1982.

地衣体叶状，1.5-8 cm 宽，紧密至疏松着生于基物；裂片 0.3-3 mm 宽，平坦至微凹；上表面白灰色，裂片顶部披稀薄粉霜，无粉芽和裂芽；髓层黄色至橙黄色；下表面黑色，趋向边缘淡色，假根较稠密，黑色。子囊盘常见，直径 0.3-1.4 (-2.0) mm，基部缢缩，内柄 (internal stipe) 白色，K-，孢子二胞，褐色，15-25 × 6-10 μm。

化学：上皮层 K+黄色，UV-；髓层 K-，C-，P-；含有 atranorin、± zeroin 及未知三萜类 (triterpenes) 化合物。

基物：树皮，稀为岩石。

研究标本 (保存在中国科学院昆明植物研究所标本馆-地衣部：KUN-L)：

四川，渡口市，盐边岩口公社，石宝山，海拔 2800 m, 1983 年 6 月 29 日，王立松 83-628；元阳县，百灵公社二大队，海拔 3100 m，1983 年 8 月 11 日，王立松 83-1508；海拔 3250 m，1983 年 8 月 10 日，王立松 83-1483；木里县，鸭咀林场五工段，海拔 3000 m，1983-08-20，王立松 83-1589，83-1596；三区东朗公社，海拔 3000 m，1983 年 9 月 10 日，王立松 83-2220。

云南，禄劝县，撒营盘至则黑 30 km 处，海拔 2540 m，2014 年 4 月 19 日，王立松等 14-43218，14-43204；禄丰县，中村乡，五台山，水库边，海拔 2350 m，2009-05-01，王立松 09-30279。

西藏，波密县，岗村岗云杉林，海拔 2688 m，2014 年 9 月 20 日，王立松等 14-46203，14-46162。

国内记载：四川，云南，西藏 (Yang et al.，2019)，台湾 (Aptroot et al.，2002)。

世界分布：印度 (Awasthi，1982)。可归于亚洲热带分布型。

讨论：本种缺乏粉芽、裂芽，髓层橙色，内柄无色，含有 atranorin 而缺乏 lichexanthone。相似种 *Pyxine limbulata* 的髓层为黄色，内柄褐色 (Kashiwadani，1977b；Hu and Chen，2003b)。分布于亚洲热带地区的菲律宾黑盘衣 *Pyxine philippina* 也缺乏粉芽、裂芽和 lichexanthone，但它的髓层为白色，只是局部黄色，而且含有 norstictic acid。

8. 11 亚橄榄黑盘衣　图版 XXIII: 102

Pyxine limbulata Müll. Arg., Flora **71**: 112, 1891; Kashiwadani, J. Jap. Bot. **52**: 161, 1977; Wei, Enum. Lich. China: 217, 1991; Hu & Chen, Mycotaxon **86**: 451, 2003.

= *Pyxine margaritacea* Zahlbr., Feddes Repert. Spec. Nov. Regni Veg. **33**: 66, 1933.

Type: CHINA. Taiwan, Chiai, Mt. Arisan, Asahina F99 (not seen).

[*Pyxine subolivacea* Zahlbr., in Handel-Mazzetti, Symb. Sin. **3**: 235, 1930; Zahlbruckner, Hedwigia **74**: 213, 1934. Type: CHINA. Sichuan, Handel-Mazzetti no.2853 (not seen).]

地衣体叶状，圆形或近圆形，直径可达 6.5 cm，疏松着生于基物上；裂片不等叉分裂，多放射状排列，0.5-2.5 (-3) mm 宽，扁平，顶端多翘起，裂片间相互分离或重叠呈覆瓦状；上表面多为淡黄褐色 (久置标本室)，白色粉霜多集中于裂片顶端，稀薄或明显，假杯点边缘生，线形，白色；无粉芽、裂芽和小裂片；髓层黄色；下表面深褐色至黑色，假根较稠密，近黑色，常常单一不分枝。子囊盘黑色，圆形，直径可达 2.0 mm；地衣体果托完整或消失；内柄 (internal stipe) 淡褐色，K+淡红色，子囊孢子双胞，褐色，多数相似 Physcia 型，少数相似 Pachysporaria 型，18-23 × 7.5-8.5 (-9.5) μm。

化学：地衣体 UV-，K+黄色；髓层 K-，C-，PD-；TLC：± atranorin、萜类 (terpenes) 化合物。

基物：树皮。

研究标本：

吉林，蛟河，海拔 500 m，陈健斌、姜玉梅 A-1312 (25863)，A-1313 (25862)；缉安镇大禹山，海拔 200 m，1963 年 9 月 12 日，陈锡龄 2441-1 (23712)。

黑龙江，乌敏河林业局，陈锡龄 5339 (IFP)。

浙江，天目山，赵继鼎、徐连旺 6225 (23742)。

四川，卧龙，海拔 2000 m，1994 年 6 月 8 日，陈健斌 6286 (23720)。

云南，中甸碧鼓林场、吉沙林场，海拔 3200-3500 m，1981 年 8 月，王先业、肖勰、苏京军 5284 (23724，23725)，5392 (23728)，5468 (23739，23740)，5701 (23745)，5715 (25861)；玉龙雪山，王先业等 6289 (23729，23731)，6926 (23741)；维西，海拔 2100-2400 m，1982 年 5 月 7-8 日，苏京军 164 (23734)；维西攀天阁，海拔 2500-2700 m，1981 年 7 月 16 日，王先业等 4002-1 (23751)；普洱中梁山，海拔 2110 m，二十五年(可能是指民国时期年代，即 1936 年)，无采集人无采集号 (标本馆藏号 23747)。

西藏，察隅日东区，海拔 2600 m，1982 年 9 月 7 日，苏京军 4219-1 (132688)，4221 (23746)，4466 (23756)；波密县，海拔 3200 m，1976 年 7 月 4 日，无采集人，采集号 76-292(28415)。

台湾，南投，海拔 2360 m，Satoshi Nakanishi 12931a (TNS)；台中，海拔 1800 m，Syo Kurokawa 2521 (TNS)；南湖大山，海拔 1500-2400 m，Syo Kurokawa 970 (TNS)。

国内记载：黑龙江，吉林，云南，浙江 (Hu and Chen，2003b)，四川 (Zahlbruckner，1930，1931，1934；Obermayer and Kalb，2010)，西藏 (Hu and Chen，2003b；Obermayer and Kalb，2010)，陕西 (Ren et al.，2009)，台湾 (Kashiwadani，1977b；赖明洲，2000；Hu and Chen，2003b)。

世界分布：东亚分布。日本 (Kashiwadani，1977b)，韩国 (Wei and Hur，2007)。

讨论：本种的特点是具有边缘生线形白色的假杯点，无粉芽、裂芽，髓层黄色，地衣体 UV-，atranorin 痕量甚至检测不出，髓层含有萜类物质，被认为是 *Pyxine sorediata* 的无粉芽“种对” (Kashiwadanii，1977b；Kalb，1987)。本卷根据《中国地衣综览》(Wei, 1991) 将 *Pyxine subolivacea* Zahlbr 作为 *Pyxine limbulata* Müll. Arg.的异名。

8. 12 墨氏黑盘衣　图版 XXIII: 103

Pyxine meissnerina Nyl., Bull. Soc. Linn. Normandie, Ser. 2, **7**: 164, 1873; Hu & Chen, Mycotaxon **86**: 451, 2003.

地衣体叶状，外形不规则至略圆形，约 2 cm 宽，较紧密地贴生于基物；裂片多二叉分裂，可达 1.5 mm 宽，顶端钝圆；裂片上表面多为淡黄褐色，披白色粉霜，片状，覆盖较大区域，假杯点多位于裂片边缘，不明显，粉芽堆多近边缘生或由边缘扩展至上表面，近圆形和线形，粉芽白色至淡灰黄色，颗粒状；髓层黄色；下表面暗褐色至黑色；假根稀疏，单一不分枝，黑色。子囊盘及分生孢子器未见。文献 (Awasthi，1982) 记载孢子 16-24 × 5-7 μm。

化学：地衣体 UV-，K+黄色；髓层 K-，C-，P-；含有 atranorin、萜类 (triterpenes) 化合物及未知物。

研究标本 (1 份)：

云南，西双版纳勐养，1994 年 7 月 9 日，陈健斌 6551 (111215)。

国内记载：云南 (Hu and Chen，2003b)。

世界分布：东非 (Swinscow and Krog，1975)，日本 (Kashiwadani，1977b)，印度 (Awasthi，1982)，泰国 (Mongkolsuk et al.，2012)，北美洲 (Esslinger，2018)，南美洲 (Scutari，1990)。基本属于泛热带分布。

讨论：本种相似于 *Pyxine sorediata*，但后者边缘生的假杯点明显，粉芽堆的颜色也较深，裂片上表面只有极少粉霜，而本种假杯点不明显，粉霜明显，覆盖面较大。在化学上，本种含有丰富的 atranorin，而 *Pyxine sorediata* 仅含痕量的 atranorin，甚至检测不出该物质。文献记载本种含有未知色素 (Swinscow and Krog，1975)。

8. 13 狭叶黑盘衣 图版 XXIII: 104

Pyxine minuta Vain., Acta Soc. Fauna Fl. Fenn. **7**(1): 156 ,1890.

地衣体叶状，2.5-10 cm 宽，紧密贴于基物；裂片 0.1-1.0 mm 宽，平坦；上表面灰色、淡黄灰色至灰褐色，裂片顶部披稀薄粉霜，无粉芽和裂芽；髓层白色；下表面褐黑色，假根不分枝。子囊盘常见，直径 0.1-0.8 mm，内柄 (internal stipe) 缺乏或不清晰；孢子 10-20 (-25) × 4-6 μm。

化学：上皮层 K+淡黄色，UV+黄色；髓层 K-，C-；含有 lichexanthone、未知萜类物质。

基物：岩石、树皮。

研究标本 (保存在中国科学院昆明植物研究所标本馆-地衣部：KUN-L)：

四川，渡口市，大宝鼎，海拔 1950 m, 1983 年 6 月 21 日，王立松 83-206。

云南，永胜县，仁和镇，东江沙湾村，海拔 1160 m，2013 年 12 月 7 日，王立松等 13-40630, 13-40695；永仁县，万马乡拉姑村，海拔 1050 m，2013 年 12 月 4 日，王立松等 13-41380；景谷县，景谷至镇源途中，海拔 1800 m，1994 年 8 月 21 日，王立松等 94-14247；鹤庆县，中江乡，龙开口水电站附近，海拔 1540 m，2016 年 7 月 8 日，王立松等 16-50186。

国内记载：四川，云南 (Yang et al.，2019)。

世界分布：印度 (Awasthi，1982)。Rogers (1986) 记载澳大利亚的 *Pyxine minuta* 时认为 *Pyxine microspora* 是 *Pyxine minuta* 的异名，因此他记载本种还分布于东非和南美洲的某些热带地区。

讨论：本种的主要特征是地衣体紧密贴生于岩石，裂片狭窄，无粉芽、裂芽和疱状突体，髓层白色，皮层含有 lichexanthone。本种与云南黑盘衣 *Pyxine yunnanensis* 的相似性及区分见前面云南黑盘衣中的讨论。

Pyxine minuta 与 *Pyxine microspora* 和 *Pyxine pyxinoides* 非常相似，容易混淆。Awasthi (1982) 与 Rogers (1986) 处理 *P.microspora* 为 *P. minuta* 的异名。但 Elix (2009b) 报道澳大利亚的黑盘衣属地衣时，将 *P. microspora* 视为一个独立的种，而未记载 *P. minuta*。根据 Index Fungorum，*P. microspora* 是 *P. pyxinoides* (Mull. Arg.) Kalb 的异名。我们未能对上述 3 个种进行比较研究。文献记载 *Pyxine minuta* 石生 (Awasthi，1982；Rogers，1986)，但我们在本种引证的研究标本中有几份是树生标本。Awasthi (1982) 与 Rogers (1986) 记载的 *Pyxine minuta* 的孢子分别是 11-16 (-18) × 5-7 μm 和 10-15× 5-8 μm，而 Yang 等 (2019) 记载的中国标本的孢子是 10-20 × 4-6 μm，个别孢子的长度可达 25 μm，这个种的某些标本需要进一步研究。

8. 14 菲律宾黑盘衣 图版 XXIV: 105

Pyxine philippina Vain., Philipp. J. Sci. Sect. C, **8**: 110, 1913; Kashiwadani, J. Jap. Bot. **52**:

165, 1977; Wei, Enum. Lich. China: 217, 1991; Hu & Chen, Mycotaxon **86**: 452, 2003.

地衣体叶状，圆形或近圆形，直径 2-5 cm，较紧密地贴生于基物；裂片 0.5-1.2 mm 宽，亚线形，辐射状排列，中央部位的裂片彼此紧密相连，周边部位裂片彼此分离，相互间很少重叠；上表面灰色至淡灰褐色，假杯点表面生和边缘生，白色，呈不规则状；无粉芽、裂芽；髓层白色，局部微黄色色度；下表面黑色，假根稀疏，黑色，单一不分枝。子囊盘无柄，圆形，直径约 1.5 mm，黑色；子囊盘在发育初期具地衣体果托，成熟后完全变成黑色，呈网衣型外观；子囊孢子褐色，双胞，多为 Pachysporaria 型，也存在 Physcia 型，18-23 (-24) × (6-) 7 - 8.5 (-9.8) μm。

化学：地衣体 UV-，K+黄色；髓层 K+黄色至红色，C-，PD+橙红色；含有 atranorin、norstictic acid、萜类 (terpenes) 物质、testacein。

基物：树皮 (文献记载稀有石生)。

研究标本：

云南，西双版纳勐海，海拔 1000 m，1994 年 7 月 8 日，陈健斌 6525 (137993)；盈江，海拔 700 m，1981 年 6 月 19 日，王先业、肖勰、苏京军 2952 (23719)。

台湾，台中，海拔 50-100 m，S. Kurokawa 2638 (TNS)；台北，Y. Asahina F-98b (TNS)。

国内记载：云南 (Hu and Chen，2003b)，台湾 (Kashiwadani，1977b；赖明洲，2000；Hu and Chen，2003b)。

世界分布：印度，喜马拉雅地区 (Awasthi，1982)，菲律宾 (见本种学名文献引证)，泰国 (Mokngkolsuk et al.，2012)，日本，巴布亚新几内亚 (Kashiwadani，1977b，1977c)。亚洲热带分布型。

讨论：本种的主要特征是缺乏粉芽和裂芽，髓层含有 norstictic acid。易与中国的其他种区别。在中国大陆的本属地衣中有另外两个种也含有 norstictic acid，即 *Pyxine consocians* 和 *Pyxine copelandii*。但前者是一个裂芽种，后者是一个粉芽种，而本种无粉芽无裂芽。来自台湾和云南的标本的萜类物质不尽相同。此外，印度的本种标本很少有假杯点，其他某些地区的标本有明显假杯点 (Awasthi，1982)，这显示了本种在形态与化学上有某些变异。

8.15 粉芽黑盘衣　图版 XXIV: 106

Pyxine sorediata (Ach.) Mont., in Sagra, Hist. Phys. Cuba, Bot. Pl. Cell. 2 : 188, 1842; Hue, Bull. Soc. Bot. France **36**: 169, 1889; Zahlbruckner in Handel-Mazzetti, Symb. Sin. **3**: 235, 1930; Wei, Enum. Lich. China: 217, 1991; Hu & Chen, Mycotaxon **86**: 453, 2003.

≡ *Lecidea sorediata* Ach., Syn. Meth. Lich.: 54, 1814. — *Pyxine cocoes* (Sw.) Nyl. var. *sorediata* (Ach.) Tuck., Proc. Am. Acad. **4**: 402, 1860.

= *Physcia endochrysoides* Nyl., Flora **58**: 442, 1875; Zhao, Xu & Sun, Prodr. Lich. Sin: 117, 1982. — *Pyxine endochrysoides* (Nyl.) Degel., Göteborgs K. Vetensk. O. Vitter Samh. Handl., Ser. 6B, **1** (**7**): 38, 1941.

地衣体叶状，较疏松地附着于基物，圆形或近圆形；裂片多为二叉分裂，0.5-1.5 (-2.0) mm 宽，平坦或稍凹，顶部似扇状，顶端钝圆；上表面黄灰色，常披白色粉霜，多位于近顶部区域；假杯点边缘生，线形，白色；粉芽堆多生于裂片边缘和末端部位，也扩散至上表面，近球形，白色至淡蓝灰色，粉芽粗糙，多为颗粒状；髓层黄色或赭黄色；下表面黑色，假根稠密，黑色或褐色，单一不分枝或有分叉，1-2 mm 长。子囊盘及分生孢子器未见。

化学：地衣体 UV-，K+淡黄色；髓层 K-，C-，KC-，PD-；含有± atranorin、zeorin (？)、未知萜类化合物。

基物：树皮、岩石。

研究标本：

吉林，敦化，海拔 650-750 m，1983 年 9 月，赵从福、高德恩 4057 (IFP)，4121 (23628)，4160 (23631，23632)；长白山，海拔 920-1100 m，1977 年 8 月 8 日，魏江春 2826 (23682)；1983 年 7 月 25 日，魏江春、陈健斌 3141 (23673)，6037 (23685)，6083 (23665)；马鞍山附近，1994 年 8 月 2 日，魏江春等 94137-1 (23639)；安图，海拔 920 m，1983 年 8 月 26 日，赵从福、高德恩 3304 (23636)；蛟河，海拔 1000 m，1991 年 9 月 2 日，陈健斌、姜玉梅 A-1203-1 (23662)，A-1377 (23622)；临江北山，海拔 950 m，1985 年 7 月 7 日，卢效德 0745 (13838)。

黑龙江，穆棱县，1977 年，魏江春 2599-4 (23680)；带岭凉水林场，海拔 350- 450 m，1975 年 10 月 6-7 日，陈锡龄 3744 (23623)，3891 (23627)，2002 年 7 月 31 日至 8 月 1 日，陈健斌、胡光荣 21936 (25868)，21958 (25869)，21960 (25867)，22021 (23625)，22028 (23626)；宁安镜泊湖，海拔 580 m，1980 年 7 月 24 日，赵从福 965 (23618)；宁安小北湖林场，海拔 800 m，1980 年 7 月 27 日，赵从福 987 (23634)；东京城，1977 年 7 月 30 日，陈锡龄 4402-1 (23660)；小兴安岭五营，1977 年 9 月 28 日，陈锡龄 5270-1 (23667)；五大连池，海拔 380 m，2002 年 7 月 29 日，陈健斌、胡光荣 21909 (111186)；呼中，海拔 900 m，2002 年 7 月 27 日，陈健斌、胡光荣 21794 (23646)。

浙江，天目山，海拔 1000 m，1962 年 9 月 2 日，赵继鼎、徐连旺 6379 (1748)。

安徽，黄山温泉，海拔 630 m，1962 年 8 月 27 日，赵继鼎、徐连旺 5995 (1743)；九华山，海拔 780 m，钱之广 3969 (SHM)。

福建，武夷山桐木，海拔 900 m，1999 年 9 月 23 日，王胜兰 14676 (23664)。

湖南，衡山，海拔 700 m，1964 年 9 月 1 日，赵继鼎、徐连旺 10030 (1754)。

广西，龙胜花坪，海拔 760 m，1964 年 8 月 21 日，赵继鼎、徐连旺 8932 (1745)，9508 (1746)。

四川，峨眉山，海拔 1000 m，1963 年 8 月 9 日，赵继鼎、徐连旺 6756 (1739)，6762 (1741)；卧龙，海拔 2150 m，1982 年 8 月 30 日，王先业等 9828 (23644)。

云南，丽江雪山，海拔 2800-3000 m，1960 年 7 月 10 日，赵继鼎、徐连旺 4602 (1740)；1960 年 12 月 6 日，赵继鼎、陈玉本 3906 (1764)；1980 年 11 月 13 日，姜玉梅 413-2 (12270)；1981 年 8 月 3 日，王先业等 4964 (23641)；泸水，王先业、肖勰、苏京军 2103-1 (23671)，2146 (23675)，2654 (23686)；西双版纳勐海，1981 年 1 月 3 日，姜玉梅 1162 (110343)；1994 年 7 月 7 日，陈健斌 6510-1 (23676)；维西，海拔 2500-2900 m，1981 年 7 月，王先业等 3876 (23677)，4277-1 (23674)；芒市 (潞西市三台山)，海拔 1340 m，1980 年 11 月 28 日，姜玉梅 552-1 (23621)；思茅，1957 年 4 月 10 日，巴良斯基 Polyansky

1031 (1772)；保山市高黎贡山，海拔 1600 -2500 m，1980 年 12 月 9 -10 日，姜玉梅 783-1 (23652)，813 (23670)，921 (12271)；贡山县，海拔 1900-2100 m，1982 年 7 月 19-21 日，苏京军 2177 (23640)，2352 (23620)。

西藏，左贡，海拔 3400 m，1982 年 10 月 8 日，苏京军 5550 (23653)。

国内记载：吉林，黑龙江，广西 (Hu and Chen，2003b)，安徽 (赵继鼎等，1982；吴继农和钱之广，1989；Hu and Chen，2003b)，湖南 (赵继鼎等，1982；Hu and Chen，2003b)， 四川 (Zahlbruckner，1930；赵继鼎等，1982；Obermayer and Kalb，2010；Hu and Chen，2003b)，云南 (Hue，1889，1900；Zahlbruckner，1930；赵继鼎等，1982；Hu and Chen，2003b；王立松等，2008)，贵州 (Zahlbruckner，1930；Zhang et al.，2006)，湖北 (赵继鼎等，1982)，江苏 (吴继农和钱之广，1989)，浙江 (赵继鼎等，1982；吴继农和钱之广，1989)，福建 (吴继农等，1985；Hu and Chen，2003b)，山东 (赵遵田等，2002)，陕西 (Jatta，1902；Zahlbruckner，1930)，西藏 (Obermayer and Kalb，2010)，台湾 (Zahlbruckner，1933；Sato，1936b；Wang-Yang and Lai，1973；赖明洲，2000)。

世界分布：热带至温带。欧洲，北美洲，中美洲，南美洲，非洲，亚洲，澳大利亚，太平洋岛屿 (Elix，2009b)，韩国 (Wei and Hur，2007)。

讨论：本种的主要特征是地衣体 UV-，粉芽堆多生于裂片边缘，髓层黄色，与其他种相比，本种的假根稍长，较密，顶端有时呈簇状；髓层与 K 反应不一，有的标本呈正反应，黄色或污黄色，甚至近于橙色，有的则呈负反应。本种与无粉芽的 *Pyxine limbulata* 互为“种对”(见 *Pyxine limbulata* 的讨论)。虽然 *Pyxine copelandii* 的地衣体 UV-，具有粉芽，但它的粉芽堆表面生，而且含有 norstictic acid。另一个地衣体 UV-，具有粉芽的 *Pyxine meissnerina* 的表面有较大面积的粉霜，地衣体 atranorin 的含量较高，而 *Pyxine sorediata* 的粉霜常局限于裂片末端，atranorin 的含量十分微量，甚至检测不出该物质。文献记载本种含有未知色素，但有时很微量 (Elix，2009b; Swinscow and Krog，1975)。

赵继鼎等 (1982) 记载的 *Physcia picta* var. *endochroma* H.Magn. & D.D. Awasthi [= *Dirinaria applanata* var. *endochroma* (H.Magn. & D.D. Awasthi) D.D, Awasthi] 系错误鉴定，实为粉芽黑盘衣 *Pyxine sorediata*。

8. 16 淡灰黑盘衣　图版 XXIV: 107

Pyxine subcinerea Stirt., Trans. Proc. New Zealand Inst. **30**: 397, 1897; Wei, Enum. Lich. China: 218, 1991; Hu & Chen, Mycotaxon **86**: 453, 2003.

地衣体叶状，紧密贴生于基物上；裂片不规则分裂或近二叉分裂，小于 1.0 mm 宽，顶端稍宽，钝圆；上表面淡黄灰色至褐色，平坦或稍凹，常披白色粉霜，假杯点主要边缘生，亚线形，常常不明显，粉芽堆多边缘生，有时扩散至表面，小圆形至球形或不规则，粉芽细颗粒状；髓层黄色，有时色素分布不连续显白色；下表面暗褐色或黑色，假根稀疏，黑色，单一不分枝。子囊盘及分生孢子器未见。文献 (Rogers，1986) 记载子囊盘稀少，孢子 15-22 × 6-9 μm。

化学：地衣体 UV+黄色，K-；髓层 K-，C-，KC-，PD-；含有 lichexanthone、未知

萜类 (terpenes) 化合物。

基物：树皮。

研究标本：

浙江，天目山，1962 年 8 月 29 日，赵继鼎、徐连旺 6039-1 (23688)。

广西，上思十万大山，海拔 370 m，2001 年 6 月 20 日，陈健斌、胡光荣、徐蕾 20463-1 (23690)。

贵州，贵阳，海拔 1400 m，1958 年 8 月 3 日，王庆之 81a-1 (23689)。

云南，昆明路南，海拔 1780 m，1981 年 1 月 16 日，姜玉梅 1160-1 (23691)。

台湾，南投，Asahina 3677 (TNS)。

国内记载：浙江，广西，海南 (Hu and Chen，2003b)，台湾 (Kashiwadani，1977b；赖明洲，2000；Hu and Chen，2003b)。

世界分布：泛热带并延伸至温带。东非 (Swinscow and Krog，1975)，日本 (Kashiwadani，1977b)，巴布亚新几内亚 (Kashiwadani，1977c)，泰国 (Mongkolsuk et al.，2012)，印度 (Awasthi，1982)，欧洲 (Moberg，1983b)，美国东部 (Amtoft，2002)，巴西 (Kalb，1987)，澳大利亚 (Rogers，1986)。

讨论：本种的主要特征是具有边缘生粉芽堆以及上皮层 UV+明亮的黄色荧光，含 lichexanthone，髓层黄色。与文献的描述相比，我们检查的标本中，有的标本假杯点不明显，髓层不是全部黄色。中国黑盘衣属地衣中除本种外还有 2 个种 *Pyxine berteriana* 和 *Pyxine cocoes* 含有 lichexanthone (UV+)。但 *Pyxine berteriana* 无粉芽和裂芽，*Pyxine cocoes* 具粉芽，髓层白色，而本种具粉芽，髓层黄色。文献记载本种含有未知色素但有时很微量 (Elix，2009b；Kashiwadani，1977c)。

8. 17 云南黑盘衣　图版 XXV: 108

Pyxine yunnanensis M.X. Yang & L.S. Wang, in Yang, Wang, Liu, Zhang, Li, Yin, Scheidegger & Wang, MycoKeys **45**: 101, 2019.

Type: CHINA. Yunnan Province,Yongren Co., Lagu Vil., alt. 1050 m, on rock, 4 Dec. 2013, L. S. Wang et al. 13-41372 (holotype in KUN-L).

地衣体叶状，可达 7 cm 宽，较紧密着生于基物；裂片近放射状排列，不规则分裂，0.2-1.0 mm 宽，平坦至微凹，顶端略圆至近截形；上表面淡灰色至淡黄灰色，裂片顶部披稀薄粉霜或无粉霜，无粉芽和裂芽；髓层上部位黄色，下部位白色；下表面淡褐色至黑色，假根不明显，稀少至中度丰富，淡褐色至黑色。子囊盘众多，直径 0.2-0.8 mm，基部缢缩，盘面平坦至凸起，盘缘黑色，子实层 80-120 μm，子实下层淡褐色至褐色，内柄 (internal stipe) 白色，K-；孢子二胞，褐色，10-15 × 4-7 μm。

化学：上皮层 K+淡黄色，UV+；髓层 K-，C-；含有 lichexanthone、chloroatranorin (？)、zeorin 及未知萜类 (terpenes) 化合物。

基物：岩石。

研究标本 (保存在中国科学院昆明植物研究所标本馆-地衣部：KUN-L)：

云南，永胜县，仁和镇东江，海拔 1130 m，2013 年 12 月 7 日，王立松等 13-41413；沙湾村，海拔 1160 m，2013 年 12 月 7 日，王立松等 13-40643，13-40694，13-40686，

13-40641, 13-40684；丽江市，金安大桥东面，海拔 1310 m，2013 年 12 月 8 日，王立松等 13-40596。

国内记载：云南 (Yang et al.，2019)。

世界分布：中国特有种。

讨论：本种主要特征是石生，裂片狭窄，0.2-1.0 mm 宽，髓层上部位黄色，子囊盘小型，直径 0.2-0.8 mm，内柄 (internal stipe) 白色，上皮层 UV+，含有 lichexanthone。因此本种十分相似于 *Pyxine minuta*，但后者髓层白色，子囊盘无内柄或者不清晰。

未确定和未研究的分类单位

在中国地衣学文献中记载的某些种，由于未见到有关标本或只有个别标本而需进一步研究。因此目前既不能肯定也不能否定这些分类单位在中国大陆的分布。

1. 毛边雪花衣黑斑亚种

Anaptychia ciliaris subsp. **mamillata** (Taylor) D. Hawksw. & P. James, in Hawksworth, James & Coppins, Lichenologist **12**: 106, 1980.

≡ *Parmelia mamillata* Taylor, London J. Bot. **6**: 171, 1847. — *Anaptychia mamillata* (Taylor) D. Hawksw., Taxonomy and Ecology (London and New York): 38, 1973.

= *Anaptychia ciliaris* var. *melanosticta* (Ach.) Boistel, Nouv. Fl. Lich. **2.**: 49, 1903; Zahlbruckner, in Handel-Mazzetti, Symb. Sin. 3: 243, 1930; Wei, Enum. Lich. China: 23, 1991.

≡ *Parmelia ciliaris* var. *melanosticta* Ach., Method. Lich.: 255, 1803. — *Anaptychia ciliaris* f. *melanosticta* (Ach.) Harm. Lich. De France: 447, 1907; Kurokawa, Beih. Nova Hedwigia **6**: 14, 1962.

= *Anaptychia ciliaris* var. *saxicola* Nyl., Syn. Meth. Lich.**1**: 414, 1860; Moreau & Moreau, Rev. Bryol. Lichenol. **20**: 196, 1951. — *Parmelia ciliaris* var. *saxicola* (Nyl.) Jatta, Monogr, Lich. Ital. Merid.: 106, 1889; Jatta, Nuov. Giorn. Bot. Italiano, Ser. 2, **9**: 471, 1902.

Kurokawa (1962) 承认 *Anaptychia ciliaris* 有 4 个变型，其中包括 *Anaptychia ciliaris* f. *melanosticta*。这 4 个分类单位都被处理为 *A. ciliaris* 的异名 (Kurokawa，1973)。然而，Hawksworth 等 (1980) 将 *A. ciliaris* var. *melanosticta* 处理为 *Anaptychia ciliaris* subsp. *mamillata* (Taylor) D. Hawksw. & P. James 的异名。Zahlbruckner (1930)、Moreau 和 Moreau (1951) 以 *A. ciliaris* var. *melanosticta* 名称分别报道过这个分类单位在中国陕西和新疆有分布。Zahlbruckner 还指出，Jatta (1902) 记载的分布于陕西的 *Parmelia ciliaris* var. *saxicola* 是 *A. ciliaris* var. *melanosticta* 的异名。因此毛边雪花衣黑斑亚种 *A. ciliaris* subsp. *mamillata* 在中国仅由上述 Jatta (1902)、Zahlbruckner (1930)、Moreau 和 Moreau (1951) 3 位作者以有关异名报道过本分类单位。

2. 须哑铃孢

Heterodermia barbifera (Nyl.) K.P. Singh, Bull. Bot. Surv. India **21**: 221, 1981; Wei, Enum. Lich. China: 106, 1991.

≡ *Physcia barbifera* Nyl., Synops. Lich.**1**: 416, 1860; Hue, Bull. Soc Bot. France **34**: 23, 1887). — *Anaptychia barbifera* (Nyl.) Trevis., Flora **44**: 52, 1861; [as *Anaptychia* *barbifera* (Nyl.) Hue]: Zahlbruckner, in Handel-Mazzetti, Symb. Sin. 3: 243, 1930.

本种十分相似于 *Heterodermia podocarpa*，但本种裂片上表面有众多疣粒(verrucae)，缘毛型假根分枝稠密，形成垫状，分布于中美洲和南美洲 (Kurokawa，1962)。在中国仅由 Hue (1887) 以 *Physcia barbifera* Nyl.名称，Zahlbruckner (1930) 以 *A. barbifera* (Nyl.) Hue 名称基于云南标本报道过本种。历史上共有 3 位作者将 *Physcia barbifera* Nyl. 组合到哑铃孢属：*H barbifera* (Nyl.) K.P. Singh, Bull. Bot. Surv. India **21**: 221 (1981)，*Heterodermia barbifera* (Nyl.) W.A. Weber, Mycotaxon 13: 101 (1981)，*Heterodermia barbifera* (Nyl.) J.C. Wei, Enum. Lich. China: 106 (1991)。

3. 珊瑚哑铃孢

Heterodermia corallophora (Taylor) Skorepa, Bryologist **75** (4): 490, 1973.

≡ *Parmelia corallophora* Taylor, Lond. J. Bot. **6**: 164, 1847. — *Anaptychia corallophora* (Taylor) Vain., Acta Soc. Faun. Fl. Fenn. **7**: 135, 1890; Zahlbruckner, in Handel-Mazzetti, Symb. Sin. **3**: 243, 1930. — *Polyblastidium corallophora* (Taylor) Kalb, in Mongkolsuk, Meesim, Poengsungnoen, Buaruang, Schumm & Kalb, Phytotaxa **235**: 10, 2015.

本种具裂芽，无下皮层，中央部位紫黑色，顶部淡黄色，孢子为 Polyblastidia 型，含有 Atranorin、zeorin、未知色素；分布于中美洲、南美洲。Zahlbruckner (1930) 基于湖北标本以及 Zahlbruckner (1933) 和 Sato (1936a) 基于台湾标本以 *Anaptychia corallophora* 名称报道过本种。

4. 指哑铃孢

Heterodermia dactyliza (Nyl.) Swinscow & Krog, Lichenobgist **8**: 117, 1976; Wei, Enum. Lich. China: 108, 1991.

≡ *Physcia speciosa* var. *dactyliza* Nyl., Syn. Lich. **1**: 417, 1860.

= *Anaptychia speciosa* var. *lineariloba* Müll.Arg., Hedwigia **34**: 28, 1895; Zahlbruckner, in Handel-Mazzetti, Symb. Sin. 3: 242, 1930 — *Parmelia speciosa* var. *lineariloba* (Müll.Arg.) Jatta, Nuov. Giorn. Bot. Ital. Ser. 2, **9**: 471, 1902.

本种裂片主要为指状分裂，也存在短的侧生分枝，无下皮层，但下表面边缘具有明显下皮层。通常石生，分布于南美洲和非洲。Zahlbruckner (1930) 以 *Anaptychia speciosa* var. *lineariloba* 名称和 Jatta (1902) 基于陕西标本以异名 *Parmelia speciosa* var. *lineariloba* 名称报道过本种。*Heterodermia dactyliza* 相似于白腹哑铃孢 *H. hypoleuca*，但后者整个下表面无皮层，通常树生，主要分布于东亚和北美洲。

5. 鳞片哑铃孢

Heterodermia squamulosa (Degel.) W.L. Culb., Bryologist 69: 484, 1967.

≡ *Anaptychia squamulosa* Degel., Ark. Bot. **30**A (3): 76, 1942; Zhao, Xu & Sun, Prodr. Lich. Sin.: 139, 1982. — *Polyblastidium squamulosa* (Degel.) Kalb, in Mongkolsuk, Meesim, Poengsungnoen, Buaruang, Schumm & Kalb, Phytotaxa **235** (1): 49, 2015.

地衣体叶状，略圆形，可达 10 cm 宽，较紧密着生于基物；裂片近二叉和不规则分裂，亚线形延长，紧密相连至部分重叠，狭窄，约 1 mm 宽；上表面淡灰色、淡绿灰色，无粉芽和裂芽，具有小鳞片，多边缘生，也有表面生；髓层白色；下表面无皮层，灰白色，边缘生暗色假根，单一至羽状分枝。子囊盘表面生，直径 1-3 mm，孢子 Sporoblastidia 型，暗褐色，26-37 × 11-16 μm，含有 atranorin、zeorin。分布于美洲 (Kurokawa，1962；Moberg，2011)。在中国仅由赵继鼎等 (1982) 基于江西的 2 份标本报道。我们见到其中 1 份标本，裂片 1-4 (-5) mm 宽，显然不是鳞片哑铃孢，而且这份标本比较特殊，需要进一步研究。

6. 胶外蜈蚣叶

Hyperphyscia adglutinata (Flörke) H. Mayrhofer & Poelt, in Hafellner, Mayrhofer & Poelt, Herzogia **5**: 62, 1979; Wei, Enum. Lich. China: 114, 1991.

≡ *Lecanora adglutinata* Flörke, Deutsche Lich. 4: 7, 1819 — *Physcia adglutinata* (Flörke) Nyl., Mem. Soc. Imp. Sci. Nat. Cherbourg 5: 107, 1857; Nyl. & Crombie, J. Linn. Soc. London Bot. **20**: 62, 1883; Zahlbruckner, in Handel- Mazzetti, Symb. Sin. 3: 238, 1930 — *Physciopsis adglutinata* (Flörke) M.Choisy, Bull. Mens. Soc. Linn. Lyon 19: 20, 1950.

地衣体叶状，略圆形至不规则形，紧密贴于基物；裂片狭窄，宽度变化较大，通常 0.4-1 mm 宽，最宽可达 2 mm，顶端稍加宽；上表面淡灰绿色至橄榄色或褐色，粉芽堆主要表面生，小圆形，或弹坑状或近头状，粉芽颗粒状；髓层白色，个别局部 (髓层下半部位) 红色；下皮层不明显，边缘淡色，中央暗色，缺乏假根。子囊盘不常见，孢子双胞，Pachysporaria 型至 Physcia 型，18-23 × 8-11 μm；分生孢子 15-20×1 μm (Moberg，1987)。未检测出地衣物质，或含有微量 skyrin。

国内记载：云南 (Hue，1900；Zahlbruckner，1930)，上海 (Nylander and Crombie，1883；Zahlbruckner, 1930)，台湾 (Aptroot et al.，2002)。

世界分布：欧洲，东非 (Moberg，1977，1987)，北美洲 (Esslinger et al.，2012)，泰国，南美洲，澳大利亚 (Rogers，2011)。

7. 双裂金奥克衣

Oxnerella safavidiorum S.Y. Kondr., Zarei-Darki, Lőkös & Hur, in Kondratyuk, Lőkös, Kim, Kondratiuk, Jeong, Zarei-Darki & Hur, Acta Bot. Hungarica **56** (3-4): 388, 2014.

金奥克衣属 *Oxnerella* 目前是一个单种属，只包括一个种：双裂金奥克衣 (*Oxnerella safavidiorum*)。表型特征相似于 *Lecania* 中的某些种。阿尔古丽・加玛哈特和热衣木・马木提 (2020) 报道新疆有双裂金奥克衣分布。根据他们的描述，地衣体生于岩石，土黄色，裂片分散呈膨大的半球形，极薄，下地衣体与地衣体同色。子囊盘无柄，盘面黑色，盘缘与地衣体同色；子囊内 8-16 个孢子，孢子橄榄绿色至褐色，二胞，(9-) 13-15 × 7.5-10 μm。含有柔扁枝衣酸 (divaricatic acid)。

世界分布：伊朗 (阿尔古丽・加玛哈特和热衣木・马木提，2020)。我们未研究。

8. 密集黑蜈蚣叶

Phaeophyscia constipata (Norrl. & Nyl.) Moberg, Symb. Bot. Upsal. **22**(1): 33, 1977; Wei, Enum. Lich. China: 195, 1991; Abbas & Wu, Lich.Xinjiang: 110, 1998.

≡ *Physcia constipata* Norrl. & Nyl., Herb. Lich. Fenn. **5**: no. 218, 1882; Zhao, Xu & Sun, Prodr. Lich. Sin.:110, 1982.

本种的特征主要是地衣体常叶状至亚枝状，似丛簇，常疏松混生于石表藓层或地上，裂片延长，深裂，抬升，狭窄，通常 0.5-1.0 mm 宽，无粉芽和裂芽，裂片不断分裂，有点似小裂片，髓层白色，下表面淡白色至淡褐色，未检测出地衣物质。

分布于北美洲和欧洲。赵继鼎等 (1982) 基于 1 份四川标本以及阿不都拉・阿巴斯和吴继农(1998) 基于 1 份新疆标本报道过本种。

9. 红心黑蜈蚣叶

Phaeophyscia erythrocardia (Tuck.) Essl., Mycotaxon. **7**: 302, 1978; Wei, Enum. Lich. China: 196, 1991.

≡ *Physcia obscura* var. *erythrocardia* Tuck., Proc. Am. Acad. Arts Sci. **4**:399, 1860. — *Physcia ciliata* f. *erythrocardia* (Tuck.) Thoms., Beih. Nova Hedwigia **7**: 114, 1963; Zhao,Xu & Sun, Prodr. Lich. Sin.: 113, 1982. — *Physcia erythrocardia* (Tuck.) Kashiw., Ginkgoana **3**: 44, 1975.

裂片通常 0.5-2.0 mm 宽，无粉芽和裂芽，髓层橙红色，含有 skyrin，有时有微量 zeorin (Kashiwadani，1975)；子囊盘基部有时有假根，子囊孢子 Physcia 型，23-27 × 11-13 μm。本种相似于 *Phaeophyscia pyrrophora*，但后者的孢子为 Pachysporaria 型，缺乏 zeorin。另一个近似种 *Phaeophyscia endococcina* 也是髓层红色，明显含有 zeorin，而且石生，裂片狭窄，通常 0.5 mm 宽，而本种裂片 1-2.0 mm 宽，日本的标本可达 2.5 mm 宽 (Kashiwadani，1975)。

赵继鼎等(1982) 以 *Physcia ciliata* f. *erythrocardia* 名称报道本种；阿不都拉・阿巴斯和吴继农 (1998) 基于 1 份新疆标本报道本种。Moberg (1994) 将 *Phaeophyscia erythrocardia* 包括在 *Phaeophyscia endococcina* 之中 (原文是：*Phaeophyscia endococcina* incl. *P. decolor* and *P. erythrocardia*)。

10. 黑蜈蚣叶

Phaeophyscia nigricans (Flörke) Moberg, Symb. Bot. Upsal.**22** (1): 42, 1977; Wei, Enum. Lich. China:197, 1991 ; Abbas & Wu, Lich. Xinjiang : 111, 1998.

≡ *Lecanora nigricans* Flörke, Anmerkugen Funfte Liererung.: 10, 1819. — *Physcia nigricans* (Flörke) Stizenb., Ber. St. Gall. Naturw. Ges.1880-81: 329, 1882; Zhao,Xu & Sun, Prodr. Lich. Sin.: 115, 1982.

= *Physcia nigricans* var. *sciastrella* (Nyl.) Lynge, Rabenh. Krypt.-Fl. edn 2 (Leipzig), IX, **6** (1): 150, 1935; Magnusson, Lichens from Central Asia: 159, 1940.

地衣体疏松着生于基物，裂片狭窄，0.2-0.5 mm 宽，上表面灰褐色至暗褐色，裂芽边缘生并有时粉芽化，下表面淡灰色至淡褐色，未检测出地衣物质，分布于北美洲、欧洲。本种与暗裂芽黑蜈蚣叶 *Phaeophyscia sciastra* 均具有狭窄的裂片，边缘生裂芽，而且裂芽有粉芽化的趋势，但暗裂芽黑蜈蚣叶下表面为黑色，而本种下表面为灰色至淡褐色。

国内记载：北京 (赵继鼎等，1982)，江苏 (吴继农和钱之广，1989)，新疆 (Magnusson，1940；阿不都拉・阿巴斯和吴继农，1998)。

11. 圆叶黑蜈蚣叶

Phaeophyscia orbicularis (Neck.) Moberg, Symb. Bot. Upsal.**22**(1): 44, 1977; Wei, Enum. Lich. China: 197, 1991.

≡ *Lichen orbicularis* Neck., Deliciae Gallo-Belgic.**2**: 509, 1768. — *Physcia orbicularis* (Neck.) Poetsch, in Poetsch et Schiedermayr, System. Aufzahl. Samenlos, Pfl. : 247, 1872; Zhao, Xu & Sun, Prodr. Lich. Sin.: 113, 1982.

= *Physcia obscura* var. *virella* (Ach.) Nyl., Bull. Soc. Linn. Normand, Ser. 2, **6**: 317, 1872; Moreau & Moreau, Rev. Bryol. Lichenol.: 195, 1951.

= *Lichen virellus* Ach., Lich. Suec. Prodr.: 108, 1798. — *Parmelia obscura* var. *virella* (Ach) Schaer, Lich. Helvet. Spicil. Sect. **9**: 443, 1840; Jatta, Nuov. Giorn. Bot. Ital. Ser. 2, **9**: 472, 1902. — *Physcia virella* (Ach.) Flag., Rev. Mycol. **13**: 110, 1891; Zahlbruckner, in Handel-Mazzetti, Symb. Sin. 3: 239, 1930.

= *Physcia orbicularis* f. *hueana* (Harm.) Erichs.; Zhao, Xu & Sun, Prodr. Lich. Sin.: 114, 1982.

裂片 0.5-1.5 mm 宽，粉芽堆表面生，球形，或扩散呈不规则片状团块，粉芽相对精细而较少呈粗糙颗粒状，颜色变化较大，白色、淡黄绿色、微褐色，子囊盘基部常常有假根，下表面黑色，末端有时淡色。本种相似于 *Phaeophyscia ciliata*，但后者缺乏粉芽。

国内记载：北京 (Moreau and Moreau，1951；赵继鼎等，1982)，四川，贵州，浙江 (赵继鼎等，1982)，江苏 (Zahlbruckner，1930；吴继农和钱之广，1989)，云南 (赵继鼎等，1982)，陕西 (Jatta，1902；Zahlbruckner，1930；赵继鼎等，1982)。

世界分布：欧洲，南美洲 (Moberg，1994)，北美洲西部。

12. 羽根黑蜈蚣叶

Phaeophyscia squarrosa Kashiw., Bull. Natl. Sci. Mus., Tokyo, Ser. B, **10** (1): 47, 1984; Moberg, Nordic J. Bot.**15**: 331, 1995. Type: JAPAN. Hokkaido Prov. Tokachi, Mt. Tsurugi, alt. 450 m, on bark, H. Kashiwadani 7659 (holotype in TNS !).

地衣体叶状，多呈圆形，直径 3-5 cm，较紧密地着生于物上；裂片二叉或不规则分裂，约 2.0 mm 宽；上表面灰白色至灰绿色，平坦或下凹，顶端平圆；无粉芽、裂芽，有时边缘呈锯齿状，少数的发育成微小小裂片；髓层白色；下表面淡褐色至褐色，末端处浅白色，假根稠密，黑褐色至黑色，单一至羽状分枝。子囊盘基部有假根，孢子 Physcia 型或 Pachysporaria 型，22-27 × 10-13 μm (Kashiwadani，1984b；Moberg，1995)。

化学：地衣体 K-；髓层 K-；含有 zeorin，有时还含 leucotylin。

基物：树皮。

国内记载：云南 (Moberg，1995)。

世界分布：日本 (Kashiwadani，1984b)，俄罗斯远东地区 (Moberg，1995)。

讨论：我们通过对该种主模式标本 (Kashiwadani 7659) 的观察，地衣体无粉芽、裂芽，裂片边缘呈锯齿状，有的发育成小裂片；髓层白色；下表面淡褐色至褐色，假根单一和羽状分枝；果托基部具黑色假根。子囊孢子褐色，Physcia 型。TLC 结果表明其含有 zeorin 和微量的 leucotylin。Moberg (1995) 报道中国云南和俄罗斯远东地区的 *Phaeophyscia squarrosa* 时未记载含 leucotylin，并认为本种在黑蜈蚣叶属内处于孤立地位。但他对 *Phaeophyscia squarrosa* 的描述和提供的有关照片有大量的边缘生小裂片，有的似裂芽，与 Kashiwadani (1984b) 的原始描述和提供的照片存在不少差异。Moberg 还认为原先的 *Phaeophyscia imbricata* 应包括在 *Phaeophyscia squarrosa* 的概念之中。我们仍赞同 Kashiwadani (1984b) 的观点，本种的裂片边缘没有明显大量的小裂片。*Phaeophyscia imbricata* 有众多的半直立的小裂片，它与 *Phaeophyscia squarrosa* 是两个不同的种。由于 Moberg 认为 *Phaeophyscia imbricata* 应包括在 *Phaeophyscia squarrosa* 的概念之中，并未提及羽状分枝假根。Moberg 访问中国科学院微生物研究所地衣学研究组期间曾经鉴定为 *Phaeophyscia squarrosa* 的标本具有大量明显小裂片，也未见羽状分枝假根，我们认为这些标本属于 *Phaeophyscia imbricata*，但 *Phaeophyscia imbricata* 与 *Phaeophyscia squarrosa* 的关系需要进一步研究。

13. 大白蜈蚣衣普生变种

Physcia alba var. **obsessa** (Mont.) Lynge, Vids. Skr. **16**: 24, 1924; Zhao, Xu & Sun, Prodr. Lich. Sin.: 119, 1982; Wei, Enum. Lich. China: 199, 1991.

≡ *Physcia obsessa* Mont., Syllogie: 238, 1846.

= *Physcia integrata* var. *obssesa* Vain., Act. Soc. F. Fl. Fenn. **7**: 141, 1890; Zahlbruckner, in Feddes, Repert. Spec. Nov. Regni Veg. **33**: 67, 1933; Wei, Enum. Lich. China: 200, 1991.

大白蜈蚣衣 *Physcia alba* 无粉芽、裂芽和小裂片，下表面灰白色，地衣体和髓层 K+ 黄色，含有 atranorin 和 zeorin，目前只知分布于美洲。相似种 *Physcia stellaris* 的髓层 K-，不含 zeorin。大白蜈蚣衣原变种的裂片较狭窄，0.5-1.5 mm 宽，常下凹，而普生变种 var. *obsessa* 的裂片较宽 (1-3 mm 宽)，扁平。

在中国仅赵继鼎等 (1982) 基于云南的 1 份标本记载过大白蜈蚣衣普生变种。但赵继鼎等记载本变种标本的裂片仅约 0.5 mm 宽，髓层 K-，显然不是 *Physcia alba* var. *obsessa*。Zahlbruckner(1933)、Sato (1936b)、Asahina (1943)、Wang-Yang 和 Lai (1973) 等以本种的异名 *Physcia integrata* var. *obssesa* 记载台湾有本种分布。

14. 白粉蜈蚣衣

Physcia biziana (A. Massal.) Zahlbr., Osterr. Bot. Zeit. **51**: 349, 1901; Zhao, Xu & Sun, Prodr. Lich. Sin.: 98, 1982; Wei, Enum. Lich. China: 199, 1991.

≡ *Squuamaria biziana* A. Massal., Miscell. Lichnol.: 35, 1856.

地衣体叶状，略圆形或不规则扩展，2-4 cm 宽，稍紧密贴于基物；裂片不规则分裂，彼此紧密相连和部分重叠，顶端加宽，略圆，1-2.5 mm 宽，有时略抬升；上表面灰色至淡褐灰色，披浓厚的白色粉霜，无白斑，无粉芽和裂芽；髓层白色；下表面灰白色至淡褐色，假根与下表面同色，不超过 1 mm 长。子囊盘众多，无柄，直径 0.5-1.5 mm，盘缘完整或缺刻，盘面暗褐色至黑色，常披白色粉霜；子囊孢子双胞，褐色，Physcia 型，16-24 × 7-11 μm。

化学：上皮层 K+黄色；髓层 K-；含有 atranorin。

基物：树皮。

国内记载：云南 (赵继鼎等，1982)。

世界分布：欧洲，东非，北美洲，南美洲，澳大利亚 (Moberg，1994；Elix，2011a)。

本种的地衣裂片较宽阔，1-2.5 mm 宽，披浓厚的白霜，无粉芽和裂芽，髓层 K-，含有 atranorin，缺乏 zeorin。本种由于缺乏白斑，无粉芽和裂芽，髓层不含 zeorin 而相似于 *Physcia convexlla* 和 *Physcia stellaris*，但后面两个种的裂片狭窄，通常不超过 1 mm 宽，上表面无白霜。虽然 *Physcia alba* var. *obsessa* 的裂片 1-3 mm 宽，也无粉芽、裂芽和白斑，但它无白霜，髓层含有 zeorin。白粉蜈蚣衣在中国仅由赵继鼎等 (1982) 基于云南 1 份标本报道。

15. 珊瑚芽蜈蚣衣

Physcia clementei (Sm.) Lynge, Rabenh. Krypt.-Fl. 2nd edn, **9**: 93, 1935; Thomson, Beih. Nova Hedwigia **7**: 72, 1963; Zhao Xu & Sun, Prodr. Lich. Sin.: 104, 1982; Wei, Enum. Lich. China: 199, 1991.

≡ *Lichen clementi* Sm, in Smith & Sowerby, Engl. Bot. **25**: tab.1779, 1807.

= *Physcia clementiana* (Ach.) Kickx, Fl. Crypt. Flandres (Paris) 1: 226, 1867; Zahlbruckner, in Handl-Mazzetti, Symb. Sin. **3**: 238, 1930.

= *Physcia astroidea* Nyl., Act. Soc. Linn. Bordeaux **21**: 308, 1856; Hue, Bull. Soc. Bot. France **36**: 168, 1889.

地衣体叶状，略圆形或不规则扩展，1-2.5 cm 宽，稍紧密贴于基物；裂片不规则或近二叉分裂，狭窄，0.3-0.6 mm 宽，分离或紧密相连，顶端常平截或缺刻；上表面淡灰色至暗灰色，无白霜和白斑，有由疱状突体 (pustules) 和乳头状裂芽破裂和发育而成的颗粒状粉芽，常集合呈火山口状的粉芽堆；髓层白色；下表面灰白色至淡褐色，假根与下表面同色。文献记载孢子 15-22 × 7.5-10 μm (Thomson 1963)。

化学：上皮层 K+黄色；髓层 K+；含有 atranorin、有关萜类 (triterpenes) 物质，但缺乏 zeorin。

基物：树皮、岩石。

国内记载：云南 (Hue，1889；Zahlbruckner，1930)，陕西 (赵继鼎等，1982)，新疆 (阿不都拉・阿巴斯和吴继农，1998)。

世界分布：欧洲 (中部、南部地区)，美国西南地区，澳大利亚。

本种的地衣体较紧密贴于基物，裂片十分狭窄，0.3-0.6 mm 宽，上表面有许多疱状突体和瘤状裂芽，它们最终发育成颗粒状粉芽并形成火山口粉芽堆，上皮层 K+黄色，髓层 K+黄色，含有 atranorin 和萜类物质，但无 zeorin。

16. 皱波蜈蚣衣

Physcia crispa (Pers.) Nyl., Syn. Lich. 1: 423, 1860; Zahlbruckner, in Handel-Mazzetti, Symb. Sin. 3: 238, 1930; Wei, Enum. Lich. China: 200, 1991.

地衣体稍疏松着生于基物，裂片通常不超过 1.0 mm 宽，顶端微抬升，缺刻，粉芽多边缘生，颗粒状，有时似小裂芽，下表面灰白色，但为假薄壁组织，孢子 17-23 × 7.5-12 μm (Moberg，1986)。

化学：上皮层 K+黄色；髓层 K+；含有 atranorin。

国内记载：上海，广东 (Rabenhorst，1873；Krempelhuber，1873，1874；Zahlbruckner，1930)，香港 (Aptroot and Seaward，1999)。

世界分布：东非，南美洲，北美洲西南部，澳大利亚，南太平洋 (Moberg，1986，1990；Elix，2011b)。

17. 下黑蜈蚣衣

Physcia integrata Nyl., Syn. Meth. Lich.: 424, 1860; Zhao Xu & Sun, Prodr. Lich. Sin.: 107, 1982; Wei, Enum. Lich. China: 200, 1991.

地衣体略圆形或不规则，稍紧密至较疏松着生于基物；裂片间紧密相连至部分重叠，0.5-1.5 mm 宽，顶端略圆，边缘缺刻至小裂片状；上表面常白灰色，有时具白斑和粉霜，无粉芽和裂芽；髓层白色；上、下皮层均由假薄壁组织构成；下表面黑色，顶部淡色；假根丰富，黑色。子囊盘常见，盘缘完整，盘面暗褐色，孢子 Pachysporaria 型，17-26 × 6-9 μm。

化学：上皮层 K+黄色；髓层 K+黄色；含有 atranorin、zeorin。

基物：树皮、岩石。

国内记载：河南，云南 (赵继鼎等，1982)，香港 (Aptroot and Seaward，1999)。

世界分布：东非，美国西南部，墨西哥，南美洲，澳大利亚。

讨论：本种相似于 *Physcia aipolia*，但后者总是有明显白斑，下表面灰白色至褐色，本种只有时具白斑，下表面黑色。本种原变型在中国大陆仅由赵继鼎等 (1982) 报道。但他们引证的 3 份标本是属于黑蜈蚣叶属 *Phaeophyscia* 的种。Aptroot 和 Seaward (1999) 记载香港有本种分布。中国地衣学文献中记载的名称 *Physcia integrata* var. *obsessa* 是 *Physcia alba* var. *obsessa* 的异名。

18. 小暗蜈蚣衣

Physcia obscurella Müll. Arg., Proce. Roy. Soc. Edinburgh **11**: 459, 1882; Magnusson, Lich. Centr. Asia. Part II: 59, 1944; Wei, Enum. Lich. China : 201, 1991.

Magnusson 于 1944 年记载内蒙古有本种分布 (见 Wei，1991)。但 Moberg (1994) 列出的当时被接受的蜈蚣衣属地衣名录中没有名称 *Physcia obscurella* Müll. Arg.。我们未能进行考证。

19. 狭叶蜈蚣衣

Physcia stenophyllina (Jatta) Zahlbr., in Handi-Mazzetti, Symb. Sin. **3:** 238, 1930; Zhao Xu & Sun, Prodr. Lich. Sin.: 100, 1982; Wei, Enum. Lich. China : 202, 1991.

≡ *Parmelia stenophyllina* Jatta, Nuov. Giorn. Bot. Italiano Ser. 2, **9**: 473, 1902. Type locality: Shaanxi, Giraldi from Mt. Guangton shan.

地衣体较紧密贴于基物，裂片亚羽状至不规则分裂，顶端稍加宽微扇形，边缘缺刻近齿裂，无粉芽和裂芽。Jatta (1902) 记载上表面白色，没有描述裂片宽度及下表面颜色，有黑色假根，孢子褐色，椭圆形，一隔双胞，13-20 × 7-8 μm。赵继鼎等 (1982) 记载裂片狭窄，0.2-0.5 mm 宽，上表面淡褐色或淡灰褐色，下表面淡褐色及同色假根，孢子 18-23 × 9-12 μm。Moberg (1994) 列出的被接受的蜈蚣衣属 50 余个种名中没有狭叶蜈蚣衣 *Physcia stenophyllina* 这一名称。

20. 美洲大孢衣

Physconia americana Essl., Mycotaxon **51**: 91, 1994; Ren, Sun and Zhao, Mycosystema **28**: 104. 2009.

美洲大孢衣地衣体缺乏粉芽和裂芽，但中央部位的裂片边缘有时生有小裂片，上皮层为假薄壁组织，上表面淡灰褐色，有时末端有粉霜，髓层白色，未检测出地衣物质。相似种 *Physconia distorta* 和 *Physconia hokkaidensis* 的上皮层为假厚壁粘合密丝组织，而且 *Physconia distorta* 缺乏小裂片，*Physconia hokkaidensis* 裂片边缘总是生有较多小裂片。任强等 (Ren et al., 2009) 基于太白山 1 份标本报道过美洲大孢衣。

21. 北美大孢衣

Physconia elegantula Essl., Mycotaxon **51**: 92,1994.

北美大孢衣最显著的鉴别特征是具有柱状的裂芽并可发育呈珊瑚状以及淡褐色的下表面，分布于北美洲 (Esslinger，1994)。在中国仅由赵遵田等 (Zhao et al., 2008) 报道陕西有本种分布。

22. 黄髓大孢衣

Physconia enteroxantha (Nyl.) Poelt, Nova Hedwigia **12**: 1251, 966; Wei, Enum. Lich. China: 204, 1991.

≡ *Physcia enteroxantha* Nyl., Flora **56**: 196, 1873; Zhao, Xu & Sun, Prodr. Lich. Sin.: 117, 1982.

= *Parmelia cycloselis* var. *lithotea* Ach., Method. Lich.: 199, 1803 — *Physcia lithotea* (Ach.) Nyl., Flora, **60**: 354, 1877; Zahlbruckner, in Hander-Mazzeii, Symb. Sin. 3: 239, 1930.

上表面灰褐色，具白霜，粉芽多边缘生，线形至唇形，有时也表面生，粉芽常常颗粒状，淡黄色，或变暗色，上皮层为假薄壁组织，髓层淡黄色，假根羽状分枝；髓层 K+黄色，含有 secalonic acid A。分布于欧洲、北美洲和东亚 (Moberg，1994)。

本种在中国仅由赵继鼎等 (1982) 基于浙江 1 份标本以 *Physcia enteroxantha* Nyl. 名称报道。Zahlbruckner (1930) 基于四川的 1 份标本以 *Physcia lithotea* (Ach.) Nyl. 名

称报道。根据 Index Fungurum，*Physcia lithotea* 是 *Physconia enteroxantha* (Nyl.) Poelt 的异名。

23. 灰色大孢衣

Physconia grisea (Lam.) Poelt, Nova Hedwigia **9**: 30, 1965; Wei, Enum. Lich. China: 204, 1991.

≡ *Lichen griseus* Lam., Encycl. Méth. Bot. (Paris) **3** (2): 480, 1789. — *Physcia grisea* (Lam.) Zahlbr., Ann. Naturh. Hofmus. Wien **26**: 177, 1912; Zhao, Xu & Sun, Prodr. Lich. Sin.: 116, 1982.

= *Physcia farrea* (Ach.) Vain., Medd. Soc. F. Fl. Fenn. 6: 132, 1881; Zhao, Xu & Sun, Prodr. Lich. Sin.: 116, 1982.

= *Physcia grisea* var. *pityrea* (Ach.) Flag., Revue Mycol.**13**: 110, 1891; Zahlbruckner, in Handi-Mazzetti, Symb. Sin.3: 239, 1930.

= *Parmelia pulverulenta* var. *pityrea* Sprgl., Flora Halens. Edit.2: 527, 1832; Jatta, Nuov. Giorn. Bot. Italiano Ser. 2, **9**: 472, 1902.

= *Physcia pulverulenta* var. *pityrea* Nyl., Act. Soc. Linn. Bordeaux 21: 30b, 1856; Tchou, Contr. Inst. Bot. Natl. Acad. Peiping **3**: 313, 1935.

[= *Physcia farrea* var. *algeriensis* f. *ornata* Hue; Moreau & Moreau, Rev. Bryol. Lichenol. 20: 195, 1951.]

灰色大孢衣具颗粒状粉芽，似裂芽，多生于地衣体中央部位的裂片边缘或扩散至表面。它区别于大孢衣属其他所有种的特征包括：① 下表面灰白色，中央部位略淡褐色而不呈黑色；② 假根单一不分枝，或顶部稍有分枝，通常淡色，而不像本属其他种的假根呈明显羽状分枝，黑色；③ 含有几种不同于其他种的未知地衣物质。Kashiwadani (1975) 基于这些特征将本种作为蜈蚣衣属中的 1 个组 (section of *Physcia*)。Moberg (1977) 将本种处理为大孢衣属 *Physconia* 中的 1 个组。目前的研究包括分子形态学研究支持本种是 *Physconia* 的成员，但处于孤立地位。分布于北美洲和欧洲 (Moberg，1977，1994)。

国内记载：河北 (朱彦承，1935；赵继鼎等，1982)，北京，河南，江西 (赵继鼎等，1982)，陕西 (Jatta，1902；Zahlbruckner，1930；Moreau and Moreau，1951)，安徽，浙江 (吴继农和钱之广，1989)，新疆 (阿不都拉・阿巴斯和吴继农，1998)。赵继鼎等的标本被重新鉴定为 *Phsconia leucoleiptes*。

24. 甘肃大孢衣

Physconia kansuensis (H. Magn.) J.N. Wu, A. Abas & Jiang, J. Nanjing Normal Univ. (Nat. Sci. Edn.) Suppl.**16**: 77, 1993; A. Abas & J.N. Wu, Lich. Xinjiang: 118, 1998.

≡ *Physcia kansuensis* H. Magn., Lich. Centr. Asia 1:157, 1940; Zhao Xu & Sun, Prodr. Lich. Sin.: 102, 1982; Wei, Enum. Lich. China : 201, 1991. Type: CHINA. Gansu, Bohlin no. 59 in S (not seen).

甘肃大孢衣无粉芽无裂芽，区别于大孢衣属其他无粉芽无裂芽种的特征是甘肃大孢衣的下表面呈灰白色而不是暗褐色至黑色。文献记载本种分布于甘肃、青海、新疆(Magnusson，1940；赵继鼎等，1982；阿不都拉·阿巴斯和吴继农，1998)。

25. 亚灰色大孢衣

Physconia perisidiosa (Erichs.) Moberg, Symb. Bot. Upsal. **22** (1): 90, 1977; Wei, Enum. Lich. China: 204, 1991.

≡ *Physcia perisidiosa* Erichs., Verh. Bot. Ver. Prov. Brandenb. **72**: 57, 1930.

亚灰色大孢衣的明显特征是具粉芽，下表面顶端部位缺乏皮层，灰白色，中央部位黑色，假根黑色，羽状分枝，未检测出地衣物质。

过去仅赵继鼎等 (1982) 基于河北标本记载过名称 *Physcia farrea* 并称之为“亚灰色大孢衣”。Moberg (1977) 认为 *Physcia farrea* (Ach.) Vain 是 *Physconia grisea* (Lam.) Poelt 的异名。赵继鼎等引证的河北的那份标本 (郝景盛 2139) 被我们重新鉴定为 *Physconia leucoleiptes* (Tuck.) Essl.。阿不都拉·阿巴斯和吴继农 (1998) 基于新疆标本报道过亚灰色大孢衣 *Physconia perisidiosa*，我们未见标本。

26. 雅致大孢衣

Physconia venusta (Ach.) Poelt, Nova Hedwigia **12**: 130, 1966; Wei, Enum. Lich. China: 205, 1991.

≡ *Parmelia venusta* Ach., Method. Lich.: 211, 1803. — *Physcia pulverulenta* var. *venusta* (Ach.) Nyl., Act. Soc. Linn. Brordeaux **21**: 308, 1856; Tchou, Contr. Inst. Bot. Natl. Acad. Peiping **3** (6): 313, 1935.

雅致大孢衣是欧洲地中海地区的一个种 (Otte et al., 2002)。本种在中国仅由朱彦丞 (Tchou, 1935) 基于陕西 1 份标本以本种异名 *Physcia pulverulenta* var. *venusta* 报道。但这份标本实为大孢衣 *Physconia distorta*，并非雅致大孢衣 *Physconia venusta* (Chen and Hu，2003)。赵遵田等 (Zhao et al., 2008) 记载陕西秦岭有 *Physconia venusta* 分布。

27. 小孢黑盘衣

Pyxine microspora Vain., Philipp. J. Sci., sect.C, **8**: 110, 1913; Zahlbruckner, in Handel-Mazzetti, Symb. Sin.3: 235, 1930; Wei, Enum. Lich. China: 217, 1991.

本种裂片十分狭窄，0.3-0.7 (-1.0) mm 宽，假杯点边缘生和表面生，不规则，有时不是很明显，无粉芽和裂芽，髓层白色，孢子较小，10-15 × 5-8 μm，上皮层 K-，UV+ 黄色，髓层 K-，含有 lichexanthone 及某些萜类物质。文献记载本种在中国分布于云南和四川(Zahlbruckner，1930)、西藏 (Obermayer and Kalb，2010)。

Pyxine microspora 与 *Pyxine minuta* 和 *Pyxine pyxinoides* 非常相似，容易混淆。Awasthi (1982) 与 Rogers (1986) 处理 *Pyxine microspora* 为 *Pyxine minuta* 的异名。但 Elix (2009b)报道澳大利亚的黑盘衣属地衣时，将 *Pyxine microspora* 视为一个独立的种，而未记载 *Pyxine minuta*。根据 Index Fungorum，*Pyxine microspora* 是 *Pyxine pyxinoides* (Mull. Arg.) Kalb 的异名。这些种之间的关系须进一步研究。

28. 白髓黑盘衣

Pyxine petricola Nyl., in Crombie, J. Bot. Lond. **14**: 263, 1876; Wei, Enum. Lich. China: 217, 1991.

= *Pyxine meissneri* var. *endoleuca* Müll. Arg., Flora **62**: 290, 1879. — *Pyxine endoleuca* (Müll. Arg.) Vain., Hedwigia **37**: 42, 1896; Hue, Nouv. Arch. Mus. Hist. Nat. Paris, Ser. 4, **2**: 82, 1900; Zahlbruckner, in Handel- Mazzetti, Symb. Sin.3: 235, 1930.

本种由于缺乏粉芽、裂芽和疱状突体，上皮层 UV+黄色，髓层白色等特征相似于小孢黑盘衣 *Pyxine microspora*，但本种的裂片较宽，0.5-1.5 mm 宽，孢子稍大，15-22× 6-8 μm。而小孢黑盘衣的裂片常常约 0.5 mm 宽，孢子 10-15 × 6-8 μm。光面黑盘衣 *Pyxine berteriana* 具有白髓黑盘衣和小孢黑盘衣的基本特征，但光面黑盘衣的髓层黄色而不是白色。

在中国，Hue (1900) 和 Zahlbruckner (1930) 基于云南标本以本种异名 *Pyxine endoleuca* 报道过白髓黑盘衣。

被排除的分类单位

1. 密果黑囊基衣

Dirinaria confusa D.D. Awasthi, Bull. Soc. Bot. Fr. **121** (7-8): 56, 1975.

密果黑囊基衣 *D. confusa* 无粉芽和裂芽，含 sekikaic acid；*D. confluens* 无粉芽和裂芽，含 divaricatic acid；而 *D. aegialita* 具疱状突体粉芽，含 divaricatic acid。《中国地衣综览》(Wei，1991) 将 *Dirinaria aegialita* 作为 *Dirinaria confusa* 的异名。目前东非 (Swinscow and Krog, 1978)以及北美洲、日本、澳大利亚等地区的地衣名录都将 *D. aegialita* 作为一个独立的种而不是 *D. confusa* 的异名。*D. confusa* 是 Awasthi 1975 年描述和命名的 1 个种。中国地衣学文献中没有作者直接报道过 *D. confusa* 这一名称，如 Zahlbruckner (1930)、赵继鼎等 (1982) 都是以 *Dirinaria aegialita* 名称记载的。魏江春等 (2013) 在报道海南地衣记载 *D. confusa* 时引证了一份标本，经过检查，这份标本实为 *Dirinaria aegialita*，而不是 *D. confusa*。

2. 裂芽黑囊基衣

Dirinaria papillulifera (Nyl.) D.D. Awasthi, Bryologist **67**:369, 1964; Wei, Enum. Lich. China: 91, 1991.

≡ *Physcia papillulifera* Nyl., Expos. Synopt. Pyrenocarp.: 42, 1858; Acta Soc. Sci. Fenn.**26**: 9, 1900 (lapsu *papillifera*).

= *Physcia picta* f. *isidiophora* Nyl., Flora **50**: 3 (1867) (lapsu *isidiifera*); Awasthi, J. Indian Bot. Soc. **39**: 9, 1960; Zhao, Xu & Sun, Prodr. Lich. Sin.: 121, 1982.

本种具裂芽，易与本属的中国其他种区别。在中国仅由赵继鼎等 (1982) 基于湖北的标本以本种异名 *Physcia picta* f. *isidiifera* (= *Dirinaria papillulifera*) 报道，但他所引标本并非本种而是 *Dirinaria aegialita*。目前我们尚未见到中国的裂芽黑囊基衣。

3. 扁平黑囊基衣黄髓变种

Dirinaria applanata var. **endochroma** (H. Magn. & D.D. Awasthi) D.D. Awasthi, J. Indian Bot. Soc. **49**: 135, 1970.

≡ *Physcia picta* var. *endochroma* H. Magn. & D.D. Awasthi, in Awasthi, J. Indian Bot. Soc. **39** : 8, 1960; Zhao, Xu and Sun, Prodr. Lich. Sin.:121, 1982.

这个分类单位在中国仅赵继鼎等 (1982) 记载，但他们的报道系错误鉴定，其引证的标本巴良斯基 1031 实为 *Pyxine sorediata*。

4. 白哑铃孢

Heterodermia albicans (Pers.) Swinscow & Krog, Lichenologist **8**: 113, 1976; Wei, Enum. Lich. China: 106, 1991.

≡ *Parmelia albicans* Pers., Annal. Wetter. **2**: 17, 1811. — *Physcia albicans* (Pers.) J.W. Thomson, Beih. Nova Hedwigia **7**: 88, 1963; Zhao, Xu & Sun, Prodr. Lich. Sin.:106, 1982.

本种具边缘生线形粉芽堆，下表面具皮层，孢子无小芽孢。Swinscow 和 Krog (1976) 用 TLC 方法测定本种的主模式含有 atranorin、zeorin、salazinic acid 及未知物质。但 Thomson (1963) 记载本种含有 norstictic acid 而不是 salazinic acid 可能有误。白哑铃孢相似于拟哑铃孢 *H. pseudospeciosa* 和哑铃孢 *H. speciosa*，它们具粉芽，下表面有皮层，以及相似的孢子类型 (孢子无小芽孢)。但 *H. albicans* 的粉芽边缘生，呈枕状而不是唇形粉芽堆；在化学上，*H. albicans* 含有 atranorin、zeorin、salazinic acid，以及未知物，而 *H. pseudospeciosa* 多一个重要成分 norstictic acid；*H. speciosa* 缺少 norstictic acid 和 salazinic acid。赵继鼎等 (1982) 以本种异名 *Physcia albicans* (Pers.) J.W. Thoms.名称报道过白哑铃孢。但他们记载髓层 K-。而含有 norstictic acid 或者含有 salazinic acid 的标本都是髓层 K+黄色转红色或直接为红色。我们见到赵继鼎等引证的某些标本，下表面黑色，顶端淡褐色，假根众多，地衣体 K-，实为黑蝾螈叶属 *Phaeophyscia* 中的种。

5. 刺哑铃孢

Heterodermia erinacea (Ach.) W.A. Weber, in Egan, Bryologist **90**: 163, 1987; Wei, Enum. Lich. China: 109, 1991.

≡ *Lichen erinaceus* Ach., Lich. Univ.: 499 (1810). — *Anaptychia erinacea* (Ach.) Trevis., Flora **44**: 52, 1861 ; Zhao, Xu & Sun, Prodr. Lich. Sin.: 126 , 1982.

地衣体较疏松着生于基物，裂片亚线形延长，分离，0.5-1.5 (-2) mm 宽，顶端抬升，上表面无粉芽、裂芽和小裂片，下表面无皮层，白色，边缘生缘毛型假根，2-6 mm 长，灰白色，顶部变暗；子囊盘表面生，具短柄，孢子厚壁，双胞，无小芽孢，18-24 × 8-11 μm；含有 atranorin、zeorin。在中国仅由赵继鼎等 (1982) 基于 2 份标本记载本种在广西有分布。但这 2 份标本被重新鉴定为透明哑铃孢 *Heterodermia pellucida*。

6. 颗粒哑铃孢

Heterodermia granulifera (Ach.) W.L. Culb., Bryologist **69**: 482, 1967; Wei, Enum. Lich. China: 109, 1991.

≡ *Parmelia granulifera* Ach. Syn. Meth. Lich.: 212, 1814. — *Anaptychia granulifera* (Ach.) A.Massal., Memor Lichenogr: 41, 1853; Zhao, Xu & Sun, Prodr. Lich. Sin.: 132, 1982.

本种相似于 *Heterodermia isidiophora*，但本种地衣体通常有白霜，裂芽常常颗粒状，髓层含有 salazinic acid。在中国仅由赵继鼎等 (1982) 基于江西和广西的 3 份标本以 *Anaptychia granulifera* 名称报道本种。这 3 份标本被我们重新鉴定为裂芽哑铃孢 *H. isidiophora*，而不是颗粒哑铃孢 *H. granulifera*。

7. 黑腹雪花衣

Anaptychia wrightii (Tuck.) Zahlbr., Cat. Lich. Univ. **7**: 743, 1931; Zhao, Xu & Sun, Prodr.

Lich. Sin.: 132, 1982.

≡ ***Physcia*** *wrightii* Tuck., Amer. J. Sci. Arts & Sci., Ser. 2, **28**: 204, 1859.

Kurokawa (1962，1973) 的有关雪花衣属地衣的专门研究中未提及 *Anaptychia wrightii* (Tuck.) Zahlbr.名称。在中国仅由赵继鼎等 (1982) 记载过这个名称，但引证的标本实为 *Anaptychia diademata* (≡ *Heterodermia diademata*)。

中国各地区蜈蚣衣科地衣名录

说明：+ 表示仅本卷记载，即该地区首次记载；(+) 表示仅文献记载；(+) + 表示文献和本卷均有记载

北京

Heterodermia firmula +
Heterodermia speciosa +
Phaeophyscia chloantha (+) +
Phaeophyscia denigrata (+) +
Phaeophyscia endococcina (+) +
Phaeophyscia exornatula +
Phaeophyscia hirtella +
Phaeophyscia hirtuosa (+) +
Phaeophyscia hispidula (+) +
Phaeophyscia melanchra +
Phaeophyscia nigricans (+)
Phaeophyscia orbicularis (+)
Phaeophyscia sciastra (+) +
Physcia aipolia (+) +
Physcia caesia (+) +
Physcia dubia (+)
Physcia phaea (+)
Physcia stellaris (+) +
Physcia tribacia (+)
Physconia chinensis +
Physconia detersa (+) +
Physconia distorta (+) +
Physconia grisea (+)
Physconia leucoleiptes (+) +
Pyxine endochrysina (+) +

河北

Anaptychia ciliaris (+) +
Anaptychia isidiata +
Anaptychia palmulata (+)
Anaptychia runcinata (+)
Heterodermia diademata +
Heterodermia firmula (+)
Heterodermia hypoleuca (+)
Heterodermia speciosa (+) +
Phaeophyscia chloantha +
Phaeophyscia ciliata (+)
Phaeophyscia denigrata (+) +
Phaeophyscia endococcina (+)
Phaeophyscia exornatula (+) +
Phaeophyscia hirtuosa (+) +
Phaeophyscia hispidula (+) +
Phaeophyscia imbricata +
Phaeophyscia primaria (+) +
Phaeophyscia rubropulchra +
Physcia aipolia (+) +
Physcia caesia +
Physcia phaea +
Physcia semipinnata (+)
Physcia stellaris (+) +
Physcia tribacia +
Physconia grisea (+)
Physconia grumosa (+) +
Physconia leucoleiptes +

山西

Phaeophyscia denigrata (+)
Phaeophyscia hirtuosa +

Physcia aipolia +
Physcia caesia (+)
Physcia stellaris (+)
Physcia stenophyllina (+)
Physconia hokkaidensis +
Physconia muscigena (+)

内蒙古

Anaptychia isidiata (+) +
Heterodermia diademata +
Heterodermia hypoleuca +
Heterodermia japonica +
Heterodermia speciosa +
Phaeophyscia ciliata (+) +
Phaeophyscia denigrata (+) +
Phaeophyscia exornatula +
Phaeophyscia hirtella +
Phaeophyscia hirtuosa +
Phaeophyscia hispidula +
Phaeophyscia melanchra +
Phaeophyscia primaria +
Phaeophyscia rubropulchra +
Phaeophyscia sciastra (+) +
Physcia adscendens +
Physcia aipolia +
Physcia caesia +
Physcia obscurella (+)
Physcia phaea +
Physcia stellaris +
Physcia tribacia +
Physconia detersa (+) +
Physconia distorta (+) +
Physconia grumosa (+) +
Physconia hokkaidensis (+)
Physconia leucoleiptes +
Physconia muscigena +

辽宁

Anaptychia isidiata (+) +
Heterodermia diademata +
Heterodermia hypoleuca (+) +
Heterodermia microphylla (+)
Heterodermia pseudospeciosa (+)+
Heterodermia speciosa +
Phaeophyscia denigrata (+) +
Phaeophyscia hirtuosa +
Physcia aipolia +
Physcia stellaris +
Physconia chinensis (+)
Physconia hokkaidensis (+)
Physconia leucoleiptes (+) +

吉林

Anaptychia isidiata (+) +
Anaptychia palmulata (+) +
Heterodermia boryi (+) +
Heterodermia diademata (+) +
Heterodermia hypoleuca (+) +
Heterodermia isidiophora +
Heterodermia japonica +
Heterodermia microphylla (+) +
Heterodermia neglecta (+) +
Heterodermia obscurata (+) +
Heterodermia pacifica (+) +
Heterodermia pseudospeciosa +
Heterodermia speciosa +
Heterodermia subascendens +
Phaeophyscia adiastola +
Phaeophyscia denigrata +
Phaeophyscia exornatula +
Phaeophyscia hirtella +
Phaeophyscia hirtuosa +
Phaeophyscia hispidula +
Phaeophyscia imbricata +
Phaeophyscia melanchra +
Phaeophyscia primaria +
Phaeophyscia pyrrhophora +
Phaeophyscia rubropulchra +
Physcia aipolia +

Physcia albinea +
Physcia caesia +
Physcia dubia +
Physcia stellaris (+) +
Physcia tribacoides +
Physconia chinensis (+) +
Physconia detersa (+) +
Physconia distorta (+) +
Physconia grumosa (+) +
Physconia hokkaidensis (+) +
Physconia kurokawae (+) +
Physconia leucoleiptes +
Physconia lobulifera (+) +
Physconia muscigena (+) +
Pyxine endochrysina (+)
Pyxine limbulata (+) +
Pyxine sorediata (+) +

黑龙江

Anaptychia isidiata (+) +
Anaptychia palmulata (+) +
Heterodermia boryi (+) +
Heterodermia diademata +
Heterodermia hypoleuca (+) +
Heterodermia isidiophora +
Heterodermia japonica (+) +
Heterodermia microphylla (+) +
Heterodermia neglecta (+) +
Heterodermia obscurata (+) +
Heterodermia pacifica (+) +
Heterodermia podocarpa (+) +
Heterodermia speciosa (+) +
Phaeophyscia chloantha +
Phaeophyscia denigrata (+)
Phaeophyscia exornatula +
Phaeophyscia hirtuosa (+) +
Phaeophyscia hispidula (+) +
Phaeophyscia imbricata +
Phaeophyscia melanchra +
Phaeophyscia primaria +
Phaeophyscia rubropulchra (+) +
Phaeophyscia sciastra (+)
Physcia aipolia (+) +
Physcia caesia +
Physcia dubia +
Physcia phaea (+) +
Physcia stellaris +
Physconia detersa +
Physconia distorta (+) +
Physconia grumosa (+) +
Physconia hokkaidensis (+) +
Physconia kurokawae +
Physconia leucoleiptes (+) +
Pyxine endochrysina (+)
Pyxine limbulata (+) +
Pyxine sorediata (+) +

上海

Dirinaria applanata (+)
Dirinaria picta (+)
Hyperphyscia adglutinata (+)
Phaeophyscia exornatula +
Phaeophyscia hirtuosa (+)
Phaeophyscia hispidula (+)
Phaeophyscia melanchra +
Phaeophyscia rubropulchra +
Physcia crispa (+)
Physcia stellaris (+)
Physcia tribacoides (+)

江苏

Dirinaria applanata (+)
Dirinaria picta (+)
Heterodermia diademata (+)
Heterodermia isidiophora (+)
Phaeophyscia hirtuosa (+)
Phaeophyscia nigricans (+)
Phaeophyscia orbicularis (+)
Phaeophyscia sciastra (+)

Physcia aipolia (+)
Physcia stellaris (+)
Physcia tribacia (+)
Physcia tribacoides (+)
Pyxine endochrysina (+)
Pyxine sorediata (+)
Physconia enteroxantha (+)
Physconia grisea (+)
Pyxine endochrysina (+) +
Pyxine limbulata (+) +
Pyxine sorediata (+) +
Pyxine subcinerea (+) +

浙江

Anaptychia ciliaris (+)
Anaptychia isidiata (+)
Anaptychia palmulata (+) +
Dirinaria applanata (+)
Heterodermia dendritica (+)
Heterodermia diademata +
Heterodermia dissecta (+)
Heterodermia firmula (+)
Heterodermia flabellata (+)
Heterodermia hypochraea (+)
Heterodermia hypoleuca (+) +
Heterodermia japonica (+)
Heterodermia microphylla (+)
Heterodermia obscurata (+) +
Heterodermia pacifica (+) +
Heterodermia pseudospeciosa +
Heterodermia speciosa (+)
Heterodermia subascendens (+)
Phaeophyscia ciliata (+)
Phaeophyscia endococcina (+)
Phaeophyscia hirtuosa (+) +
Phaeophyscia hispidula +
Phaeophyscia orbicularis (+)
Phaeophyscia primaria (+) +
Phaeophyscia pyrrhophora +
Phaeophyscia rubropulchra (+)
Physcia caesia (+)
Physcia phaea (+)
Physcia semipinnata (+)
Physcia stellaris (+)
Physcia tribacoides (+)

安徽

Anaptychia isidiata (+) +
Anaptychia palmulata (+) +
Heterodermia boryi (+) +
Heterodermia dendritica (+) +
Heterodermia diademata (+) +
Heterodermia dissecta (+)
Heterodermia firmula (+)
Heterodermia flabellata (+)
Heterodermia hypocaesia (+)
Heterodermia hypochraea (+) +
Heterodermia hypoleuca (+) +
Heterodermia isidiophora (+) +
Heterodermia japonica (+) +
Heterodermia microphylla (+)
Heterodermia neglecta (+)
Heterodermia obscurata (+) +
Heterodermia pellucida (+) +
Heterodermia pseudospeciosa (+) +
Heterodermia rubescens +
Heterodermia speciosa (+) +
Heterodermia subascendens (+) +
Phaeophyscia ciliata (+)
Phaeophyscia endococcina (+)
Phaeophyscia erythrocardia (+)
Phaeophyscia exornatula +
Phaeophyscia hirtuosa (+)
Phaeophyscia primaria (+) +
Phaeophyscia pyrrhophora +
Physcia phaea (+)
Physcia stellaris (+)
Physconia grisea (+)

Physconia grumosa (+) +
Pyxine endochrysina (+) +
Pyxine sorediata (+) +

福建

Anaptychia isidiata (+)
Anaptychia palmulata (+)
Dirinaria aegialita (+)
Dirinaria applanata (+) +
Dirinaria picta (+)
Heterodermia comosa (+) +
Heterodermia dendritica (+) +
Heterodermia diademata (+) +
Heterodermia dissecta (+) +
Heterodermia firmula (+) +
Heterodermia flabellata (+)
Heterodermia galactophylla +
Heterodermia hypocaesia (+)
Heterodermia hypochraea (+)
Heterodermia hypoleuca (+)
Heterodermia isidiophora (+) +
Heterodermia japonica (+) +
Heterodermia microphylla +
Heterodermia obscurata (+) +
Heterodermia pacifica (+) +
Heterodermia pellucida +
Heterodermia pseudospeciosa (+) +
Heterodermia speciosa (+)
Heterodermia subascendens (+)
Phaeophyscia endococcina (+)
Phaeophyscia erythrocardia (+)
Phaeophyscia exornatula (+)
Phaeophyscia fumosa +
Phaeophyscia pyrrhophora +
Physcia stellaris (+)
Physcia tribacoides +
Physcia verrucosa +
Pyxine berteriana (+)
Pyxine cocoes (+)
Pyxine sorediata (+) +

江西

Heterodermia diademata (+) +
Heterodermia firmula (+)
Heterodermia galactophylla +
Heterodermia hypochraea (+)
Heterodermia isidiophora +
Heterodermia japonica (+) +
Heterodermia obscurata (+) +
Heterodermia podocarpa (+)
Heterodermia pseudospeciosa (+) +
Heterodermia speciosa +
Phaeophyscia ciliata +
Phaeophyscia hirtuosa (+) +
Phaeophyscia melanchra +
Phaeophyscia primaria +
Physcia caesia +
Physconia grisea (+)
Physconia leucoleiptes (+) +

山东

Dirinaria aegialita +
Dirinaria applanata +
Heterodermia boryi (+)
Heterodermia diademata +
Heterodermia hypoleuca (+) +
Heterodermia isidiophora (+)
Heterodermia japonica (+)
Heterodermia microphylla (+)
Heterodermia pseudospeciosa (+)
Heterodermia speciosa (+)
Phaeophyscia exornatula +
Phaeophyscia hirtuosa (+) +
Phaeophyscia hispidula (+) +
Phaeophyscia melanchra +
Phaeophyscia primaria (+) +
Physcia albinea (+)
Physcia atrostriata (+)
Physcia dilatata (+)

Physcia semipinnata (+)
Physcia stellaris (+) +
Physcia tribacoides (+)
Physcia verrucosa (+)
Pyxine berteriana (+)
Pyxine endochrysina (+) +
Pyxine sorediata (+)

河南

Phaeophyscia denigrata +
Physcia integrata (+)
Physconia grisea (+)
Physconia leucoleiptes (+) +

湖北

Anaptychia isidiata (+) +
Anaptychia palmulata (+) +
Dirinaria aegialita +
Heterodermia boryi (+) +
Heterodermia diademata (+) +
Heterodermia hypochraea (+) +
Heterodermia hypoleuca (+) +
Heterodermia neglecta (+) +
Heterodermia pseudospeciosa (+) +
Heterodermia speciosa (+) +
Heterodermia subascendens +
Heterodermia togashii (+) +
Phaeophyscia ciliata (+)
Phaeophyscia denigrata +
Phaeophyscia endococcina (+) +
Phaeophyscia exornatula (+) +
Phaeophyscia hirtuosa (+) +
Phaeophyscia hispidula (+) +
Phaeophyscia imbricata +
Phaeophyscia kairamoi +
Phaeophyscia laciniata +
Phaeophyscia primaria (+) +
Physcia stellaris (+) +
Physcia tribacoides (+)
Physconia chinensis (+)
Physconia detersa (+) +
Physconia grumosa (+) +
Physconia hokkaidensis (+)
Pyxine endochrysina (+) +
Pyxine sorediata (+)

湖南

Anaptychia isidiata (+) +
Anaptychia palmulata (+) +
Dirinaria picta (+) +
Heterodermia angustiloba (+) +
Heterodermia comosa (+) +
Heterodermia dendritica (+) +
Heterodermia diademata (+) +
Heterodermia dissecta (+) +
Heterodermia galactophylla +
Heterodermia hypochraea (+) +
Heterodermia hypoleuca (+)
Heterodermia japonica (+) +
Heterodermia microphylla +
Heterodermia neglecta (+) +
Heterodermia obscurata (+) +
Heterodermia pacifica (+) +
Heterodermia pellucida +
Heterodermia podocarpa (+)
Heterodermia pseudospeciosa (+) +
Heterodermia speciosa (+) +
Phaeophyscia denigrata +
Phaeophyscia endococcina (+) +
Phaeophyscia erythrocardia (+)
Phaeophyscia exornatula +
Phaeophyscia fumosa +
Phaeophyscia hirtuosa (+) +
Phaeophyscia hispidula (+) +
Phaeophyscia hunana (+) +
Phaeophyscia primaria +
Phaeophyscia pyrrhophora +
Phaeophyscia rubropulchra +
Physcia aipolia (+)

Physcia dubia (+)
Physcia stellaris (+) +
Physcia tribacoides (+) +
Physconia grumosa +
Physconia hokkaidensis +
Physconia muscigena (+)
Pyxine endochrysina (+) +
Pyxine sorediata (+) +

广东

Dirinaria aegialita +
Dirinaria applanata (+)
Dirinaria picta (+) +
Heterodermia fragilissima (+)
Heterodermia hypochraea (+)
Heterodermia diademata (+)
Phaeophyscia hirtuosa (+)
Physcia crispa (+)
Pyxine cocoes (+)

广西

Dirinaria aegialita +
Dirinaria applanata +
Dirinaria picta (+) +
Heterodermia comosa (+) +
Heterodermia diademata (+) +
Heterodermia dissecta +
Heterodermia firmula +
Heterodermia flabellata (+) +
Heterodermia galactophylla +
Heterodermia hypocaesia (+) +
Heterodermia hypochraea (+) +
Heterodermia hypoleuca (+)
Heterodermia isidiophora (+) +
Heterodermia japonica (+) +
Heterodermia neglecta +
Heterodermia obscurata (+) +
Heterodermia pacifica +
Heterodermia pellucida (+) +
Heterodermia podocarpa (+)
Heterodermia pseudospeciosa +
Heterodermia speciosa (+)
Heterodermia subascendens +
Hyperphyscia crocata +
Phaeophyscia endococcina (+) +
Phaeophyscia exornatula +
Phaeophyscia hispidula +
Phaeophyscia laciniata +
Phaeophyscia pyrrhophora +
Phaeophyscia rubropulchra +
Physcia aipolia (+) +
Physcia atrostriata +
Physcia tribacoides (+) +
Physcia verrucosa +
Pyxine endochrysina +
Pyxine sorediata (+) +
Pyxine subcinerea (+) +

海南

Dirinaria aegialita +
Dirinaria applanata (+) +
Dirinaria confluens (+) +
Dirinaria picta +
Heterodermia leucomelos (+) +
Physcia atrostriata (+) +
Pyxine berteriana (+) +
Pyxine cocoes (+) +
Pyxine consocians (+) +
Pyxine copelandii (+)
Pyxine subcinerea (+)

重庆

Phaeophyscia imbricata +
Phaeophyscia rubropulchra +
Physconia grumosa +

四川

Anaptychia isidiata (+) +
Anaptychia palmulata (+)
Dirinaria aegialita (+) +

Dirinaria picta (+)
Heterodermia angustiloba (+)
Heterodermia boryi (+) +
Heterodermia comosa +
Heterodermia diademata (+) +
Heterodermia dissecta (+) +
Heterodermia firmula +
Heterodermia hypocaesia (+)
Heterodermia hypochraea +
Heterodermia hypoleuca (+) +
Heterodermia japonica (+) +
Heterodermia microphylla (+)
Heterodermia neglecta (+) +
Heterodermia obscurata (+) +
Heterodermia pellucida (+)
Heterodermia podocarpa (+)
Heterodermia pseudospeciosa (+) +
Heterodermia speciosa +
Heterodermia subascendens +
Heterodermia togashii (+) +
Hyperphyscia pandani +
Phaeophyscia ciliata (+) +
Phaeophyscia confusa +
Phaeophyscia constipate (+)
Phaeophyscia denigrata +
Phaeophyscia endococcina +
Phaeophyscia exornatula (+) +
Phaeophyscia fumosa +
Phaeophyscia hirtuosa (+) +
Phaeophyscia hispidula (+) +
Phaeophyscia kairamoi +
Phaeophyscia laciniata +
Phaeophyscia melanchra +
Phaeophyscia orbicularis (+)
Phaeophyscia primaria +
Phaeophyscia sciastra (+)
Physcia adscendens +
Physcia aipolia (+) +
Physcia albata +
Physcia albinea (+) +
Physcia caesia (+) +
Physcia semipinnata +
Physcia stellaris +
Physcia tenella (+)
Physcia tribacia +
Physcia tribacoides (+) +
Physconia enteroxantha (+)
Physconia detersa +
Physconia distorta (+) +
Physconia grumosa (+) +
Physconia hokkaidensis (+)
Physconia leucoleiptes (+) +
Physconia muscigena (+) +
Pyxine berteriana (+)
Pyxine cocoes (+)
Pyxine cognata (+) +
Pyxine consocians +
Pyxine endochrysina (+)
Pyxine flavicans (+) +
Pyxine hengduanensis (+) +
Pyxine himalayensis (+) +
Pyxine limbulata (+) +
Pyxine microspora (+)
Pyxine minuta (+) +
Pyxine sorediata (+) +

贵州

Anaptychia isidiata (+) +
Dirinaria aegialita +
Dirinaria picta (+)
Heterodermia angustiloba (+) +
Heterodermia boryi (+) +
Heterodermia dendritica (+) +
Heterodermia diademata (+) +
Heterodermia dissecta (+) +
Heterodermia flabellata (+)
Heterodermia fragilissima +
Heterodermia hypochraea (+) +

Heterodermia hypoleuca (+) +
Heterodermia japonica (+) +
Heterodermia microphylla (+)
Heterodermia neglecta +
Heterodermia obscurata (+) +
Heterodermia pseudospeciosa (+) +
Phaeophyscia hirtuosa (+) +
Phaeophyscia hispidula +
Phaeophyscia laciniata +
Phaeophyscia orbicularis (+)
Phaeophyscia pyrrhophora (+)
Physcia tribacoides (+) +
Pyxine sorediata (+)
Pyxine subcinerea +

云南

Anaptychia isidiata (+)
Anaptychia palmulata (+) +
Dirinaria aegialita (+) +
Dirinaria applanata (+) +
Dirinaria confluens +
Dirinaria picta (+) +
Heterodermia angustiloba (+) +
Heterodermia barbifera (+)
Heterodermia boryi (+) +
Heterodermia comosa (+) +
Heterodermia dendritica (+) +
Heterodermia diademata (+) +
Heterodermia dissecta (+) +
Heterodermia firmula (+) +
Heterodermia flabellata (+) +
Heterodermia fragilissima (+) +
Heterodermia hypocaesia (+) +
Heterodermia hypochraea (+) +
Heterodermia hypoleuca (+) +
Heterodermia isidiophora (+) +
Heterodermia japonica (+) +
Heterodermia leucomelos (+) +
Heterodermia lutescens (+) +
Heterodermia microphylla (+) +
Heterodermia neglecta (+) +
Heterodermia obscurata (+) +
Heterodermia orientalis (+) +
Heterodermia pacifica (+) +
Heterodermia pellucida (+) +
Heterodermia podocarpa (+) +
Heterodermia pseudospeciosa (+) +
Heterodermia rubescens (+) +
Heterodermia sinocomosa (+) +
Heterodermia speciosa (+) +
Heterodermia subascendens (+) +
Heterodermia togashii (+) +
Hyperphyscia adglutinata (+)
Hyperphyscia crocata +
Hyperphyscia pseudocoralloides (+) +
Hyperphyscia syncolla (+) +
Phaeophyscia adiastola +
Phaeophyscia ciliata (+)
Phaeophyscia confusa (+) +
Phaeophyscia denigrata (+) +
Phaeophyscia endococcina (+) +
Phaeophyscia exornatula (+) +
Phaeophyscia fumosa +
Phaeophyscia hirtuosa +
Phaeophyscia hispidula (+) +
Phaeophyscia kairamoi +
Phaeophyscia melanchra (+) +
Phaeophyscia orbicularis (+)
Phaeophyscia primaria +
Phaeophyscia pyrrhophora (+) +
Phaeophyscia rubropulchra (+)
Phaeophyscia squarrosa (+)
Phaeophyscia trichophora (+) +
Physcia adscendens +
Physcia aipolia (+)
Physcia albata +
Physcia alba var. obsessa (+)
Physcia atrostriata +

Physcia biziana (+)
Physcia caesia (+) +
Physcia clementei (+)
Physcia dilatata +
Physcia integrata (+)
Physcia phaea +
Physcia sorediata (+) +
Physcia stellaris (+) +
Physcia tribacia +
Physcia tribacoides (+) +
Physconia chinensis (+) +
Physconia detersa +
Physconia distorta (+) +
Physconia grumosa (+) +
Physconia hokkaidensis (+) +
Physconia leucoleiptes (+)
Pyxine berteriana (+) +
Pyxine cocoes (+)
Pyxine cognata (+) +
Pyxine consocians (+) +
Pyxine copelandi (+) +
Pyxine coralligera (+) +
Pyxine endochrysina +
Pyxine flavicans (+) +
Pyxine hengduanensis (+) +
Pyxine himalayensis (+) +
Pyxine limbulata (+) +
Pyxine meissnerina (+) +
Pyxine microspora (+)
Pyxine minuta (+) +
Pyxine petricola (+)
Pyxine philippina (+) +
Pyxine sorediata (+) +
Pyxine subcinerea +
Pyxine yunnanensis (+) +

西藏

Anaptychia ciliaris (+)
Anaptychia palmulata (+) +
Anaptychia ulotricoides (+)
Heterodermia boryi (+) +
Heterodermia comosa (+)
Heterodermia diademata +
Heterodermia fragilissima (+) +
Heterodermia hypoleuca +
Heterodermia japonica (+) +
Heterodermia leucomelos (+)
Heterodermia obscurata +
Heterodermia pellucida +
Heterodermia podocarpa (+) +
Heterodermia pseudospeciosa (+) +
Heterodermia speciosa +
Heterodermia togashii +
Phaeophyscia chloantha +
Phaeophyscia denigrata +
Phaeophyscia exornatula +
Phaeophyscia hispidula (+) +
Phaeophyscia kairamoi +
Phaeophyscia primaria +
Physcia aipolia +
Physcia caesia +
Physcia dubia (+)
Physcia phaea (+) +
Physcia stellaris (+)
Physconia distorta (+) +
Physconia grumosa +
Physconia hokkaidensis (+) +
Physconia muscigena (+) +
Pyxine berteriana (+) +
Pyxine flavicans (+) +
Pyxine hengduanensis (+) +
Pyxine himalayensis (+) +
Pyxine limbulata (+) +
Pyxine sorediata (+) +

陕西

Anaptychia ciliaris (+) +
Anaptychia ciliaris subsp. Mamillata (+)

Anaptychia ethiopica +
Anaptychia isidiata (+) +
Anaptychia palmulata (+) +
Anaptychia runcinata (+) +
Anaptychia setifera (+)
Dirinaria aegialita (+)
Heterodermia boryi +
Heterodermia dendritica (+)
Heterodermia hypoleuca (+) +
Heterodermia obscurata (+)
Heterodermia speciosa (+) +
Hyperphyscia syncolla (+)
Phaeophyscia adiastola (+) +
Phaeophyscia chloantha (+)
Phaeophyscia ciliata (+) +
Phaeophyscia confusa (+)
Phaeophyscia denigrata (+) +
Phaeophyscia exornatula (+) +
Phaeophyscia hirtella (+)
Phaeophyscia hirtuosa (+) +
Phaeophyscia hispidula (+) +
Phaeophyscia hunana (+)
Phaeophyscia imbricata (+)
Phaeophyscia melanchra +
Phaeophyscia orbicularis (+)
Phaeophyscia primaria (+) +
Phaeophyscia pyrrhophora (+)
Phaeophyscia rubropulchra (+)
Phaeophyscia sciastra (+)
Phaeophyscia trichophora (+)
Physcia aipolia (+) +
Physcia albinea (+)
Physcia caesia (+) +
Physcia clementei (+)
Physcia phaea (+) +
Physcia stellaris (+) +
Physcia stenophyllina (+)
Physcia tenella (+)
Physcia tribacia (+)
Physconia americana (+)
Physconia detersa (+)
Physconia distorta (+) +
Physconia grisea (+)
Physconia grumosa (+) +
Physconia hokkaidensis (+) +
Physconia leucoleiptes (+) +
Physconia lobulifera (+)
Physconia muscigena (+) +
Physconia venusta (+)
Pyxine limbulata (+)
Pyxine sorediata (+)

甘肃

Anaptychia ciliaris (+)+
Anaptychia ethiopica +
Anaptychia ulotricoides (+) +
Heterodermia leucomelos (+)
Physcia aipolia +
Physconia distorta +
Physconia kansuensis (+)

青海

Anaptychia ulotricoides (+) +
Heterodermia japonica +
Physcia aipolia (+)
Physcia caesia +
Physconia kansuensis (+)
Physconia muscigena +

宁夏

Phaeophyscia hirtuosa +
Physcia semipinnata (+) +
Physcia stenophyllina (+)
Pyxine cocoes (+)

新疆

Anaptychia ciliaris (+) +
Anaptychia ciliaris subsp. mamillata (+)
Anaptychia ethiopica (+) +

Anaptychia setifera (+) +
Anaptychia ulotricoides (+) +
Heterodermia leucomelos (+)
Oxnerella safavidiorum (+)
Phaeophyscia chloantha +
Phaeophyscia ciliata (+) +
Phaeophyscia constipate (+)
Phaeophyscia erythrocardia (+)
Phaeophyscia exornatula (+) +
Phaeophyscia hirtuosa (+)
Phaeophyscia hispidula (+) +
Phaeophyscia imbricata (+)
Phaeophyscia kairamoi +
Phaeophyscia nigricans (+)
Phaeophyscia rubropulchra (+)
Phaeophyscia sciastra (+)
Physcia adscendens (+) +
Physcia aipolia (+) +
Physcia caesia (+) +
Physcia clementei (+)
Physcia dimidiata (+) +
Physcia dubia (+)
Physcia phaea (+)
Physcia semipinnata (+) +
Physcia stellaris (+) +
Physcia tenella (+) +
Physcia tribacia (+) +
Physcia tribacoides (+)
Physconia detersa (+) +
Physconia distorta (+) +
Physconia grisea (+)
Physconia kansuensis (+)
Physconia leucoleiptes (+)
Physconia perisidiosa (+)
Physconia muscigena (+) +

香港

(by Thrower, 1988; Aptroot and Seaward, 1999; Aptroot and Sipman, 2001)

Dirinaria aegialita
Dirinaria applanata
Dirinaria picta
Heterodermia diademata
Heterodermia pseudospeciosa
Heterodermia speciosa
Physcia albinea,
Physcia atrostriata
Physcia crispa
Physcia integrata
Physcia sorediosa,
Pyxine cocoes
Pyxine endochrysina
Pyxine microspora
Pyxine sorediata

台湾

(by Kurokawa,196; Kashiwadani, 1977a, 1977b; Kashiwadani, 1984a,1984b,1984 c; 赖明洲, 2000; A.Aptroot et al. 2002; Wang-Yang and Lai, 1973, 1976)

Anaptychia sanguineus
Dirinaria aegialita
Dirinaria applanata
Dirinaria caesiopica
= Dirinaria picta
Dirinaria confluens
Dirinaria picta
Heterodermia angustiloba
Heterodermia boryi
Heterodermia comosa
Heterodermia corallophora
Heterodermia dendritica
Heterodermia diademata
Heterodermia dissecta
Heterodermia flabellata
Heterodermia hypocaesia
Heterodermia hypochraea
Heterodermia hypoleuca

Heterodermia incana
Heterodermia isidiophora
Heterodermia japonica
Heterodermia leucomelos
Heterodermia lutescens
Heterodermia microphylla,
Heterodermia obscurata
Heterodermia pacifica
Heterodermia pandurata
Heterodermia podocarpa
Heterodermia propagulifera
(may be H. neglecta)
Heterodermia pseudospeciosa
Heterodermia rubescens
Heterodermia spinulosa
Heterodermia subascendens
Heterodermia verrucifera
Hyperphyscia adglutinata
Hyperphyscia cochlearis
Hyperphyscia granulata
Kashiwadia orientalis
Phaeophyscia endococcina
Phaeophyscia denigrata
Phaeophyscia exornatula
Phaeophyscia hispidula
Phaeophyscia imbricata
Phaeophyscia melanchra
Phaeophyscia limbata
= *Phaeophyscia* exornatula
Phaeophyscia primaria
Phaeophyscia trichophora
Physcia atrostriata
Physcia sorediosa
Physcia tribacoides
Physconia muscigena
Physconia tentaculata
Pyxine berteriana
Pyxine cocoes
Pyxine consocians
Pyxine copelandii
Pyxine cylindrica
Pyxine endochrysina
Pyxine himalayensis
Pyxine limbulata
Pxine margaritacea
Pyxine petricola
Pyxine philippina
Pyxine sorediata
Pyxine subcinerea

Kashiwadani (1985) 报道台湾分布有东方蜈蚣衣 *Physcia orientalis* Kashiw.，Kondratyuk 等 (2014) 基于该种建立新属 *Kashiwadia*。

参 考 文 献

Abbas A, Wu JN. 1998. Lichens of Xinjiang. Urumqi: Sci-Tech & Hygiene Publishing House of Xinjiang (in Chinese). (阿不都拉・阿巴斯, 吴继农. 新疆地衣. 乌鲁木齐: 新疆科技卫生出版社)

Aerguli J, Reym M. 2020. *Oxnerella*, a new lichen genus of Physciaceae to China. Acta Bot. Boreali-Occident. Sin., 40: 543-546 (in Chinese). (阿尔古丽・加玛哈特，热衣木・马木提. 蜈蚣衣科地衣 1 个中国新纪录属——金奥克衣属. 西北植物学报)

Amtoft A. 2002. *Pyxine subcinerea* in the Eastern United States. Bryologist, 105: 270-272.

Aptroot A, Sipman HJM. 1991. New lichens and lichen records from New Guinea. Willdenowia, 20: 221-256.

Aptroot A, Seaward MRD. 1999. Annotated checklist of Hong Kong Lichens. Tropical Bryology, 17: 57-101.

Aptroot A, Sipman HJM. 2001. New Hong Kong lichens, Ascomyetes and lichenicolous fungi. J. Hattori Bot. Lab., 91: 317-343.

Aptroot A, Sparrius LB, Lai MJ. 2002. New Taiwan macroliches. Mycotaxon, 84: 281-292.

Aptroot A, Jungbluth P, Caceres MES. 2014. A world key to the species of *Pyxine* with lichexanthone, with a new species from Brazil. Lichenologist, 46: 669-672.

Arcadia LI. 2012. (2071) Proposal to conserve the name *Lichen leucomelos* (*Heterodermia leucomelos*) with that spelling (lichenised Ascomycota). Taxon, 61: 682-683.

Articus K, Mattsson JE,Tibelli L, Grube M, Wedin M. 2002. Ribosomal DNA and β-tubulin data do not support the separation of the lichens *Usnea florida* and *U. subfloridana* as distinct species. Mycol. Res., 106: 412-418.

Asahina Y. 1934. Lichenologische Notizen (5). J. Jap. Bot.,10 : 352-357.

Asahina Y. 1943. Lichenologische Notizen (20). J. Jap. Bot., 19: 1-4.

Asahina Y. 1947. Lichenologische Notizen (61-64). J. Jap. Bot., 21: 3-7.

Asahina Y. 1952. An addition to the Sato's Lichenes Khinganenses (Bot. Mag. Tokyo 65: 172). J. Jap. Bot., 27: 373-375.

Awasthi DD. 1960. Contribution to the lichen flora of India and Nepal II. The genus *Anaptychia* Körb. J. Bot., Soc., 39: 415-442.

Awasthi DD. 1973. On the species of *Anaptychia* and *Heterodermia* from India and Nepal. Geophytology, 3: 113- 116.

Awasthi DD. 1975. A monograph of the Lichen Genus *Dirinaria.* Biblioth. Lichenol., 2: 1-108.

Awasthi DD. 1982. *Pyxine* in India. Phytomorphology, 30: 359-379.

Awasthi DD. 1988. A key to the macrolichens of India and Nepal. J. Hattori Bot. Lab., 65: 207-302.

Baniya CB, SolhØy T, Gauslaa Y, Palmer MW. 2010. The levation gradient of lichen species richness in Nepal. Lichenologist, 42: 83-96.

Baroni E. 1894. Sopra alcuni licheni della China racolti nella provincia dello Shan-si septentrionale. Bull. Soc. Bot. Ital. Firenze: 46-59.

Buaruang K, Boonpragob K, Mongkolsuk P, Sangvichien E, Vongshewarat K, Polyiam W, Rangsiruji A, Saipunkaew W, Naksuwankul K, Kalb J, Parnmen S, Kraichak E, Phraphuchamnong P, Meesim S, Luangsuphabool T, Nirongbut P, Poengsungnoen V, Duangphui N, Sodamuk M, Phokaeo S, Molsil M,

Aptroot A, Kalb K, Lücking R, Lumbsch HT. 2017. A new checklist of lichenized fungi occurring in Thailand. MycoKeys, 23: 1-91.

Burgaz AR, Buades A, Seriñá E. 1994. *Heterodermia japonica*, nueva cita para el continente europeo [*Heterodermia japonica*, new to European continent]. Bot. Complutensis, 19: 39-43.

Chen JB. 1986. A study on the lichen genus *Cetrelia* in China. Acta Mycol. Sin. Suppl., 1: 386-396 (in Chinese). (陈健斌: 中国斑叶属地衣研究. 真菌学报增刊)

Chen JB. 2001. The lichen family Physciaceae (Ascomycota) in China II. Two new species of *Heterodermia*. Mycotaxon, 77: 101-105.

Chen JB. 2011. Lichens. *In*: Yong SP, Xing LL, Li GL. Biodiversity Catalogue of Saihanwula Nature Reserve. Huhehaote: Inner Mongolia University Press: 489-510 (in Chinese). (陈健斌. 地衣. 见: 雍世鹏, 邢莲莲, 李桂林. 赛罕乌拉自然保护区生物多样性编目. 呼和浩特: 内蒙古大学出版社)

Chen JB, Hu GR. 2003. The lichen family Physciaceae (Ascomycota) in China V. The Genus *Physconia*. Mycotaxon, 86: 185-194.

Chen JB, Hu GR. 2022. The lichen family Physciaceae (Ascomycota) in China Ⅶ. Five species new to China. Mycosystema, 41(1):155-159. (陈健斌，胡光荣. 中国蜈蚣衣科地衣Ⅶ. 五个新记录种. 菌物学报)

Chen JB, Wang DP. 1999. The lichen family Physciaceae (Ascomycota) in China I. The genus *Anaptychia*. Mycotaxon, 73: 335-342.

Chen JB, Wang DP. 2001. The lichen family Physciaceae (Ascomycota) in China III. Ten species of *Heterodermia* containing depsidones. Mycotaxon, 77: 107-116.

Chen JB, Liu XJ, Huang YQ. 1999. A preliminary report on corticolous lichens in Dongling mountain, Beijing, China. Acta Ecol. Sin., 19: 76-79 (in Chinese). (陈健斌, 刘晓娟, 黄永青. 北京东灵山地区主要树生地衣调查初报. 生态学报)

Chen JB, Wu JN, Wei JC. 1989. Lichens of Shennongjia. *In*: Mycological and Lichenological Expedition to Shennongjia. Fungi and Lichens of Shennongjia. Beijing: World Publishing Corp: 386-493 (in Chinese). (陈健斌, 吴继农, 魏江春. 神农架地衣. 见: 神农架真菌地衣考察队编. 神农架真菌与地衣. 北京: 世界图书出版公司)

Chen XL, Zhao CF, Luo GY. 1981. A list of lichens in Northeastern China. J. NE Forestry Inst., 3: 127-135 & 4: 150-160 (in Chinese). (陈锡龄, 赵从福, 罗光裕. 东北地衣名录. 东北林学院学报)

Chien SS (钱崇澍). 1932. Vegetation of the rocky ridge of Chung Shan, Nanking. Contr. Biol. Lab. Sci. Soc. China. Bot. Ser., 7 (9): 215-227.

Choisy M. 1950. Catalogue des lichens de la region lyonnaise. Bull. Soc. Linn. Lyon, 19: 9-24.

Clements FE. 1909. The Genera of Fungi. Minneapolis: H.W. Wilson.

Crespo A, Blanco O, Llimona X, Ferencova Z, Hawksworth D. 2004. Coscinocladium, an overlooked endemic and monotypic Mediterranean lichen genus of Physciaceae, renstated by molecular phylogenetic analysis. Taxon, 53: 405-414.

Culberson WL. 1966. Chemistry and taxonomy of the lichen genera *Heterodermia* and *Anaptychia* in the Carolinas. Bryologist, 69: 472-487.

Culberson WL, Culberson CF. 1968. The Lichen genera *Cetrelia* and *Platismatia* (Parmeliaceae). Contr. U. S. Natl. Herb., 34: 449-558.

Culberson CF. 1972. Improved conditions and new data for the identification of lichen products by a standardized thin-layer chromatographic method. J. Chromatogr., 72: 113-125.

Divakar PK, Amo De Paz G, Del Prado R, Esslinger TL, Crespo A. 2007. Upper cortex anatomy corroborates phylogenetic hypothesis in species of Physconia (Ascomycota, Lecanoromycetes). Mycol.

Res., 111(11): 1311-1320.

Du Rietz GE. 1925. Lichenologiska fragment.VII. Svensk Bot. Tidskr., 19: 70-83.

Elix JA. 2009a. *Dirinaria*. Fl. Australia, 57: 509-517.

Elix JA. 2009b. *Pyxine*. Fl. Australia, 57: 517-533.

Elix JA. 2011a. *Heterodermia,* Australian Physciaceae (Lichenised Ascomycota). http://www.anbg.gov.au/abrs/lichenlist/Heterodermia.pdf (2011).

Elix JA. 2011b. *Physcia*, Australian Physciaceae (Lichenised Ascomycota). http://www.anbg.gov.au/abrs/lichenlist/Physcia.pdf (2011).

Esslinger TL. 1977. Studies in the lichen family Physciaceae. I. A new North America species. Mycotaxon, 5: 299-306.

Esslinger TL. 1978a. Studies in the lichen family Physciaceae. II. The genus *Phaeophyscia* in North America. Mycotaxon, 7: 283-320.

Esslinger TL. 1978b. Studies in the lichen family Physciaceae. III. A new species of *Phaeophyscia* from Hawaii. Mycologia, 70: 1247-1249.

Esslinger TL. 1986. Studies in the Lichen family Physciaceae. VII. The new genus *Physciella*. Mycologia, 78: 92-97.

Esslinger TL. 1994. New species and new combinations in the lichen genus *Physconia* in North America. Mycotaxon, 51: 91-99.

Esslinger TL. 2000. A key for the lichen genus *Phyconia* in California, with description for three new species occurring within the State. Bull. California Lichen Soc., 7: 1-6.

Esslinger TL. 2001. *Culbersonia americana*, a rare new lichen (Ascomycota) from western America. Bryologist, 104: 771-773.

Esslinger TL. 2007. A synopsis of the North American species of *Anaptychia* (Physciaceae). Bryologist, 110: 788- 797.

Esslinger TL. 2018. A cumulative checklist for the lichen-forming, lichenicolous and allied fungi of Continental United States and Canada. Version 22. https://www.ndsu.edu/pubweb/-esslinge/chcklst/chcklst7.htm.

Esslinger TL, Caleb A, Morse CA, Leavitt SD. 2012. A new North American species of *Hyperphyscia* (Physciaceae). Bryologist, 115 : 31-41.

Esslinger TL, Dillman K L. 2010. *Physconia grumosa* in North America. Bryologist, 113: 77-80.

Esslinger TL, Harada H. 2010. *Phaeophyscia laciniata* Essl. New to Japan. Lichenology, 9(1): 27-29.

Frisch A, Hertel H. 1998. Flora of macrolichens in the alpine and subalpine zones of Mount Kenya (Kenya). Sauteria, 9: 363-370.

Galloway DJ, Moberg R. 2005. The lichen genus *Physcia* (Schreb.) Michx (Physciaceae: Ascomycota) in New Zealand. Tuhinga, 16: 59-91.

Gaya E, Högnabba F, Holguin Á, Molnar K, Fernández-Brime S, Stenroos S, Arup U, Søchting U, van den Boom P, Lücking R, Sipman HJM, Lutzoni F. 2012. Implementing a cumulative supermatrix approach for a comprehensive phylogenetic study of the Teloschistales (Pezizomycotina, Ascomycota). Mol. Phylogenet. Evol., 63: 374-387.

Gunnerbeck E, Moberg R. 1979. Lectotypification of *Physconia*, a generic name based on a misnamed type species – a new solution to an old problem. Mycotaxon, 8: 307-317.

Gunnerbeck E, Moberg R, Hawksworth DL. 1987. Proposal to conserve *Physconia* Poelt (Fungi) with a conserved type specimen. Taxon, 36: 475-476.

Hafellner J, Mayrhofer H, Poelt J. 1979. Die Gattungen der Flechtenfamilie Physciaceae. Herzogia, 5: 39-79.

Harmand A. 1928. Lichen d' Indo-Chine recueillis per M.V. Demange. Annal. Cryptog. Exot., 1: 319-337.

Hauck M, Tønsberg T, Mayrhofer H, de Bruyn U, Enkhtuya O, Javkhlan S. 2013. New records of lichen species from western Mongolia. Folia Cryptogam. Estonica, 50: 13-22.

Hawksworth DL, James PW, Coppins BJ. 1980. Checklist of British lichen-forming, Lichenicolous and allied fungi. Lichenologist, 12: 1-115.

Hawksworth DL, Eriksson OE. 1988. Proposals to conserve 11 family names in the Ascomycotina (Fungi). Taxon, 37: 190-193.

Hawksworth DL,Weng YX. 1990. Lichens on camphor trees along an air pollution gradient in Hangzhou (Zhejiang province). Forest Research, 3: 514-517.

Hawksworth DL, Kirk PM, Sutton BC, Pegler DN. 1995. Dictionary of The Fungi (8th ed). Wallingford: CABI Publishing.

He Q, Chen JB. 1995. Macrolichens of Taibai Mountain. *In*: Tan WZ. Recent Research Achievements of Young Mycologists in China. Chongqing: Southwestern Normal University Press: 4147 (in Chinese). (贺青, 陈健斌. 太白山大型地衣名录. 见: 谭万忠. 中国中青年菌物学家研究进展. 重庆: 西南师范大学出版社)

Helms G, Friedl T, Rambold G. 2003. Phylogenetic relationships of the Physciaceae inferred from rDNA sequence data and selected phenotypic characters. Mycologia, 95: 1078-1099.

Hou YN, Zhang C, Ma YZ, Lu JW, Sun H, Zheng YW, Jia ZF. 2008. Preliminary research on officinal lichen from Mountain Tai. Shandong Science, 21: 65-68 (in Chinese). (侯亚男, 张聪, 马远征, 吕剑薇, 孙晗, 郑有为, 贾泽峰. 泰山药用地衣的初步研究. 山东科学)

Hu GR, Chen JB. 2003a. The Lichen family Physciaceae (Ascomycota) in China IV. A new species of *Phaeophyscia*. Mycosystema, 22: 534-535.

Hu GR, Chen JB. 2003b. The lichen family Physciaceae (Ascomycota) in China VI. The genus *Pyxine*. Mycotaxon, 86: 445-454.

Hue AM. 1887. Lichenes Yunnanenses a clar. Delavay anno 1885 collectos, et quorum novae species a celeb. W. Nylander descriptae fuerunt, exponit A.M. Hue. Bull. Soc. Bot. France, 34: 16-24.

Hue AM. 1889. Lichenes Yunnanenses a cl. Delavay praesertim annis 1886-1887, collectos exponit A.M.Hue (1). Bull. Soc. Bot. France, 36: 158-176.

Hue AM. 1890. Lichenes exoticos a professore W. Nylander descriptos vel recog-nitos et in herbario Musei Parisiensis pro maxima parte asserva-tos in ordine systematico disposuit. Nouv. Arch. Mus. Hist. Nat. (Paris) Ser. 3, 2: 209-322.

Hue AM. 1899. Lichenes extra-europaei a pluribus collectoribus ad Museum Parisiense missi. Nouv. Arch. Mus. Hist. Nat. (Paris), Ser. 4, 1: 27-220.

Hue AM. 1900. Lichenes extra-europaei a pluribus collectoribus ad Museum Parisiense missi. Nouv. Arch. Mus. Hist. Nat. (Paris), Ser. 4, 2: 49-122.

Huneck S, Morales- Mendez A, Kalb K. 1987. The chemistry of *Dirinaria* and *Pyxine* species (Pyxinaceae) from South America. J. Hattori Bot. Lab., 62: 331-338.

Ikoma Y. 1983. Macrolichens of Japan and adjacent regions. 1-120. Tottori, Japan.

Imshaug HA. 1957. The lichen genus *Pyxine* in North and Middle America. Trans. Am. Microsc. Soc., 76: 246-269.

Jatta A. 1902. Licheni cinesi raccolti allo Shen-si negli anni 1894-1898 dal. rev. Padre Missionario G. Giraldi. Nuovo Giorn. Bot. Italiano, Ser. 2, IX: 460-481.

Kalb K. 1987. Brasilianische Flechten 1. Die Gattung Pyxine. Biblioth. Lichenol., 24: 1-89.

Kalb K. 1994. *Pyxine* species from Australia. Herzogia, 10: 61-89.

Kashiwadani H. 1975. The genera *Physcia, Physconia,* and *Dirinaria* (Lichens) of Japan. Ginkgoana, 3: 1-77.

Kashiwadani H. 1977a. On the Japanese species of the genus *Pyxine* (Lichens) (1). J. Jap. Bot., 52: 137-144.

Kashiwadani H. 1977b. On the Japanese species of the genus *Pyxine* (Lichens) (2). J. Jap. Bot., 52: 161-168.

Kashiwadani H. 1977c. The genus *Pyxine* (Lichens) in Papua New Guinea. Bull. Natl. Sci. Mus. Tokyo, Ser. B (Bot.), 3: 63-70.

Kashiwadani H. 1984a. A note on *Phaeophyscia* (Lichens) with orange-red medulla in Japan. Mem. Natl. Sci. Mus.Tokyo, 17: 55-59.

Kashiwadani H. 1984b. A revision of *Physcia ciliata* (Hoffm.) DR. in Japan. Bull. Natn. Sci. Mus.Tokyo, Ser. B. 10: 43-49.

Kashiwadani H. 1984c. On two species of Phaeophyscia in Japan. Bull. Natn. Sci. Mus.Tokyo, Ser. B, 10: 127-132.

Kashiwadani H. 1985. Genus *Hyperphyscia* (lichen) in Japan. Bull. Natn. Sci. Mus. Tokyo, Ser. B, 11: 91-94.

Kashiwadani H, Kurokawa S. 1990. Enumeration and chemical variations of the lichen genus *Anaptychia* (s. lat.) in Peru. Bull. Natl. Sci. Mus., Tokyo, Ser. B. (Bot.), 16: 147-156.

Kirk PM, Cannon PF, Winter DW, Stalpers JA. 2008. Dictionary of The Fungi (10th ed). Wallingford: CABI Publishing.

Kondratyuk SY, Lőkös L, Kim JA, Jeong MH, Kondratiuk AS, Oh SO, Hur JS. 2014a. *Kashiwadia* gen. nov. (Physciaceae, lichen-forming Ascomycota), proved by phylogentic analysis of the Eastern Asian Physciaceae. Acta Bot. Hungarica, 56: 369-378.

Kondratyuk SY, Lőkös L, Kim JA, Kondratiuk AS, Jeong MH, Zarei-Darki B. Hur JS. 2014b. *Oxnerella safavidiorum* gen. et spec. nov. (Lecanoromycetidae, Ascomycota) from Iran (Asia) proved by phylogenetic analysis. Acta Bot. Hungarica, 56 (3-4): 379-398.

Krempelhuber A. 1873. Chinesische Flechten. Flora, 56: 465-471.

Krempelhuber A. 1874. Chinesische Flechten. Hedwigia, 13 (5): 65-67.

Kurokawa S. 1955. Notulae miscellancea lichnum Japonicorum. J. Jap. Bot., 30: 252-256.

Kurokawa S. 1959a *Anaptychiae* (lichens) and their allies of Japan (1). J. Jap. Bot., 34: 117-124.

Kurokawa S. 1959b. *Anaptychiae* (lichens) and their allies of Japan (2). J. Jap. Bot., 34: 174-184.

Kurokawa S. 1960a. *Anaptychiae* (lichens) and their allies of Japan (3). J. Jap. Bot., 35: 91-94.

Kurokawa S. 1960b. *Anaptychiae* (lichens) and their allies of Japan (4). J. Jap. Bot., 35: 240-243.

Kurokawa S. 1960c. *Anaptychiae* (lichens) and their allies of Japan (5). J. Jap. Bot., 35: 353-358.

Kurokawa S. 1961. *Anaptychiae* (lichens) and their allies of Japan (6). J. Jap. Bot., 36: 51-56.

Kurokawa S. 1962. A monograph of the genus *Anaptychia*. Beih. Nova Hedwigia, 6: 1-115.

Kurokawa S. 1973. Supplementary notes on the genus *Anaptychia*. J. Hattori Bot. Lab., 37: 563-607.

Kurokawa S. 1998. A catalogue of *Heterodermia* (Physciaceae). Folia Cryptog. Estonica, 32: 21-25.

Lai MJ. 2000. Illustrated Macrolichens of Taiwan (I) (in Chinese), Taipei. [赖明洲. 台湾地衣类彩色图鉴(一), 台北]

Lendemer JC, Harris RC, Tripp EA. 2007. *Heterodermia neglecta* (Physciaceae), a new lichen species from eastern North America. Bryologist, 110: 490-493.

Li HN, Liang MM, Wang LS. 2010.Contributions to the lichen flora of the Hengduan Mountains, China (2) Genus *Anaptychia* (Physciaceae). J. Yunnan Univ. (Nat. Sci. Edn.), 34: 480-482 (in Chinese). [李红宁, 梁蒙蒙，王立松. 中国横断山的地衣(2) 雪花衣属 (蜈蚣衣科). 云南大学学报 (自然科学版)]

Li XD, Wang C, Hua ZL, Zhao H. 2006. Study on the lichens of Heibei Wuling Mountain III

(Umbilicariaceae, Teloshistaceae, Physciaceae). J. Capital Normal Univ. (Nat. Sci. Edn.), 27: 67-72 (in Chinese). [李学东，王琛，华振玲，赵奂. 河北雾灵山地衣的研究III:石耳科，黄枝衣科，蜈蚣衣科. 首都师范大学学报（自然科学版)]

Li YJ, Zhao ZT. 2006. Studies on the lichen genus *Phaeophyscia* from Taibai, Qinling mountains in Central China. J. Shandong Normal Univ. (Nat. Sci. Edn.), 21: 120-123 (in Chinese). [李莹洁，赵遵田. 秦岭太白山地区黑蜈蚣叶属地衣的研究. 山东师范大学学报（自然科学版)].

Liu D, Hur JS. 2019. Revision of the lichen genus *Phaeophyscia* and allied atranorin absent taxa (Physciaceae) in South Korea. Microorganisms, 7: 242.

Liu M, Wei JC. 2013. Lichen diversity in Shapotou region of Tengger Desert, China. Mycosystema, 32(1): 42-50 (in Chinese). (刘萌，魏江春. 腾格里沙漠沙坡头地区地衣物种多样性的研究. 菌物学报)

Lohtander K, Myllys L, Sundin R, Kallersjo M, Tehler A. 1998. The species pair concept in the lichen *Dendrographa leucophaea* (Arthoniales): Analyses based on ITS sequences. Bryologist, 101: 404-411.

Lohtander K, Kallersjo M, Moberg R, Tehler A. 2000. The family Physciaceae in Fennoscandia: Phylogeny inferred from ITS sequences. Mycologia, 92: 728-735.

Lohtander K, Ahti T, Stenroos S, Urbanavichus G. 2008. Is *Anaptychia* monophyletic? A phylogenetic study based on nuclear and mitochondrial genes. Ann. Bot. Fenn., 45: 55-60.

Lumbsch HT, Huhndorf SM. 2007. Outline of Ascomycota– 2007. Myconet, 13: 1-58.

Luo GY. 1984. Preliminary study on the lichen species distribution and their ecological characteristics on Liangshui Forest Farm, Dailing. J. NE Forestry Inst., 12 (Suppl.): 84-88 (in Chinese). (罗光裕. 带岭凉水林场地衣种的分布及其生态特性的初步研究. 东北林学院学报)

Lynge B. 1916. A monograph of the Norwegian Physciaceae. Vid. Skr. 1. Mat.-Naturv. KI., 8: 1-110.

Lynge B. 1924. On South American *Anaptychia* and *Physcia*. Vid. Skr. 1. Mat.-Naturv. KI., 16: 1-47.

Lynge B. 1935. Physciaceae in Rabenhorst, Kript.-Flora. Deutschl., 9: 41-188, Leipzig. Reprinted by Johnson Reprint Corporation, New York，N. Y., 1951.

Ma J. 1981a. Historical notes on studies of Chinese lichens. J. Beijing Forestry College, 2: 1-18 (in Chinese). (马骥. 中国地衣的研究史. 北京林学院学报)

Ma J. 1981b. A check list of Chinese lichens. J. Beijing Forestry College, 3: 69-80 & 4: 61-80 (in Chinese). (马骥. 中国地衣名录. 北京林学院学报)

Ma J. 1983. A check list of Chinese lichens. J. Beijing Forestry College, 1: 107-110 & 2: 73-82 & 3: 93-112 & 4: 87-106 (in Chinese). (马骥. 中国地衣名录. 北京林学院学报)

Ma J. 1984. A check list of Chinese lichens. J. Beijing Forestry College, 1: 95-114 & 2: 95-114 & 3: 93-112 & 4: 79-98 (in Chinese). (马骥. 中国地衣名录. 北京林学院学报)

Ma J. 1985. A check list of Chinese lichens. J. Beijing Forestry College, 1: 101-119 (in Chinese). (马骥. 中国地衣名录. 北京林学院学报)

Magnusson AH. 1940. Lichens from Central Asia I. Rep. Sci. Exped. N.W. China's Hedin-The Sino-Swedish expedition- (Publ. 13) XI. Bot., 1: 1-168.

Magnusson AH, Zahlbruckner A. 1945. Hawaiian lichens. III. The families Usneaceae to Physciaceae. Arkiv Bot., 32: 1-89.

Mattsson JE, Lunmbsch HT. 1989. The use of the species pair concept in lichen taxonomy. Taxon, 38: 238-241.

McCarthy PM. 2018. Checklist of the Lichens of Australia and its Island Territories. Australian Biological Resources Study, Canberra. Version 17, May 2018. http://www.anbg.gov.au/abrs/lichenlist/introduction.html.

Miadlikowska J, Kauff F, Hofstetter V, Fraker E, Grube M, Hafellner J, Reeb V, Hodkinson BP, Kukwa M,

Lücking R, Hestmark G, Garcia Otalora M, Rauhut A, Büdel B, Scheidegger C, Timdal E, Stenroos S, Brodo I, Perlmutter G, Ertz D, Diederich P, Lendemer JC, May P, Schoch C L, Arnold AE, Gueidan C, Tripp E, Yahr R, Robertson C, Lutzoni F. 2006. New insights into classification and evolution of the Lecanoromycetes (Pezizomycotina, Ascomycota) from phylogenetic analyses of three ribosomal RNA- and two proteincoding genes. Mycologia, 98: 1088-1103.

Miadlikowska J, Kauff F, Högnabba F, Oliver JC, Molnár K, Fraker E, Gaya E, Hafellner J, Hofstetter V, Gueidan C, Otálora MA, Hodkinson B, Kukwa M, Lücking R, Björk C, Sipman HJ, Burgaz AR, Thell A, Passo A, Myllys L, Goward T, Fernández-Brime S, Hestmark G, Lendemer J, Lumbsch HT, Schmull M, Schoch CL, Sérusiaux E, Maddison DR, Arnold AE, Lutzoni F, Stenroos S. 2014. A multigene phylogenetic synthesis for the class Lecanoromycetes (Ascomycota): 1307 fungi representing 1139 infrageneric taxa, 317 genera and 66 families. Mol. Phylogenet. Evol., 79:132-168.

Michlig A, Rodriguez MP, Aptroot A, Niveiro N, Ferraro LI. 2017. New species of the *Heterodermia comosa*- group (Physciaceae, Lichenized Ascomycota) from Southern South America. Crypt. Mycol., 38:155-167.

Moberg R. 1977. The lichen genus *Physcia* and allied genera in Fennoscandia. Symb. Bot. Upsal., 22: 1-108.

Moberg R. 1980. *Anaptychia ulotricoides* new to North America. Bryologist, 83: 251-252.

Moberg R. 1983a. The genus *Phaaeophyscia* in East Africa. Nord. J. Bot., 3: 509-516.

Moberg R. 1983b. Studies on Physciaceae (Lichen) II. The Genus *Pyxine* in Europe. Lichenologist, 15 (2): 161-167.

Moberg R. 1986. The genus *Physcia* in East Africa. Nord. J. Bot., 6: 843-864.

Moberg R. 1987. The genus *Hyperphyscia* and *Physconia* in East Africa. Nord. J. Bot., 7: 719-728.

Moberg R. 1990. The lichen genus *Physcia* in Central and South America. Nord. J. Bot., 10: 319-342.

Moberg R. 1993. The lichen genus *Phaeophyscia* in South America with special reference to the Andean species. Opera Bot., 121: 281-284.

Moberg R. 1994. Is the Pacific an area of speciation for some foliose genera of the lichen family Physciaceae? J. Hattori Bot. Lab., 76: 173-181.

Moberg R. 1995. The lichen genus *Phaeophyscia* in China and Russian Far East. Nord. J. Bot., 15: 319-335.

Moberg R. 1997. The lichen genus *Physcia* in the Sonoran Desert and adjacent areas. Symb. Bot. Upsal., 32: 163-186.

Moberg R. 2001. The lichen genus *Physcia* in Australia. Biblioth. Lichenol., 78: 289-311.

Moberg R. 2004. Notes on foliose species of the lichen family Physciaceae in southern Africa. Symb. Bot. Upsal., 34: 257-288.

Moberg R. 2011. The lichen genus *Heterodermia* (Physciaceae) in South America - a contribution including five new species. Nord. J. Bot., 29:129-147.

Moberg R, Nash III T H. 1999. The genus *Heterodermia* in the Sonoran Desert area. Bryologist, 102: 1-14.

Moberg R, Purvis W. 1997. Studies on the lichens of the Azores. Part 4. The genus *Heterodermia*. Symb. Bot. Ups., 32: 187-194.

Mongkolsuk P, Meesim S, Poengsungnoen V, Buaruang K, Schumm F, Kalb K. 2015. The lichen family Physciaceae in Thailand II. Contributions to the genus *Heterodermia* sensu lato. Phytotaxa, 235: 1-66.

Mongkolsuk P, Meesim S, Poengsungnoen V, Kalb K. 2012. The lichen family Physciaceae in Thailand-I. the genus *Pyxine*. Phytotaxa, 59: 32-54.

Moreau M, Moreau MF. 1951. Lichens de Chine. Rev. Bryol. Lichenol., 20: 183-199.

Müller Argau J. 1893. Lichenes Chinenses Henryani a cl. Dr. Aug. Henry, anno 1889, in China media lecti quos in herbario Kewensi determinavit. Bull. Herb. Boiss., 1: 235-236.

Myllys L, Lohtander K, Tehler A. 2001. β-tubulin, ITS and group I intron sequences challenge the species pair concept in *Physcia aipolia* and *Physcia caesia*. Mycologia, 93: 335-343.

Nash TH, Ryan BD, Gries C, Bungartz F. 2002. Lichen Flora of the Greater Sonoran Desert Region. Vol 1.Tempe, AZ.

Nordin A, Mattsson JE. 2001. Phylogenetic reconstruction of character development in Physciaceae. Lichenologist, 33: 3-23.

Nylander W, Crombie JM. 1883. On a collection of exotic lichens made in Eastern Asia by the late Dr. A.C. Maingay. J. Linn. Soc. London Bot., 20: 62-66.

Obermayer W, Kalb K. 2010. Notes on three species of *Pyxine* (lichenized Ascomycetes) from Tibet and adjacent regions. *In*: Hafellner J, Kärnefelt I, Wirth V. Diversity and Ecology of Lichens in Polar and Mountain Ecosystems. Biblioth. Lichenol., 104: 247-267.

Olivier H. 1904. Lichens du Kony-Tcheou. Bull. Acad. Internat. Geogr. Bot., 14: 193-196.

Otte V, Esslinger TL, Litterski B. 2002. Biogeographical research on European species of the lichen genus *Physconia*. J. Biogeography, 29: 1125-1141.

Paulson R. 1925. Lichens of Mount Everest. London J. Bot., 63: 189-193.

Paulson R. 1928. Lichens from Yunnan. London J. Bot., 66: 313-319.

Poelt J. 1965. Zur Systematik der Flechtenfamilie Physciaceae. Nova Hedwigia, 9: 21-32.

Poelt J. 1966. Zur Kenntnis Flechtengattung *Physconia*. Nova Hedwigia, 12: 107-135.

Poelt J. 1973. Classification. *In*: Ahmadjian V, Hale ME. The Lichens. New York: Academic Press: 599-632.

Poelt J. 1974. Die Gattungen *Physcia*, *Physciopsis* und *Physconia*. Khumbu Himal., 6: 57-100.

Rabenhorst L. 1873. Chinesische Flechten in der Umgegend von Saison, Hongkong, Wampoa, Shanghay u.s.w. gesammebestimmt von Dr. V. Krempelhuber in Munchen. Flora, 56: 286.

Räsanen V. 1940. Lichenes ab A, Yasuda et aliis in Japonia collecti (II). J. Jap. Bot., 16: 139-153.

Ren Q, Sun ZS, Li YJ, Sun LY, Zhao ZT. 2009. Additions to the lichen flora of Mount Taibai, northwestern China. Mycosystema, 28: 102-105.

Rogers RW. 1986. The genus *Pyxine* (Physciaceae, lichenized Ascomycetes) in Australia. Aust. J. Bot., 34: 134-154.

Rogers RW. 2011. Hyperphyscia, Australian Physciaceae (Lichenised Ascomycota). http://www.anbg.gov.au/abrs/lichenlist/Hyperphyscia.pdf (2011).

Sasaoka H. 1919. Lichens of Taiwan. Trans. Nat. Hist. Soc. "Formosa", 8: 179-181.

Sasaki I. 1942. Distinction between *Physcia picta* and *Physcia aegialita*. J. Jap. Bot., 18: 626-632.

Sato MM. 1936a. Enumeratio lichenum Ins. Formosae (I). J. Jap. Bot., 12: 426-432.

Sato, MM. 1936b. Enumeratio lichenum Ins. Formosae (II). J. Jap. Bot., 12: 569-575.

Scutari NC. 1990. Studies on foliose Pyxinaceae (Lecanorales, Ascomycotina) from Argentina, I: new records from South America. Nova Hedwigia, 50 : 261-274.

Scutari NC. 1997. Three new species of *Hyperphyscia* (Physciaceae, lichenized Ascomycotina), with a revision of *Hyperphyscia adglutinata*. Mycotaxon, 62: 87-102.

Swinscow TDV, Krog H. 1975. The genus *Pyxine* in the East Africa. Norweg. J. Bot., 22: 43-68.

Swinscow TDV, Krog H. 1976. The genera *Anaptychia* and *Heterodermia* in East Africa. Lichenologist, 8: 103-148.

Swinscow TDV, Krog H. 1978. The genus *Dirinaria* in East Africa. Norweg. J. Bot., 25: 157-168.

Tchou YT (朱彦承). 1935. Note preliminaire sur les lichens de Chine. Contr. Inst. Bot. Natl. Acad. Peiping, 3: 299-322.

Tehler A. 1982. The species pair concept in lichenology. Taxon, 31: 708-717.

Thomson JW. 1963. The lichen genus *Physcia* in North America. Beih. Nova Hedwigia, 7: 1-172.

Thrower SL. 1988. Hong Kong Lichens. Hong Kong: An Urban Courcil Publication.

Vainio EA. 1890. Etude sur la classification naturelle et la morphologie des lichens du Bresil. Acta Soc. Fl. Fenn., 7: 1-256.

Wang LS, Wu SY, OH SO, Niu DL, Tan YH, Hur JS. 2008. Diversity of epiphytic lichens on tea trees in Yunnan, China. Acta Bot. Yunnan., 30 : 533-539 (in Chinese). (王立松等. 云南茶树上的附生地衣. 云南植物研究)

Wang-Yang JR, Lai MJ. 1973. A check list of the lichens of Taiwan. Taiwania, 18: 83-104.

Wang-Yang JR, Lai MJ. 1976. Additions and corrections to the lichen flora of Taiwan. Taiwania, 21: 226-228.

Wang XY. 1985. The lichens of the Mt.Tuomuer areas in Tianshan. *In*: Scientific Expedition of Chinese Academy of Sciences. Fauna and Flora of the Mt.Tuomuer areas in Tianshan. Urumqi: Xinjiang people's Publishing House: 328-353 (in Chinese). (王先业. 天山托木尔峰地区地衣. 见: 中国科学院登山科学考察队. 天山托木尔峰地区的生物. 乌鲁木齐: 新疆人民出版社)

Wedin M, Doring H, Nordin A, Tibell L. 2000. Small subunit rDNA phylogeny shows the lichen families Caliciaceae and Physciaceae (Lecanorales, Asacomycotina) to form a monophyletic group. Can. J. Bot., 78: 246-254.

Wedin M, Baloch E, Grube M. 2002. Parsimony analyses of mtSSU and nits rDNA sequences reveal the natural relationships of the lichen families Physciaceae and Caliciaceae. Taxon, 51: 655-660.

Wedin M, Grube M. 2002. (1555) Proposal to conserve Physciaceae nom. cons. against an additional name Caliciaceae (Lecanorales, Ascomycota). Taxon, 51: 802.

Wei JC. 1981. Lichenes sinenses exsiccati (Fasc.1: No.1-50). Bull. Bot. Res., 1 (3): 81-91 (in Chinese). (魏江春. 中国地衣标本集. 植物研究)

Wei JC. 1991. An Enumeration of Lichens in China. Beijing: International Academic Publishers.

Wei JC. 2020. The enumeration of lichenized fungi in China. Beijing: China Forestry Publishing House.

Wei JC, Chen JB. 1974. Materials for the lichen flora of the Mount Qomolangma region. In Report on the Scientific Investigations (1966-1968) in Mt Qomolangma district. Beijing: Science Press: 173-182 (in Chinese). [魏江春, 陈健斌. 珠穆朗玛峰地区地衣区系资料. 见珠穆朗玛峰地区科考报告 (生物与高山生理). 北京: 科学出版社]

Wei JC, Jia ZF, Wu XL. 2013. An investigation of lichen diversity from Hainan Island of China and prospect of the R & D of their resources. J. Fung. Res., 11: 224-238. (魏江春, 贾泽峰, 吴兴亮. 海南地衣多样性考察及其资源研发前景. 菌物研究)

Wei JC, Jiang YM. 1981. A biogeographical analysis of the lichen flora of Mt.Qomolangram Region in Xizang. Proceedings of Symposium on Qinghai-Xizang (Tibet) Plateau, pp.1145-1151, Beijing, China.

Wei JC, Jiang YM. 1986. Lichens of Xizang. Beijing: Science Press: 1-130 (in Chinese). (魏江春, 姜玉梅. 西藏地衣. 北京: 科学出版社)

Wei JC, Wang XY, Wu JL,Wu JN, Chen XL, Hou JL. 1982. Lichene Officinales Sinenses. Beijing: Science Press (in Chinese). (魏江春, 王先业, 吴金陵, 吴继农, 陈锡龄, 侯家龙. 中国药用地衣. 北京: 科学出版社)

Wei XL, Hur JS. 2007. Foliose genera of Physciaceae (lichenized Ascomycotina) of South Korea. Mycotaxon, 102: 127-137.

Wei XL, Luo H, Koh YJ, Hur JS. 2008. A taxonomic study of Heterodermia (Lecanorales, Ascomycota) in South Korea based on phenotypic and phylogenetic analysis. Mycotaxon, 105: 65-78.

Wijayawardene NN, Hyde KD, Al-Ani LKT, Tedersoo L, Haelewaters D. 2020. Outline of Fungi and fungus-like taxa. Mycosphere, 11: 1060-1456.

Wu JL. 1985. The lichens collected from the steppe of Xinjiang. Acta Phytotax. Sin., 23: 73-78 (in Chinese). (吴金陵. 新疆草原地衣. 植物分类学报)

Wu JL. 1987. Lichen iconography of China. Beijing: Prospect Publishing of China (in Chinese) (吴金陵. 中国地衣植物图鉴. 北京: 中国展望出版社)

Wu JN, Xiang T. 1981. A preliminary study of the lichens from Mt. Yuntaisha in Lianyungang, Jiangsu. J. Nanjing Normal Univ. (Nat. Sci. Edn.), 3: 62-72 (in Chinese). [吴继农, 项汀. 江苏连云港云台山地衣初步研究. 南京师范大学学报 (自然科学版)]

Wu JN, Xiang T, Qian ZG. 1985. Notes on Wuyi mountain lichens (3). Wuyi Sci. J., 5: 223-230 (in Chinese). [吴继农, 项汀, 钱之广. 武夷山地衣杂记 (三). 武夷山科学]

Wu JN, Qian ZG. 1989. Lichens. *In*: Xu BS. Cryptogamic flora of the Yangtze and adjacent regions. Shanghai: Shanghai Scientific & Technical Publishers: 158-266. (吴继农, 钱之广, 见徐炳升. 长江三角洲及邻近地区孢子植物志. 上海: 上海科学技术出版社).

Wu JN, Wu JF. 1991. Lichens of Nanton, Jiansu. J. Nanjing Normal Univ. (Nat. Sci. Edn.), 14: 85-91 (in Chinese). [吴继农, 吴剑锋. 江苏南京地衣. 南京师范大学学报 (自然科学版)]

Wu ZY, Sun H, Zhou ZK, Peng H, Li DZ. 2005. Origin and diferentiation of endemism in the Flora of China. Acta Bot. Yunnan., 27: 577-604 (in Chinese). (吴征镒, 孙航, 周浙昆, 彭华, 李德铢. 中国植物区系中的特有性及其起源和分化. 云南植物研究)

Yang MX, Wang XY, Liu D, Zhang YY, Li LJ, Yin AC, Scheidegger C, Wang LS. 2019. New species and records of *Pyxine* (Caliciaceae) in China. MycoKeys, 45: 93-109.

Yoshimura I. 1974. Lich flora of Japan in colour. Osaka: Hoikusha Publishing Co. Ltd: 1-349.

Zahlbrukner A. 1926. Lichenes. B. Specieller Teil. *In*: Engler A. Die Natürlichen pflanzenfamilien 8: 61-270 (2nd ed). Leipzig: W. Engelmann.

Zahlbruckner A. 1930. Lichenes, in Handel-Mazzetti. Symbolae Sinicae, 3: 1-254.

Zahlbruckner A. 1931. Catalogus Lichenum Universalis VII. Leipzig.

Zahlbruckner A. 1933. Flechten der Insel Formosa. Feddes Repert. Spec. Nov. Regni Veg., 33: 22-68.

Zahlbruckner A. 1934. Nachtrage zur Flechtenflora Chinas. Hedwigia, 74: 195-213.

Zhang T, Li HM, Wei JC. 2006. The lichens of Mts. Fanjingshan in Guizhou province. J. Fung. Res., 4: 1-13.

Zhao JD, Xu LW, Sun ZM. 1979. Species novae *Anaptychiae* et *Physciae* Sinicae. Acta Phytotax. Sin., 17: 96-100. (赵继鼎, 徐连旺, 孙增美. 中国雪花衣属和蜈蚣衣属新种. 植物分类学报)

Zhao JD, Xu LW, Sun ZM. 1982. Prodromus Lichenum Sinicorum. Beijing: Science Press (in Chinese). (赵继鼎, 徐连旺, 孙增美. 中国地衣初编. 北京: 科学出版社)

Zhao ZT, Li KF, Wang H. 2002. A study on lichens of Shandong province, East China. Shandong Science, 15: 4-8 (in Chinese). (赵遵田, 李可峰, 王宏. 山东地衣的初步研究. 山东科学)

Zhao ZT, Li YJ, Ren Q, Sun LY,Yang F, Shi X. 2008. Studies on the genus *Physconia* from Qinling Mountains of Shaanxi in China. Guihaia, 28: 724-727.

汉名索引

八画

九画

十画

十一画

十二画

十三画

十四画

十五画

十六画

十八画以上

学 名 索 引

（正名用正体，异名用斜体）

B

K

L

M

O

P

附：本卷中种名的异名与正名对照

（异名使用斜体，正名使用正体；同模异名用“≡”表示，异模异名用“=”表示）

A

Anaptychia angustiloba
≡ Heterodermia angustiloba
Anaptychia barbifera
≡ Heterodermia barbifera
Anaptychia boryi
≡ Heterodermia boryi
Anaptychia boryi f. *squarrosa*
= Heterodermia boryi
Anaptychia boryi f. *sorediosa*
= Heterodermia boryi
Anaptychia ciliaris f. *melanosticta*
= Anaptychia ciliaris subsp. mamillata
Anaptychia ciliaris f. *nigrescens*
= Anaptychia ciliaris
Anaptychia ciliaris var. *melanosticta*
= Anaptychia ciliaris subsp. mamillata
Anaptychia ciliaris var. *saxicola*
= Anaptychia ciliaris subsp. mamillata
Anaptychia comosa
≡ Heterodermia comosa
Anaptychia corallophora
≡ Heterodermia corallophora
Anaptychia dactyliza
≡ Heterodermia dactyliza
Anaptychia dendritica
≡ Heterodermia dendritica
Anaptychia dendritica var. *colorata*
= Heterodermia obscurata
A.dendritica var. *colorata* f. *esorediosa*
= Heterodermia dendritica
A. dendritica var. *colorata* f. *hypoflavescens*
= Heterodermia flabellata
A. dendritica var. *japonica*
≡ Heterodermia japonica
A. dendritica var. *japonica* f. *micrphyllina*
= Heterodermia fragilissima
A. dendritica var. *propagulifera*
= Heterodermia japonica
Anaptychia diademata
≡ Heterodermia diademata
Anaptychia diademata f. *angustata*
= Heterodermia diademata
Anaptychia diademata f. *brachyloba*
= Heterodermia diademata
Anaptychia diademata f. *condensata*
= Heterodermia diademata
Anaptychia dissecta
≡ Heterodermia dissecta
Anaptychia dissecta var. *koyana*
≡ Heterodermia dissecta var. koyana
Anaptychia erinacea
≡ Heterodermia erinacea
Anaptychia esorediata
= Heterodermia diademata
Anaptychia esorediata f. *angustata*
= Heterodermia diademata
Anaptychia esorediata f. *condensata*
= Heterodermia diademata
Anaptychia esorediata f. *subimbricata*
= Heterodermia diademata
Anaptychia firmula
≡ Heterodermia firmula
Anaptychia flabellata
≡ Heterodermia flabellata
Anaptychia flabellata var. *rottbollii*
= Heterodermia flabellata
Anaptychia fragilissima
≡ Heterodermia fragilissima
Anaptychia fulvescens
= Heterodermia flabellata
Anaptychia fulvescens var. *rottbollii*
= Heterodermia flabellata

Anaptychia fusca
= Anaptychia runcinata
Anaptychia galactophylla
≡ Heterodermia galactophylla
Anaptychia granulifera
≡ Heterodermia granulifera
Anaptychia heterochroa
= Heterodermia obscurata
A. heterochroa var. *fulvescens*
= Heterodermia flabellata
Anaptychia hypocaesia
≡ Heterodermia hypocaesia
Anaptychia hypochraea
≡ Heterodermia hypochraea
Anaptychia hypoleuca
≡ Heterodermia hypoleuca
Anaptychia hypoleuca f. *rubescens*
≡ Heterodermia rubescens
Anaptychia hypoleuca var. *colorata*
= Heterodermia obscurata
Anaptychia hypoleuca var. *fulvescens*
= Heterodermia flabellata
Anaptychia hypoleuca var. *microphylla*
≡ Heterodermia microphylla
A.hypoleuca var. *microphylla* f. *granulosa*
= Heterodermia microphylla
[*Anaptychia hypoleuca* var. *schaereri*
= Heterodermia hypoleuca]
Anaptychia hypoleuca var. *sorediifera*
= Heterodermia obscurata
Anaptychia hypoleuca var. *tremulans*
= Heterodermia speciosa
Anaptychia incana
≡ Heterodermia incana
Anaptychia isidiophora
≡ Heterodermia isidiophora
Anaptychia isidiza
= Anaptychia isidiata
Anaptychia japonica
≡ Heterodermia japonica
Anaptychia japonica var. *reagens*
= Heterodermia japonica var. reagens
Anaptychia kaspica
= Anaptychia setifera
Anaptychia leucomela
≡ Heterodermia leucomelos
Anaptychia leucomela subsp. *boryi*
≡ Heterodermia boryi
Anaptychia leucomelaena
= Heterodermia leucomelos
Anaptychia leucomelaena f. *sorediosa*
= Heterodermia boryi
Anaptychia leucomelaena f. *squarrosa*
= Heterodermia boryi
Anaptychia leucomelaena var. *angustifolia*
= Heterodermia boryi
Anaptychia leucomelaena var. *multifida*
= Heterodermia boryi
A. leucomelaena var. *multifida* f. *circinalis*
= Heterodermia boryi
Anaptychia lutescens
≡ Heterodermia lutescens
Anaptychia mamillata
≡ Anaptychia ciliaris subsp. mamillata
Anaptychia microphylla
≡ Heterodermia microphylla
Anaptychia microphylla f. *granulosa*
= Heterodermia microphylla
Anaptychia neoleucomelaena
= Heterodermia boryi
Anaptychia neoleucomelaena f. *circinalis*
= Heterodermia boryi
Anaptychia neoleucomelaena f. *squarrosa*
= Heterodermia boryi
Anaptychia neoleucomelaena var. *squarrosa*
= Heterodermia boryi
Anaptychia obscurata
≡ Heterodermia obscurata
Anaptychia ophioglossa
= Heterodermia leucomelos
Anaptychia pacifica
= Heterodermia pacifica
Anaptychia palmulata var. *isidiata*
≡ Anaptychia isidiata
Anaptychia pandurata
≡ Heterodermia pandurata
Anaptychia pellucida
≡ Heterodermia pellucida

B

C

D

Dirinaria aspera
= Dirinaria aegialita
Dirinaria caesiopicta
= Dirinaria picta

H

Heterodermia boryi var. *circinalis*
= Heterodermia boryi
Heterodermia boryi var. *sorediosa*
= Heterodermia boryi
Heterodermia boryi var. *squarrosa*
= Heterodermia boryi
Heterodermia dendritica var. *propagulifera*
= Heterodermia japonica
Heterodermia flabellata var. *rottbollii*
= Heterodermia flabellata
Heterodermia koyana
≡ Heterodermia dissecta var. koyana
Heterodermia leucomelos subsp. *boryi*
≡ Heterodermia boryi
Heterodermia microphylla f. *granulosa*
= Heterodermia microphylla
Heterodermia propagulifera
= Heterodermia japonica
Heterodermia szechuanensis
= Heterodermia togashii
H. szechuanensis var. *albo-marinata*
= Heterodermia togashii
Heterodermia tremulans
= Heterodermia speciosa
Heterodermia undulata
= Heterodermia diademata
Heterodermia yunnanensis
= Heterodermia speciosa

L

Lecanora adglutinata
≡ Hyperphyscia adglutinata
Lecanora aegialita
≡ Dirinaria aegialita
Lecanora nigricans
≡ Phaeophyscia nigricans
Lecanora tribacia
≡ Physcia tribacia
Lecidea sorediata
≡ Pyxine sorediata
Leucodermia boryi
≡ Heterodermia boryi
Leucodermia leucomelos
≡ Heterodermia leucomelos
Leucodermia lutescens
≡ Heterodermia lutescens
Lichen aipolius
≡ Physcia aipolia
Lichen caesius
≡ Physcia caesia
Lichen ciliaris
≡ Anaptychia ciliaris
Lichen ciliatus
≡ Phaeophyscia ciliata
Lichen clementi
≡ Physcia clementei
Lichen cocoes
≡ Pyxine *cocoes*
Lichen distortus
≡ Physconia distorta
Lichen erinacea
≡ Heterodermia erinacea
Lichen fuscus
= Anaptychia runcinata
Lichen griseus
≡ Physconia grisea
Lichen leptaleus
≡ Physcia leptalea
Lichen leucomelos
≡ Heterodermia leucomelos
Lichen orbicularis
≡ Phaeophyscia orbicularis
Lichen pictus
≡ Dirnaria picta
Lichen pulverulentus
= Physconia distorta
Lichen runcinatus
≡ Anaptychia runcinata
Lichen sect. *Physcia*
≡ Physcia

Lichen semipinnatus
= Physcia leptalea
Lichen speciosa
≡ Heterodermia speciosa
Lichen stellaris
≡ Physcia stellaris
Lichen tenellus
≡ Physcia tenella
Lichen ulothrix
= Phaeophyscia ciliata
Lichen virellus
= Phaeophyscia orbicularis
Lichenoides ciliaris
≡ Anaptychia ciliaris
Lobaria ciliaris
≡ Anaptychia ciliaris
Lobaria dubia
≡ Physcia dubia

P

Parmelia aegialita
≡ Dirinaria aegialita
Parmelia aipolia
≡ Physcia aipolia
Parmelia aipolia var. *cercida*
= Physcia aipolia
Parmelia albata
≡ Physcia albata
Parmelia albicans
≡ Heterodermia albicans
Parmelia albinea
≡ Physcia albinea
Parmelia applanata
≡ Dirinaria applanata
Parmelia caesia
≡ Physcia *caesia*
Parmelia caesia β *teretiuscula*
= Physcia dubia
Parmelia chloantha
≡ Phaeophyscia chloantha
Parmelia ciliaris
≡ Anaptychia ciliaris
Parmelia ciliaris var. *melanosticta*
= Anaptychia ciliaris subsp. mamillata
Parmelia ciliaris var. *galactophlla*
≡ Heterodermia galactophylla
Parmelia ciliaris var. *saxicola*
= Anaptychia ciliaris subsp. mamillata
Parmelia comosa
≡ Heterodermia comosa
Parmelia confluens
≡ Dirinaria confluens
Parmelia corallophora
≡ Heterodermia corallophora
Parmelia crispa
≡ Physcia crispa
Parmelia cycloselis var. *lithotea*
= Physconia enteroxantha
Parmelia detersa
≡ Physconia detersa
Parmelia detonsa
= Anaptychia palmulata
Parmelia diademata
≡ Heterodermia diademata
Parmelia endococcina
≡ Phaeophyscia endococcina
Parmelia flabellata
≡ Heterodermia flabellata
Parmelia granulifera
≡ Heterodermia granulifera
Parmelia hispidula
≡ Phaeophyscia hispidula
Parmelia hypoleuca
≡ Heterodermia hypoleuca
Parmelia hypoleuca var. *sorediifera*
= Heterodermia obscurata
Parmelia leucomela var. *angustifolia*
= Heterodermia boryi
Parmelia leucomela var. *sorediosa*
= Heterodermia boryi
Parmelia lithotea var. *sciastra*
≡ Phaeophyscia sciastra
Parmelia mamillata
≡ Anaptychia ciliaris subsp. mamillata
Parmelia muscigena
≡ Physconia muscigena
Parmelia muscigena f. *squarrosa*
= Physconia muscigena

Parmelia obscura var. *chloantha*
≡ Phaeophyscia chloantha
Parmelia obscura var. *virella*
= Phaeophyscia orbicularis
Parmelia opioglossa
= Heterodermia leucomelos
Parmelia phaea
≡ Physcia phaea
Parmelia podocarpa
≡ Heterodermia podocarpa
Parmelia pulverulenta var. *detersa*
≡ Physconia detersa
[*Parmelia pulverulenta* var. *epigaea*
= Physconia distorta]
Parmelia pulverulenta var. *leucoleiptes*
≡ Physconia leucoleiptes
Parmelia pulverulenta var. *pityrea*
= Physconia grisea
[*Parmelia pulverulenta* var. *sorediantha*
= Physconia distorta]
Parmelia sciastra
≡ Phaeophyscia sciastra
Parmelia setosa
= Phaeophyscia hispidula
Parmelia speciosa
≡ Heterodermia speciosa
Parmelia speciosa f. *isidiophora*
≡ Heterodermia isidiophora
Parmelia speciosa var. *hypoleuca*
≡ Heterodermia hypoleuca
Parmelia speciosa var. *lineariloba*
= Heterodermia dactyliza
Parmelia stellaris
≡ Physcia stellaris
Parmelia stellaris f. *radiata*
= Physcia stellaris
Parmelia stellaris var. *adscendens*
≡ Physcia adscendens
Parmelia stenophyllina
≡ Physcia stenophyllina
Parmelia tenella
≡ Physcia tenella
Parmelia teribacia
≡ Physcia teribacia
Parmelia ulothrix
= Phaeophyscia ciliata
Parmelia venusta
≡ Physconia venusta
Parmelia virella
= Phaeophyscia orbicularis
Phaeophyscia endococcina var. *endococcinodes*
= Phaeophyscia endococcina
Phaeophyscia endococcinodes
= Phaeophyscia endococcina
Phaeophyscia hispidula var. *exornatula*
≡ Phaeophyscia exornatula
Phaeophyscia hispidula subsp. *exornatula*
≡ Phaeophyscia exornatula
Phaeophyscia limbata
= Phaeophyscia exornatula
Phaeophyscia nepalensis
= Phaeophyscia denigrata
Phaeophyscia sulphurascens
[= Phaeophyscia hispidula]
Physcia adiastola
≡ Phaeophyscia adiastola
Physcia adglutinata
≡ Hyperphyscia adglutinata
Physcia aegialita
≡ Dirinaria aegialita
Physcia aipolia f. *angustata*
= Physcia aipolia
Physcia aipolia f. *cercida*
= Physcia aipolia
Physcia obsessa
≡ Physcia alba var. obsessa
Physcia albicans
≡ Heterodermia albicans
Physcia applanata
≡ Dirinaria applanata
Physcia aspera
= Dirinaria aegialita
Physcia astroidea
= Physcia clementei
Physcia barbifera
≡ Heterodermia barbifera
Physcia caesiopicta
= Dirinaria picta

Physcia ciliaris
≡ Anaptychia ciliaris
Physcia ciliata
≡ Phaeophyscia ciliata
Physcia ciliata f. *erythrocardia*
≡ Phaeophyscia erythrocardia
Physcia clementiana
= Physcia clementei
Physcia confluens
≡ Dirinaria confluens
Physcia constipata
≡ Phaeophyscia constipata
Physcia denigrata
≡ Phaeophyscia denigrata
Physcia detersa
≡ Physconia detersa
Physcia dimidiata var. *ornata*
= Physcia dimidiata
Physcia dispansa
= Heterodermia diademata
Physcia endochrysoides
= Pyxine sorediata
Physcia endococcina
≡ Phaeophyscia endococcina
Physcia endococcina f. *lithotodes*
= Phaeophyscia endococicina
Physcia endococcinodes
= Phaeophyscia endococicina
Physcia enteroxantha
≡ Physconia enteroxantha
Physcia erythrocardia
= Phaeophyscia erythrocardia
Physcia farrea
= Physconia grisea
Physcia farrea var. *algeriensis* f. *ornata*
= Physconia grisea
Physcia firmula
≡ Heterodermia firmula
Physcia grisea
≡ Physconia grisea
Physcia grisea var. pityrea
= Physconia grisea
Physcia hirtuosa
≡ Phaeophyscia hirtuosa
Physcia hispida auct.
Physcia hispida var. *tenella*
≡ Physcia tenella
Physcia hispidula
≡ Phaeophyscia hispidula
Physcia hispidula subsp. *hispidula*
≡ Phaeophyscia hispidula
Physcia hispidula subsp. *exornatula*
≡ Phaeophyscia exornatula
Physcia hispidula subsp. *limbata*
= Phaeophyscia exornatula
Physcia hispidula subsp. *primaria*
≡ Phaeophyscia primaria
Physcia hupehensis
= Physcia stellaris
Physcia hypoleuca
≡ Heterodermia hypoleuca
Physcia hypoleuca var. *tremulans*
= Heterodermia speciosa
Physcia imbricata
≡ Phaeophyscia imbricata
Physcia integrata var. *obssesa*
≡ Physcia alba var. obsessa
Physcia integrata var. *sorediosa*
≡ Physcia sorediosa
Physcia intermedia
= Physcia dubia
Physcia kansuensis
≡ Physconia kansuensis
Physcia kairamoi
≡ Phaeophyscia kairamoi
Physcia leucoleiptes
≡ Physconia leucoleiptes
Physcia leucomela var. *angustifolia*
= Heterodermia boryi
Physcia lithotea
= Physconia enteroxantha
Physcia lithotea var. *sciastra*
≡ Phaeophyscia sciastra
Physcia melanchra
≡ Phaeophyscia melanchra
Physcia melops
= Physcia phaea
Physcia muscigena

= Physconia muscigena
Physcia muscigena f. *aipina*
= Physconia muscigena
Physcia muscigena f. *squarrosa*
= Physconia muscigena
Physcia nepalensis
= Phaeophyscia denigrata
Physcia nigricans
≡ Phaeophyscia nigricans
Physcia nigricans var. *sciastrella*
= Phaeophyscia nigricans
Physcia nipponica
= Phaeophyscia denigrata
Physcia obscura var. *chloantha*
≡ Phaeophyscia chloantha
Physcia obscura var. *firmula*
≡ Heterodermia firmula
Physcia obscura var. *erythrocardia*
≡ Phaeophyscia erythrocardia
Physcia obscura var. *ulothrix*
= Phaeophyscia ciliata
Physcia obscura var. *virella*
= Phaeophyscia orbicularis
Physcia obscura var. *virella* f. *hucana*
= Phaeophyscia orbicularis
Physcia obscurata
≡ Heterodermia obscurata
Physcia orbicularis
≡ Phaeophyscia orbicularis
Physcia orbicularis f. *hueana*
= Phaeophyscia orbicularis
Physcia orbicularis f. *rubropulchra*
≡ Phaeophyscia rubropulchra
Physcia orientalis
≡ Kashiwadia orientalis
Physcia papillulifera
≡ Dirinaria papillulifera
Physcia palmulata
≡ Anaptychia palmulata
Physcia perisidiosa
≡ Physconia perisidiosa
Physcia picta
≡ Dirinaria picta
Physcia picta f. *isidiifera*
= Dirinaria papillulifera
Physcia picta f. *isidiophora*
= Dirinaria papillulifera
Physcia picta f. *sorediifera*
= Dirinaria picta
Physcia picta var. *aegialita*
≡ Dirinaria aegialita
Physcia picta var. *endochroma*
≡ Dirinaria applanata var. endochroma
Physcia pulverulenta
= Physconia distorta
Physcia pulverulenta var. *ciliata*
≡ Phaeophyscia ciliata
[*Physcia pulverulenta* var. *epigaea*
= Physconia distorta]
Physcia pulverulenta var. *pityrea*
= Physconia grisea
[*Physcia pulverulenta* var. *irediantha*
= Physconia distorta]
Physcia pulverulenta var. *subvenusta*
≡ Physconia grumosa
Physcia pulverulenta var. *venusta*
≡ Physconia venusta
Physcia pyrrhophora
≡ Phaeophyscia pyrrhophora
Physcia sciastra
≡ Phaeophyscia sciastra
Physcia semipinnata
= Physcia leptalea
Physcia setosa
= Phaeophyscia hispidula
Physcia setosa f. *japonica*
= Phaeophyscia hirtuosa
Physcia setosa f. *sulphurascens*
[= Phaeophyscia hispidula]
Physcia setosa f. *virella*
= Phaeophyscia hispidula
Physcia setosa var. *exornatula*
≡ Phaeophyscia exornatula
Physcia speciosa
≡ Heterodermia speciosa
Physcia speciosa f. *isidiophora*
≡ Heterodermia isidiophora
Physcia speciosa f. *korediosa*

= Heterodermia speciosa
Physcia speciosa var. *angustiloba*
≡ Heterodermia angustiloba
Phscia speciosa var. *angustiloba*
= Heterodermia angustiloba
Physcia speciosa var. *cinerascens* f. *brachyluba*
= Heterodermia diademata
Physcia speciosa var. *dactyliza*
≡ Heterodermia dactyliza
Physcia speciosa var. *hypoleuca*
≡ Heterodermia hypoleuca
Physcia speciosa var. *hypoleuca* f. *sorediifera*
= Heterodermia obscurata
Physcia speciosa var. *isidiophora*
≡ Heterodermia isidiophora
Physcia stellaris f. *radiada*
= Physcia stellaris
Physcia stellaris f. *tuberculata*
[Physcia stellaris]
Physcia stellaris var. *aipolia*
≡ Physcia aipolia
Physcia stellaris var. *angustata*
= Physcia aipolia
Physcia stellaris var. *cercida*
= Physcia aipolia
Physcia stellaris var. *leptalea*
≡ Physcia leptalea
Physcia subalbinea
= Physcia caesia
Physcia syncolla
≡ Hyperphyscia syncolla
Physcia tentaculata
≡ Physconia tentaculata
Physcia teretiuscula
= Physcia dubia
Physcia trichophora
≡ Phaeophyscia trichophora
Physcia ulothrix
= Phaeophyscia ciliata
Physcia verella
= Phaeophyscia orbicularis
Physcia ulotricoides
≡ Anaptychia ulotricoides
Physcia wainioi
= Physcia caesia
Physciella chloantha
≡ Phaeophyscia chloantha
Physciella denigrata
≡ Phaeophyscia denigrata
Physciella melanchra
≡ Phaeophyscia melanchra
Physciella nepalensis
= Phaeophyscia denigrata
Physciopsis adglutinata
≡ Hyperphyscia adglutinata
Physciopsis syncolla
≡ Hyperphyscia syncolla
[*Physconia muscigena* f. *aipina*
= Physconia muscigena]
Physconia muscigena f. *squarrosa*
= Physconia muscigena
Physconia pulverulacea
= Physconia distorta
Physconia pulverulenta
= Physconia distorta
Polyblastidium corallophorum
≡ Heterodermia corallophora
Polyblastidium dendriticum
≡ Heterodermia dendritica
Polyblastidium fragilissimum
≡ Heterodermia fragilissima
Polyblastidium hypocaesium
≡ Heterodermia hypocaesia
Polyblastidium hypoleucum
≡ Heterodermia hypoleuca
Polyblastidium microphyllum
≡ Heterodermia microphylla
Polyblastidium neglectum
= Heterodermia neglecta
Polyblastidium squamulosum
≡ Heterodermia squamulosa
Polyblastidium togashii
≡ Heterodermia togashii
Pseudophyscia hypoleuca
≡ Heterodermia hypoleuca
Pseudophyscia hypoleuca var. *colorata*
= Heterodermia obscurata
Pseudophyscia speciosa

≡ Heterodermia speciosa

Psoroma palmulata

≡ Anaptychia palmulata

Pyxine cocoes var. *meissneri*

= Pyxine berteriana

Pyxine cocoes var. *sorediata*

≡ Pyxine sorediata

[*Pyxine connectens* (?)

= Pyxine cocoes]

Pyxine berteriana var. *himalaica*

= Pyxine cognata

Pyxine endochrysoides

= Pyxine sorediata

Pyxine endoleuca

= Pyxine petricola

Pyxine margaritacea

= Pyxine limbulata

Pyxine meissneri

= Pyxine berteriana

Pyxine meissneri var. *endoleuca*

= Pyxine petricola

Pyxine patellaris

= Pyxine copelandii

Pyxine picta

≡ Dirinaria picta

Pyxine pyxinoides

[*Pyxine subolivacea*

= Pyxine limbulata]

S

Squamaria biziana

≡ Physcia biziana

Squamaria pulverulenta

= Physconia distorta

图版 I

1. 毛边雪花衣 *Anaptychia ciliaris*
（陈健斌、贺青 5775），标尺= 5 mm

2. 东非雪花衣 *Anaptychia ethiopica*
（王先业 1290），标尺= 5 mm

3. 裂芽雪花衣 *Anaptychia isidiata*　　A：地衣体（陈健斌、贺青 6438），标尺= 5 mm
B：地衣体局部放大示裂芽（陈健斌、贺青 6438），标尺= 2 mm

4. 掌状雪花衣 *Anaptychia palmulata*
（赵继鼎、徐连旺 5931），标尺= 5 mm

5. 倒齿雪花衣 *Anaptychia runcinata*
（李莹洁、付伟 L-237），标尺= 5 mm

图版 II

6. 毛盘雪花衣 *Anaptychia setifera*　A：地衣体（赵从福 2589），标尺= 5 mm
B：盘缘上的刺毛（赵从福 2504），标尺=1 mm

7. 污白雪花衣 *Anaptychia ulotricoides*
（王先业 543），标尺= 5 mm

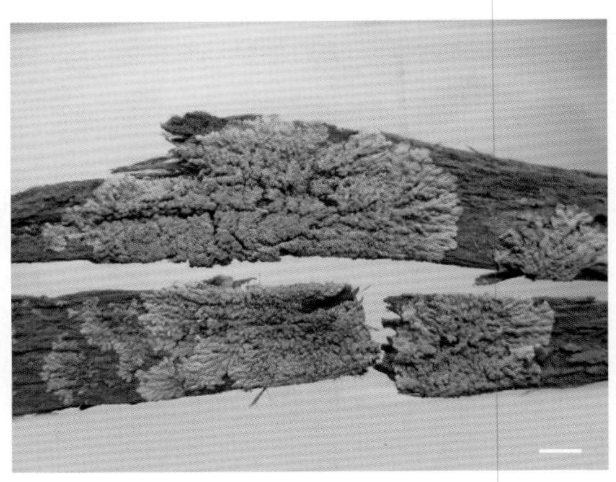

8. 海滩黑囊基衣 *Dirinaria aegialita*
（魏江春 9270），标尺= 5 mm

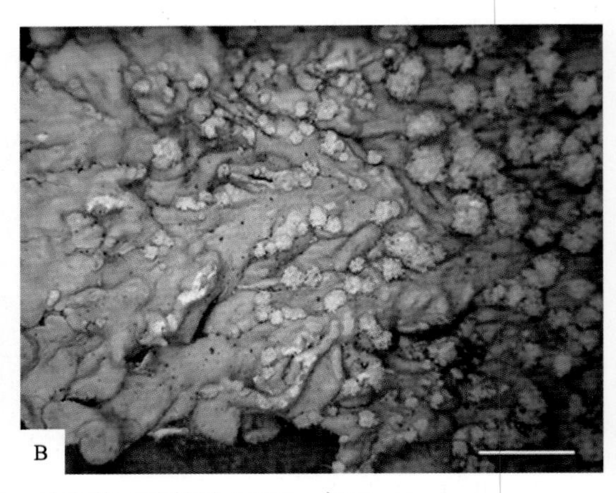

9. 扁平黑囊基衣 *Dirinaria applanata*　A：地衣体（陈健斌 5495），标尺= 5 mm
B：上表面扇形皱褶及粉芽堆（陈健斌 5495），标尺= 2 mm

10. 无芽黑囊基衣 *Dirinaria confluens*
(陈健斌等 20801)，标尺= 2 mm

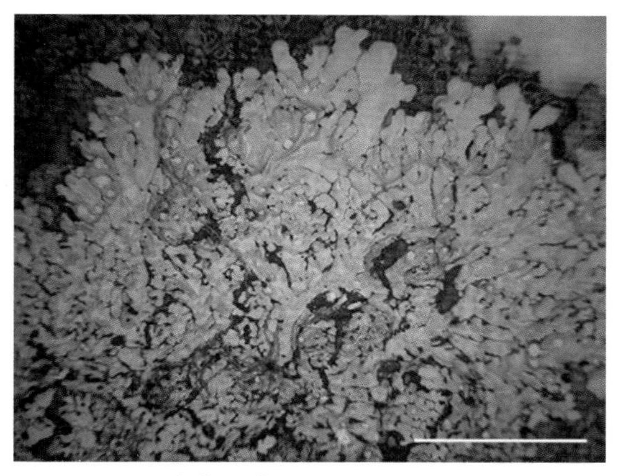

11. 有色黑囊基衣 *Dirinaria picta*
(赵继鼎、徐连旺 8635)，标尺= 5 mm

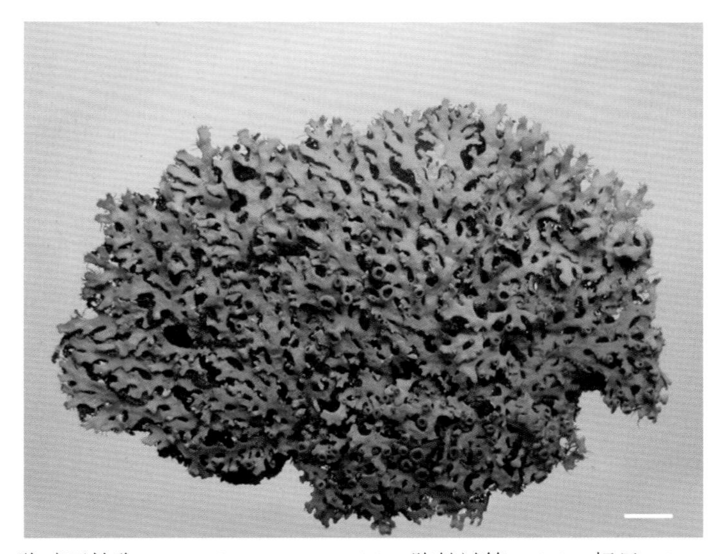

12. 狭叶哑铃孢 *Heterodermia angustiloba* (陈健斌等 9995)，标尺= 5 mm

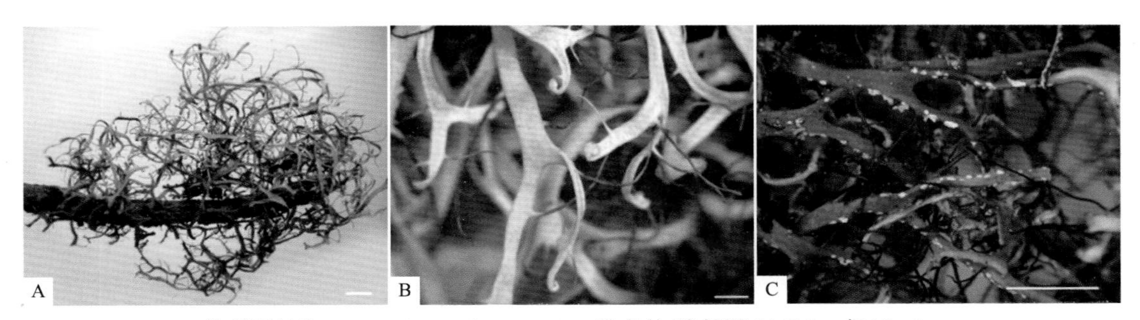

13. 卷梢哑铃孢 *Heterodermia boryi*　A：地衣体(陈健斌 11834)，标尺= 5 mm；B：裂片顶端钩状 (陈健斌 11834)，标尺= 1 mm；C：两侧边缘有粉芽 (魏江春 2235)，标尺= 2 mm

图版 IV

B

14. 丛毛哑铃孢 *Heterodermia comosa*　A：地衣体 (姜玉梅 1081-4)，标尺= 5 mm
B：表面生和边缘生“缘毛” (陈健斌 5312)，标尺= 2 mm

15. 树哑铃孢 *Heterodermia dendritica*
(陈健斌、王胜兰 14403)，标尺= 5 mm

16. 大哑铃孢 *Heterodermia diademata*
(陈健斌等 9986)，标尺= 5 mm

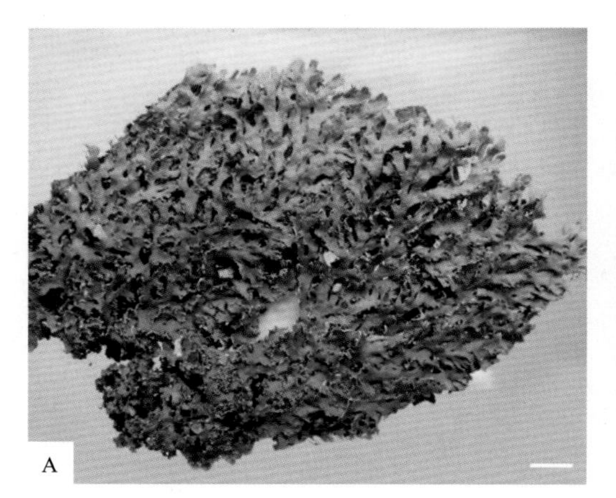

17. 深裂哑铃孢 *Heterodermia dissecta* var. *dissecta*　A：地衣体 (陈健斌等 9485)，标尺= 5 mm
B：var. *koyana* 的边缘生小裂片 (张涛、魏江春 G149)，标尺= 1 mm

18. 黄髓哑铃孢 *Heterodermia firmula*
(苏京军 3219)，标尺= 2 mm

19. 扇哑铃孢 *Heterodermia flabellata*
(赵继鼎、徐连旺 9228)，标尺= 5 mm

B

20. 脆哑铃孢 *Heterodermia fragilissima*　A：地衣体 (魏江春、陈健斌 529)，标尺= 5 mm
B：边缘生鳞片状小裂片 (魏江春、陈健斌 529)，标尺= 2 mm

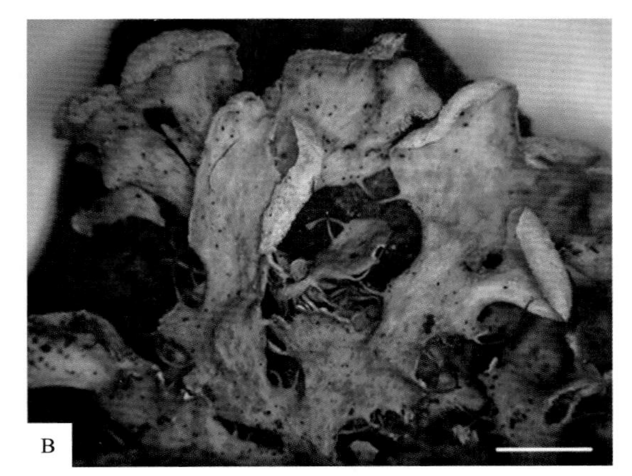

21. 美洲哑铃孢 *Heterodermia galactophylla*　A：地衣体 (陈健斌等 9525)
B：粉芽生于下表面顶部 (陈健斌等 9395)，标尺= 2 mm

22. 兰腹哑铃孢 *Heterodermia hypocaesia*
(姜玉梅 420-2)，标尺= 5 mm

23. 黄腹哑铃孢 *Heterodermia hypochraea*
(陈健斌 12011)，标尺= 5 mm

24. 白腹哑铃孢 *Heterodermia hypoleuca*
(陈健斌、姜玉梅 A-171)，标尺= 5 mm

25. 裂芽哑铃孢 *Heterodermia isidiophora*
(赵继鼎、徐连旺 5927)，标尺= 5 mm

26. 阿里山哑铃孢 *Heterodermia japonica*
(魏鑫丽、陈凯 QH12382)，标尺= 5 mm

27. 顶直哑铃孢 *Heterodermia leucomelos*
(赵继鼎、陈玉本 3132)，标尺= 5 mm

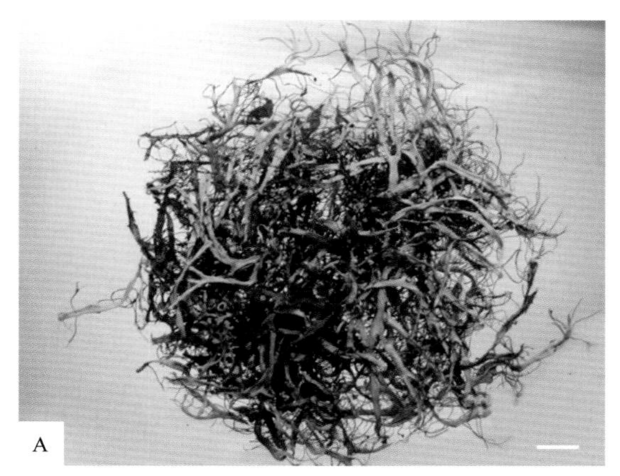

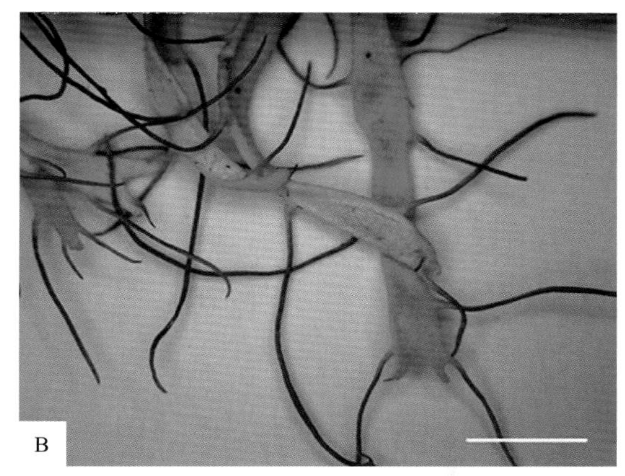

28. 黄哑铃孢 *Heterodermia lutescens*　A：地衣体 (赵继鼎、陈玉本 2080)，标尺= 5 mm
B：下表面顶部粉芽 (赵继鼎、陈玉本 2080)，标尺= 2 mm

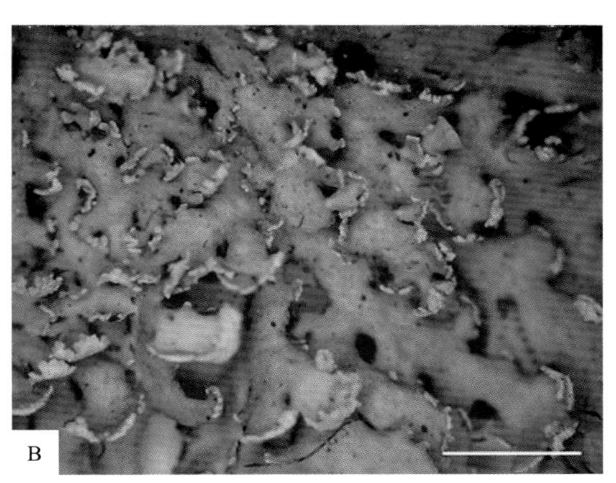

29. 小叶哑铃孢 *Heterodermia microphylla*　A：地衣体 (赵从福、高德恩 4006)，标尺= 5 mm
B：边缘生小裂片 (陈健斌、王胜兰 14193)，标尺= 2 mm

30. 新芽体哑铃孢 *Heterodermia neglecta*
(王先业等 3625)，标尺= 5 mm

31. 暗哑铃孢 *Heterodermia obscurata*
(王先业等 3607)，标尺= 5 mm

图版 VIII

32. 东方哑铃孢 *Heterodermia orientalis*
(王先业等 2797)，标尺= 5 mm

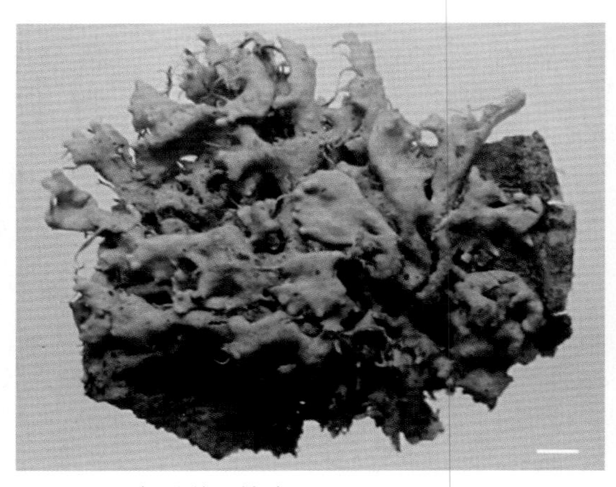

33. 太平洋哑铃孢 *Heterodermia pacifica*
(陈健斌等 9042)，标尺= 5 mm

34. 透明哑铃孢 *Heterodermia pellucida*　A：地衣体 (赵继鼎、陈玉本 3069)，标尺= 5 mm
B：子囊盘 (赵继鼎、陈玉本 3069)，标尺= 2 mm

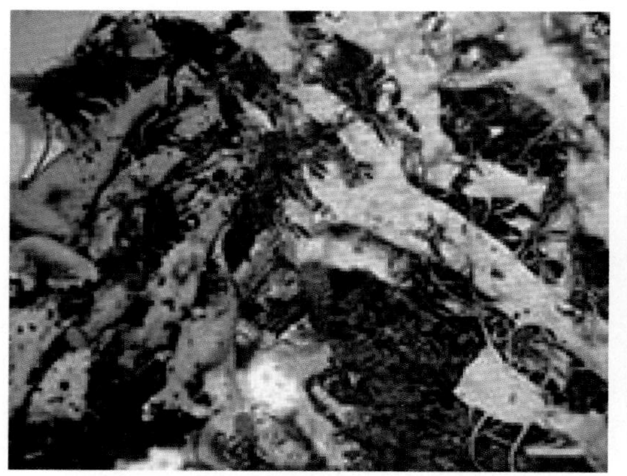

35. 毛果哑铃孢 *Heterodermia podocarpa*
(苏京军 3431)，标尺= 2 mm

36. 拟哑铃孢 *Heterodermia pseudospeciosa*
(陈健斌等 9393)，标尺= 5 mm

37. 红色哑铃孢 *Heterodermia rubescens*
(王先业等 1794)，标尺= 5 mm

38.中国丛毛哑铃孢 *Heterodermia sinocomosa*
(赵继鼎、陈玉本 3856)，标尺= 5 mm

39. 哑铃孢 *Heterodermia speciosa*
(陈健斌等 9937)，标尺= 5 mm

40. 翘哑铃孢 *Heterodermia subascendens*
(赵继鼎、徐连旺 9784)，标尺= 5 mm

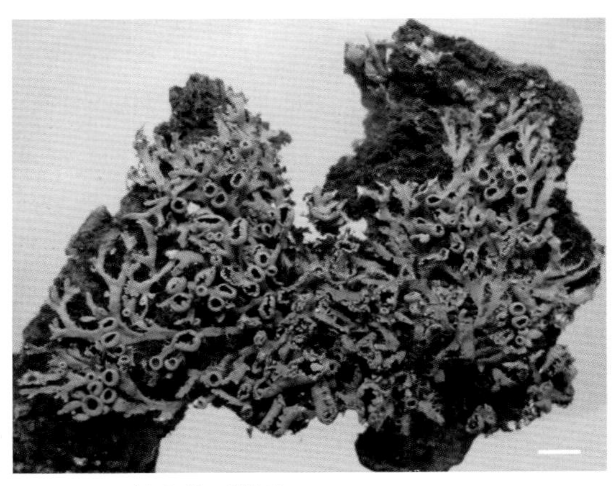

41. 拟白腹哑铃孢 *Heterodermia togashii*
(赵继鼎、徐连旺 7728)，标尺= 5 mm

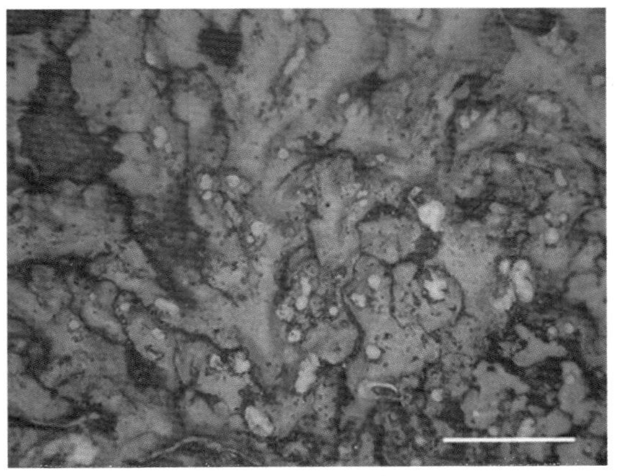

42. 红髓外蜈蚣叶 *Hyperphyscia crocata*
(赵继鼎、徐连旺 8567)，标尺= 2 mm

图版 X

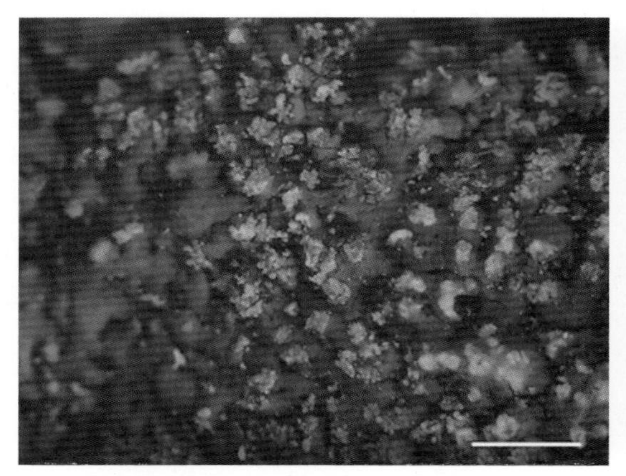

43. 珊瑚芽外蜈蚣叶 *Hyperphyscia pseudocoralloides* (R. Moberg 7786a)，标尺= 2 mm

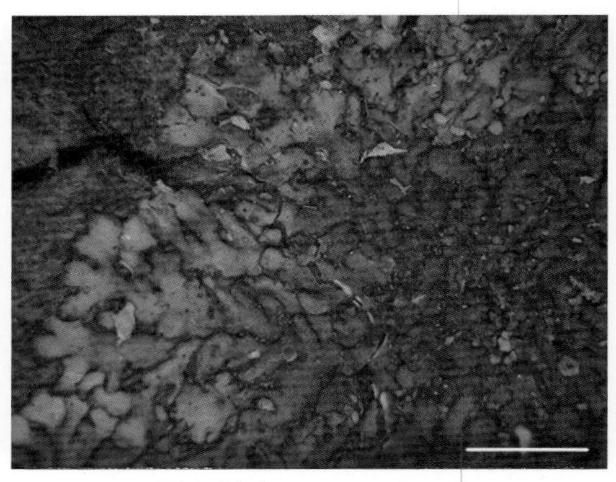

44. 颈外蜈蚣叶 *Hyperphyscia syncolla* (王先业等 7184-1)，标尺= 2 mm

45. 颗粉芽黑蜈蚣叶 *Phaeophyscia adiastola* A：(陈健斌 5315)，标尺= 2 mm
B：(陈健斌、姜玉梅 A-1288)，标尺= 2 mm

46. 粉小黑蜈蚣叶 *Phaeophyscia chloantha* (陈健斌、刘晓迪 H:129294)，标尺= 2 mm

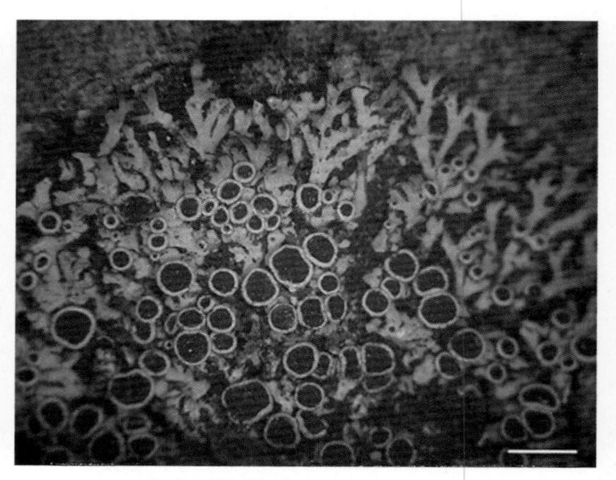

47. 睫毛黑蜈蚣叶 *Phaeophyscia ciliata* (杨勇 2002935)，标尺= 2 mm

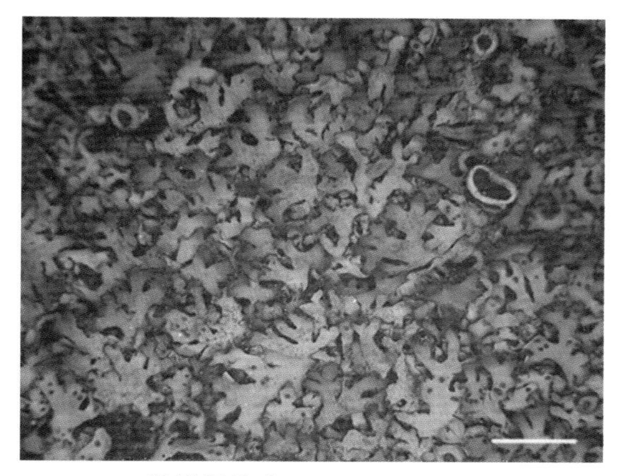

48. 狭黑蜈蚣叶 *Phaeophyscia confusa*
(赵继鼎、徐连旺 7152)，标尺= 2 mm

49. 白腹黑蜈蚣叶 *Phaeophyscia denigrata*
(陈健斌、王胜兰 19)，标尺= 5 mm

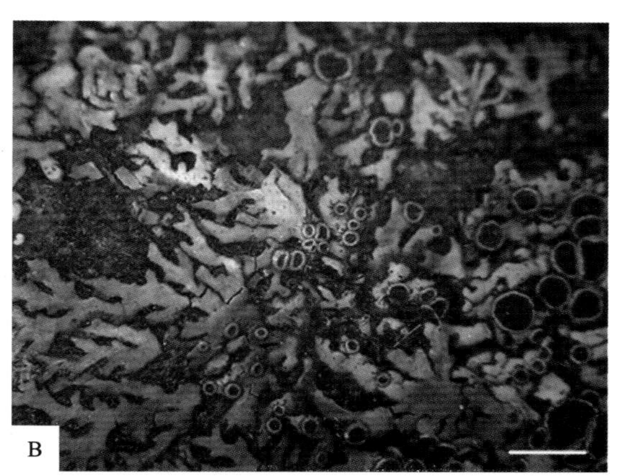

50. 红髓黑蜈蚣叶 *Phaeophyscia endococcina*　A：地衣体 (王先业等 8985)，标尺= 5 mm
B：局部放大 (王先业等 8985)，标尺= 2 mm

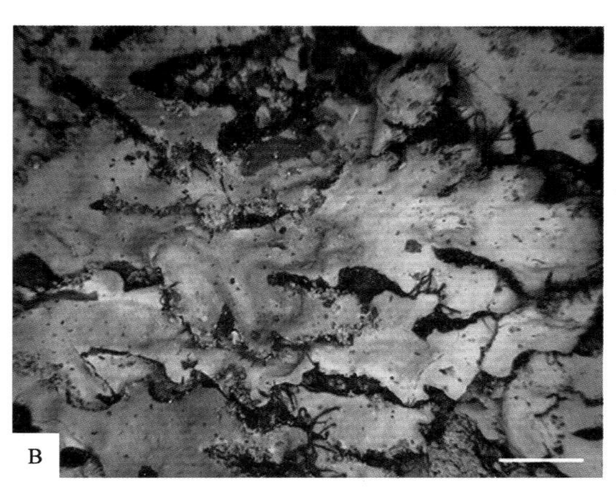

51. 裂芽黑蜈蚣叶 *Phaeophyscia exornatula*　A：地衣体 (王先业等 3629)，标尺= 5 mm
B：边缘生裂芽及小裂片 (苏京军 4727)，标尺= 2 mm

52. 狭叶红髓黑蜈蚣叶 *Phaeophyscia fumosa*　A：地衣体 (陈健斌等 9490)，标尺= 5 mm

B：局部放大 (陈健斌等 9564-1)，标尺= 2 mm

53. 皮层毛黑蜈蚣叶 *Phaeophyscia hirtella*

(陈健斌、胡光荣 21209)，标尺= 5 mm

54. 白刺毛黑蜈蚣叶 *Phaeophyscia hirtuosa*

(陈健斌、胡光荣 21773)，标尺= 2 mm

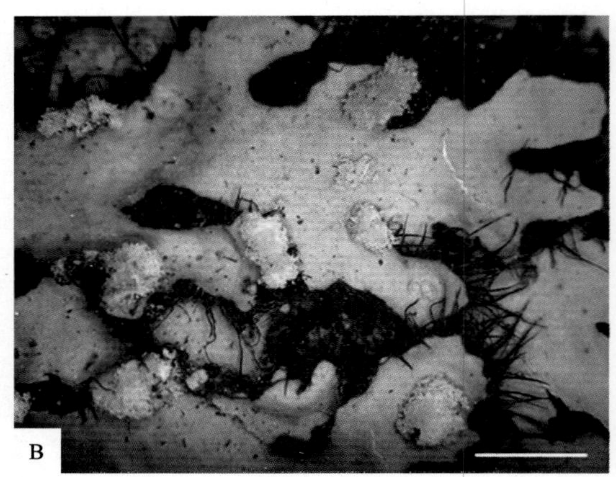

55. 毛边黑蜈蚣叶 *Phaeophyscia hispidula*　A：地衣体 (魏江春 11593)，标尺= 5 mm

B：近头状粉芽堆 (陈健斌、贺青 6619)，标尺= 2 mm

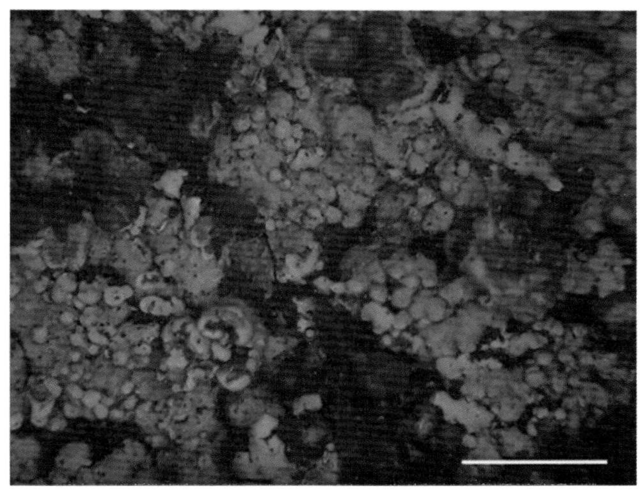

56. 湖南黑蝶蚣叶 *Phaeophyscia hunana* (陈健斌、王胜兰 9876，holotype)，标尺= 2 mm

57. 覆瓦黑蝶蚣叶 *Phaeophyscia imbricata*　A：地衣体 (陈健斌、姜玉梅 A-1470)，标尺= 5 mm
B：边缘生小裂片 (陈健斌、姜玉梅 A-1168)，标尺= 2 mm

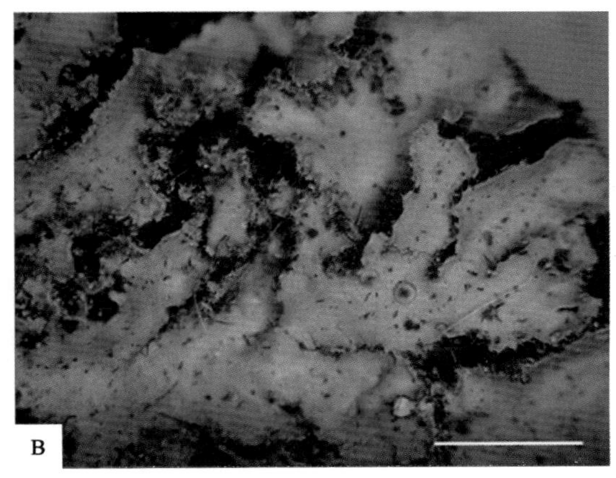

58. 毛裂芽黑蝶蚣叶 *Phaeophyscia kairamoi*　A：地衣体 (王先业 1218)，标尺= 5 mm
B：边缘生裂芽及其毛 (王先业 1261)，标尺= 2 mm

图版 XIV

59. 小裂片红髓黑蜈蚣叶 *Phaeophyscia laciniata* A：地衣体 (陈健斌等 20174)，标尺= 5 mm

B：局部放大示小裂片 (陈健斌等 20174)，标尺= 2 mm

60. 弹坑黑蜈蚣叶 *Phaeophyscia melanchra*

(魏鑫丽、郭威 LS2014022)，标尺= 2 mm

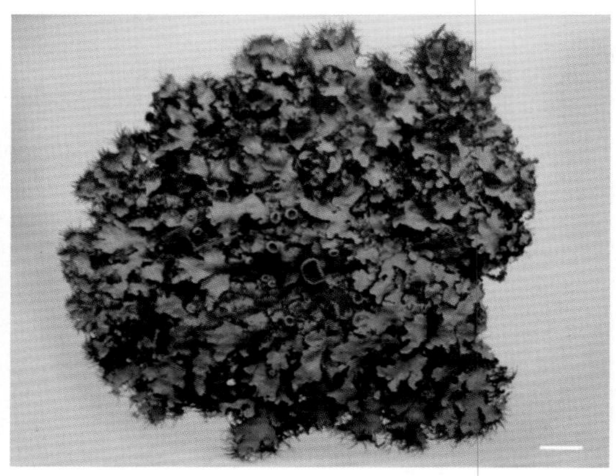

61. 刺黑蜈蚣叶 *Phaeophyscia primaria*

(黄满荣 636)，标尺= 5 mm

62. 火红黑蜈蚣叶 *Phaeophyscia pyrrhophora* A：地衣体 (陈健斌等 9654)，标尺= 5 mm

B：地衣体局部放大 (陈健斌等 9654)，标尺= 2 mm

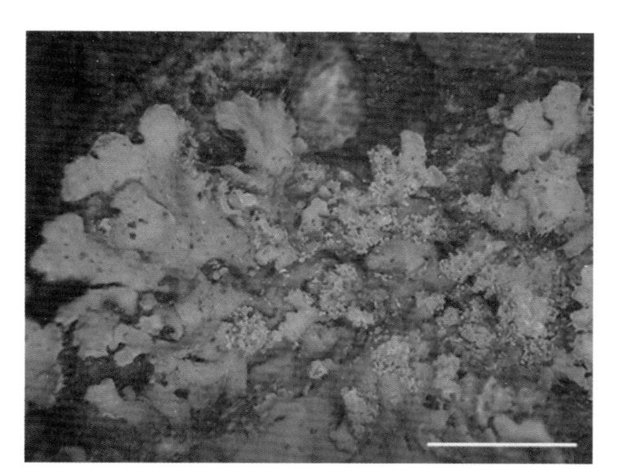

63. 美丽黑蜈蚣叶 *Phaeophyscia rubropulchra*
(陈健斌等 9564)，标尺= 2 mm

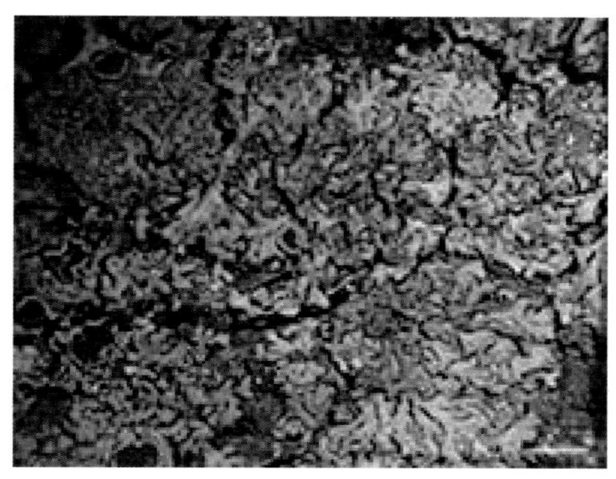

64. 暗裂芽黑蜈蚣叶 *Phaeophyscia sciastra*
(陈健斌、胡光荣 21227)，标尺= 2 mm

65. 载毛黑蜈蚣叶 *Phaeophyscia trichophora*
(王启无 21159)，标尺= 2 mm

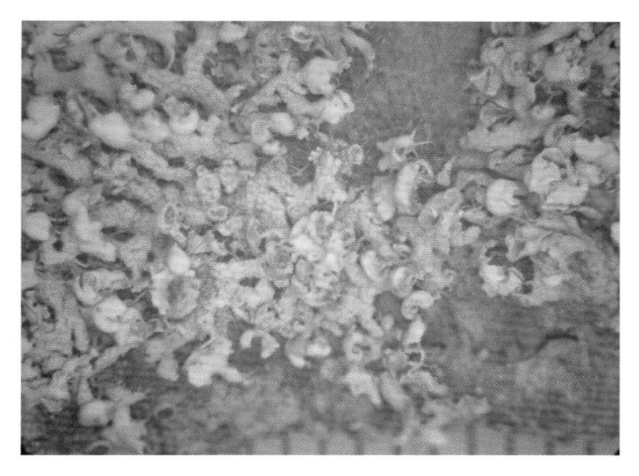

66. 翘叶蜈蚣衣 *Physcia adscendens*
(刘晓迪 1103)，标尺 1 格= 1 mm

67. 斑面蜈蚣衣 *Physcia aipolia*
(陈健斌、胡光荣 21361)，标尺= 5 mm

68. 变白蜈蚣衣 *Physcia albata*
(王先业等 8860)，标尺= 2 mm

图版 XVI

69. 小白蜈蚣衣 *Physcia albinea*
(魏江春 2930)，标尺= 5 mm

70. 黑纹蜈蚣衣 *Physcia atrostriata*
(赵继鼎、陈玉本 3611)，标尺= 2 mm

71. 兰灰蜈蚣衣 *Physcia caesia*　A：地衣体 (陈健斌、姜玉梅 A-751)，标尺= 5 mm
B：头状粉芽堆 (陈健斌、贺青 5726)，标尺= 2 mm

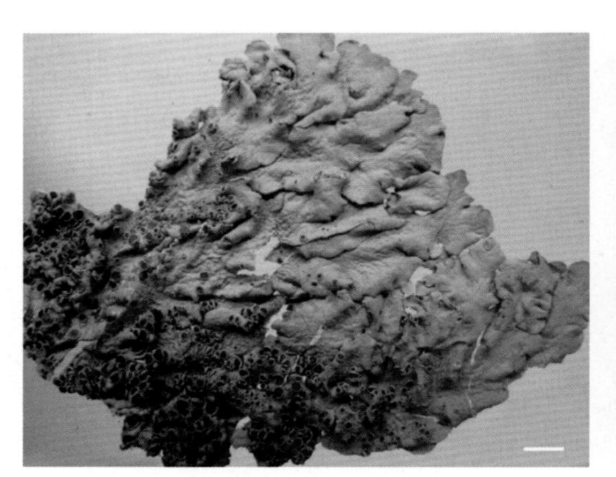

72. 膨大蜈蚣衣 *Physcia dilatata*
(王先业等 2191)，标尺= 5 mm

73. 半开蜈蚣衣 *Physcia dimidiata*
(王先业 1418)，标尺= 2 mm

74. 疑蜈蚣衣 *Physcia dubia*
(陈健斌、王胜兰 13103)，标尺= 2 mm

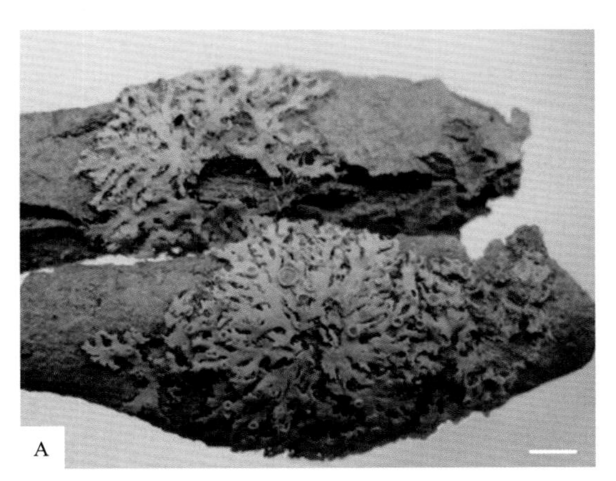

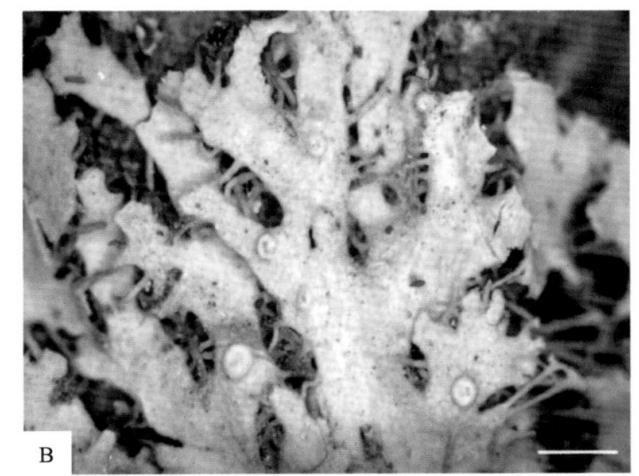

75. 半羽蜈蚣衣 *Physcia leptalea*　A：地衣体 (赵从福 2578)，标尺= 5 mm
B：局部放大示缘毛 (赵从福 2578)，标尺= 1 mm

76. 异白点蜈蚣衣 *Physcia phaea*
(陈健斌、姜玉梅 A-604)，标尺= 5 mm

77. 粉芽蜈蚣衣 *Physcia sorediosa*
(赵继鼎、陈玉本 847)

图版 XVIII

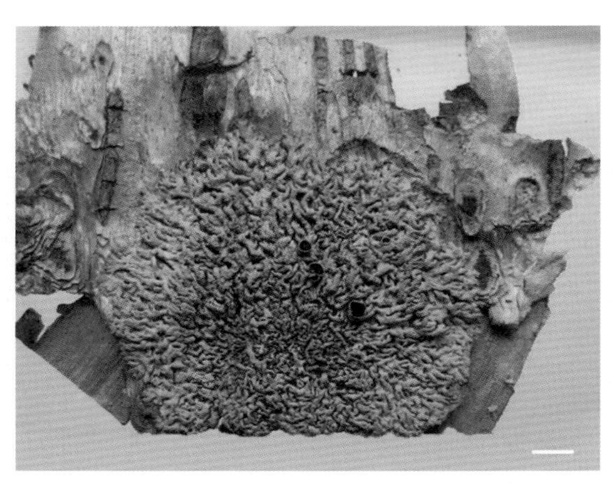

78. 蜈蚣衣 *Physcia stellaris* (李红梅 CBS232)，标尺= 5 mm

79. 长毛蜈蚣衣 *Physcia tenella*
(王先业 1008)，标尺= 2 mm

80. 糙蜈蚣衣 *Physcia tribacia*
(陈健斌、王胜兰 270-1)，标尺= 2 mm

81. 粉唇蜈蚣衣 *Physcia tribacoides*
(陈健斌等 9900)，标尺= 5 mm

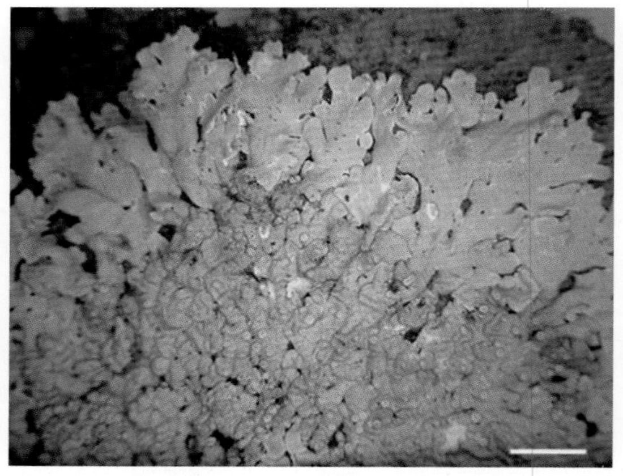

82. 多疣蜈蚣衣 *Physcia verrucosa*
(陈健斌、王胜兰 14009)，标尺= 2 mm

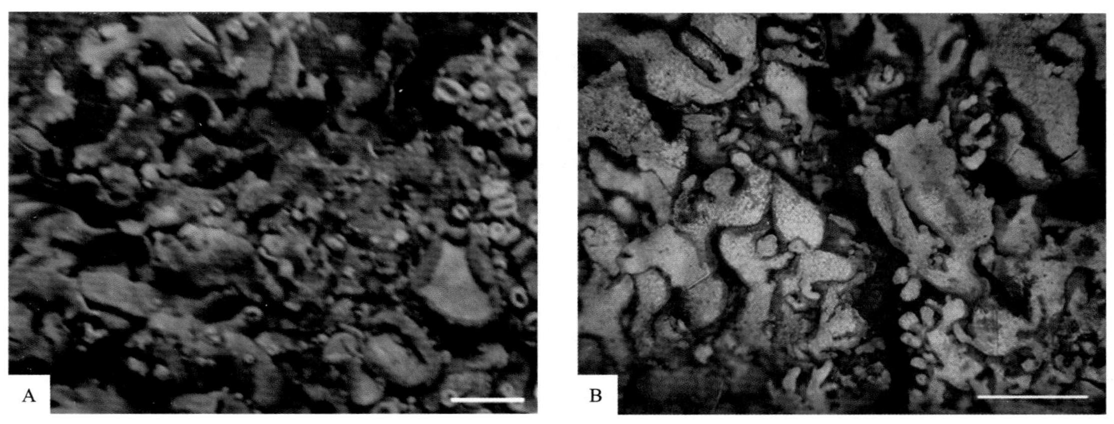

83. 中华大孢衣 *Physconia chinensis*　A：地衣体 (陈健斌、姜玉梅 A-1448)，标尺= 5 mm

B：局部放大示小裂片 (陈健斌、姜玉梅 A-1122)，标尺= 2 mm

84. 变色大孢衣 *Physconia detersa*　A：地衣体 (陈健斌、胡光荣 22033)，标尺= 5 mm

B：边缘生粉芽及表面白霜 (陈健斌、胡光荣 22033)，标尺= 2 mm

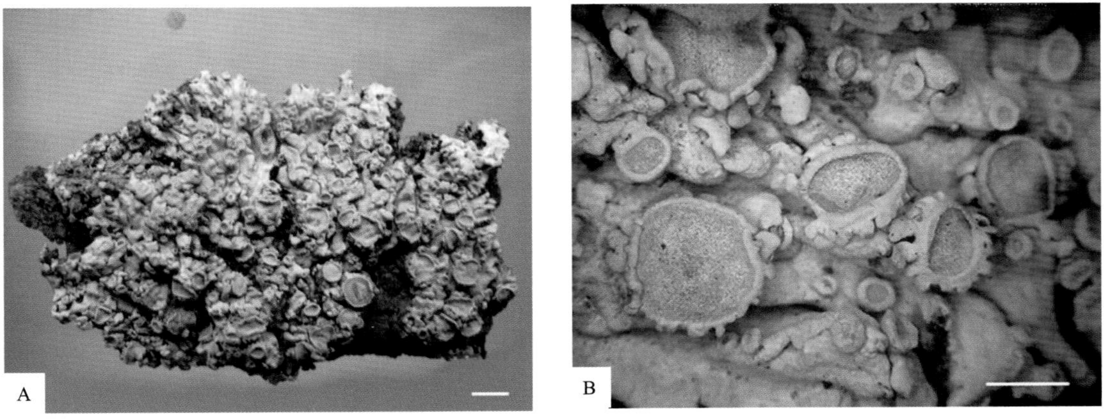

85. 大孢衣 *Physconia distorta*　A：地衣体 (陈健斌 20238)，标尺= 5 mm

B：子囊盘及其盘面浓密白色粉霜 (陈健斌 20238)，标尺= 2 mm

图版 XX

86. 颗粒大孢衣 *Physconia grumosa*
(陈健斌 10654-1)，标尺= 5 mm

87. 东亚大孢衣 *Physconia hokkaidensis*
(陈健斌等 9990-1)，标尺= 5 mm

88. 黑氏大孢衣 *Physconia kurokawae*
(陈健斌、姜玉梅 A-1092)，标尺= 5 mm

89. 唇粉大孢衣 *Physconia leucoleiptes*
(陈健斌、贺青 5638)，标尺= 5 mm

90. 小裂片大孢衣 *Physconia lobulifera*
(赵从福、高德恩 4156)，标尺= 5 mm

91. 伴藓大孢衣 *Physconia muscigena*
(魏江春、陈健斌 1895-3)，标尺= 5 mm

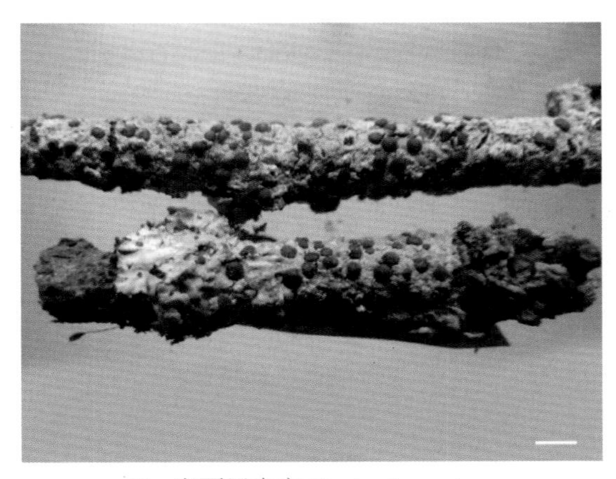

92. 光面黑盘衣 *Pyxine berteriana*
(魏江春、陈健斌 676)，标尺= 5 mm

93. 椰子黑盘衣 *Pyxine cocoes*
(S. L. Thrower 2531)，标尺= 2 mm

94. 近缘黑盘衣 *Pyxine cognate*
(王立松等 13-40706)，标尺=1 cm

95. 群聚黑盘衣 *Pyxine consocians*
(陈健斌 6533)，标尺= 5 mm

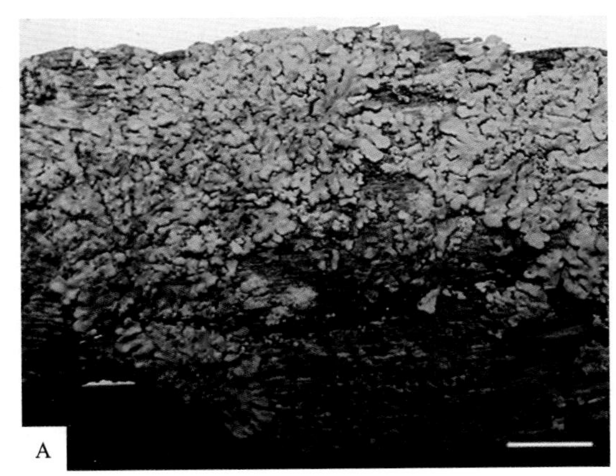

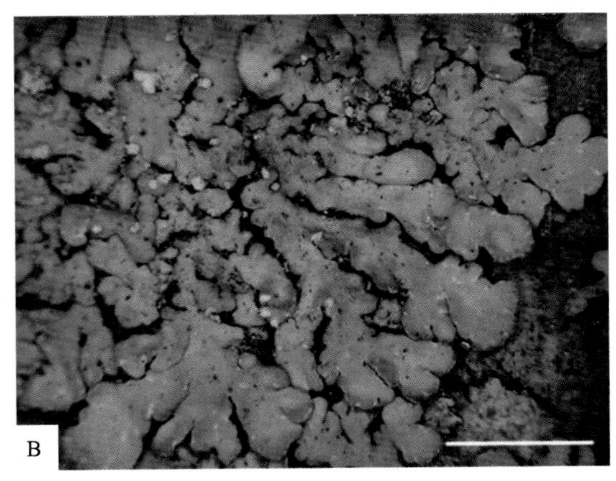

96. 柯普兰氏黑盘衣 *Pyxine copelandii*　A：地衣体 (陈健斌 5505)，标尺= 5 mm
B：地衣体局部放大示小型粉芽堆 (陈健斌 5505)，标尺= 2 mm

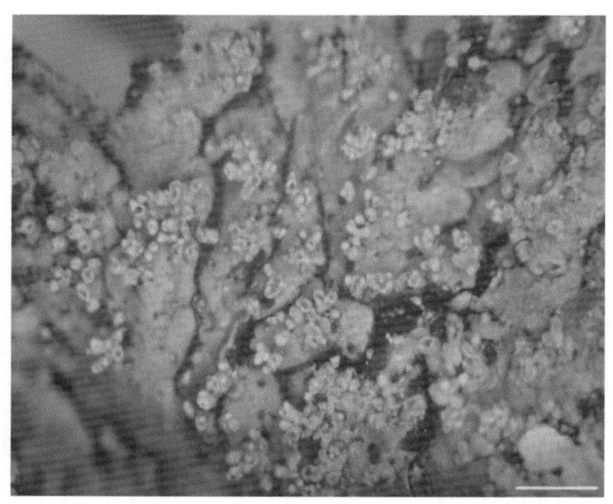

97. 珊瑚黑盘衣 *Pyxine coralligera* 疱状突体裂芽 (陈健斌 5482)，标尺=1 mm

98. 黄髓黑盘衣 *Pyxine endochrysina*　A：地衣体 (陈健斌 2215 7)，标尺= 5 mm
B：边缘生疱状突体裂芽 (陈健斌 2215 7)，标尺= 2 mm

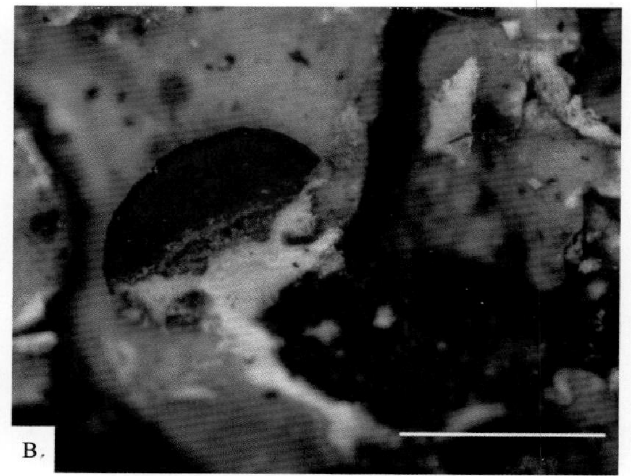

99. 黄色内柄黑盘衣 *Pyxine flavicans*　A：地衣体 (王立松等 15-48196)，标尺=10 mm
B：子囊盘及其内柄 (王立松等 15-48196)，标尺= 5 mm

100. 横断山黑盘衣 *Pyxine hengduanensis* A：地衣体 (王立松等 15-48082)，标尺= 2 cm
B：边缘生假杯点和粉芽堆 (王立松等 15-48082)，标尺= 5 mm

101. 喜马拉雅黑盘衣 *Pyxine himalayensis*
(王立松等 14-46162)，标尺= 2 cm

102. 亚橄榄黑盘衣 *Pyxine limbulata*
(王先业等 6926)，标尺= 5 mm

103. 墨氏黑盘衣 *Pyxine meissnerina*
(陈健斌 6551)，标尺= 5 mm

104. 狭叶黑盘衣 *Pyxine minuta*
(王立松等 16-50186)，标尺= 10 mm

图版 XXIV

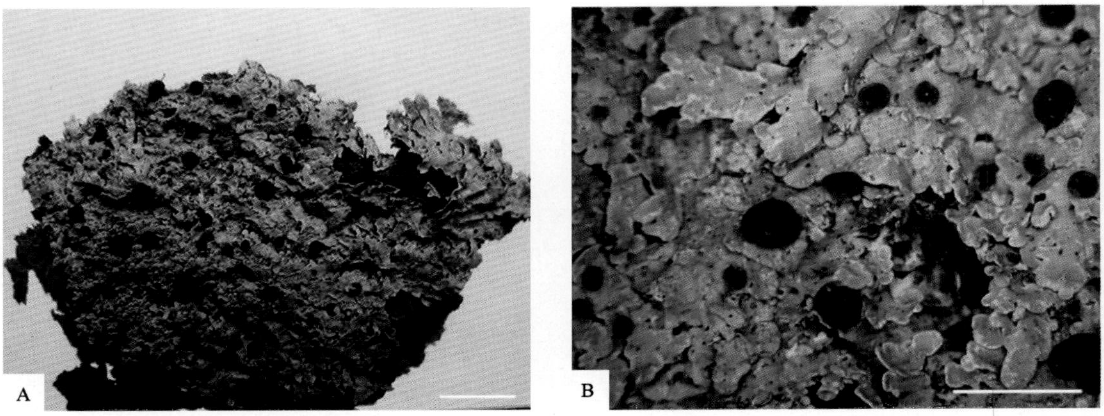

105. 菲律宾黑盘衣 *Pyxine philippina*　A：地衣体 (陈健斌 6525)，标尺= 5 mm

B：边缘和表面生假杯点 (陈健斌 6525)，标尺= 2 mm

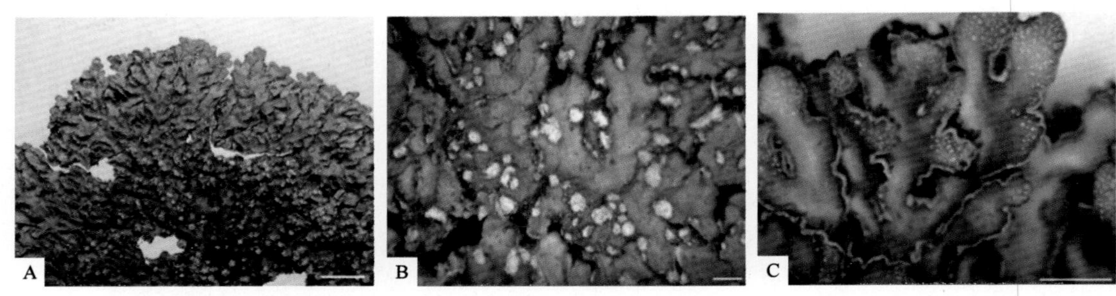

106.粉芽黑盘衣 *Pyxine sorediata*　A：地衣体 (苏京军 2352)，标尺= 5 mm

B：近边缘生球形粉芽堆 (魏江春等 94137-1)，标尺= 1 mm

C：边缘生白色假杯点及顶部白霜 (姜玉梅 783-1)，标尺= 1 mm

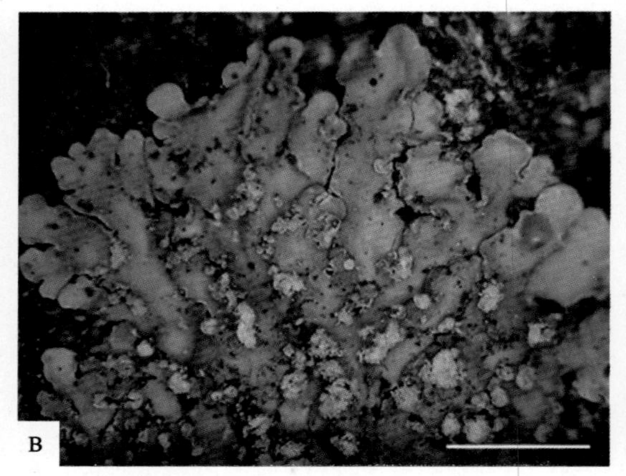

107. 淡灰黑盘衣 *Pyxine subcinerea*　A：地衣体 (陈健斌等 20463-1)，标尺= 5 mm

B：近球形及不规则粉芽堆 (陈健斌等 20463-1)，标尺= 2 mm

108. 云南黑盘衣 *Pyxine yunnanensis*　A：地衣体 (王立松等 13-41372)，标尺= 5 mm
B：子囊盘及其内柄 (王立松等 13-41372)，标尺= 1 mm

（Q-4970.31）
ISBN 978-7-03-073858-5
9 787030 738585 >
定价：**398.00** 元